Linux 环境编程图文指南
（配视频教程）

林世霖　钟锦辉　李建辉　著

粤嵌教育教材研发中心　审校

电子工业出版社.
Publishing House of Electronics Industry
北京·**BEIJING**

内 容 简 介

本书从零开始，循序渐进地攻破 Linux 环境编程所遇到的各级关卡，以图文并茂的形式帮助读者理解各个概念。本书内容翔实，囊括了 Linux 系统操作细节，Shell 脚本编程精要，各种编程环境所需要解决的技术难点，以及在 Linux 环境下的 C 语言编程技术、并发编程技术和音/视频编程等核心内容。全书用 400 余幅图表帮助读者理解复杂概念，读者几乎不需要具备计算机编程经验，在本书的指导下就能进入编程的世界，并能在阅读和实践中享受编程的乐趣。同时，本书配套完整的视频教程（教程下载网站：https://www.hxedu.com.cn），给读者以最直观、最容易吸收知识的方式，融会贯通书中所有的知识点。不仅如此，读者还能够得到作者及其团队的在线技术支援和答疑。

本书通俗易懂，适合从事 Linux/UNIX 编程开发、嵌入式开发、C 环境开发的读者，尤其适合计算机相关专业的高职院校的学生，以及希望转向 IT 类就业方向的在职人士。

图书在版编目（CIP）数据

Linux 坏境编程图义指南 / 林世霖，钟锦辉，李建辉著. —北京：电子工业出版社，2016.4
配视频教程
ISBN 978-7-121-28075-7

I. ①L… II. ①林… ②钟… ③李… III. ①Linux 操作系统一教材 IV. ①TP316.89

中国版本图书馆 CIP 数据核字（2016）第 011968 号

策划编辑：李树林
责任编辑：底　波
印　　刷：北京天宇星印刷厂
装　　订：北京天宇星印刷厂
出版发行：电子工业出版社
　　　　　北京市海淀区万寿路 173 信箱　　邮编　100036
开　　本：787×1 092　1/16　印张：32.75　字数：838 千字
版　　次：2016 年 4 月第 1 版
印　　次：2024 年 12 月第 24 次印刷
定　　价：99.00 元

凡所购买电子工业出版社图书有缺损问题，请向购买书店调换。若书店售缺，请与本社发行部联系，联系及邮购电话：（010）88254888，88258888。

质量投诉请发邮件至 zlts@phei.com.cn，盗版侵权举报请发邮件至 dbqq@phei.com.cn。

本书咨询和投稿联系方式：（010）88254463，lisl@phei.com.cn。

前　言

本书定位 Linux 环境编程入门与提高，全书配送近百个教学视频，400 余幅案例图表，200 多篇源代码，力争做到图文并茂。作为粤嵌教育的专业教员，我和我的同事们都深刻地认识到，很多编程初入行的朋友成长曲线平缓，不是因为概念和原理有多复杂，而是很多教程和图书没有将原理用容易理解的图画表现出来，所谓一图顶万言，讲的就是这个道理。基于这样的认识，粤嵌教育教材研发中心的同事们几乎对每一个概念都力争用图画的形式来表现，因此本书的出版和面世也迟缓很多，但我们认为这是值得的。

本书面向的读者人群，是所有希望从事 Linux/UNIX 编程开发、嵌入式开发、C 环境开发的朋友，尤其适合计算机相关专业的高职院校的毕业生，以及希望转向 IT 类就业方向的在职人士，阅读本书不需要掌握任何专门的计算机技术和编程经验，但是对计算机的运行原理需要有一定认知。当然，学习过任何一门编程语言将使读者在阅读和学习本书的内容时更能稳操胜券。

本书的作者和审校同事都是长期从事培训教育行业的一线培训工作者，购买本书的同时实际上也加入了由广州粤嵌教育主导的 IT 技术学习圈子，可以登录 www.geconline.cn 了解更多资讯。

本书共分 6 章，按照从易到难的路径顺序讲述。

第 1 章着重介绍整个 Linux 的编程环境，包括如何安装 Linux 系统，以及如何使用 Shell 来操作用户的系统，本章还详细介绍了 Linux 下编程的三大必备技能，Shell 脚本编程、Makefile 语法和 GNU 开源开发套件 autotools 的详细使用方法。

第 2 章深度剖析 C 语言，大量使用图文方式解释内存机制，从根本上解决初学者对内存认识不到位的问题，具体而真实地掌握内存是学好编程的一大秘诀。另外，本章还介绍了 Linux 下的 C 语言的一些扩展增强语法。

第 3 章讲解数据组织结构，并且联系 Linux 内核使用实况详细剖析了传统链表、内核链表、栈和队列、二叉搜索树以及内核红黑树等高级数据结构，全章图文并茂，一目了然，对于这些纯算法也能确保读者学习愉悦，不枯燥。

第 4 章讲解 Linux 文件 I/O 编程，详述标准 I/O 和系统 I/O，图解包括触摸屏在内的特殊设备文件的操作，读者在学习完本章之后对 Linux 的文件管理、目录操作会有本质上的提升。

第 5 章全面介绍 Linux 并发编程中的核心技术，包括多进程、多线程、IPC、同步互斥等，全章同样图文并茂，确保每一个知识点都能在图画中得到解答。

第 6 章是 Linux 应用编程的高级部分，在前面章节的基础上着重介绍了跟 Linux 音/视频相关的概念和使用，详细剖析 ALSA 机制、framebuffer、V4L2 机制、SDL 和 FFmpeg 库的使用等，让读者可以编程实现在 Linux 系统和嵌入式系统中实现图片显示、声音录制、音乐播放、视频播放等内容。

作　者

2016 年 2 月

目　录

第 1 章

Linux 编程环境

1.1 基本工具

1.1.1 免费大餐：Ubuntu

工欲善其事，必先有把刀，我们首要的任务是搭建一个完整的 Linux 编程环境，我们选用 Ubuntu，建议选择最新的 LTS 版本，即长期支持版，在撰写本书时最新版的 LTS 是 Ubuntu-14.04。

第一步，下载一个虚拟平台 VMware workstation。其官网是：

http://www.VMware.com

第二步，安装 VMware，装完之后的样子如图 1-1 所示。

图 1-1　VMware workstation 11

第三步，下载当前最新的 LTS 版本的 Ubuntu-14.04，地址是：

http://www.ubuntu.com/download/desktop

第四步，下面开始做一台虚拟机，然后把 Ubuntu 镜像文件装进去。在 VMware 的欢迎页面中单击"创建新的虚拟机"按钮，创建一台虚拟机，如图 1-2 所示。

图 1-2　选择新建一台虚拟机

第五步，在弹出的对话框中选择推荐的"典型"选项，如图 1-3 所示。

图 1-3　选择典型安装

第六步，选择采用镜像文件安装，单击"浏览"按钮，找到 Ubuntu 镜像，如图 1-4 所示。

图 1-4　选择 Ubuntu 镜像文件（iso 文件）

第七步，写入用户名和密码（这是将来安装好之后登录 Ubuntu 系统用的），如图 1-5 所示。

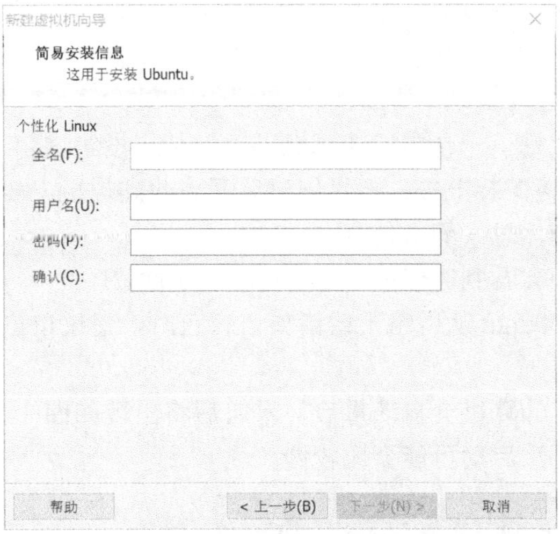

图 1-5　填写用户名和密码

说明：这个用户将会在安装 Ubuntu 时作为一个普通用户（相对于超级用户）被自动建立，而且这个普通用户还在一个称为 sudoer 的文件中被设置了，换句话讲，这个普通用户可以执行 sudo 命令从而临时获得超级用户的权限。密码则是超级用户的密码。当普通用户执行 sudo 想要临时获得超级用户的权限时，也需要输入这个密码。

第八步：给新虚拟机起个名字，并且选择存放路径。

第九步：选择系统磁盘大小和分配方式，如图 1-6 所示。

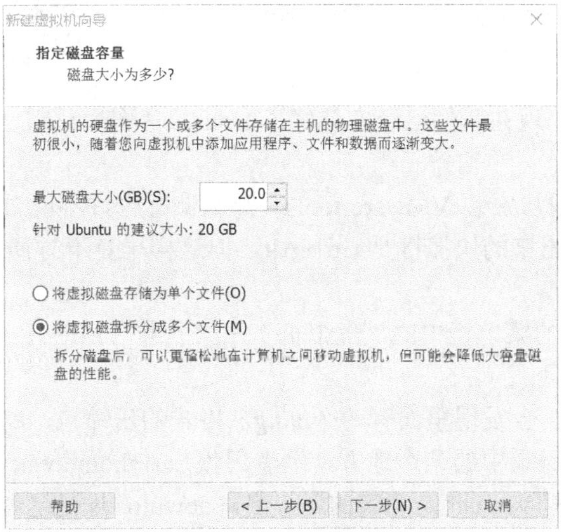

图 1-6　选择磁盘

说明：

（1）磁盘大小：完全根据用户的需求，但用户至少要分配 5GB 的磁盘给 Ubuntu 的根目录。

（2）分配方式：完全根据用户的需求，可以选择单一的文件当做虚拟的磁盘来使用（Single File），也可以选择把虚拟磁盘分开成多个文件存放（Multiple Files）。

单一文件存放用户的虚拟磁盘，需要一次性占用用户所指定的物理磁盘的大小（如20GB空间），其好处是速度较快。多文件存放用户的虚拟磁盘则相反，无须一开始就占用指定的磁盘大小，而是随着使用的情况自动地为虚拟机增加空间，其代价是降低了 Ubuntu 系统读取跨虚拟磁盘文件的速度。

现在，我们已经配置好了一台虚拟计算机了，但是还没给这台"裸机"安装操作系统，接下来将用户的 Ubuntu 镜像装上去：把"创建后开启此虚拟机"复选框选上，单击"完成"按钮。此时用户可以稍稍休息，静候佳音。

大约几分钟后，我们会看到类似如图 1-7 所示的画面。

当不想耗费时间让 Ubuntu 从网络下载诸如语言包时，建议单击"skip"按钮，或者关闭计算机的网络。

耐心等待几分钟后，计算机会自动重启，重启后将出现如图 1-8 所示的欢迎画面，这就是我们的劳动成果！第一次启动可能会比较慢。

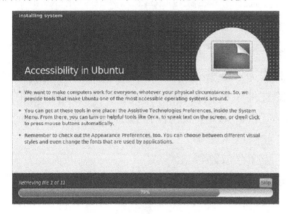

图 1-7　正在安装 Ubuntu　　　　　　　图 1-8　Ubuntu 登录界面

事情就这样完成了！现在我们已经安装好了 Ubuntu 系统，只需要输入在第七步设置的密码，即可使用它。

如果 Ubuntu 没帮用户安装 VMware-tools，那么鼠标也许不能自动在虚拟机和 Windows 之间自由切换，让鼠标出来的快捷键是 Ctrl+Alt，但这样毕竟不方便，安装 VMware-tools 的方法如下。

（1）单击 VMware 的菜单栏中的"虚拟机"→"安装 VMware tools…"，这时会在虚拟机的桌面上出现一张光盘。

（2）双击后打开它，会发现里面有一个.tar.gz 格式的压缩包，将它复制到用户平常放下载文件的目录中（如家目录中的某个地方，笔者习惯放在/home/vincent/downloads 里面，请注意读者不要照抄，这里 vincent 是笔者的用户名，downloads 是笔者建的一个专门用来存放下载文件的地方，读者要根据自己的具体情况来操作），然后单击右键解压。

（3）然后执行 VMware-install.pl 文件。因为安装程序需要管理员权限，因此我们需要在命令行模式下用 sudo 执行它，具体操作步骤如下。

① 按 Ctrl+Alt+t 组合键打开一个终端。

② 将工作目录转到 VMware-install.pl 所在的地方：如在计算机里就要敲入如下命令：cd /home/vincent/downloads（读者根据自己的情况改一下路径）。

③ 用管理员权限执行它：sudo ./VMware-install.pl（随后需要输入管理员密码，注意，在命令行中输入的密码是不回显的）。

④ 然后开始安装，安装过程中遇到任何提问直接按回车键即可。

 提 示

一般而言，在安装客户机 Ubuntu 时，VMware 会自动为用户安装 VMware-tools 增强包，但是有时候会安装失败，症状是：鼠标无法从虚拟机移动到 Windows 当中，或者共享文件夹无法使用等，这时需要重复以上步骤，重新安装 VMware-tools。

另外，出于安全考虑，POSIX 阵营的 OS（如 Linux）一般不推荐直接以 root 登录并操作，这会被视为一种不专业且粗鲁的行为。在默认状态下，Ubuntu 只能以普通用户登录，如果登录之后需要 root 权限，则使用 sudo 来临时获取，但不是每一个普通用户都可以使用 sudo，要使得一个普通用户能够通过 sudo 来获取管理员权限，则必须在配置文件/etc/sudoers 中做相应的配置。

在安装完系统之后，系统中只有一个普通用户，就是上面我们输入的那个用户，这个用户是可以用 sudo 来临时获得管理员权限的，但是如果再新添加一个用户，如 foo，那么这个 foo 默认情况下是无法使用 sudo 来临时获得管理员权限的。接下来，通过配置/etc/sudoers 来使 foo 可以使用 sudo，步骤如下。

首先，在命令行中输入 sudo visudo，得到如图 1-9 所示界面。

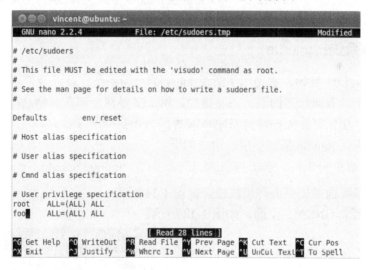

图 1-9　配置 sudoer 清单

然后，在 root ALL=(ALL) ALL 下面手工添加一行：

　　foo ALL=(ALL) ALL

这一行的作用是将用户 foo 添加到 sudoer 中。第一个 ALL 代表所有的主机名，等号后面的(ALL)代表 foo 可以以任意的用户运行后面的命令，最后一个 ALL 指的是 foo 可以用 sudo 运行所有 Shell 命令。然后按提示保存（Ctrl + O 组合键）并退出（Ctrl + X 组合键）。另外，使 foo 可以使用 sudo 命令还有一个更加简单的方法：第一，使用 su 命令切换到管理员账户；第二，运行命令 usermod foo -a -G sudo；第三，运行 su foo 命令切换到 foo 账户，此时 foo 就可以使用 sudo 来获取管理员权限了。所有繁杂的事情完毕，登录后的 Ubuntu 如图 1-10 所示。

图 1-10　Ubuntu-14.04 初始界面

为了使用方便，我们需要再做如下几件事情。

第一，设置 Ubuntu 的桌面系统为经典 GNOME。

第二，配置 Ubuntu，使之可以上网。

第三，升级 vi 并稍做配置，使之更好用。

第四，安装 man 帮助文档，使用户在写程序或脚本时，随时获得权威帮助。

第五，设置宿主机（Windows）和客户机（Ubuntu）的共享目录，使用户的文件可以在两个 OS（操作系统）中自由穿行。下面逐一进行介绍。

1.1.2　桌面系统：gnome

自从 Ubuntu-11.04 开始，它使用了所谓 unity 的桌面系统，就是我们看到的图 1-10，系统的主菜单不见了，取而代之的是一条左边栏，网上诸多网友都在吐槽这个 unity 界面，因为实在太难用了！想恢复原先的经典 GNOME 界面只需要如下 3 步。

第一，下载安装 gnome 桌面环境，命令如下。

```
vincent@ubuntu:~$ sudo apt-get install gnome-session-fallback
```

第二，在登录界面单击桌面环境按钮，如图 1-11 所示。

第三，选择经典 GNOME 桌面，如图 1-12 所示。

图 1-11　单击桌面环境选择按钮

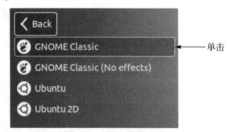

图 1-12　选择 GNOME 桌面系统

1.1.3　网络配置：纯手工打造

（1）按 Ctrl+Alt+T 组合键或者双击桌面的"Terminal"调出伪终端，输入以下命令。

```
vincent@ubuntu:~$ sudo gedit /etc/network/interfaces
```

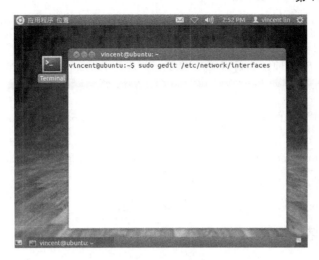

图 1-13　Linux 伪终端

照提示说明，输入用户的密码，当发现输入密码时终端"没反应"，请不要着急！看不见是因为密码是不回显的。没什么意外的话，interfaces 里面应该有以下两行信息：

　　auto lo

　　iface lo inet loopback

以上两行信息定义并开启了系统的所谓本地回环接口 lo，lo 是 local loopback 的缩写，是一个虚拟的网络设备，它用来接收和发送那些只在本机流转的数据包，而不流经真正的网络接口。例如，在同一台主机运行的网络服务器和客户端，虽然它们的数据会被打包成带 IP 地址和端口的网络封包，但系统发现它们其实是"一家子"，那么这个网络封包就不会经过网卡走出家门，而是仅仅从本地回环 lo 中兜了一圈。就像你刚学会写字的女儿给她妈妈写了封信，她爸爸一转手就交给了她妈，而不是跑去邮局。

接着，请在文件 interfaces 末尾添加以下信息：

auto eth0

iface eth0 inet static

address x.x.x.x（用户的真实环境下的 IP 地址）

gateway y.y.y.y（用户的真实环境下的路由器地址）

netmask z.z.z.z（用户的真实环境下的子网掩码）

其中：

auto eth0 代表系统自动识别且启动第 0 个以太网卡。

static 代表设置固定 IP（如果要让系统自动获取 IP 地址，请将 static 改成 dhcp，同时可以删除下面三行）。

address 是 Ubuntu 的 IP 地址，gateway 是路由器的 IP 地址。

netmask 是子网掩码。如果用户的网络是 C 类子网，那么子网掩码就是 255.255.255.0；如果用户的网络是 B 类子网，那么子网掩码就是 255.255.0.0；如果不知道用户的网络具体情况，可以在 Windows 的命令行中敲入 ipconfig /all 来查看。

（2）配置 DNS 服务器。编辑/etc/resolv.conf，在文件的最末一行添加以下信息：

```
nameserver 202.96.134.133
nameserver 202.96.128.143
```

注意，以上 DNS 的 IP 是广东珠三角地区的其中两个服务器地址，用户要根据自己所在地区填写离自己比较近的 DNS 地址，详情咨询百度。

（3）为主机配置网关地址。在终端下输入：

```
vincent@ubuntu:~$ sudo route add default gw y.y.y.y
```

（4）重新加载网络配置文件，并重新启动网络服务。在终端下输入以下两行命令：

```
vincent@ubuntu:~$ sudo /etc/init.d/networking force-reload
vincent@ubuntu:~$ sudo /etc/init.d/networking restart
```

（5）如果有必要，重启系统：

```
vincent@ubuntu:~$ sudo shutdown -r now
```

1.1.4 软件集散地：APT

Ubuntu 继承了 Debian 系统一个非常优秀的特性：使用 APT 软件管理器来管理所有的软件。在此之前，Linux 系统的软件安装一直被人诟病——用户需要自己解决软件与库之间的依赖关系，通常这是一个冗长乏味的分析过程。APT 软件管理器旨在改变这一现状。

APT 软件管理原理图如图 1-14 所示。

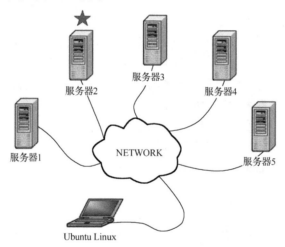

图 1-14　APT 软件管理拓扑结构

APT 将各个版本的 Ubuntu 所用到的软件，分门别类地放在世界各地的服务器中（图 1-14 所示的服务器 1、服务器 2……），我们下载安装软件，只需要联网指定一个服务器即可（如图 1-14 所示标注了星号的服务器 2），APT 将会帮助用户解决软件的互相依赖问题。

使用 APT，只需要以下两步。

第一步，指定一个服务器。原则很简单，指定一个用户觉得速度快的即可，如图 1-15 所示。

在"Edit"菜单找到"Software Sources"选项，调出软件源列表对话框，单击"Download from"下拉框，如图 1-16 所示。

找到自己所在的地区或国家，并选择距离最近的服务器站点，如图 1-17 所示。

第二步，需要将选定站点的软件列表信息，全部下载到本地（/var/lib/apt/lists），如软件名称、依赖关系、版本号等，这个过程称为 update，使用如下一条命令：

```
vincent@ubuntu:~$ sudo apt-get update
```

这样，我们就可以使用 APT 提供的相关命令来下载安装软件了。例如一个称为 xxx 的软件，下载安装和卸载的命令分别是：

```
vincent@ubuntu:~$ sudo apt-get install xxx
vincent@ubuntu:~$ sudo apt-get remove xxx
```

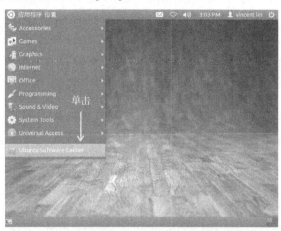

图 1-15　打开 Ubuntu 软件中心

图 1-16　打开 Ubuntu 软件管理标签

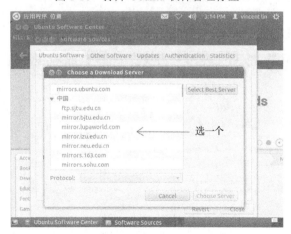

图 1-17　选择一个合适的软件源服务器

1.1.5 无敌板斧：vi

vi 是一款性感的字符界面编辑器，属于鼻祖级编辑神器。读者也许会认为，vi 太古老了，现代图形编辑器多如牛毛，各种"所见即所得"IDE 更是让编程如虎添翼，何必死磕这个老古董呢？答案是：想象某天，我们空降到一个南太平洋小岛的原始丛林中，手无寸铁，你是想要一台高级微波炉，还是更想要一把普通的斧头？微波炉显然是毫无用处的，因为你连插线板都找不到。IDE 的便捷性是需要代价的，这就是后台图形引擎的支持，假设我们的系统连图形库都没有，那是无法使用 IDE 的，而我们需要的仅仅是编辑，而不是花里胡哨的各种按钮和菜单，此时 vi 就是手头那把板斧，它不需要插电。

Ubuntu 为了减小安装文件的尺寸，默认安装了 vi 的原始版本，我们需要下载安装它的升级版本：强劲的 vim！利用刚刚配好的网络和软件源，输入以下命令：

```
vincent@ubuntu:~$ sudo apt-get install vim
```

字符界面的编辑器，跟我们熟悉的 Windows 的记事本有什么区别呢？读者会发现记事本是这样的，如图 1-18 所示。

图 1-18　图形界面编辑器

在记事本中，我们要对文件执行的动作，如图 1-18 所示的撤销、剪切、复制、粘贴等，都可以通过单击菜单中相应的菜单项（或者对应的快捷键）来实现，不能指望在空白区输入"保存"两个字就保存了文件，也不能大吼一声"保存"来实现，相反，只需要单击菜单栏中的"保存"选项或者按下 Ctrl+S 组合键就可以了。

可惜，vim 就是一款没有菜单及其相应快捷键的编辑器，它只有键盘可用，在终端中输入 vim，启动 vim 程序，来一起看下它的真容，如图 1-19 所示。

图 1-19　字符界面编辑器

这个没有菜单的编辑器，当我们需要执行诸如保存、查找、替换、剪切等动作时该怎么办呢？答案是必须将我们的键盘输入分成两种情况：一种情况是我们的输入就是要编辑的文档；另一种情况是我们的输入是要编辑器帮我们完成的动作。简而言之，vim 需要两个操作模式：

● 一个模式下输入的信息作为文本本身的内容，称为编辑模式；

● 一个模式下输入的信息作为执行的动作，称为命令模式。

刚一启动的 vim 编辑器自动进入命令模式，此模式下输入一个命令对应 vim 一个动作，如进入编辑模式、保存文本、复制粘贴、查找替换等，如表 1-1 所示。

表 1-1　vim 常用命令

vim 命令	含　义
:w	保存当前文件
:w filename	保存当前文件（如果进入 vim 时没有指定要编辑的文件名，需要在保存文件时加上文件名 filename，如果进入 vim 时指定了文件名，那么该用法相当于"另存为"）
:q	退出当前正在编辑的文件
:q!	强制退出当前正在编辑的文件并放弃最近一次保存到现在的所有操作
:wq	保存文件并退出
u	撤销最近一次操作（按 Ctrl+R 组合键恢复撤销的操作）
i	在光标所在的位置前面插入字符
a	在光标所在的位置后面插入字符
o	在光标所在行的下一行插入新的一行
O	在光标所在行的上一行插入新的一行
x	剪切光标处所在的字符（x 前可先按一个数字，则剪切若干个字符）
dd	剪切光标处所在的一行（dd 前可先按一个数字，则剪切若干行）
yy	复制光标处所在的一行（yy 前可先按一个数字，则复制若干行）
d$	剪切从光标处（含）开始到该行行末的所有字符
d^	剪切从光标处（不含）开始到该行行首的所有字符
y$	复制从光标处（含）开始到该行行末的所有字符
y^	复制从光标处（不含）开始到该行行首的所有字符
p	将剪切板中的资料粘贴到光标所在处
r	修改光标所在的字符，r 之后接跟你要修正的字符（如我们要把 fox 中的 o 改成 i，只需将光标停在 o 上，接着连续按下 r 和 i）
h	将光标向前移动一个字符
j	将光标向下移动一个字符
k	将光标向上移动一个字符
l（小写的 L）	将光标向后移动一个字符
gg	跳到文本的最初一行
G	跳到文本的最末一行
Ctrl + U	向上（up）翻页
Ctrl + D	向下（down）翻页
:%s/old/new	将文件中所有的 old 字符串替换成 new
/string	从光标处往下查找字符串 string，注意在输入完我们要查找的字符串 string 之后要按回车键。如果我们要找的字符串 string 有多个，可以按 n 将光标跳到下一个位置，按 N 将光标跳到上一个位置
?string	跟上面的</string>是一样的，区别是它从光标处往上查找

vim 的命令不止这些，但到现在为止读者掌握这些已经足够了。

习惯了在 Windows 下用类似 SourceInsight 编程的人，当然也希望在 Linux 的字符终端下也能有这样的软件，为了增强 vim 的功能，我们可以选择给它装上一些实用插件：ctag 和 Taglist，以下是详细解释，对于不想对这款编辑器有更多了解的人来说，可以直接忽略。

很多时候，我们需要在多个源程序之间实现函数、宏定义、外部变量等的跳转查询，其至有时需要到内核或库源代码里窥视它们的真面目，我们也需要有列出程序内部所使用的各个函数、变量、宏等信息的工具。这些功能仅靠 vim 完成是比较困难的，但也不必失望，因为我们还有两件利器：

- ctag 负责建立标签，为实现文本间关键词实现跳转提供基础。
- Taglist 是一个 vim 插件，帮助我们罗列程序中所有出现关键词的地方。

下面，我们就分别来看看如何使用它们（注意，如果读者对 Linux 的 Shell 命令尚不熟悉，建议先阅读 1.2 节后再回来本节内容）。

1. ctag

当然，第一步就是要下载它，使用如下一条命令：

```
vincent@ubuntu:~$ sudo apt-get install ctags
```

如果系统提示找不到软件包 ctags，首先应该更新一下自己的软件源，还不行的话试试把 ctags 改成 exuberant-ctags。

下载完毕即可用它来产生我们的标签文件 tags 了，tags 文件是实现跳转功能的"英雄"，就是它把我们送到我们想要去的地方的——如笔者在自己的程序里写了一个库函数 printf，在某个时刻笔者想查看这个库函数本身是怎么实现的？那么只需要把光标停在关键词上，再按一下组合键（Ctrl +]）就会立刻跳转到库函数 printf 的源代码的地方，按一下组合键（Ctrl + O）就可以跳回来。当然如果 printf 是库函数对一个系统调用的封装，就可以顺着 tags 给我们提供的道路跳到内核去查看源代码是怎么写的，当然这期间可能会有不止简单的两层封装定义，但我们一次次跳转即可深入其里，了解其内幕。

一开始，需要库函数的源代码和 Linux 内核的源代码，我们的目的就是在需要时可以跳转到这些地方的某些文件当中去查看相关的资料信息，有了上面的 ctags 工具之后，我们就可以在源代码的顶层目录处执行下面这条命令：

```
vincent@ubuntu:~$ ctags -R
```

比如，想要我们的程序能随时去库函数里查询原型，那么就可以在库函数源代码的顶层目录下执行上面那条命令，假如我们的库路径是~/ownloads/glibc-2.9，那么代码如下：

```
vincent@ubuntu:~$ cd ~/Downloads/glibc-2.9
vincent@ubuntu:~/glibc-2.9$ ctags -R
```

命令中的选项-R 的意思是：递归地进入当前目录下的所有子目录，把在该目录下的所有文件的关键词（包括函数名、宏、文件名等关联到一起，并且写入一个 tags 文件）。当然，如果想让我们的函数可以跳转到内核，那么我们应在内核源代码的顶层目录下执行以上命令。

然后，在/etc/vim/vimrc 文件末尾，添加以下信息：

au BufEnter /home/vincent/* setlocal tags+=/home/vincent/glibc-2.9/tags

当然，要把上面相应的路径换成自己计算机上的具体路径。其中/home/vincent/*的意思是：在该路径下的所有文件（因为用了通配符*）都可以通过 tags 文件实现跳转（包括其子目录），而这个 tags 文件，就是由后面这个路径/home/vincent/glibc-2.9/tags 指定的。也许读者会问，干脆写成 /* 就行啦，那么系统中的任何一个文件我们都可以跟 gilbc-2.9 关联，实现跳转，当然可以这么做，但有时我们也许并不需要这么做。

这就可以了，我们现在就可以享受自由跳转的乐趣了，但我们还可以加更多的东西，比如把内核源代码也添加进来，必要时我们就跳到内核中去看看怎么实现。如法炮制，先在内核源代码顶层目录执行指令 ctags -R，然后在/etc/vim/vimrc 文件末尾再添加一句话即可，当然添加时要把 tags 所在的路径替换成内核源代码的路径。例如，添加以下信息（注意/home/vincent 要换成自己的系统的家目录路径）：

au BufEnter /home/vincent/* setlocal tags+=/home/vincent/Linux-2.6.31/tags

当然我们还需要一个非常重要的 vim 命令 ts，因为要跳转的关键词可能出现在库函数中，也可能出现在内核源码中，还可能同时都有对此关键字的定义，这时就要在 vim 命令模式下输入:ts 来罗列出所有出现该声明关键词的地方（显然应先把光标停在想要跳转的关键词上面），然后按相应的序号在进行跳转。罗列的次序跟我们在 vimrc 中写 au 指令的顺序相关，谁写在上面就先罗列谁。

2．Taglist

Taglist 是 vim 的一个插件，可以方便地在终端侧边显示出当前程序所有的函数、宏等信息，支持鼠标双击跳转，对于规模比较大的代码而言，这是一个非常实用的功能。Taglist 的使用非常简单，只需要在网上下载一个配置文件即可，可以用下面这个链接下载：

http://download.csdn.net/detail/vincent040/6529593

下载完了解压，将会蹦出两个文件夹（doc 和 plugin），然后就潇洒地把这两个文件夹放到主目录下的隐藏文件夹.vim 中（如果没有这个隐藏目录的话就自己创建一个）。完成之后，用 vim 打开我们的程序源码，输入命令:Tlist 打开列表，再输入一次关闭列表。试试看看效果吧。

1.1.6 开发圣典：man

Linux 系统中的 Shell 命令太多，不可能也没必要在本书中一一介绍，已经介绍了的命令也是"不完全"的，比如，据说 ls 命令有多达几十个选项，我们不大可能在一个章节中事无巨细地去介绍它们。我们要做的是，当需要用到它们时知道怎么查找它们的相关信息即可，这就是我们要介绍的 man 命令。

man 命令帮助我们查找需要的信息，而这些信息被归类为以下几大类别（详细的信息可以用 man 命令查询自己）：

```
vincent@ubuntu:~$ man man
    1 Shell 命令（默认已安装）
    2 系统调用
    3 库函数
    4 特殊文件（通常出现在/dev 目录下）
    5 文件的特殊格式或协定（如/etc/passwd 的格式）
    6 游戏
    7 杂项（如一些宏定义）
    8 系统管理员命令（通常只能由管理员执行）
    9 非标准内核例程
```

可见，实际上有 9 册 man 帮助文档来分别管理这些信息，但系统默认只安装了第 1 册（即查找 Shell 命令的 man 手册），其他 man 手册需要手动安装。

提示

如果 Ubuntu 当前没有安装完整的 man 手册，那可能查不到所需要的帮助资料，这时我们的第一个任务就是要在联网的情况下下载并安装相关的 man 帮助文档，命令如下：

```
vincent@ubuntu:~$ sudo apt-get install manpages
vincent@ubuntu:~$ sudo apt-get install manpages-dev
vincent@ubuntu:~$ sudo apt-get install manpages-posix
vincent@ubuntu:~$ sudo apt-get install manpages-posix-dev
```

有了完整的 man 手册之后就可以查找想要的信息了，如想要找关于 read 的用法和说明的信息，只需要在终端中输入：

```
vincent@ubuntu:~$ man -f read
read (2)        - read from a file descriptor
read (1posix)   - read a line from standard input
read (3posix)   - read from a file
```

这样，我们得到了关于 read 的若干条帮助项，究竟需要查阅哪一条帮助项取决于用户的需要。例如，read(1posix)提供的是 Shell 命令帮助信息，read (2)提供的是系统调用，read (3posix)提供的是库函数等，假如想要的是库函数 read 的帮助信息，需要输入：

```
vincent@ubuntu:~$ man 3posix read
```

man 命令实际上是去系统中已安装的 man 手册查找用户想要的信息，在很多情况下，系统命令和库函数，或者和系统调用之间重名，这时我们需要明确指出需要查询的内容，方法是先用-f选项执行 man 命令，使之罗列出相应的已安装的所有条目，再按照所需要的条目进行查找，当发现没有所要的条目时，则需要联网安装相应的 man 手册。

不管如何，读者要意识到，学会自己查阅帮助文档是非常重要的一个技能，因为无论是系统命令还是 API 接口函数，我们都不可能全部记住，也不必记住，只需依靠这个"男人"的命令 man（即 manual），自己动手即可丰衣足食。另外，man 手册还支持关键字查找，有时我们想找某个函数，但不知道名字，例如，只知道大概是实现获得用户名的功能，这时我们可以用关键字来查找，如下：

```
vincent@ubuntu:~$ man -k username
```

这时 man 手册将罗列所有包含 username 描述的函数。如果结果太多，那么就要再重写关键字了。

小知识普及

系统调用（System Calls）指的是操作系统向上层应用提供的接口函数，UNIX/Linux 的系统调用有家族式的简约美感，它们通常功能健壮单一。

系统调用使得应用程序不需要直接访问内核也能使用内核提供的功能，这有利于降低应用程序的复杂性、可移植性，有利于对操作系统接口做出统一规范的标准，也使得内核更加安全。

POSIX 全称 Potable Operating System Interfaces（可移植性操作系统接口），它实际上是

一组规范不同操作系统向上层应用程序提供的接口函数的标准，使得各种操作系统具有可移植性。X 透露出它与 UNIX/Linux 是一个阵营的，事实上 Linux 是遵循 POSIX 标准的典范。

1.1.7 配置共享目录

由于经常需要将 Windows 中的文件放到 Ubuntu 中去（或者相反方向），因此需要设置它们的共享目录，介绍 3 种方法。

第一种，使用 WMware 自带的"文件共享"的功能：单击"虚拟机"→"设置"，选择第二个标签"选项"，将文件夹共享设置为"总是启用"，然后添加我们需要共享文件夹即可，如图 1-20 所示。

图 1-20　配置 VMware 共享路径

第二种，在 Ubuntu 内安装 samba 服务，步骤如下。

（1）下载并安装：

```
vincent@ubuntu:~$ sudo apt-get install samba
```

（2）配置 samba，在文件/etc/samba/smb.conf 的末尾添加如下信息：

```
[myshare]
path=/opt
available=yes
browseable=yes
public=yes
writable=yes
```

其中，[myshare]是将来在 Windows 中看到的共享文件夹的名字，可以随便改，/opt 是 Ubuntu 中与 Windows 共享的目录，可以根据用户的需要修改，注意等号两边不能有空格。

（3）重新加载 samba 配置文件，并且重启 samba 服务：

```
vincent@ubuntu:~$ sudo service smbd reload
vincent@ubuntu:~$ sudo service smbd restart
```

图 1-21 从 Windows 系统访问 Linux

（4）在 Windows 中的开始菜单中单击"运行"按钮，输入用户的 Ubuntu 的 IP，如图 1-21 所示。

除此之外，还有一种更被广泛使用的方式来"共享"Linux 主机和 Windows 主机的文件，那就是 FTP，在公司做开发时，如果公司使用 Linux 系统开发，一般会有一台安装了 Linux 系统的服务器，在 Linux 系统中安装 FTP 服务端，我们作为开发组通过 Windows 的 FTP 客户端将资料上传或者下载，也非常方便。在 Ubuntu 中安装 FTP 服务端的命令是：

```
vincent@ubuntu:~$ sudo apt-get install vsftpd
```

安装完之后，需要对其配置文件/etc/vsftpd.conf 进行修改，找到文件中的以下两行语句：

```
#local_enable=YES
#write_enable=YES
```

将它们前面的#号去除，然后执行以下命令重新启动 FTP 服务：

```
vincent@ubuntu:~$ sudo service vsftpd restart
```

这样，我们的 Ubuntu 中的 FTP 服务已经搭建完毕，我们可以在 Windows 系统中使用任意一款 FTP 客户端软件来连接我们的 Ubuntu 了，例如，如图 1-22 所示的 FlashFXP。

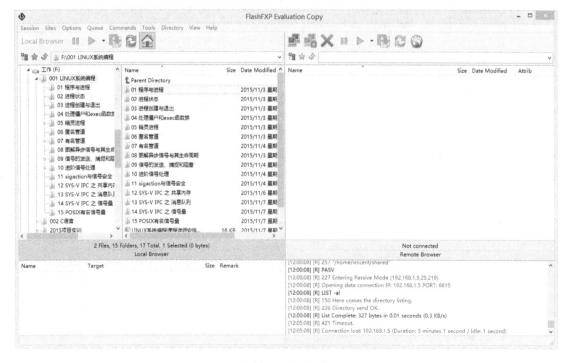

图 1-22　FlashFXP

按下 F8 键调出 FlashFXP 的快速连接窗口，输入 Ubuntu 主机的 IP 地址和用户名及密码，就可以浏览 Ubuntu 系统并上传和下载资料了。当然，上传资料需要对 Ubuntu 中相应的目录具有写权限，比如，要将某文件上传到/home/vincent/upload，则在 Ubuntu 中需要执行如下命令：

```
vincent@ubuntu:~$ chmod 777 /home/vincent/upload
```

关于如何设置目录写权限的更加详细的讲解，请参阅 1.2.2 节。

尽量不要使用 VMware-tools 提供的"拖拽"功能，即将文件直接从 Windows 拖拽到 Ubuntu 里面，虽然对于大部分小文件来讲都没问题，但是对于大文件和文件夹来说，会经常发生数据丢失的现象，这是因为在我目前的 VMware 版本中，vmwar-tools 这个工具还有 bug 没有被完全修复，无法保证大文件拖拽时的完整性和安全性。因此最好使用上面所介绍的共享文件夹的方法，或者自己配置 samba、FTP 服务来达到此目的，这也都是极好的方法。

1.2 Shell 命令

1.2.1 概念扫盲

Shell 是一类软件的"通称"，这类软件是一种解释器，所谓的 Shell 命令就是交由这类软件解释的。Shell（贝壳）正如其名字那样，如图 1-23 所示，保护着（或者说隔离着）操作系统，让应用程序可以更加轻易地达到某种特定的目的。例如，要罗列出当前目录的所有文件，有一个 ls 的命令封装了这种操作，我们可以将 ls 交由 Shell 去解释运行，得到我们的结果：

```
vincent@ubuntu:~$ ls
examples.desktop/  Dowload/  Public/  Picture/
```

图 1-23 贝壳

如果不使用这个命令以及背后解释它的 Shell 程序，我们将会看到这么简单的一个动作实则是一个非常复杂的过程，请看：

```
vincent@ubuntu:~$ strace ls
execve("/bin/ls", ["ls"], [/* 37 vars */]) = 0
brk(0)                              = 0x2050000
access("/etc/ld.so.nohwcap", F_OK)   = -1 ENOENT
access("/etc/ld.so.preload", R_OK)    = -1 ENOENT
open("/etc/ld.so.cache", O_RDONLY|O_CLOEXEC) = 3
......
```

strace 帮我们把 ls 所干的活儿大致展示出来，我们看到要完成一样实际可用的动作需要调用一系列复杂的系统函数，而所有的这些细节，都被封装在了这个精巧美妙的 Shell 命令——ls 当中了。

再比如，用户需要打印出当前系统的分区表，那么用另一个 Shell 命令 —— fdisk 即可，Shell 将会解释此命令，从内核中获得结果（通过内核提供的系统调用），并最终通过屏幕将结果显示出来。这个过程对于执行命令的用户而言是透明的，用户不必关心内核和硬件的具体工作细节。当我们双击"Terminal"图标时，会弹出来一个窗口，如图 1-24 所示。

图 1-24　Linux 伪终端

弹出来的这个窗口称为一个伪终端（相对于真正的终端设备而言，它只是一个软件画出来的虚拟窗口），这个终端闪烁着一个光标，表示它的后面运行着一个 Shell 程序，接着我们就可以输入 Shell 命令！在学习具体的 Shell 命令之前，先来看看终端里显示的命令提示格式。所谓的命令提示，就是对话框里显示的这句话：

```
vincent@ubuntu:~$
```

其中，用户名是 vincent，主机名是 ubuntu，当前路径是波浪号～，这是简写的家目录，相当于/home/vincent。

对 Shell 有个最简单的认识之后，我们立刻来学习日常生活中最需要用到的最重要的 Shell 命令，我们挑出 30 个命令详解（见表 1-2），这 30 个命令要是都掌握了，读者基本上对 Linux 系统的普通的日常操作就游刃有余了，如果读者以后还遇到这里没讲过的命令或者用法，没关系，有一个 man 命令会教读者如何自救，这就是所谓的"授人以渔"。

表 1-2　Shell 核心命令

命　　令	功　　能	示　　例	备　　注
alias	给命令起别名	alias c='clear'	取 clear 的别名为 c
cat	显示文本内容	cat file	显示 file 的内容
cd	修改当前路径	cd /etc	转到/etc 中去
chmod	修改文件访问权限	chmod 644 file	改 file 的权限为 644
chown	修改文件所有者	chown foo file	改 file 的所有者为 foo
clear	清屏	clear	清屏
cp	复制文件	1: cp file1 file2 2: cp dir1.0/ dir2.0/ -r	1: 复制 file1 为 file2 2: 复制 dir1.0/为 dir2.0/
df	查看文件系统信息	df -h	显示文件系统信息
diff	比较两文件的异同	1: diff file1 file2 -uN 2: diff dir1/ dir2/ -urN	1: 比较 file1 和 file2 2: 比较 dir1/和 dir2/
dpkg	手工安装软件包	dpkg -i example.deb	安装 example.deb
echo	显示字符串	echo "hello!"	显示"hello!"
find	查找文件	find / -name "*.c"	找出/下的所有.c 文件
grep	查找字符串	grep "abc" ./* -rwHn	在当前目录下的所有文件中找字符串"abc"

命　　令	功　　能	示　　例	备　　注
ifconfig	查看或修改网络	ifconfig eth0	查看 eth0 的网络信息
kill	发送信号	kill -s SIGKILL 1234	给进程 1234 发送信号 SIGKILL
ln	创建链接文件	1: ln apple a 2: ln apple a -s	1: 取 apple 别名为 a 2: 创建一个符号链接 a 指向 apple
ls	列出文件信息	ls -l	列出当前文件信息
man	查找帮助信息	man ls	查找关于 ls 的帮助
mount	挂载或卸载分区	mount /dev/x /mnt	将/dev/x 挂接到/mnt 下
more	分屏显示信息	ps -ef	more	分屏显示 ps -ef 的信息
mkdir	创建目录	mkdir dir/	创建新目录 dir/
mv	移动或重命名文件	1: mv file1 file2 2: mv file dir/	1: 改 file1 名字为 file2 2: 将 file 移动到 dir/去
pwd	显示当前路径	pwd	显示当前路径
ps	查看系统进程信息	ps -ef 或者 ps ajx	查看系统进程信息
rm	删除文件	1: rm file 2: rm dir/ -r	1: 删除 file 2: 递归地删除 dir/
sort	排序	sort file	对 file 排序后打印到屏幕
tar	归档或释放 压缩或解压	1: tar cjf a.tar.bz2 * 2: tar xjf a.tar.bz2 3: tar czf a.tar.gz * 4: tar xzf a.tar.gz	1: 将所有文件压缩为.bz2 2: 解压.bz2 文件 3: 将所有文件压缩为.gz 4: 解压.gz 文件
uniq	去掉相邻重复的行	uniq file	去除 file 中相邻的重复行
wc	计数器	wc a	计算 a 的行、单词和字符
which	查找所在路径	which ls	显示命令 ls 所在路径

1.2.2　命令详解

表 1-2 粗略地列举了 Linux 中最常用的 30 个 Shell 命令，下面按字母顺序对这些命令进行详细分析。

1．alias

这个命令用来给一个命令取一个绰号，比如 clear 命令经常要使用，老是敲 5 个字母太烦琐了，为了简单起见，给它起个绰号，就叫 c 吧：

```
vincent@ubuntu:~$ alias c='clear'
```

这样，只要按下一个字符'c'，就可以清屏了。另外，利用马上将要提到的 ln 命令可以给一个命令建立一个链接文件，看似也可以达到简化命令的功能，但是如果命令需要携带参数的话，ln 就无能为力了，此时只能使用 alias 命令，比如：

```
vincent@ubuntu:~$ alias ll='ls -l'
```

请注意，像上面那样在命令行执行 alias 得到的绰号是暂时的，也就是当关闭当前的 Shell 之后就失效了，要永久有效，就必须将这条命令写入~/.bashrc 的末尾中去。

2．cat

有时我们想查看一个文件的内容，但是又不想用 vim 来打开它，毕竟只想看一看而不需要编辑它。这时使用 cat 命令用来显示内容就很方便了，它的用法也非常简单：

```
vincent@ubuntu:~$ cat file
```

这样就可以将文件 file 的内容显示到屏幕上了。有时我们想查看这个文件中的不可见字符，可以这样：

```
vincent@ubuntu:~$ cat file -A
```

一个常见的情况是：如果我们的文件来自 Windows 系统，那么它里面有可能包含特殊编码的不可见字符，比如中文的空格、中文的换行、中文的制表符，这些看不见的非英文字符在普通的文本文件中倒是无所谓，但是它们会使得一个源程序编译不通过，而且难以察觉。最后，cat 并不是猫的意思，而是 conCATenate 的中间 3 个字母的缩写。原意是连接，比如下面的代码，将 file2 连接到了 file1 的后面：

```
vincent@ubuntu:~$ cat file2 >> file1
```

3．cd

这个命令的全名是 change directory，顾名思义，cd 就是用来改变当前路径的，用法非常简单。

（1）将当前路径改为/etc/vim：

```
vincent@ubuntu:~$ cd /etc/vim/
```

（2）回到家目录：

```
vincent@ubuntu:/etc/vim$ cd
```

（3）回到刚刚去过的地方：

```
vincent@ubuntu:~$ cd -
```

cd 这个命令是如此的基本和常用，以至于我们使用 which cd 都找不到它，因为它已经成为 Shell 的内置功能了，也就是说 Shell 本身内置了这个命令。

4．chmod

这个命令用来方便我们改变文件相应的权限，使用 ls-l 命令可以得到关于文件的 3 组权限：文件所有者的权限、文件所属组的权限和其他人的权限。chmod 可以分别更改它们的权限，也可以一次性进行修改。

改变文件所有者权限示例：

```
vincent@ubuntu:~$ chmod u+r file （给 file 加上所有者的读权限）
vincent@ubuntu:~$ chmod u-w file （给 file 减去所有者的写权限）
vincent@ubuntu:~$ chmod u=x file （使 file 的所有者对 file 只具有执行权限）
```

如上所示，要设置文件的所有者对该文件的权限，可以通过"u+"、"u−"或者"u="进行操作。其实，这些操作可以写在一起，用逗号隔开即可（注意逗号、加号、减号和等号两边都不能有空格）：

```
vincent@ubuntu:~$ chmod u+r,u-w,u=x file
```

权限也可以写到一起，因此如果想要把该文件的所有者权限设置为 rw-，则命令如下：

```
vincent@ubuntu:~$ chmod u=rw file
```

对这个文件的所属组用户和其他人用户设置权限的方法跟以上对其所有者的设置方法基本一样，唯一的不同是需要把 u 相应地改成 g（group）和 o（others）。

另外，如果想要改变一个目录里所有文件的权限，可以用选项 -R 递归地改变：

```
vincent@ubuntu:~$ chmod u=rwx,go=rw dir/ -R
```

这样，目录 dir/及其子目录下的所有文件的权限都变成 rwxrw-rw-了。

上面提到过，除了这种通过 u、g 或者 o 来指定要改变的组的权限之外，还可以一次性地改变文件的 3 个组的权限。例如，要将文件 file 的权限更改为 rw-r--r--，则可以写成：

```
vincent@ubuntu:~$ chmod 644 file
```

读者可能注意到了，644 这个 3 位数依次分别对应了 3 个组，而且：权限打开对应 1，权限关闭对应 0。因此 rw-r--r--对于数字 110100100，3 个为一组，写得更清楚一点，它们的对应关系是：

r	w	–	r	–	–	r	–	–
1	1	0	1	0	0	1	0	0

我们把 3 个为一组组成一个八进制数字，来代表相应组对此文件的权限，显然对于这个文件来说就是 644 了。再举个例子，假如我们需要将一个文件的权限设置为 r-x-wxrw-，因为其对应 101011110，写成八进制就是 536，因此命令可以写成：

```
vincent@ubuntu:~$ chmod 536 file
```
（等价于 chmod u=rx,g=wx,o=rw file）

5. chown

这个命令可以改变文件的所有者。如需把文件 file 的所有者设置为 foo，则命令如下：

```
vincent@ubuntu:~$ chown foo file
```

当然这需要相应的权限，例如，不能随便把属于 root 用户的文件改成属于自己的。其实 chown 命令不仅可以用来改变文件所有者，也可以用来修改文件的所属组：

```
vincent@ubuntu:~$ chown foo file
```
（把 file 的所有者改成 foo）
```
vincent@ubuntu:~$ chown :bar file
```
（把 file 的所属组改成 bar）
```
vincent@ubuntu:~$ chown foo:bar file
```
（把 file 的所有者和所属组改成 foo 和 bar）

6. clear

这是一个简单到连参数都没有的命令，简单明了、实用而低调。其作用就是清屏，用法如下：

```
vincent@ubuntu:~$ clear
```

7. cp

当需要复制文件或者目录时，cp 命令可以帮忙。具体用法如下：

```
vincent@ubuntu:~$ cp file1 file2
vincent@ubuntu:~$ cp dir_1.0/ dir_2.0/ -r
```

以上命令分别将普通文件 file1 和目录 dir_1.0/复制了一份。注意，当我们要复制的文件是一个目录时，需要加上选项-r，表示递归地复制。

另外，如果复制时所指定的副本名称已经存在，默认的情况下是覆盖它的，换句话说，如果当前目录已经存在 file2，则在权限允许的情况下 file1 的副本将会覆盖原来的 file2 文件。

如果想要在覆盖之前有个提示，交互式地进行，那么跟删除一样，可以加选项-i，例如：

```
vincent@ubuntu:~$ cp file1 file2 -i
cp: overwrite 'file2' ?
```

8. df

df 命令用来查看当前文件系统的详细情况，常用的选项是-h，这样就能以兆字节（MB）或者吉字节（GB）的方式，更加直观地显示磁盘空间的大小，用法如下：

```
vincent@ubuntu:~$ df -h
```

该命令将列出如图 1-25 所示的信息，展示了当前系统中已经识别且被正确挂载的所有文件系统，包括虚拟文件系统。有时在插入 U 盘、光盘或 SD 卡时，该命令可以帮助我们查看其自动挂载的路径。

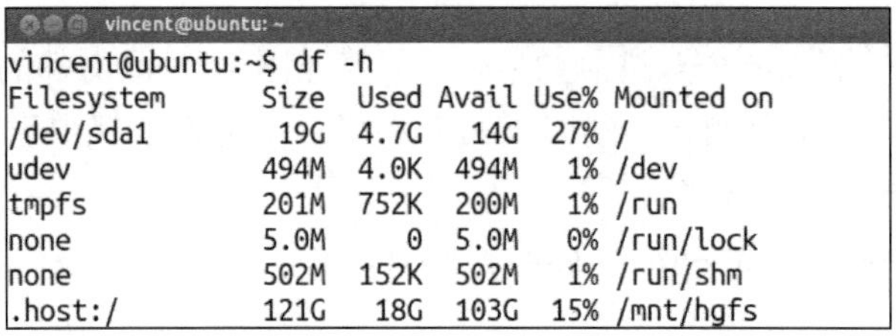

```
vincent@ubuntu:~$ df -h
Filesystem      Size  Used Avail Use% Mounted on
/dev/sda1        19G  4.7G   14G  27% /
udev            494M  4.0K  494M   1% /dev
tmpfs           201M  752K  200M   1% /run
none            5.0M     0  5.0M   0% /run/lock
none            502M  152K  502M   1% /run/shm
.host:/         121G   18G  103G  15% /mnt/hgfs
```

图 1-25　文件系统信息

9. diff

这是一个非常厉害的命令，用来对比两个文件或者目录的异同，并将之加工成符合某种格式的文档，这就是大名鼎鼎的补丁文件。毫不夸张地说：diff 是各类版本管理软件（如 svn、git 等）的基石。

要搞清楚 diff 的基本用法，最直接的办法是用两个目录进行对比，假设目录 dir_1.0/和 dir_2.0/是供我们实验的软件的两个版本，我们先假设目录 dir_1.0/如下：

```
vincent@ubuntu:~$ tree dir_1.0/ -F
dir_1.0/
├── article/
│   └── bigbang.txt
├── example.c
└── example.txt
```

dir_1.0/包含一个子目录 article/以及两个文件 example.txt 和 example.c，而 article 里包含一个文件 bigbang.txt。这几个文件里的内容也一并展示给大家：

```
vincent@ubuntu:~/dir_1.0$ cat article/bigbang.txt -n
    1  Once upon a time...

vincent@ubuntu:~/dir_1.0$ cat example.c -n
    1  #include <stdio.h>
    2
    3  int main(void)
```

```
4   {
5       int a = 100;
6
7       printf("a=%d\n", a);
8   }
```

```
vincent@ubuntu:~/dir_1.0$ cat example.txt -n
    1   this is testing string
```

而目录 dir_2.0/的详细情况如下：

```
vincent@ubuntu:~$ tree dir_2.0/ -F
dir_2.0/
├────── article/
│       └────── friends.doc
├────── example.c
├────── example.txt
└────── notes/
        └────── health.txt
```

其中，在 2.0 版本中做了如下改动：

（1）删除了原来的 bigbang.txt。

（2）新创建了一个 friends.doc。

（3）修改了 example.c。

（4）新创建了一个目录 notes/。

（5）在新目录里创建了一个新文件 health.txt（example.txt 没有被修改过）。

各个文件在 2.0 版本中的情况如下：

```
vincent@ubuntu:~/dir_2.0$ cat article/friends.doc -n
    1   Saturday night
    2   TV show
    3   happy hour
```

```
vincent@ubuntu:~/dir_2.0$ cat example.c -n
    1   #include <stdio.h>
    2
    3   int main(void)
    4   {
    5       int a = 100;
    6       printf("a=%d\n", a);
    7
    8       return 0;
    9   }
```

```
vincent@ubuntu:~/dir_1.0$ cat example.txt -n
    1   this is testing string
```

```
vincent@ubuntu:~/dir_2.0$ cat notes/health.txt -n
```

```
1   running: 12Km
2   calories:500cal
```

现在使用 diff 命令来对比并生成 2.0 的补丁文件：

```
vincent@ubuntu:~$ diff dir_1.0/ dir_2.0/ -urNB > dir_2.0.patch
```

命令中各个选项的作用如下。

- u：使用"合并的格式"来输出文件的差异信息。
- r：递归地对比所有的子目录下的文件。
- N：将不存在的文件视为空文件。
- B：忽略由空行引起的差异。

然后，将输出结果重定位（关于重定位的详细内容参阅 1.3.4 节）到 dir_2.0.patch 中去，换句话说 dir_2.0.patch 就是版本 2.0 相对于 1.0 的补丁。使用 cat 命令来观察一下这个文件：

```
vincent@ubuntu:~$ cat dir_2.0.patch -n
1   diff -urNBa dir_1.0/article/bigbang.txt dir_2.0/article/bigbang.txt
2   --- dir_1.0/article/bigbang.txt    2014-01-14 21:52:03.4381 +0800
3   +++ dir_2.0/article/bigbang.txt    1970-01-01 08:00:00.0000 +0800
4   @@ -1 +0,0 @@
5   -Once upon a time...

6   diff -urNBa dir_1.0/article/friends.doc dir_2.0/article/friends.doc
7   --- dir_1.0/article/friends.doc    1970-01-01 08:00:00.000 +0800
8   +++ dir_2.0/article/friends.doc    2014-01-14 21:57:40.214 +0800
9   @@ -0,0 +1,3 @@
10  +Saturday night
11  +TV show
12  +happy hour

13  diff -urNBa dir_1.0/example.c dir_2.0/example.c
14  --- dir_1.0/example.c       2014-01-14 21:52:03.438102 +0800
15  +++ dir_2.0/example.c       2014-01-14 21:31:31.038072 +0800
16  @@ -3,6 +3,7 @@
17   int main(void)
18   {
19     int a = 100;
20  -
21     printf("a=%d\n", a);
22  +
23  +  return 0;
24   }

25  diff -urNB dir_1.0/notes/health.txt dir_2.0/notes/health.txt
26  --- dir_1.0/notes/health_record.txt    1970-01-01 08:00:00 +0800
27  +++ dir_2.0/notes/health_record.txt    2014-01-14 21:39:25 +0800
28  @@ -0,0 +1,2 @@
29  +running: 12Km
30  +calories:500cal
```

这个文件总共有 4 部分，每一部分都是 2 个文件的差异信息，以第 3 个为例，解释如下：

```
13  diff -urNBa dir_1.0/example.c dir_2.0/example.c
```

这一行代表了在递归执行命令时，运行到 example.c 的命令实例。

```
14  --- dir_1.0/example.c        2014-01-14 21:52:03.438102 +0800
15  +++ dir_2.0/example.c        2014-01-14 21:31:31.038072 +0800
```

"---" 的意思是修改前的文件，"ⅠⅠⅠ" 的意思是修改后的文件。

```
16  @@ -3,6 +3,7 @@
17   int main(void)
18   {
19      int a = 100;
20  -
21      printf("a=%d\n", a);
22  +
23  +   return 0;
24   }
```

使用 @@ 包含起来的是对修改的行号的说明，-3,6 意味着修改前的文件的第 3 行到第 6 行（即 patch 文件中的第 19 行到第 21 行），+3,7 意味着修改后的文件的第 3 行到第 7 行（即 patch 文件中的第 19 行到第 23 行）。

从中可以看出，第 20 行只存在于 1.0 版本之中，而第 22 行和第 23 行是 2.0 版本新增的内容。这种格式将新旧文件差异的地方列出来，而对于相同的地方（如前两行和最后一行）则合并输出，这是由参数 u 提供的特性，是最实用也是最常用的特性，能大大减少两个版本之间信息的重复出现。

事实上，提到 diff 就不得不提它的"好朋友"：patch，毕竟 diff 辛辛苦苦生成的补丁文件就是给 patch 命令使用的，就以上面的 dir_2.0.patch 为例，利用 patch 命令可以将此补丁打到 dir_1.0 当中去，使之升级为 dir_2.0 版本的示例操作如下：

```
vincent@ubuntu:~$ ls -F
dir_1.0/  dir_2.0/  dir_2.0.patch

vincent@ubuntu:~$ cd dir_1.0/
vincent@ubuntu:~/dir_1.0$ patch -p1 < ../dir_2.0.patch
patching file article/bigbang.txt
patching file article/friends.doc
patching file example.c
patching file notes/health_record.txt
```

这样，就打好补丁了。这里的关键是 patch 命令的参数，-p1 的意思是忽略补丁文件中的路径一级分量，这是什么意思呢？请看 dir_2.0.patch 的信息：

```
vincent@ubuntu:~$ cat dir_2.0.patch -n
    1   diff -urNBa dir_1.0/article/bigbang.txt dir_2.0/article/bigbang.txt
        ......
```

```
6    diff -urNBa dir_1.0/article/friends.doc dir_2.0/article/friends.doc
     ……
13   diff -urNBa dir_1.0/example.c dir_2.0/example.c
     ……
```

注意，对于 dir_1.0 版本而言，每一个 diff 命令对比的文件路径的第一级分量都是 dir_1.0，比如文件 bigbang.txt 在补丁文件中的路径是 dir_1.0/article/bigbang.txt，这意味着要使 patch 命令能正确找到 bigbang.txt，就必须在与 dir_1.0/同级别目录中被执行，而在上面的示例操作中，我们并非在与 dir_1.0/同级别目录中执行 patch，而是在 dir_1.0/内执行该命令，因此必须去掉 dir_1.0/article/bigbang.txt 中的第一级目录分量 dir_1.0/，变成 article/bigbang.txt，才能使得 patch 正确地找到需要打补丁的文件。

同理，如果需要忽略两级目录分量，就要写-p2，如果不需要忽略目录分量（如该例中在～/下打补丁），就要写-p0。必须承认，patch 命令的这个参数是笔者见过所有命令参数中最难懂的参数，没有之一，但愿笔者的解释让读者明白了一些。

10. dpkg

在 Ubuntu 中，软件安装包的后缀是.deb，如果我们有一个安装包叫 example.deb，可以这样手工地安装它：

```
vincent@ubuntu:~$ sudo dpkg -i example.deb
```

当然，推荐的安装软件包的方式是使用 APT 软件管理器，它能帮助我们解决软件和库的依赖关系。

11. echo

顾名思义（echo 的中文意思是"山谷的回音"），echo 可以让我们指定的字符串在屏幕上"回显"出来，相当于 C 程序中的 printf( )函数，例如：

```
vincent@ubuntu:~$ echo "hello!"
```

执行以上命令将会在屏幕上出现 hello!字样，如果要让 echo 支持转义字符，那么要加上选项-e，例如：

```
vincent@ubuntu:~$ echo -e "hello\tworld!"
```

12. find

顾名思义，find 命令当然是要帮助我们"找东西"的，找什么呢？找文件！找符合我们指定的某一特征的文件。查找时需要告诉 find 命令我们打算在哪里找，按照哪种方式找（如按名字找）。例如，要在/opt/src 中查找所有以.c 结尾的文件：

```
vincent@ubuntu:~$ find /opt/src -name "*.c"
```

默认情况下，find 命令会递归地查找所执行的目录下的所有子目录。find 命令除了可以像上面写到的那样按照文件的名字来查找，还可以按文件的权限、文件的类型、文件的索引节点编号等来查找，以下罗列了一些常用的查找方式的示例（更详细的说明请参阅 man 手册）。

```
vincent@ubuntu:~$ find /opt/src -empty （查找所有空文件和目录）
```

```
vincent@ubuntu:~$ find /opt/src -size n[cwbkMG] （查找大小为 n 的文件）
vincent@ubuntu:~$ find /opt/src -executable （查找所有可执行文件）
vincent@ubuntu:~$ find /opt/src -mmin n （查找 n 分钟之前修改过的文件）
vincent@ubuntu:~$ find /opt/src -type [bcdpfls] （查找某种类型的文件）
vincent@ubuntu:~$ find /opt/src -uid n （查找所有用户 ID 为 n 的文件）
```

13. grep

它用来在文件里查找字符串。例如，要在 example.c 中查找字符串"abc"，则可以写成：

```
vincent@ubuntu:~$ grep "abc" example.c
```

下面是 grep 常用的选项。

-r：如果有子目录，则递归地查找。

-w：严格匹配指定的单词（如指定查找"apple"，"appletree"将被剔除）

-n：打印行号

-H：打印文件名

例如，递归地在/opt/src 下查找所有包含单词"apple"的.c 文件，并打印出含有该单词的文件名称和该单词在文件中的行号，命令是：

```
vincent@ubuntu:~$ grep "apple" /opt/src/*.c -rwnH
```

我们通常需要查找某一类文件，再在这些文件中查找我们需要的字符串或者单词，这时我们可以将 find 和 grep 命令通过管道"|"连接起来一起用，实现更加强大的功能。例如，要在/opt/src 的所有普通文件中查找单词"apple"，要求剔除像"appletree"这样的单词：

```
vincent@ubuntu:~$ find /opt/src -type f | xargs grep "apple" -wnH
```

xargs 代表 find 的输出作为 grep 的参数（否则 grep 只会在 find 找出来的文件列表名称中查找"apple"，而不会进入文件内部查找）。

14. ifconfig

这是一个最常使用的命令之一（请注意不是 ipconfig，这是 DOS 命令），用以查看以及修改系统的网络相关配置信息，具体如下。

（1）查看系统中已激活的所有的网络端口信息：

```
vincent@ubuntu:~$ ifconfig
```

（2）查看系统中指定的网络端口信息（以第 0 块以太网卡 eth0 为例）：

```
vincent@ubuntu:~$ ifconfig eth0
```

（3）修改系统中指定的网络端口的 IP 地址（以第 0 块以太网卡 eth0 为例）：

```
vincent@ubuntu:~$ ifconfig eth0 192.168.xxx.xxx
```

（4）停用系统中指定的网络端口（以第 0 块以太网卡 eth0 为例）：

```
vincent@ubuntu:~$ ifconfig eth0 down
```

（5）启用系统中指定的网络端口（以第 0 块以太网卡 eth0 为例）：

```
vincent@ubuntu:~$ ifconfig eth0 up
```

15．kill

如果要评选一个最名不符实的 Shell 命令，kill 应该占有一席之地，kill 命令并非要"杀死"某一个进程，而只是给一个指定的进程或者进程组发送一个指定的信号。

（1）查看当前系统所支持的信号：

```
vincent@ubuntu:~$ kill -l
 1) SIGHUP      2) SIGINT     3) SIGQUIT     4) SIGILL    5) SIGTRAP
 6) SIGABRT     7) SIGBUS     8) SIGFPE      9) SIGKILL  10) SIGUSR1
......
```

可以看到系统中，每一个信号其实都有一个编号，如 1 号信号是 SIGHUP，而 2 号信号是 SIGINT 等。

（2）给一个 ID 为 1234 的进程发送一个信号 SIGXXX：

```
vincent@ubuntu:~$ kill -s SIGXXX 1234
```

提示：如果 SIGXXX 的信号编号是 N，可以执行以下等效的命令：

```
vincent@ubuntu:~$ kill -N 1234
```

（3）给一个 ID 为 1234 的进程组发送一个信号 SIGXXX：

```
vincent@ubuntu:~$ kill -s SIGXXX -1234
```

至于一个进程或者一个进程组的 ID 怎么获得，请查看下面关于 ps 命令的详细讲解。

16．ln

这个命令有两个作用：一个是给一个文件取个别名（即增加了一个引用），称之为硬链接；另一个是给一个文件建立一个快捷方式，称之为"软连接"。

（1）给文件 file1 增加一个名字 file2：

```
vincent@ubuntu:~$ ln file1 file2
```

此时 file1 和 file2 其实是同一个文件的两个名字而已。

（2）给文件 a.txt 建立一个"快捷方式"ln2a.txt：

```
vincent@ubuntu:~$ ln a.txt ln2a.txt -s
```

关于上面的 file2，它有 3 个名称：俗语叫硬链接，专业术语叫"引用"，民间叫法是"别名"，都是一个意思。一个人可以有很多个名字和小名，但是不管有几个名字，都是一个人。同样，文件也可以有很多个名字，这就是文件的硬链接个数，系统判断一个文件所占用的磁盘空间是否要回收，依据就是这个文件所谓的硬链接个数，当一个文件的硬链接个数为 0 时，系统就会回收这个文件相对应的磁盘空间，因为没用任何方式可以使用这个文件了！这也是为什么系统删除一个文件用的函数为 unlink( )的原因，因为 unlink( )这个函数就是用来解除文件的链接个数（别名）的。

另外，文件 ln2a.txt 称为软链接文件，这是跟以前的硬链接相对而言的，事实上它的名字应称为"符号链接"（即 Symbolic Link）。在发明它之前，世界上只有硬链接，但是硬链接有自己的硬伤：

硬链接是有限制的，它不能指向目录文件，也不能跨文件系统。原因分别如下。

（1）硬链接不是独立的文件，而是文件的别名，指向目录的硬链接可能会引起自身引用的无穷嵌套。

（2）硬链接跟目标文件用的是同一个 i 节点编号，而 i 节点编号是一个文件系统内的属性，这个编号就像一个国家的公民身份号码一样，这个号码到了别的国家是无效的，因此硬链接不能跨文件系统。

因为这些硬伤，硬链接逐渐被请了下台，软链接取而代之，后者是一个独立的文件（所谓的独立指的就是它拥有自己的 i 节点编号），是硬链接文件的扩展，可以支持指向目录义件及跨文件系统操作。

17. ls

这应该是我们学习使用 Linux 系统最先使用的命令了，它的作用很简单，就是列出当前文件的信息，我们学习这个命令不仅要学习它的用法，更关键的是的通过它来认识 Linux 系统中有关文件的很多属性。

下面列出 ls 最常见的用法。

（1）列出当前目录下的文件的名字：

```
vincent@ubuntu:~$ ls
Desktop  Download  examples.desktop  test
```

（2）列出当前目录下的文件的详细信息：

```
vincent@ubuntu:~$ ls -l
total 24
drwxr-xr-x  2 vincent vincent 4096    Nov 20 23:45 Desktop
drwxrwxr-x  7 vincent vincent 4096    Dec 29 22:18 Download
-rw-r--r--  1 vincent vincent 8445    Nov 20 23:35 examples.desktop
drwxrwxr-x  4 vincent vincent 4096    Jan 14 23:01 test
```

加上了选项-l，此时不仅显示出文件名，还将文件的类型、权限、大小、所有者等信息也一并显示。有时想查看当前路径下包括隐藏文件在内的所有文件的信息，则可以加上选项-a，如图 1-26 所示。

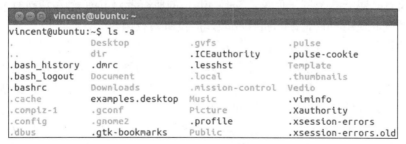

图 1-26　使用命令 ls 查看隐藏文件

观察图 1-26，家目录"～"下其实有很多隐藏的文件（在 Linux 下所有的东西都可称为文件，目录也是一种文件），这些隐藏的文件均以小圆点开头，如文件".bashrc"、文件".vim"、文件".."等。一般而言"配置文件"都会被设置为隐藏的文件，因为在不为一个软件配置信息时并不需要访问它们。比如上面的".bashrc"，它是 bash 的配置文件，还记得 bash 吗？它是用户的 Shell 程序，因此如果在以后需要改变 Shell 的一些属性时，我们就需要来访问并可能修改该配置文件（如设置命令记忆长度、设置环境变量等）。另外"︰."指的是父目录，"."指的是当前目录。

当然，这些选项可以一起用，如图 1-27 所示。

```
😕 🗐 🗐    vincent@ubuntu: ~/dir
vincent@ubuntu:~/dir$ ls -la -i
total 12
819303 drwxrwxr-x  3 vincent vincent 4096 Dec 13 16:57 .
810669 drwxr-xr-x 17 vincent vincent 4096 Dec 13 16:56 ..
812727 -rw-rw-r--  2 vincent vincent    0 Dec 13 16:56 file1
812727 -rw-rw-r--  2 vincent vincent    0 Dec 13 16:56 file2
819304 drwxrwxr-x  2 vincent vincent 4096 Dec 13 16:57 subdir
816838 -rw-rw-r--  1 vincent vincent    0 Dec 13 16:57 test.bz2
```

图 1-27　使用多个选项的 ls 命令

注意，上面的命令"ls –la -i"相当于"ls -l -a -i"。我们可以将多个选项合并在一起写。命令本身很简单，我们来看看这个命令所显示出来的文件信息，这个对于我们了解 Linux 下的文件有很大的帮助。

下面来详细解释一下上面这个通过 ls 罗列出来的各个文件属性。首先，最前面的 1 个字符代表文件的类型，具体来说 Linux 中总共有 7 种不同的文件类型，分别是：

d（dircctory）：　　　　目录
l（link）：　　　　　　符号链接（或称软连接）
p（pipe）：　　　　　　有名管道（或称 FIFO）
s（socket）：　　　　　本地套接字（或称 UNIX 域套接字）
c（character）：　　　　字符设备节点文件
b（block）：　　　　　块设备节点文件
-（regular）：　　　　　常规文件（包括二进制文件和文本文件）

其次，接下来的 9 个字符 3 个为一组，分别为文件所有者、文件所属组和系统其他用户对此文件的权限，接下来的数字代表该文件的"硬连接数"。

观察 file1 那个文件，该文件的权限为"rw - r - - r - -"。一组权限中的 3 个字符含义分别是读、写和执行，对于这个例子而言，文件 file1 的所有者对其有读/写和执行权限，但其所属组成员和系统其他用户只有读和执行权限，而没有写权限。

对于文件权限，注意以下几点。

（1）对于目录而言，有读权限意味着可以读取目录内容，有写权限意味着可以在此目录中创建和删除文件，有执行权限意味着可以打开该目录（要访问一个文件，必须对该文件完整路径的每一个目录分量都具有可执行权限）。

（2）对于普通的非可执行文件而言（如一个普通的文本文件），可执行仅仅代表可以请求程序加载器加载该文件，但是并不保证能运行（普通文本文件当然不能运行，除非是 ELF 格式或其他 Linux 系统支持的可执行文件格式，因此执行权限 x 是对可执行格式的文件而言的）。

接下来的数字称为硬链接，所谓的硬链接数指的就是该文件的引用计数，每个文件维护自身的一个引用计数，当引用计数为 0 时，系统便会删除该文件的索引节点及其所对应的数据块。关于一个文件的索引节点，又被称为 inode 结构体或 i 节点（i 实际上就是 index 的意思），里面存放了文件的所有控制信息（除了文件名和 inode 号）。

如图 1-28 所示，一个文件的控制信息被放在两个地方，其中文件名和索引号（即 i 节点编号）被放在了对应的目录项中，其余信息放在了 inode 结构体中。文件的具体内容存放在数据块中，inode 结构体中有相应的指针指向文件的具体内容。一个文件的硬链接数指的就是指向该文件 inode 结构体的指针个数，比如，文件 file1 的硬链接数为 2，因为它还有个名字称 file2，注意它们是同一个文件，因为它们的索引号是一样的（812727）。而目录 subdir/的硬链接数也是 2，因为它也有 2 个引用。

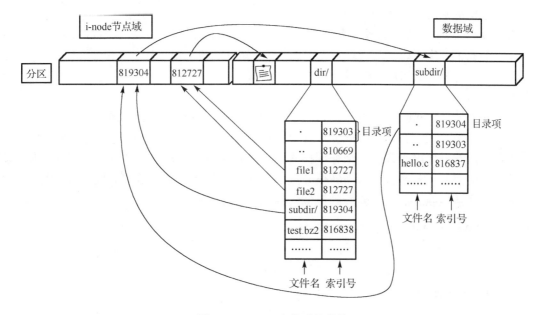

图 1-28　Linux 文件系统结构

当系统发现某个 inode 结构体的引用计数（即指向它的指针数）为 0 时，则会把相应的数据块标记为空闲，表现为删除了某个文件。

以 file1 文件为例，接下来的"vincent vincent"分别是文件的所有者和所属组名称。0 是文件的大小，这是一个空文件。

而目录的大小一般是 4k 的整数倍，因为目录实际上存放了该目录下所有文件的目录项（名字和索引号），由于一个目录里的文件个数一般而言经常变动，因此目录的大小有一个固定的步进值，一般就是一次 4k 的整数倍增大或减小。

目录项里存放了文件的名称和 inode 号，文件的其他控制信息放在 inode 里面。另外，对于常规文件而言，这个字段数值并不能真实反映其大小，如当一个常规文件具有空洞时，其值可能大于其真实占用的存储空间。

接下来是文件的时间戳，记录了该文件最近一次被修改的时间。

18. mount

该命令用来将一个分区，挂载到我们所指定的一个目录中去。如果读者对 Linux 的目录系统和分区组织形式不熟，也许这个命令会让人头痛，但不要紧，下面具体讲述该命令。

首先，一个最重要的事情就是要搞清楚 Linux 中分区和目录的关系，我们不妨从熟悉的 Windows 系统说起，在 Windows 系统中，我们一般会有若干个"盘"，如图 1-29 所示。

| 本地磁盘(C:) | 软件(D:) | 文档(E:) | 娱乐(F:) | 个人资料(H:) | 工作相关(I:) | 备份(J:) |

图 1-29　Windows 系统的磁盘

　　每一个"盘"其实就是一个分区，也就是一个文件系统，里面可以包含很多的目录和文件。在 Windows 中是先有分区再有目录的，比如我们要安装 Windows 系统，那就要先分好区，然后选择将系统安装到一个指定的分区之中。

　　由于 Windows 系统中的每一个分区都是一个单独的目录树，实际上 Windows 系统的所有文件就构成了一座"森林"。每一个盘符就是一棵目录树的根，比如 C:\就是第一个硬盘目录的根，除此之外还有 D:\、E:\等，所有这些目录和文件都是在分区确定之后，在分区之下被生成出来的。

　　一句话总结：Windows 系统中，目录从属于分区，先有分区再有目录。

　　而 Linux 则相反：Linux 中分区从属于目录。如何理解？Linux 系统在自举时，根目录/就已经存在，然后要求必须有一个分区挂载到这个目录下面，而且这个分区必须包含操作系统的引导代码，这个分区就是所谓的根分区，里面的文件系统就是所谓的根文件系统，当这个特殊的分区被挂载之后，将会看到类似这样的一棵目录树：

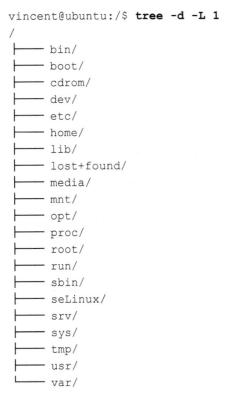

```
vincent@ubuntu:/$ tree -d -L 1
/
├───── bin/
├───── boot/
├───── cdrom/
├───── dev/
├───── etc/
├───── home/
├───── lib/
├───── lost+found/
├───── media/
├───── mnt/
├───── opt/
├───── proc/
├───── root/
├───── run/
├───── sbin/
├───── seLinux/
├───── srv/
├───── sys/
├───── tmp/
├───── usr/
└───── var/
```

　　此后，假设我们还有其他的分区（如另一块硬盘、U 盘、SD 卡，甚至光驱、远程共享文件目录等），假设分区的名字为/dev/sdb，要访问这个分区，就必须将该分区挂载到这棵根目录树中的某一个目录下，如/mnt，挂载的命令如下：

```
vincent@ubuntu:~$ sudo mount  /dev/sdb  /mnt
```

这里要解决两个问题。

第一，/dev/sdb 这个名是怎么来的？

第二，挂载后/mnt 这个地方会发生什么变化？

首先，/dev/sdb 这个分区的名字，在分区接入计算机之后，是由系统自动识别并生成的，要查看当前系统都识别了哪些分区，可以输入命令：

```
vincent@ubuntu:~$ sudo fdisk -l
```

fdisk 可以帮助我们快速浏览当前系统已识别的分区，还可以得到我们想要的分区的名字。

其次，/mnt 这个地方被称为挂载点，挂载成功之后，挂载点的访问路径将会被新的分区所掩盖，也就是说，现在再访问/mnt，将会进入新分区，而原来/mnt 路径下的文件虽然都还在，但是由于访问路径被掩盖，于是也就无法访问了，直到这个分区被卸载。

> **注意**
>
> 　既然挂载点之下的路径在成功挂载之后无法访问，因此在挂载新分区时千万不可以将挂载点指定为系统的敏感目录，如/etc、/bin、/lib 等，这些目录一旦被掩盖，系统将不能再正常运行了。

另外，卸载一个分区的方法有两种，既可以卸载分区名，也可以卸载其挂载点：

```
1 vincent@ubuntu:~$ sudo umount /dev/sdb
2 vincent@ubuntu:~$ sudo umount /mnt
```

19. more / less

这两个命令的功能几乎是一模一样的，都是用来分屏显示信息的。例如，使用 ps -ef 这个命令显示出来的系统进程的信息往往非常长，一下子会将屏幕往后翻了好几页，如果对信息最前面的内容感兴趣，看起来就比较麻烦，这时可以使用 more 或者 less 来分屏显示：

```
vincent@ubuntu:~$ ps -ef | more
vincent@ubuntu:~$ ps -ef | less
```

按空格或者回车键向下翻阅，按 q 键退出即可。当然，一些内容比较庞大而我们又不想打开的文件，也可以用 more 和 less 来查看，例如：

```
vincent@ubuntu:~$ more example.txt
```

20. mkdir

毫无悬念，该命令用来创建一个空目录。例如，在当前目录下创建一个空目录 apple：

```
vincent@ubuntu:~$ mkdir apple
```

如果想一次性创建多个递归的空目录，则可加一个选项 -p 来达到此目的，例如：

```
vincent@ubuntu:~$ mkdir food/fruit/apple -p
vincent@ubuntu:~$ tree food
food/
└── fruit/
    └── apple/
```

那么这个命令的结果就是创建了 3 个连续的空目录。

21. mv

这个命令有两个功能，分别是移动和重命名。示例如下。

（1）将文件 file 移动到./dir 中去：

```
vincent@ubuntu:~$ mv file ./dir
```

（2）将文件 file1 重命名为 file2：

```
vincent@ubuntu:~$ mv file1 file2
```

注意，当 mv 的第 2 个参数是一个合法的路径时，mv 意味着移动，否则 mv 意味着重命名。

为什么 mv 移动大文件很快？

当使用 mv 来移动文件时，如果没有跨分区，我们会发现移动是瞬间完成的，因为它根本不会"移动"文件的数据，而仅仅是改变了源目录和目标目录的相应目录项而已。但如果是跨分区移动文件，那就必须真正地"移动"文件的数据了。

22. pwd

该命令用于打印当前工作路径。非常简单，简单到没有任何参数，用法如下：

```
vincent@ubuntu:~$ pwd
/home/vincent
```

其中/home/vincent 就是当前的工作路径（在 Shell 中家目录被简化成波浪线～）。

23. ps

这个命令的全称是 process state，用来查看系统进程的详细信息。它的参数非常多，最常用的一些组合是：

```
vincent@ubuntu:~$ ps -ef
vincent@ubuntu:~$ ps aux
vincent@ubuntu:~$ ps ajx
```

24. rm

它专门用来删除文件，用法如下。

（1）删除一个普通文件：

```
vincent@ubuntu:~$ rm file
```

（2）递归地删除一个目录及其所有的子目录：

```
vincent@ubuntu:~$ rm dir/ -r
```

（3）交互地删除文件或者目录（即每删除一个文件都会进行提醒）：

```
vincent@ubuntu:~$ rm file -i
```

（4）沉默地删除文件或者目录（即从不进行任何提醒）：

```
vincent@ubuntu:~$ rm file -f
```

提示

我们明明就想要删除文件 file，为什么 rm 命令需要多此一举地发明一个 -f 的选项，来使得执行该次删除时提醒我们呢？这不是浪费时间吗？并非如此，发明这个选项的理由有两个：第一，执行这个动作不仅可以在命令行，而更有可能在脚本，假如是后者的话，由于脚本执行时我们也许并没有通篇读过、检查过，所以此类提醒就显得很有必要了；第二，如果删除的是一个目录而不是普通文件，由于可能递归删除，此类提醒也是很有必要的。因此，不要怀疑 Shell 开发者的智商。

使用 rm 来删除一个文件，是对文件引用的解除，而不是丢到回收站。其本质是：去掉该文件的索引节点（即一个称为 inode 的结构体）中的这个名字的引用。事实上，在文件的索引节点中保留了所有名字的引用，删除一个名字就是去除从这个名字索引到这个文件的指针。

下面做一个小实验。

（1）创建一个空文件，名字为 apple：

```
vincent@ubuntu:~$ touch apple
```

（2）为这个空文件再起一个名字，称为 banana：

```
vincent@ubuntu:~$ ln apple banana
```

（3）删除 apple 这个名字对该文件的引用：

```
vincent@ubuntu:~$ rm apple
```

现在，这个文件还在吗？当然还在，它有一个唯一的名字，即 banana。明白了吗？如果再把 banana 也删除掉呢？那这个文件就没有任何名字来对其引用了，系统就会将该文件删除！即将其所占据的磁盘空间标记为"空闲"，这意味着随时可以被系统征用！

聪明的读者可能马上意识到：在执行 rm 和系统征用磁盘空间之间，也许有个时间差，在此期间，理论上文件事实上是还在的，但是由于没有了任何名字引用，因此找到这个文件的入口是很件麻烦的事情，所以还是别随便使用 rm 吧！

25．sort

有时我们需要对一个文件进行排序，此时 sort 命令是首选的，其用法非常简单：

```
vincent@ubuntu:~$ sort file
```

sort 的工作原理是：将文件的每一行作为一个单位，相互比较，比较原则是从首字符向后，依次按 ASCII 码值进行比较，最后将它们按升序输出。排序之后的结果将会被输出到屏幕，如果需要保存起来，则可以重定位到我们所希望保存的文件当中，例如：

```
vincent@ubuntu:~$ sort file > file.sort
```

下面是它的一些最有用的选择。

-u：在输出中去掉重复行。

-r：将默认的排序次序改为降序。

-o：将结果输出到指定的文件保存起来（可以写入到原文件，重定位不可以）。

-n：将文件中的数字按"数值"而不是"字符"来排序。

-t：指定列分隔符。

-k：指定要排序的列数，例如：

```
vincent@ubuntu:~$ sort file -n -t : -k 2  （以:为分隔符，对第 2 列按数值排序）
```

26．tar

tar 命令提供了归档功能，同时它还能通过指定参数调用不同的压缩和解压缩工具来处理文件。归档与压缩的区别是，归档是不涉及压缩算法的，只是把文件收集起来放在一个档案里面，就像把一堆凌乱的书籍收拾好放在书架上一样，而压缩需要通过一定的算法把数据变得更小、更紧凑，将来要用时再用逆运算将数据解压缩。

用 tar 命令归档文件的命令如下：

```
vincent@ubuntu:~$ tar -cvf example.tar  a.txt b.txt  （将文件归档）
vincent@ubuntu:~$ tar -tf example.tar        （查看归档文件）
vincent@ubuntu:~$ tar -xvf example.tar       （释放 example.tar）
vincent@ubuntu:~$ tar -xvf example.tar -C /tmp（释放到指定目录）
```

可以看到，tar 可以用来归档文件，查看归档文件里的内容及释放归档文件等，上面的命令中用到的选项解释如下。

-c：创建归档文件。

-x：释放归档文件。

-t：查看归档文件（或者压缩文件）

-f：指定要归档、压缩或者查看的文件的名称。

-v：显示命令执行过程。

tar 可以用相应的选项来压缩和解压缩文件，例如，我们需要将文件 a、b 和目录 dir/压缩到一个称为 example.tar.gz 的一个压缩包中，命令如下：

```
vincent@ubuntu:~$ tar -czvf example.tar.gz a b dir/
```

选项 z 代表 tar 在将文件归档之后调用 gzip 压缩工具压缩，因此我们把生成的文件命名为 example.tar.gz，两个后缀表示它先是经过 tar 归档然后被 gzip 压缩的，当然也可以简略地写成 example.tgz（还记得 Linux 系统本身不关心后缀名吗？我们这么写只是为了方便我们查看，并不会改变文件本身的格式）。

解压.gz 格式的压缩包：

```
vincent@ubuntu:~$ tar -xzvf example.tar.gz
```

解压.gz 格式的压缩包到指定目录/tmp：

```
vincent@ubuntu:~$ tar -xzvf example.tar.gz -C /tmp
```

举一反三，如果我们不想用 gzip 压缩和解压，也可以选用 bzip2 压缩工具（相应地将选项 z 改成 j）来操作（gzip 的特点是其生成的压缩包更容易在 Linux 和 Windows 之间共享，而用 bzip2 的压缩率更高、产生的压缩包更小）。

将文件用 bzip2 压缩成 example.tar.bz2：

```
vincent@ubuntu:~$ tar cjvf example.tar.bz2 a b dir/
```

用 bzip2 解压缩：

```
vincent@ubuntu:~$ tar xjvf example.tar.bz2
```

用 bzip2 解压缩到指定目录/tmp：

```
vincent@ubuntu:~$ tar -xjvf example.tar.bz2 -C /tmp
```

在 https://www.kernel.org 中下载的内核压缩包如果是.xz 格式的，我们可以先使用 xz 解压工具解压：

```
vincent@ubuntu:~$ xz -d Linux-3.9.7.tar.xz
```

这样解压出来一个.tar 文件，接下来使用 tar 将里面的文件拿出来即可。

27．uniq

当我们需要去掉一个文件中相邻的重复行时，uniq 可以帮上忙。以下代码展示了 uniq 命令的用法。

```
vincent@ubuntu:~$ cat file -n  （查看 file 里面的数据）
apple tree
Linux Programming
a sunny day!
a sunny day!
a sunny day!
Linux Programming
Linux Programming
apple tree
apple tree

vincent@ubuntu:~$ uniq file  （直接去除相邻重复的行）
apple tree
Linux Programming
a sunny day!
Linux Programming
apple tree

vincent@ubuntu:~$ sort file | uniq  （先排序，再去除相邻的重复的行）
apple tree
a sunny day!
Linux Programming
```

28．wc

这个命令用来计算指定的文件的 3 个属性：行数、单词数以及字符数，例如：

```
vincent@ubuntu:~$ wc file
    5   19  176
```

显示出来的数字表示文件 file 总共有 5 行、19 个单词（即以空白符隔开的字符串）和 176 个字符。wc 也可以单单指定某一个属性，比如查看单词数：

```
vincent@ubuntu:~$ wc file -w
    19
```

wc 也可以用来统计多个文件的这 3 个属性，例如：

```
vincent@ubuntu:~$ wc file1 file2
    2    4    12 file1
    5    8    29 file2
    7   12    41 total
```

29. which

如果想要知道某个命令在所在路径，那就用 which 来查看吧，具体用法如下：

```
vincent@ubuntu:~$ which ls
/bin/ls
```

这表明命令 ls 的真实存储路径是/bin。

1.2.3　上古神器

以上介绍的 Shell 命令属于易学易用型的，但接下来的两款命令，是属于史诗级别的！它们是 awk 和 sed，为了接下来的 Shell 脚本编程做准备，掌握 awk 和 sed 这两款上古神器是跑不掉的，作为 UNIX/Linux 世界里的经典文本过滤装置，这两个命令已经复杂到可以分别单独为它们著书立传的程度了。事实上，在亚马逊中 *sed & awk* 卖到￥257，*the AWK Programming Language* 标价更是不可思议的￥872.50！

下面逐个来看。

1. awk

awk 是一款强大的文本处理武器，UNIX/Linux 环境中现有的功能最强大的数据处理引擎之一，据说，这种编程及数据操作语言的最大功能仅限于我们的知识面。awk 提供了极其强大的功能：可以进行正则表达式的匹配，样式装入、流控制、数学运算符、进程控制语句甚至于内置的变量和函数。它具备了一个完整的语言所应具有的几乎所有特性。实际上 awk 的确拥有自己的语言：awk 程序设计语言，三位创建者已将它正式定义为"样式扫描和处理语言"。它允许我们创建简短的程序，这些程序读取输入文件、为数据排序、处理数据、对输入执行计算以及生成报表，还有无数其他的功能。

简单地说，awk 是一种用于处理文本的编程语言工具，它扫描文件中的每一行，查找与命令行中所给定内容相匹配的模式，如果发现匹配内容，则进行下一个编程步骤。如果找不到匹配内容，则继续处理下一行。示例如下：

```
vincent@ubuntu:~$ awk 'NR==1 { print $0 } NF==5 { print $1 }' file
```

以上命令的执行逻辑是：awk 从 file 中读取数据，每次读取一行，读到一行数据之后判断每一个条件是否成立，如果成立则执行花括号里面的动作，如 NR==1 成立则执行 print $0，再判断 NF==5 是否成立来决定是否执行 print $1。然后读取下一行，以此类推。用伪代码来表示：

```
vincent@ubuntu:~$ awk '条件 1 {动作 1} 条件 2 {动作 2} ……' file
```

其含义是：从 file 中每次读取一行，然后针对这一行判断条件 1，成立则执行动作 1，否则不执行；然后判断条件 2，成立则执行动作 2，否则不执行，以此类推。如果一个动作前面没有条件，则这个动作就可以"无条件"执行。

为了更好地理解 awk 的使用技巧，撇开一切空洞的理论，我们实打实地将它的常用的用法都执行一遍，就可以了，等以后有时间、有兴趣了，再回头慢慢琢磨也未尝不可。现假设有一个测试文档，该文档记录的是一个跆拳道培训班的孩子的名字、入学日期、学号、级别、年龄和分数(ch01/1.2/grade.txt)：

```
NAME            ENROL DATE      CLASS   LEVEL     AGE     SCORE
M.Tansley       05/2013         48311   Green     8       90
J.Lulu          04/2012         48317   Green     12      88
P.bunny         02/2013         18      Yellow    9       70
J.Troll         09/2013         4842    Brown-1   11      95
M.J             06/2011         3892    white     8       70
L.Tansley       05/2013         4712    Brown-2   10      85
Vincent         07/2012         4712    Black     11      87
```

然后跟着下面的步骤，将提及的功能逐个地操练一遍。

（1）打印指定列（如名字和年龄）。

```
vincent@ubuntu:~$ awk '{ print $1, $5 }' grade.txt
```

注意，其中单引号中大括号内的就是 awk 的语句，只能被单引号包含。$1 表示第 1 列，$2 表示第 2 列，$n 表示第 n 列，以此类推。$0 表示整一行（即所有列）。

注意，再提一遍这个命令的执行逻辑是，从 grade.txt 中读取一行，然后执行条件语句（该示例中没有条件语句），然后执行动作（即 print $1, $5）。之后继续读取下一行，就这样循环递进。

（2）格式化输出（和 C 语言一样）。

```
vincent@ubuntu:~$ awk '{printf "%-10s:%-d\n", $1, $5}' grade.txt
```

（3）过滤。

```
vincent@ubuntu:~$ awk '$5==11 && $6>=90 { print $0 }' grade.txt
```

过程是：读取 grade.txt 的一行信息，判断第 5 列（即$5）是否等于 11 而且第 6 列（即$6）是否大于或等于 90，如果是，则打印一整行（即 print $0）；然后读取下一行。

（4）打印表头，引入内建变量 NR。

```
vincent@ubuntu:~$ awk 'NR==1 || $6>=90 { print }' grade.txt
```

注意，① NR 是一个所谓的内建变量，表示已经读出的记录数（即行号）。

② print 后面什么都没跟，等价于 print $0。

其他有用的内建变量如表 1-3 所示。

表 1-3　awk 的内建变量

名　称	含　义
$0	当前记录（这个变量中存放着整个行的内容）
$1~$n	当前记录的第 n 个字段，字段间由 FS 分隔
FS	输入的字段分隔符，默认是空格或 Tab
NF	当前记录中的字段个数，就是有多少列
NR	行号，从 1 开始，如果有多个文件这个值将不断累加
FNR	当前记录数，与 NR 不同的是，这个值会是各个文件自己的行号
RS	输入的记录分隔符，默认为换行符
OFS	输出的字段分隔符，默认也是空格
ORS	输出的记录分隔符，默认为换行符
FILENAME	当前输入文件的名字

（5）指定分隔符。

```
vincent@ubuntu:~$ awk 'BEGIN { FS=":" } { print $1 }' /etc/passwd
```

注意，BEGIN 意味着紧跟在它后面的动作{FS=":"}会在 awk 读取第一行之前处理。上面的语句等价于

```
vincent@ubuntu:~$ awk -F: '{ print $1 }' /etc/passwd
```

如果有多个分隔符，则可以写成

```
vincent@ubuntu:~$ awk -F'[\t;:]' '{ print $1 }' /etc/passwd
```

其中，-F'[\t;:]' 的意思是指定制表符、分号以及冒号为分隔符。

（6）使用正则表达式匹配字符串。

```
vincent@ubuntu:~$ awk '$0~/Brown/ {print}' grade.txt
```

其含义是：将所有匹配 Brown 的行打印出来。其中，$0~/Brown/是一个条件，表示所指定的域（这里是$0）要匹配的规则（这里是 Brown），也就是说，grade.txt 中的一行只要含有单词 Brown，就会被选出来然后打印出来。

注意

这里的单词 Brown 被包含在两个"/"之间，事实上这两个"/"之间写的就是"正则表达式"（Regular Express，RE），RE 是脚本编程当中的"高富帅"，一般人还真不容易搞懂，但它是一切文本处理的基础。没有 RE，很多工具基本上就变得毫无用处，甚至是像 awk 和 sed 这样的神器，不客气地说，也都只是一堆废物而已。这么玄乎的东西，当然要来一瞧究竟。正则表达式 RE 说到底就是一些约定的规则，用这些规则来匹配字符串，从而达到过滤文本信息的目的。RE 使用各种字符和符号，来筛选我们要的信息。假设文件 exmaple.txt 里面的内容是：

```
vincent@ubuntu:~$ cat example.txt -n
    1  this is a testing string.
    2  $22 apple, $33 banana, strawberry $88
    3  $99
```

如果要找到 apple 这个单词，那么只要这么做就行了：

```
vincent@ubuntu:~$ grep 'apple' example.txt -n
    2: $22 apple, $33 banana, strawberry $88
```

这里，我们使用了 apple 来直接完整地匹配了一个单词，一个字符都不差。这里的 apple 其实就是一个 RE，是一个没有使用任何特殊字符的 RE。现在，假如想要找到所有以 ing 结尾的单词，该怎么做呢？请看：

```
vincent@ubuntu:~$ grep '[^ ]*ing ' example.txt
    2: this is a testing string.
```

此时我们发现，testing 和 string 两个单词都被匹配了出来，其中的[^]*ing 是一个比上面的 apple 更为典型也更复杂的 RE，里面包含了几个特殊的模式符号。其实 RE 有一系列特殊的模式字符，来表示不同的含义，表 1-4 总结了正则表达式中最重要的特殊符号。

表 1-4　正则表达式中的特殊字符

元　字　符	含　义	示　例	说　明
.	匹配一个除换行符以外的任意字符	a.b	匹配以 a 开头 b 结尾，中间有一个任意字符的单词
^	匹配行首	^ab	匹配以 ab 为行首的单词
$	匹配行尾	ab$	匹配以 ab 为行尾的单词
\	转义符	\<	转换<原本的含义
<>	匹配一个指定的单词	\\<ab\\>	精准匹配 ab 这个单词
|	逻辑或	ab|AB	匹配 ab 或者 AB
范围	含　义	示例	说　明
[]	匹配一个指定范围的字符	a[xyz]b	匹配以 a 开头 b 结尾，中间有一个 x、y 或 z 的单词
[^]	匹配一个不在指定范围的字符	a[^xyz]b	匹配以 a 开头 b 结尾，中间有一个不是 x、y 或 z 的字符的单词
重复	含义（尽量多地）	示例	说　明
?	使前面的字符重复 0 次或 1 次	a?	匹配 a 重复了 0 次或 1 次的单词
*	使前面的字符重复 0 次或多次	a*	匹配 a 重复了 0 次或多次的单词
+	使前面的字符重复 1 次或多次	a+	匹配 a 重复了 1 次或多次的单词
{n}	使前面的字符重复 n 次	a{6}	匹配 a 重复了 6 次的单词
{n,}	使前面的字符重复 n 次或以上	a{6,}	匹配 a 重复了 6 次或以上的单词
{n,m}	使前面的字符重复 n 次到 m 次	a{6,9}	匹配 a 重复了 6 次到 9 次的单词
重复	含义（尽量少地）	示例	说　明
??	使前面的字符重复 0 次或 1 次	a?	尽量少地匹配 a 重复了 0 次或 1 次的单词
*?	使前面的字符重复 0 次或多次	a*	尽量少地匹配 a 重复了 0 次或多次的单词
+?	使前面的字符重复 1 次或多次	a+	尽量少地匹配 a 重复了 1 次或多次的单词
{n}?	使前面的字符重复 n 次	a{6}	尽量少地匹配 a 重复了 6 次的单词
{n,}?	使前面的字符重复 n 次或以上	a{6,}	尽量少地匹配 a 重复了 6 次或以上的单词
{n,m}?	使前面的字符重复 n 次到 m 次	a{6,9}	尽量少地匹配 a 重复了 6 次到 9 次的单词

现在来解释一下刚才的命令：

```
vincent@ubuntu:~$ grep '[^ ]*ing' example.txt -nE
    1: this is a testing string.
```

[^]表示一个不为空格的任意字符，*表示前面的模式（即一个不为空格的任意字符）被重复 0 次或多次，ing 精准匹配 ing。因此，整个 RE 的意思就是：找出不以空格开头且以 ing 结尾的单词。

针对表格中的示例，下面再举几个例子加以说明。

```
vincent@ubuntu:~$ grep '\<is\>' a.txt -nE
    1: this is a testing string.
```

只精准匹配单词 is，如果不加尖括号，this 也会被匹配出来。

```
vincent@ubuntu:~$ grep '^\$.{2}$' example.txt -nE
    3: $99
```

其中，^\$表示匹配以$为行首的单词，$前面必须加\进行转义，否则$就表示行尾了。接着，.{2}指的是一个重复了两遍的任意字符，最后一个$表示行尾。整个 RE 的意思是：找出以美元符号$为行首，且紧跟着两个任意字符为行尾的单词。

（7）使用模式取反的例子。

```
vincent@ubuntu:~$ awk '$0!~/Brown.*/ {print}' grade.txt
```

其含义是：将所有不匹配 Brown 的行打印出来。

下面拆分文件。

（8）将各年龄段的孩子的信息分别存放在各个文件中。

```
vincent@ubuntu:~$ awk '{print > $5}' grade.txt
```

其含义是：每一行都将被重定向到以第 5 个域（年龄）命名的文件中去（关于重定向请查阅 1.3.4 节）。也可以将指定的域重定位到相应的文件，例如：

```
vincent@ubuntu:~$ awk '{print $1, $6 > $5}' grade.txt
```

其含义是：将每一行中的姓名和分数重定位到与其年龄相应的文件中去。

（9）再复杂一点，按级别将信息分成 3 个文件。

```
vincent@ubuntu:~$ awk '{ if($4~/Brown.*|Black/) print > "high.txt";
                       > else if($4~/Yellow|[Gg]reen/) print > "midle.txt";
                       > else print > "low.txt" }' grade.txt
```

其含义是：如果记录中的第 4 个域（$4）匹配 Brown.*或者 Black，就将该记录重定位到文件 high.txt 中，如果匹配 Yellow 或者[Gg]reen，就重定位到 midle.txt 中，否则全部重定位到 low.txt 中。

下面进行统计。

（10）将所有孩子的分数累积起来并打印出来。

```
vincent@ubuntu:~$ awk '{sum+=$6} END{print sum}' grade.txt
```

其含义是：END 表示紧跟其后的语句只会在 awk 处理完所有行之后才被执行。

（11）统计各个级别的人数。

```
vincent@ubuntu:~$ awk 'NR!=1 {a[$4]++;}
                      > END{for(i in a) print i","a[i];}' grade.txt
```

其含义是：$4 是级别名称，如 Yellow、Brown 等，a 是一个以这些级别为下标的数组，其值从零开始计算。

awk 脚本如下。

（12）我们现在要打印出整个班级的所有孩子的信息，并在最前面把表头也打印出来，而且下面要打印一行"============="来跟具体内容加以划分。在最后一行，统计孩子们的平均年龄以及平均分数。将 awk 语句组织成脚本，如下：

```
vincent@ubuntu:~/ch01/1.2/$ cat example.awk -n
    1  #!/usr/bin/awk -f    #-f 表示运行该脚本需要指定一个文件作为输入
    2
    3  BEGIN{          #awk 开始运行之前的准备工作
    4      age = 0
    5      score = 0
    6  }
    7  {
```

```
 8          if(NR==1)   #打印表头分割线
 9          {
10              print $0
11              printf "=============="        #由于是 printf，没有\n 就不换行
12              print "=============="          #由于是 print，会自动换行
13          }
14          else
15          {
16              age+=$5
17              score+=$6
18              print $0
19          }
20  }
21  END{    #awk 处理完所有的记录之后，END 才开始运行
22      printf "====================="
23      print "====================="
24      print "Average:\t\t\t\t\t"age/NR ",\t" score/NR
25  }
```

2．sed

另一款神器名字为 sed，它是 stream editor（流编辑器的简写），既然被称为流编辑器，自然要涉及文件，实际上，sed 的工作就是把文件或字符串里面的文字经过一系列编辑命令转换为另一种格式输出，文档就像河流的源头，sed 就像卡在河流中间的过滤器，所有的文本经过 sed 过滤之后形成另一个样子。sed 就是像这样的一种东西。

跟 awk 类似，sed 也是一次读取文件的一行信息加以处理，然后再读取下一行，以此类推。为了更好地说明 sed 的用法，假设有一测试文档：(ch01/1.2/people.txt)

```
Jack    is 18-year old, he comes from US.
Mike    is 16-year old, he comes from Canada.
Chen    is 21-year old, he comes from China.
Lau     is 18-year old, he comes from HongKong.
Michael is 20-year old, he comes from UK.
Phoebe  is 18-year old, she comes from Australia.
```

（1）替换：

```
vincent@ubuntu:~$ sed "s/-year/years/" people.txt
```

作用：将"-year"改成" years"。

注意工作流程如下：从 people.txt 中读取一行，然后使用正则表达式-year 来试图匹配某单词，如果匹配成功，则将之替换成 years。

（2）指定某些行替换：

```
vincent@ubuntu:~$ sed "2s/-year/years/" people.txt
```

作用：将第 2 行的"-year"改成" years"。

再如，将第 2～5 行的"-year"改成" years"：

```
vincent@ubuntu:~$ sed "2,5s/-year/years/" people.txt
```

（3）直接通过 sed 修改原文，加选项 -i：

```
vincent@ubuntu:~$ sed -i "2s/-year/years/" people.txt
```

注意，sed 默认状态下不会修改原文，默认状态下它只是对原文的复制品进行了加工。

（4）替换每一行中的所有的小写 s 为大写 S：

```
vincent@ubuntu:~$ sed "s/s/S/g" people.txt
```

注意，g 的意思是一行中所有的匹配项，否则默认只会匹配一行中的第一个 s。

（5）替换每一行中的第 2 个小写 s 为大写 S：

```
vincent@ubuntu:~$ sed "s/s/S/2" people.txt
```

（6）替换每一行中的第 2 个以后的小写 s 为大写 S：

```
vincent@ubuntu:~$ sed "s/s/S/2g" people.txt
```

多个匹配如下。

（7）将"-year"改为" years"，并且将第 3 行以后的最后一个任意字符去掉：

```
vincent@ubuntu:~$ sed 's/-year/ years/; 3,$s/.$//' people.txt
```

以上命令等价于：

```
vincent@ubuntu:~$ sed -e 's/-year/ years/'  -e '3,$s/.$//' people.txt
```

注意，第 2 个动作中 3,$ 指的是从第 3 行到最后一行，紧跟着的 s 代表替换，然后 /.$// 表示将行尾的一个任意字符替换为空（即删除），因为最后两个正斜杠紧挨在一起，里面没有任何字符，代表空。

（8）将 & 代替被匹配的变量：

```
vincent@ubuntu:~$ sed "s/is/[&]/" people.txt
```

其含义是：将文本中每一行出现的第一个 is 的左右两边加上 [ ]。

（9）如果使用正则表达式匹配项时使用圆括号括了起来，那么可以用 \1、\2、\3 等来表示这些项：

```
vincent@ubuntu:~$ sed  "s/\([^ ]*\)\t.* \(.*\)$/\1:\2/"  people.txt
```

分解一下：

① 其中带下画线的"\([^]*\)\t.* \(.*\)$"是正则表达式，将转义字符反斜杠去掉，简化后就是"([^]*)\t.* (.*)$"。在这个表达式中，制表符\t 前面的括号可以被记为\1，即人名。$前面的括号可以被记为\2，即国家名。

② 后面加下画线的\1:\2 部分是替换的字符串，也就是只打印匹配出来的名字和国籍，中间用冒号隔开。

（10）提前预读多一行缓冲来进行匹配：

```
vincent@ubuntu:~$ sed 'N;s/is/IS/' people.txt
```

注意，由于替换只会针对第一个出现的单词 is，而通过 N 又多读了一行，因此这个命令的结果是只会替换奇数行。

（11）在指定行的前面插入(i)或者后面插入(a)一些信息：

```
vincent@ubuntu:~$ sed '3i x' people.txt    （在第 3 行的前面插入 x）
vincent@ubuntu:~$ sed '2a x people.txt     （在第 2 行的后面插入 x）
vincent@ubuntu:~$ sed '1,4a x people.txt   （分别在第 1 至 4 行后插入 x）
```

```
vincent@ubuntu:~$ sed '/US/a x people.txt
```
（在匹配 US 的行后插入 x）

（12）将指定的行替换成其他信息：

```
vincent@ubuntu:~$ sed "2c ok" people.txt
```
（将第 2 行替换成 ok）

（13）将指定的行删除掉：

```
vincent@ubuntu:~$ sed '2d' people.txt
```
（将第 2 行给删掉）

```
vincent@ubuntu:~$ sed '/US/d' people.txt
```
（将匹配/US/的所有行删掉）

```
vincent@ubuntu:~$ sed '/\<he\>/d' people.txt
```
（将匹配 he 的所有行给删掉，之所以要用< >将 he 括起来，是因为不想匹配 she，当然，< >需要转义，写成\<\>）

（14）打印指定匹配的行，用命令 p：

```
vincent@ubuntu:~$ sed '/Chen/p' people.txt -n
```
（打印匹配 Chen 的行）

```
vincent@ubuntu:~$ sed '/Chen/, /Lau/p' people.txt -n
```
（打印匹配 Chen 或 Lau 的行）

```
vincent@ubuntu:~$ sed '3,/UK/p' people.txt -n
```
（从第 3 行开始打印直到匹配 UK 为止）

```
vincent@ubuntu:~$ sed '/UK/,6p' people.txt -n
```
（从匹配 UK 的行开始打印，直到第 6 行为止）

（15）使用相对位置：

```
vincent@ubuntu:~$ sed '/US/, +2p' people.txt -n
```
（打印匹配 US 的行，并打印其后的 2 行）

（16）执行多个命令：

```
vincent@ubuntu:~$ sed '{/he/{/18/p}}' people.txt -n
```
（匹配所有/he/的行之后，再匹配/18/的行，然后打印出来）

1.3 Shell 脚本编程

1.3.1 开场白

如果把 Shell 命令比成盖房子的砖瓦，那 Shell 脚本就是用一块块砖瓦建起来的房子了。我们可以通过一些约定的格式来将那些小巧的命令组合起来，实现更加自动化、更加智能的所谓 Shell 脚本。

所谓约定的格式，其实就是 Shell 脚本的语法规则，就像 C 语言一样，将很多语句按照一定的规则组合起来形成一个程序。但这里要强调的是，C 语言编写出来的程序需要经过编译器编译，生成另一个称为 ELF 格式的文件之后才能执行，但 Shell 脚本不需要编译而可以直接执行，这种脚本语言称为解释型语言。

下面逐一介绍各个击破。

1.3.2 脚本格式

要把 Shell 命令放到一个"脚本"当中，有一个要求：脚本的第一行必须写成类似这样的格式：

```
#!/bin/bash
```

聪明的读者一定立即明白，这是给系统指定一款 Shell 解释器来解释下面所出现的命令的。例如，我们的第一个最简单的脚本 first_script.sh，也许是这样的：

```
vincent@ubuntu:~/ch01/1.3$ cat first_script.sh -n
    1  #!/bin/bash
    2
    3  echo "hello!"
```

这个脚本指定一款在/bin/下名字叫 bash 的 Shell 解释器，来解释接下来的任何命令。如果我们的系统用的是其他解释器，就要将/bin/bash 改成相应的名字。

注意，脚本文件默认是没有执行权限的，要使得脚本可以执行必须给它添加权限：

```
vincent@ubuntu:~/ch01/1.3$ chmod +x first_script.sh
vincent@ubuntu:~/ch01/1.3$ ./first_script.sh
echo "hello!"
hello!
vincent@ubuntu:~$
```

1.3.3 变量

Shell 脚本是一种弱类型语言，在脚本当中使用变量不需要也无法指定变量的"类型"。默认状态下，Shell 脚本的变量都是字符串，即一连串的单词列表。下面将 Shell 中关于变量的技术点各个击破。

（1）变量的定义和赋值。

```
myname="Michael Jackson"
```

请一定注意，赋值号的两边没有空格！在 Shell 脚本中，任何时候要给变量赋值，赋值号两边一定不能有空格。

另外，变量名也有类似于 C 语言那样的规定：只能包含英文字母和数字，且不能以数字开头。

（2）变量的引用。

使用变量时，需要在变量的前面加一个美元符号：$myname 表示对变量的引用，例如：

```
vincent@ubuntu:~$ echo $myname
```

这样就把 myname 的值打印出来了。

（3）变量的种类。

Shell 脚本中有如下几种变量。

● 普通的用户自定义变量，如上面的 myname。

● 系统预定义好的环境变量，如 PATH。

● 命令行变量，如$#、$*等。

系统的环境变量可以通过如下命令来查看：

```
vincent@ubuntu:~$ env
……
PATH=/usr/lib/lightdm/lightdm:/usr/local/sbin:/usr/local/bin:/usr/sbin
:/usr/bin:/sbin:/bin
```

```
DESKTOP_SESSION=gnome-classic
PWD=/mnt/hgfs/codes/Shell/struct
GNOME_KEYRING_PID=8070
LANG=en_US.UTF-8
MANDATORY_PATH=/usr/share/gconf/gnome-classic.mandatory.path
Ubuntu_MENUPROXY=libappmenu.so
GDMSESSION=gnome-classic
SHLVL-1
HOME=/home/vincent
GNOME_DESKTOP_SESSION_ID=this-is-deprecated
LOGNAME=vincent
……
```

可以看到，系统中的环境变量有很多，每个环境变量都用大写字母表示，如 PATH。每个环境变量都有一个值，就是等号右边的字符串。根据环境变量的不同，它们各自的含义不同。

下面设置环境变量。

以 PATH 环境变量为例子，如果想要将其修改为 dir/，只需执行以下命令：

```
vincent@ubuntu:~$ export PATH=dir/
```

当然，PATH 环境变量的作用是保存系统中可执行程序或脚本的所在路径，因此它的值都是一些以分号隔开的目录，我们经常使用的办法是：不改变其原有的值，而给它再增加一个我们自己需要设置的目录 dir/，因此更有用的命令可能类似如下：

```
vincent@ubuntu:~$ export PATH=$PATH:dir/
```

还有，在命令行输入如上的命令只会在当前的 Shell 中临时有效，如果要永久有效，就必须将命令 export PATH=$PATH:dir/ 写入～/.bashrc 中。然后执行以下命令使之生效：

```
vincent@ubuntu:~$ source ~/.bashrc
```

而 Shell 脚本中的所谓命令行变量，指的是在脚本内部使用用户从命令行中传递进来的参数，例如：

```
vincent@ubuntu:~$ ./example.sh abcd 1234
```

这里的脚本名为 example.sh，我们在执行它时顺便给了它两个参数，分别是 abcd 和 1234，要访问这两个参数以及相关的其他值，就必须使用命令行变量，以下是具体情况（以命令 ./example.sh abcd 1234 为例）。

（1）$#：代表命令行参数个数，即 2。

（2）$*：代表所有的参数，即 abcd 1234。

（3）$@：同上。

（4）$n：第 n 个参数，比如$1 即 abcd，而$2 就是 1234。

Shell 脚本中还有两个与命令行变量形式很类似的特殊变量，它们是：

（1）$?：代表最后一个命令执行之后的返回值。

（2）$$：代表当前 Shell 的进程号 PID。

（事实上以上变量前面的$是变量的引用符，它们的真正的名字是紧跟$后面的那个字符。）

1.3.4　特殊符号们

Shell 脚本有好几种特殊的符号，各自有各自的神通，他们分别是：引号、竖杠（管道）、以及大于号和小于号（重定向），以下分别进行讲述。

第一，引号。

引号有 3 种，它们是：双引号""、单引号''、反引号（抑音符）``。

（1）双引号的作用是将一些"单词"括起来形成单个的"值"，比如：

```
myname="Michael Jackson"
```

在此变量的定义中如果没有双引号将会报错，因为这个字符串有两个单词，第二个单词会被认为是一个命令，但显然不对，因为 Jackson 不是命令而只是 myname 的一部分。

双引号所包含的内容还可以包括对变量的引用，比如：

```
fruit=apple
mytree="$ftruit tree"
```

由于对别的变量进行了引用，因此 mytree 的最终值是 apple tree。

双引号所包含的内容还可以是一个命令，比如：

```
today="today is `date`"
```

请注意，date 是一个 Shell 命令，用来获得系统的当前时间，因为此命令出现在双引号内部，默认情况下脚本会把它当成一个普通的单词而不是命令，要让脚本识别出该命令必须用一对反引号（``）包含它。

（2）单引号。

以上对双引号的分析间接也澄清了单引号的作用：如果一个字符串被单引号所包含，那么其内部的任何成分都将被视为普通的字符，而不是变量的引用或者命令，比如：

```
var='$myname, today: `date`'
```

这个变量 var 的值不会引用 myname，也不会执行 date。

（3）反引号的作用就是在双引号中标识出命令。

编写以下脚本，可以立即理解这 3 个引号的区别：

```
#!/bin/bash
var=calender
echo "var: date"          # 直接打印出 var 和 date
echo "$var: `date`"       # 打印出变量 var 的值，以及命令 date 的执行结果
echo '$var: `date`'       # 打印出$var: `date`
```

第二，竖杠|（管道）。

Shell 命令的一大优点是秉承了 UNIX/Linux 的哲学：小而美。一个个小巧而精致的命令，各自完成各自的功能，不啰唆，不繁杂。但有时候，我们需要它们相互协作，共同完成任务，就像采购负责买菜，回来交给洗涮工加工，再交给厨师烹饪，最后交给服务员端给客人一样，我们常常需要将一个命令所达成的结果，给到另一个命令进行再加工，这时就需要用到管道，例如：

```
vincent@ubuntu:~$ ls -l | wc
```

管道就像水管一样，将前面的命令的执行结果输送给后面的命令。ls -l 负责收集当前目

录下的文件信息，然后将这些文件名作为结果输送到管道，wc 这个命令接着从管道中把它们读取出来，并计算出行数、单词个数和总字符数。

管道不仅可以连接 2 个命令，也可以连接多个命令，类似于：

```
vincent@ubuntu:~$ cat /etc/passwd | awk -F=/ '{print $1}' | wc
```

这就将 3 个命令连接起来，每个命令的输出都作为下一个命令的输入，连接起来就能完成强大的功能。

第三，大于号> 和小于号<（重定向）。

每一个进程在刚开始运行时，系统都会为它们默认地打开了 3 个文件，它们分别是标准输入、标准输出、标准出错，其文件描述符和对应设备关系如图 1-30 所示。

这 3 个标准文件对应 2 个硬件设备：标准输入是键盘，标准输出和标准出错是显示器（是的，显示器设备被打开了 2 次，第 1 次打开为行缓冲类型的标准输出，第 2 次打开为不缓冲类型的标准出错）。绝大多数的 Shell 命令，默认的输入/输出都是这 3 个文件。

例如，当我们执行命令 ls 时，它会默认地将结果打印到显示器上，就是因为 ls 本来就被设计为将结果输送到 1 号描述符（即标准输出，当执行成功时）或者 2 号描述符（即标准出错，当执行失败时）。而当我们打开普通文件时，系统也会帮我们产生一系列后续的数字（文件描述符）来表示这些文件，如我们紧跟着打开了文件 a.txt 和 b.doc，如图 1-31 所示。

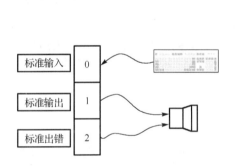

图 1-30　默认打开的 3 个设备文件

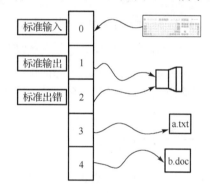

图 1-31　再打开 2 个普通文件之后

此时进程的描述符情况如下。

第一，如图 1-32 所示，假如需要将 ls 命令的成功的输出结果（本来会被默认地输送到 1 号文件描述符的信息）重定向到 a.txt 文件中去，方法如下：

```
vincent@ubuntu:~$ ls 1> a.txt
```

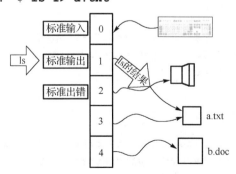

图 1-32　重定向 1 号文件描述符

第二，如图 1-33 所示，假如需要将 ls 命令的失败的输出结果（本来会被默认地输送到 2 号文件描述符的信息）重定向到 a.txt 文件中去，方法如下：

vincent@ubuntu:~$ **ls notexist 2> a.txt** （notexist 是一个不存在的文件，所以 ls 命令执行会失败）

第三，如图 1-34 所示，重定向标准输入也类似，比如直接执行 echo 命令，它将会默认地从标准输入（即键盘）读取信息，然后打印出来。但是我们可以将标准输入重定向为 b.doc 文件：

vincent@ubuntu:~$ **echo 0< b.doc**

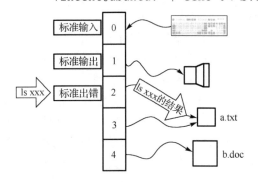 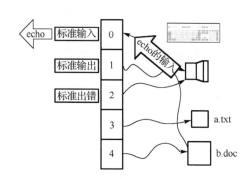

图 1-33 重定向 2 号文件描述符   图 1-34 重定向 0 号文件描述符

这样，echo 就会从 b.doc 读取数据，而不是从键盘读取了。此处额外提一点，在 Shell 脚本中，在重定向符的右边，标准输入/输出设备文件描述符要写成&0、&1 和&2。比如，要将一句话输出到标准出错设备中去，语句是：

echo "hello world" 1>&2

1.3.5 字符串处理

Shell 中对字符串的处理，除了使用 1.2.3 节介绍的 sed 和 awk 外，在某些比较简单的场合，其实有更简便的办法。

（1）计算一个字符串的字符个数：

vincent@ubuntu:~$ **var="apple tree"**
vincent@ubuntu:~$ **echo "${#var}"**
10

（2）删除一个字符串左边部分字符：

vincent@ubuntu:~$ **path="/etc/rc0.d/K20openbsd-inetd"**
vincent@ubuntu:~$ **level=${path#/etc/rc[0-9].d/[SK]}**
vincent@ubuntu:~$ **echo $level**
20openbsd-inetd

（3）删除一个字符串右边部分字符：

vincent@ubuntu:~$ **path="/etc/rc0.d/K20openbsd-inetd"**
vincent@ubuntu:~$ **level=${path#/etc/rc[0-9].d/[SK]}**
vincent@ubuntu:~$ **level=${level%%[a-zA-Z]*}**

```
vincent@ubuntu:~$ echo $level
20
```

注意，两个%%表示贪婪匹配，具体含义是：使用通配符[a-zA-Z]*从右向左"尽可能多地"匹配字符（贪婪原则）。如果只写一个%，则无贪婪原则，那么[a-zA-Z]*将按照最少原则匹配，即匹配 0 个字符（因为方括号[ ]星号*的含义是 0 个或多个字符）。这个道理对于删除左边字符的井号#也是适用的：双井号##代表从左到右的贪婪匹配。

1.3.6　测试语句

test 命令专门用来实现所谓的测试语句，测试语句可以测试很多不同的情形，比如：

```
vincent@ubuntu:~$ test -e file
```

以上语句用以判断文件 file 是否存在，如果存在返回 0，否则返回 1。那么除了可以判断一个文件存在与否外，还有没有别的功能呢？答案如表 1-5 所示。

表 1-5　test 语句

语　句	含　义	说　明
test -e file	判断文件 file 是否存在	存在返回 0，否则返回 1
test -r file	判断文件 file 是否可读	可读返回 0，否则返回 1
test -w file	判断文件 file 是否可写	可写返回 0，否则返回 1
test -x file	判断文件 file 是否可执行	可执行返回 0，否则返回 1
test -d file	判断文件 file 是否是目录	是目录返回 0，否则返回 1
test -f file	判断文件 file 是否是普通文件	是普通文件返回 0，否则返回 1
test -s file	判断文件 file 是否非空	非空返回 0，否则返回 1
test s1 = s2	判断字符串 s1 和 s2 是否相同	相同返回 0，否则返回 1
test s1 != s2	判断字符串 s1 和 s2 是否不同	不同返回 0，否则返回 1
test s1 < s2	判断字符串 s1 是否小于 s2	s1 小于 s2 返回 0，否则返回 1
test s1 > s2	判断字符串 s1 是否大于 s2	s1 大于 s2 返回 0，否则返回 1
test -n s	判断字符串 s 长度是否为非 0	s 长度为非 0 返回 0，否则返回 1
test -z s	判断字符串 s 长度是否为 0	s 长度为 0 返回 0，否则返回 1
test n1 -eq n2	判断数值 n1 是否等于 n2	n1 等于 n2 返回 0，否则返回 1
test n1 -ne n2	判断数值 n1 是否不等于 n2	n1 不等于 n2 返回 0，否则返回 1
test n1 -gt n2	判断数值 n1 是否大于 n2	n1 大于 n2 返回 0，否则返回 1
test n1 -ge n2	判断数值 n1 是否大于或等于 n2	n1 大于或等于 n2 返回 0，否则返回 1
test n1 -lt n2	判断数值 n1 是否小于 n2	n1 小于 n2 返回 0，否则返回 1
test n1 -le n2	判断数值 n1 是否小于或等于 n2	n1 小于或等于 n2 返回 0，否则返回 1

举个例子，假如要判断一个文件 file 是否存在，而且可读，如果都满足的话就将其显示在屏幕上，脚本可以写成：

```
vincent@ubuntu:~/ch01/1.3$ cat test1.sh
#!/bin/bash
if test -e file && test -r file
then
    cat file
fi
```

以上代码中，我们依靠 test 语句来决定是否要执行 cat 命令，这是脚本语言中最简单的条件判断语句，与 C 语言的 if-else 结构很类似，只不过 C 语言的 if 语句跟着的是一对括号，看起来更加直观，其实，脚本也可以使用括号来代替 test 语句，看起来更顺眼：

```
vincent@ubuntu:~/ch01/1.3$ cat test2.sh
#!/bin/bash
if [ -e file ] && [ -r file ]
then
    cat file
fi
```

从语法上讲，这两种写法完全等价，因此方括号[ ]其实就是 test 语句，但是从可读性来看，显然方括号的写法更容易理解。这里一定要特别注意的是，方括号的左右两边都必须有空格！

1.3.7　脚本语法单元

与 C 语言很类似，Shell 脚本也需要一套基本单元来控制整个逻辑的执行，包括所谓的控制流（就是常见的分支控制和循环控制）、函数、数值处理等。下面分别讲述。

1．分支控制

事实上 1.3.6 节的范例已经为我们展示了脚本中的分支控制语句，现将其摘抄下来：

```
vincent@ubuntu:~/ch01/1.3$ cat test2.sh -n
1   if [ -e file ] && [ -r file ]
2   then
3       cat file
4   fi
```

代码中的分支语句的语法要点有如下几处。

（1）每一个 if 语句都有一个 fi（即倒过来写的 if）作为结束标记。

（2）分支结构中使用 then 作为起始语句。

（3）当且仅当 if 语句后面的语句执行结果为真（即为 0）时，then 以下的语句才会被执行。当然，if 语句还可以跟 else 配对使用，跟 C 语言类似，例如：

```
vincent@ubuntu:~/ch01/1.3$ cat test3.sh -n
1   if [ -e file ] && [ -r file ]
2   then
3       cat file        # 如果文件存在且可读，则显示该文件内容
4   elif [ -e file ]
5   then
6       chmod u+r file
7       cat file        # 如果文件存在但不可读，则加了读权限之后再显示其内容
8   else
9       touch file      # 如果文件不存在，则创建该空文件
10  fi
```

注意，elif 不是 else if，其后也要跟 if 一样紧随 then 语句。如果是多路分支，可以使用

case 语句，这个类似于 C 语言中的 switch 语句。例如，实现这么一个功能：要求用户输入一个数字，判断如果输入的是 1，则输出 one，如果输入的是 2，则输出 two，输入其他数字则输出 unkown，代码及注解如下。

```
vincent@ubuntu:~/ch01/1.3$ cat case.sh -n
1   read VAR                  # 从键盘接收一个用户输入
2   case $VAR in              # 判断用户输入的值$VAR
3       1)   echo "one"       # 如果$VAR 的值为 1，则显示 one
4            ;;               # 每个分支都必须以双分号作为结束（最后一个分支除外）
5       2)   echo "two"
6            ;;
7       *)   echo "unknown"   # 星号*是 Shell 中的通配符，代表任意字符。
8   esac
```

注意以下两点。

（1）变量 VAR 的值实际上是字符串，因此上述代码中的 1）也可写成"1"）。

（2）整个 case 结构必须以 esac 作为结束。

2．循环控制

几乎与 C 语言一样，Shell 脚本中有 3 种可用的循环结构，它们分别是 while 循环、until 循环和 for 循环，其中 for 循环用法比较特殊。下面一一讲解。

先来看 while 循环和 until 循环，假设现在要实现打印 1～100 的功能，分别用这两种语句实现，代码和注解如下。

第一，while 循环语句：

```
vincent@ubuntu:~/ch01/1.3$ cat while.sh -n
1   declare -i n=0            # 在定义变量 n 前面加上 declare -i 表示该变量为数值
2   while [ $n -le 100 ]     # 如果 n 的值小于等于 100，则循环
3   do                       # 循环体用 do 和 done 包含起来
4       echo "$n"
5       n=$n+1               # 使 n 的值加 1
6   done
```

第二，until 循环语句：

```
vincent@ubuntu:~/ch01/1.3$ cat until.sh -n
1   declare -i n=0
2   until [ $n -gt 100 ]     # 如果 n 的值大于 100，则退出循环
3   do
4       echo "$n"
5       n=$n+1
6   done
```

下面再来看 for 循环，假设现在要实现：列出当前目录下每个普通文件所包含的行数，代码及注解如下。

第三，for 循环语句：

```
vincent@ubuntu:~/ch01/1.3$ cat for.sh -n
```

```
1   files=`ls`                  # 在当前目录下执行 ls，将所有的文件名保存在变量 files 中
2   for a in $files             # 循环地将 files 里面的每个单词赋给 a，完成后则退出循环
3   do
4       if [ -f $a ]            # 如果文件$a 是一个普通文件，那么就计算它的行数
5       then
6           wc -l $a
7       fi
8   done
```

注意，for 循环中，in 后面接的是一个字符串，字符串里面包含几个单词循环体就执行几遍，每执行一遍 a 的值都轮换地等于字符串里边的各个单词。

3．函数

Shell 脚本在有些时候也可以编写模块化代码，将具有某一特定功能的代码封装起来，以供别处调用。比如，编写一个可以检测某用户是否在线的函数如下。

```
1   check_user()                # 定义一个函数 check_user()，注意括号里面没有空格
2   {
3       if [ $1 = "quit" ]      # 若函数的第一个参数$1 为"quit"，则立即结束脚本
4       then
5           exit
6       fi
7
8       USER=`who | grep $1 | wc -l`
9       if [ $USER -eq 0 ]
10      then
11          return 0            # 判断用户$1 是否在线，是则返回 1，否则返回 0
12      else
13          return 1
14      fi
15  }
16
17  while true
18  do
19      echo -n "input a user name:"
20      read USER
21
22      check_user $USER        # 调用 check_user，并传递参数$USER
23
24      if [ $? -eq 1 ]         # 判断 check_user 的返回值$?是否为 1
25      then
26          echo "[$USERNAME] online."
27      else
28          echo "[$USERNAME] offline."
29      fi
30  done
```

注意几点：函数的定义中，括号里面不能写任何东西（第 1 行）；函数必须定义在调用之

前；给函数传参时，传递的参数在函数的定义里用$n 来表示第 n 个参数；$?代表函数调用的返回值。

4．trap

脚本中经常有信号处理的语句，最常见的情况是：当脚本收到某个信号时，需要处理一些清理工作，然后再退出，类似于 POSIX 编程中的信号处理。脚本中使用 trap 来达到这个目的，例如：

```
trap "" INT
```

上面语句的含义是：当脚本收到信号 SIGINT 时，忽略该信号。在 Linux 中所支持的信号可以使用命令 trap -l 来查看。信号名称的前缀要省略。trap 除了可以"忽略"信号，也可以"捕获"信号，例如：

```
trap do_something INT QUIT HUP
```

上面语句的含义是：当脚本收到 INT、QUIT 或者 HUP 信号时执行函数 do_something。此外还可以指定脚本正常退出时的默认动作，例如：

```
trap on_exit EXIT
```

上面语句的含义是：当脚本正常退出时，执行函数 on_exit。有时，当一个 Shell 脚本收到某一个信号时，我们需要该脚本立即终止，且要执行正常退出时的清理函数，可以这样写：

```
trap on_exit EXIT
trap ":" INT HUP
```

以上两句语句的含义是：当脚本正常退出时执行函数 on_exit，当脚本收到信号 INT 或 HUP 时执行空指令（此处冒号代表一个空指令，如果没有冒号，脚本将完全忽略该信号，不做响应，不能立即退出），完毕了之后正常退出，此时触发 EXIT 从而执行函数 on_exit。

1.4　编译器：GCC

1.4.1　简述

GCC（GNU Compiler Collection），即 GNU 编译器套装，是一套由 GNU 开发的编程语言编译器。它是一套以 GPL 及 LGPL 许可证所发行的自由软件，也是 GNU 计划的关键部分，还是自由的类 UNIX 及苹果计算机 Mac OS X 操作系统的标准编译器。GCC（特别是其中的 C 语言编译器）也常被认为是跨平台编译器的事实标准。

Linux 系统下的 GCC 编译器实际上是 GNU 编译工具链中的一款软件，可以用它来调用其他不同的工具进行诸如预处理、编译、汇编和链接这样的工作。GCC 不仅功能强大、性能优越，其执行效率比一般的编译器相比要高 20%～30%，而且由于其是 GNU 项目之一，是开源的软件，我们可以直接从网上免费地下载安装它，是名副其实的免费大餐。

1.4.2　编译过程简介

程序之所以需要编译，是因为处理器不能直接理解由文本字符组成的源代码文件，比如我们编写了如下一个程序。

```
vincent@ubuntu:~$ cat hello.c -n
    1   #include <stdio.h>
    2
    3   int main(void)
    4   {
    5       printf("hello world!\n");
    6       return 0;
    7   }
```

这个程序是一个符合 C 语言语法的文本源程序，不能指望 CPU 能像我们这样"读懂"它，CPU 只能"读懂"像这样的二进制序列：10110101010001……，因此我们必须将写好的文本程序编译生成一个可以被处理器直接解释的二进制指令文件，GCC 可以帮助我们达到这个目的，具体方法如下：

```
vincent@ubuntu:~$ gcc hello.c -o hello
```

上述命令的意思是：用 gcc 这个工具编译 hello.c，并且使之生成一个二进制文件 hello。其中，–o 的意义是 output，指明要生成的文件的名称，如果不写 –o hello 的话会生成默认的一个 a.out 文件。

实际上，上面那条语句完成了从 C 源程序到 ELF 格式（Linux 系统下的可执行文件的格式）的全部步骤，生成的文件 hello 实际上是一个可以直接运行的二进制文件，其转换过程如图 1-35 所示。

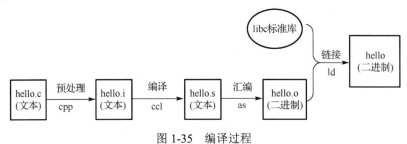

图 1-35　编译过程

从图 1-35 我们可以清晰地看到，从 hello.c 到 hello 并不是一步到位的，中间经历的若干阶段，分别是预处理、编译、汇编和链接。

1. 预处理

GCC 在第一个阶段会调用预处理器 cpp 来对 C 源程序进行预处理，所谓的预处理就是解释源程序当中所有的预处理指令，那些如#include、#define、#if 等以井号（#）开头的语句就是预处理指令，预处理指令实际上并不是 C 语言本身的组成部分，而是为了更好地组织程序所使用的一些"预先处理的"工作，这些工作用一种称为与处理指令的语句来描述，然后用预处理器来解释，这些工作包括我们熟悉的诸如文件包含、宏定义、条件编译等。

毫无疑问，这些预处理指令将会在预处理阶段被解释，比如会把文件包含语句所指定的文件复制进来，覆盖原来的#include 语句，所有的宏定义被展开（因此宏展开是不占用运行时间的），所有的条件编译语句将被执行等。

另外，在这个预处理阶段，除了处理这些预处理指令之外，GCC 还会把程序当中的注释删除，另外添加必要的调试信息。例如，我们的程序在编译时报告说第 10 行有语法错误，那么"第 10 行"这个信息就是在这个阶段被添加进去的，显然这些信息在我们的程序已经调试完毕，要进行发布时是冗余的，因此可以用实用工具 strip 来去掉这些信息，使得程序的尺寸变得更加紧凑。

如果想要获得 C 源程序经过预处理之后的文件，方法如下：

```
vincent@ubuntu:~$ gcc hello.c -o hello.i -E
```

加上一个编译选项-E 就可以使得 GCC 在进行完第一阶段的预处理之后停下来，生成一个默认后缀名为.i 的文本文件。

在我们编写一个包含复杂宏的 C 源程序时，如果需要查看宏展开之后的样子，可以用这个选项帮助我们得到这些信息。

2．编译

经过预处理之后生成的.i 文件依然是一个文本文件，不能被处理器直接解释，我们需要进一步编译。接下来的编译阶段是 4 个阶段中最为复杂的阶段，它包括词法和语法的分析，最终生成对应硬件平台的汇编语言（不同的处理器有不同的汇编格式），具体生成什么平台的汇编文件取决于所采用的编译器，如果用的是 GCC，那么将会生成 x86 格式的汇编文件，如果用的是针对 ARM 平台的交叉编译器，那么将会生成 ARM 格式的汇编文件。

如果想要获得 C 源程序经过预处理和编译之后的汇编程序，方法如下：

```
vincent@ubuntu:~$ gcc hello.i -o hello.s -S
```

加上一个编译选项-S 就可以使得 gcc 在进行完第 1 阶段和第 2 阶段之后停下来，生成一个默认后缀名为.s 的文本文件。打开此文件，会发现这是一个符合 x86 汇编语言的源程序文件。

3．汇编

接下来的步骤相对而言比较简单，编译器 gcc 将会调用汇编器 as 将汇编源程序翻译成为可重定位文件。汇编指令跟处理器直接运行的二进制指令流之间基本是一一对应的关系，该阶段只需要将.s 文件里面的汇编翻译成指令即可。

要想得到这样的一个文件，方法如下：

```
vincent@ubuntu:~$ gcc hello.s -o hello.o -c
```

大家看到，只要在编译时加上一个编译选项-c，则会生成一个扩展名为.o 的文件，这个文件是一个 ELF 格式的可重定位（relocatable）文件。所谓的可重定位，指的是该文件虽然已经包含可以让处理器直接运行的指令流，但是程序中所有的全局符号尚未定位。所谓的全局符号，就是指函数和全局变量，函数和全局变量默认情况下是可以被外部文件引用的，由于定义和调用可以出现在不同的文件当中，因此它们在编译的过程中需要确定其入口地址，如 a.c 文件里面定义了一个函数 func()，b.c 文件里面调用了该函数，那么在完成第 3 阶段汇编之后，b.o 文件里面的函数 func()的地址将是 0，显然这是不能运行的，必须找到 a.c 文件里面函数 func()的确切的入口地址，然后将 b.c 中的"全局符号"func 重新定位为这个地址，程序才能正确运行。因此，接下来需要进行第 4 个阶段：链接。

4．链接

如前面所述，经过汇编之后的可重定位的文件不能直接运行，因为还有两个很重要的工作没完成，首先是重定位，其次是合并相同权限的段。

关于重定位的问题，上面已经给出了简单描述。一般情况下，我们编译一个程序通常都需要链接系统的标准 C 库、gcc 内置库等基本库文件。因为 Linux 下任何一个程序编译都需要用到这些基本库的全局符号。

```
vincent@ubuntu:~$ gcc hello.o -o hello -lc -lgcc
```

标准 C 库和 gcc 内置库是如此的基本，因此-lc 和-lgcc 是默认的，可以省略。

链接的另外一个工作是合并相同权限的段（section）。我们知道，一个可执行镜像文件可以由多个可重定位文件链接而成，如 a.o，b.o，c.o 这 3 个可重定位文件链接生成一个称为 x 的可执行文件，这些文件不管是可重定位的，还是可执行的，它们都是 ELF 格式的，ELF 格式是符合一定规范的文件格式，里面包含很多段（section），比如我们上面所述的 hello.c 编译生成的 hello.o 格式如图 1-36 所示。

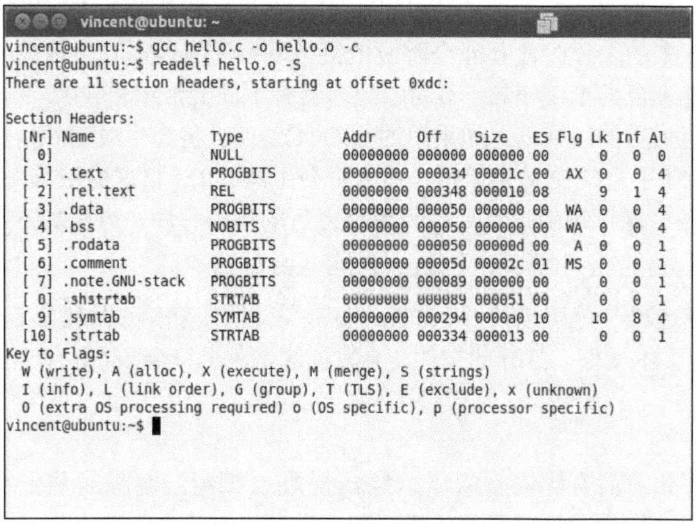

图 1-36　ELF 可执行文件格式掠影

由此可见，ELF 格式的文件里包含很多不同的段（section），每个段都有自己的作用，比如.text 段存放了运行代码（在后面专门讲解 C 程序存储类的章节中会有详细的解释），.data 段里面存放了已经初始化了的全局变量和静态局部变量，.rodata 段存放了程序中所有的常量等。除了这些程序运行时需要用到的代码和数据之外，还有一些是程序在从磁盘加载到内存时需要提供给加载器的辅助信息，比如提供代码重定位信息的.rel.text 段、ELF 格式文件中的符号表.symtab 段等，这些信息将会在程序加载完毕之后被丢弃，而不会存在于程序运行的内存当中。

在我们将多个不同的可重定位 ELF 格式文件链接成一个可执行 ELF 格式文件的过程中，需要将它们不同的各个段按照所谓的"执行视图"合并起来，简单来讲，就是将具有相同权限的段合并到一起，比如各个文件中的具有只读权限的.text 段和.rodata 段将会被合并到一起，按权限合并的理由是，如果该程序有多个执行实例（也就是多个进程），那么这些执行实例会共享一个只读段的副本而不需要多个相同的副本，以此可以节省大量的内存空间。

1.4.3　实用的编译选项

下面是常用的编译器选项，用不同的选项我们可以指导编译器有不同的行为表现，具体我们来看看有哪些选项，如表 1-6 所示。

表 1-6 GCC 编译器常用选项

选 项	作 用	示 例
-o <filename>	指定输出文件名	gcc a.c -o a
-E	输出预处理后的代码文件	gcc a.c -o a.i -E
-S	输出编译后的汇编代码文件	gcc a.c -o a.s -S
-c	输出链接后的可重定位文件	gcc a.c -o a.o -c
-g	在编译结果中加入调试信息	gcc a.c -o a -g
-I<path>	指定头文件路径	gcc a.c -o a -I./include
-L<path>	指定库文件路径	gcc a.c -o a -L./lib
-O<rank>	指定优化等级[①]	gcc a.c -o a -O2
-static	使用静态链接[②]	gcc a.c -o a -lxxx -static
-Wall	打开所有的警告	gcc a.c -o a -Wall

注:

① 可用的优化等级有 4 个,分别是 O0、O1、O2 和 O3。优化等级越高,编译速度越慢,相对而言程序运行速度越快,调试难度越大。其中 O0 表示关闭所有的优化项目。

② 链接库文件 xxx 时,如果系统中同时存在其对应的静态库和动态库,使用此选项可以使得程序链接静态库,使程序编译之后不依赖于该库文件。

1.5 解剖 Makefile

1.5.1 工程管理器 make

当我们要编译成千上万个源程序文件时,光靠手工地使用 GCC 工具来达到目的也许就会很没有效率,我们需要一款能够帮助我们自动检查文件的更新情况,自动进行编译的软件,GNU make(工程管理器 make 在不同环境有很多版本分支,比如 Qt 下的 qmake,Windows 下的 nmake 等,下面提到的 make 指的是 Linux 下的 GNU make)就是这样的一款软件。

而 Makefile,是 make 的配置文件,用来配置运行 make 时的一些相关细节,比如指定编译选项、指定编译环境等。一般而言,一个工程项目不管是简单还是复杂,每一个源代码子目录都会有一个 Makefile 来管理,然后一般有个所谓的顶层 Makefile 来统一管理所有的子目录 Makefile。

在撸起袖子准备大干一场之前,明确学习目的非常重要,因为 Makefile 的语法相对晦涩,尤其对于没有任何 Linux 编程和 Shell 编程经验的新手而言,第一次打开 Makefile 阅读常常有以为是乱码的幻觉!因此面对这样的东西,初学者如果抱着对每一个细节"死追不放"的心态可能会"死得很惨",信心将被大大挫败,而信心和兴趣的缺失是学习最大的敌人。

假如读者是实用主义者,为的是在 Linux 编程开发不被 Makefile 难倒,那我们学习 Makefile 的程度仅限于看得懂就行了,顶多有时会对某些大型项目的 Makefile 进行修改,但绝对不需要像对 C 语言那样达到"精通到骨子里"的程度,而本节的内容就是为这样的人准备的。另一方面,如果读者是学院派,需要对工程管理做学术型研究,那可能除了阅读以下内容之外还需要阅读其他专门探讨该专题的文献,但不管读者是哪一类人,以下内容作为学习 Makefile 的入门及提高的读物,应算是读者能找得到的最贴心的资料了。

下面通过一个经典例子,说明一下我们为什么需要 make 来管理工程项目。

1.5.2　概览性示例

假设我们有一个工程，这个工程总共有 4 个源文件，姑且叫做 a.c、b.c 以及 x.c 和 y.c，它们最终将会链接生成可执行文件 image，如图 1-37 所示。

在开发的过程中，假设我们对 x.c 这个源文件进行了修改，那么为了在最终的 image 当中体现出来，我们必须重新编译生成 x.o，然后必须重新编译链接生成 image 文件，在此过程中，其他未经修改的文件以及他们的目标文件都不需要改动，如图 1-38 所示。

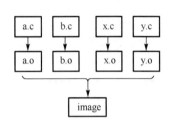 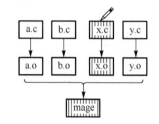

图 1-37　由 4 个源文件产生的 image　　　图 1-38　修改了 image 所依赖的其中一个文件

由于文件比较少，我们用肉眼就可以简单地辨别，究竟哪些要编译哪些不需要，甚至所有文件重新编译一次也不是什么大不了的事情。但是考虑一下一个由成千上万个源文件组成的庞大工程，比如 Linux 源码，一旦我们对若干个地方进行了修改，重新编译的文件则需要精心地挑选，否则如果整体编译必将会浪费大量时间，这个"精心挑选"的任务，就留给 make 来帮我们实现。

现在，make 的工作目的很清楚：编译那些需要编译的文件，那么究竟哪些文件需要重新编译呢？这个原理也非常简单：根据文件的时间戳来进行判断。每个文件都会记录其最近修改时间，我们只需要对比源文件及其生成的目标文件的时间戳，就可以判断它们的新旧关系，从而决定要不要编译。比方说我们刚刚修改了 x.c 这个文件，那么它的时间戳将会被更新为当前最新的系统时间，这样 make 通过对比就可以知道 x.c 比 x.o 要新，因此在需要使用 x.o 时就会自动重新编译 x.o，这样又会导致 x.o 的时间戳比 image 要新，于是 image 也会被自动重新编译，这种递推关系会在每一层目标-依赖之间传递，如图 1-39 所示。

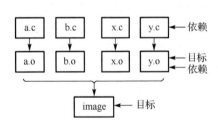

图 1-39　Makefile 眼中的目标和依赖

在上面的例子中，image 是最终的目标，其依赖是 4 个可重定位文件，而对于每一个可重定位文件而言，它们自己本身也是目标，依赖于其相对应的.c 源程序文件。在 make 的眼中，所有的文件都有这么一层一层递推的目标-依赖关系，然后通过对比目标和依赖的时间戳来决定下一步动作，这就是 make 的最基本的工作原理。

下面从零开始，循序渐进，用几个例子将知识点一一攻破。

1.5.3　书写格式

上面讲到，其实 make 的工作原理就是分析判断所谓的"目标-依赖"对，根据它们的存在性和时间戳，来决定下一步动作，这个最根本、最原始的工作原理其实跟什么工程管理是没有关系的，比如我们可以写一个最简单的 Makefile：

```
vincent@ubuntu:~$ cat Makefile -n
    1  funny:
    2      echo "just for fun"

vincent@ubuntu:~$ make
echo "just for fun"
just for fun
```

在这个最简单的 Makefile 中只有两行，包含了其最核心的语法：第 1 行的 funny 称为目标，因为它后面有一个冒号，冒号后面是这个目标的依赖列表，这个例子中 funny 的依赖列表为空，紧跟着第 2 行的行首是一个制表符（即 Tab 键），这个制表符很重要，不能写成空格，更不能省略，其后紧跟着一个 Shell 语句（事实上就因为有了那个制表符，make 才知道后面是一个 Shell 命令）。这个目标，包括其后的依赖列表（可以没有），以及其下的 Shell 命令（可以没有），统称为一套规则。

我们在该 Makefile 所在目录执行 make 命令，结果打印一句 "just for fun"。整个过程中发生的事情如下所述。

（1）make 首先判断 funny 这个目标的依赖列表是否都存在，如果是则判断它们跟目标的时间戳关系，如果否则要确保依赖文件都存在。由于这个例子中 funny 没有依赖列表，因此也就不需要判断它们是不是存在了。

（2）判断目标 funny 是否已经存在，如果是则退出，如果否则执行下面的 Shell 命令。该例子中 funny 显然是不存在的，因此将会执行 echo 语句，而且每次执行 echo 语句之后也都不会产生 funny 这个文件，因此每次执行 make 都会打印一句 "just for fun"。

现在，我们来改一下，将这个 Makefile 改成一个更实用一点的：用来帮我们"自动"执行编译的工作，比如 1.5.2 节的 image，此时目标是 image，而其依赖则是 4 个.o 文件，而且，这 4 个.o 文件本身也是目标，它们依赖于其对应的.c 文件，这个 Makefile 应如下所示。

```
vincent@ubuntu:~$ cat Makefile -n
    1  image:a.o b.o x.o y.o
    2      gcc a.o b.o x.o y.o -o image
    3
    4  a.o:a.c
    5      gcc a.c -o a.o -c
    6  b.o:b.c
    7      gcc b.c -o b.o -c
    8  x.o:x.c
    9      gcc x.c -o x.o -c
   10  y.o:y.c
   11      gcc y.c -o y.o -c
```

这个简单的 Makefile 文件总共有 11 行、5 套规则，其中第 1 行中的 image 是第 1 个目标，冒号后面是这个目标的依赖列表（4 个.o 可重定位文件）。第 2 行行首是一个制表符，后面紧跟着一句 Shell 命令。

下面从第 4 行到第 11 行，也都是这样的目标-依赖对及其相关的 Shell 命令。但是这里必须注意一点：虽然这个 Makefile 总共出现了 5 个目标，但是第 1 个规则的目标（即 image）称为终极目标，终极目标指的是当执行 make 时默认生成的那个文件。注意，如果第 1 个规则有多个目标，则只有第 1 个才是终极目标。另外，以圆点.开头的目标不在此讨论范围内。

这个 Makefile 的工作流程如下。

（1）找到由终极目标构成的一套规则（第 1 行和第 2 行）。

（2）如果终极目标及其依赖列表都存在，则判断它们的时间戳关系，只要目标比任何一个依赖文件旧，就会执行其下面的 Shell 命令。

（3）如果有任何一个依赖文件不存在，或者该依赖文件比该依赖文件的依赖文件要旧，则需要执行以该依赖文件为目标的规则的 Shell 命令。例如，a.o 如果不存在或者比 a.c 要旧，则会找到第 4 行和第 5 行这一套规则，并执行第 5 行的 Shell 命令。

（4）如果依赖文件都存在并且都最新，但是目标不存在，则执行其下面的 Shell 命令。

本例中，一开始所有的.o 文件都是不存在的，因此会执行第 5 行、第 7 行、第 9 行、第 11 行，分别生成 a.o、b.o、x.o 和 y.o，等这些文件都准备妥当了，将会执行第 2 行生成最终的目标文件 image。随后如果对任何一个源文件进行了修改（如 x.c），执行 make 时将会发现其对应的.o 文件（a.o）比该源文件（a.c）要旧，因此就会自动地重新编译（第 9 行），然后根据一样的原理，终极目标文件 image 也被重新编译。

1.5.4 变量详解

通过上面的例子，读者应对 make 的工作原理及其配置文件 Makefile 的语法结构有个粗浅的了解，但感觉也没帮上什么忙，毕竟，写在 Makefile 里面的东西一点也没比直接在终端输入命令省事，而且更要命的是：加入现在工程当中再加一个文件 z.c，要放在一起编译，恐怕整个 Makefile 都需要重新修改一遍，另外，假设工程有 1000 个文件，貌似就要写 1000 套规则，这样的结论不免使我们沮丧。但事实上并不用悲观，Makefile 提供了很多机制，比如变量、函数等来帮助我们更好、更方便地组织工作。

下面先来说说变量。

与 Shell 脚本非常类似，在 Makefile 中也会使用"弱类型"变量（相对于 C 语言这种强类型语言而言），在 Makefile 中变量就是一个名字（像是 C 语言中的宏），代表一个文本字符串（变量的值）。在 Makefile 的目标、依赖、命令中引用一个变量的地方，变量会被它的值所取代（与 C 语言中宏引用的方式相同，因此其他版本的 make 也把变量称为"宏"）。

在 Makefile 中变量的特征有以下几点。

（1）变量和函数的展开（除规则的命令行以外），是在 make 读取 Makefile 文件时进行的，这里的变量包括了使用"="定义和使用指示符"define"定义的变量。

（2）变量可以用来代表一个文件名列表、编译选项列表、程序运行的选项参数列表、搜索源文件的目录列表、编译输出的目录列表和所有我们能够想到的事物。

（3）变量名不能包括":"、"#"、"="、前置空白和尾空白的任何字符串。需要注意的是，尽管在 GNU make 中没有对变量的命名有其他的限制，但定义一个包含除字母、数字和下画线以外的变量的做法也是不可取的，因为除字母、数字和下画线以外的其他字符可能会在以后的 make 版本中被赋予特殊含义，并且这样命名的变量对于一些 Shell 来说不能作为环境变量使用。

（4）变量名是大小写敏感的。变量"foo"、"Foo"和"FOO"指的是 3 个不同的变量。Makefile 传统做法是变量名全采用大写的方式。推荐的做法是在对于内部定义的一般变量（如目标文件列表 objects）使用小写方式，而对于一些参数列表（如编译选项 CFLAGS）采用大写方式，这并不是要求的。但需要强调一点：对于一个工程，所有 Makefile 中的变量命名应保持一种风格，否则会显得我们是一个蹩脚的开发者（就像代码的变量命名风格一样），随时有被鄙视的危险。

（5）另外有一些变量名只包含了一个或者很少的几个特殊的字符（符号），称它们为自动化变量。像 "<"、"@"、"?"、"*"、"@D"、"%F"、"^D" 等，后面会详细讲述。

（6）变量的引用与 Shell 脚本类似，使用美元符号和圆括号，比如有个变量是 A，那么对它的引用则是$(A)，有个自动化变量是@，则对它的引用是$(@)，有个系统变量是 CC，则对其引用的格式是$(CC)。对于前面两个变量而言，它们都是单字符变量，因此对它们引用的括号可以省略，写成$A 和$@。

Makefile 中有以下几种变量。

（1）自定义变量。

A = apple

B = I love China

C = $(A) tree

以上 3 个变量都是自定义变量，其中变量 A 包含了一个单词，变量 B 的值包含了 3 个单词，变量 C 的值引用了变量 A 的值，因此它的值是 "apple tree"。如果要将这 3 个变量的值打印出来，可以这么写：

```
vincent@ubuntu:~$ cat Makefile -n
    1   A = apple
    2   B = I love China
    3   C = $(A) tree
    4
    5   all:
    6       @echo $(A)    # echo 前面的@代表命令本身不打印出来
    7       @echo $(B)
    8       @echo $(C)

vincent@ubuntu:~$ make
apple
I love China
apple tree
```

使用自定义变量，可以将上述 Makefile 中的所有.o 文件用一个变量 OBJ 来代表：

```
vincent@ubuntu:~$ cat Makefile -n
    1   OBJ = a.o b.o x.o y.o
    2
    3   image:$(OBJ)
    4       gcc $(OBJ) -o image
    5
    6   a.o:a.c
    7       gcc a.c -o a.o -c
    8   b.o:b.c
    9       gcc b.c -o b.o -c
   10   x.o:x.c
```

```
11      gcc x.c -o x.o -c
12   y.o:y.c
13      gcc y.c -o y.o -c
```

（2）系统预定义变量。

CFLAGS、CC、MAKE、SHELL 等，这些变量已经有了系统预定义好的值，当然我们可以根据需要重新给它们赋值，如 CC 的默认值是 gcc，当我们需要使用 c 编译器时可以直接使用它：

```
vincent@ubuntu:~$ cat Makefile -n
1   OBJ = a.o b.o x.o y.o
2
3   image:$(OBJ)
4       $(CC) $(OBJ) -o image
5
6   a.o:a.c
7       $(CC) a.c -o a.o -c
8   b.o:b.c
9       $(CC) b.c -o b.o -c
10   x.o:x.c
11       $(CC) x.c -o x.o -c
12   y.o:y.c
13       $(CC) y.c -o y.o -c
```

这样做的好处是：在不同平台中，c 编译器的名称也许会发生变化，如果我们的 Makefile 使用了 100 处 c 编译器的名字，那么换一个平台我们只需要重新给预定义变量 CC 赋值一次即可，而不需要修改 100 处不同的地方。例如，我们换到 ARM 开发平台中，只需要重新给 CC 赋值为 arm-Linux-gnu-gcc，请看：

```
vincent@ubuntu:~$ cat Makefile -n
1   OBJ = a.o b.o x.o y.o
2   CC = arm-Linux-gnu-gcc
3
4   image:$(OBJ)
5       $(CC) $(OBJ) -o image
6
7   a.o:a.c
8       $(CC) a.c -o a.o -c
9   b.o:b.c
10       $(CC) b.c -o b.o -c
11   x.o:x.c
12       $(CC) x.c -o x.o -c
13   y.o:y.c
14       $(CC) y.c -o y.o -c
```

此时的 CC 就不是 gcc 而是交叉工具链 arm-none-linux-gnueabi-gcc 了，很方便。常用的系统预定义变量，如表 1-7 所示。

表 1-7　Makefile 预定义变量

变　量　名	含　义	备　注
AR	函数库打包程序，可创建静态库.a 文档。默认是 ar	无
AS	汇编程序，默认是 as	无
CC	C 编译程序，默认是 cc	无
CXX	C++编译程序，默认是 g++	无
CPP	C 程序的预处理器，默认是$(CC) –E	无
RM	删除命令，默认是 rm –f	尢
ARFLAGS	执行 AR 命令的命令行参数，默认是 rv	无
ASFLAGS	汇编器 AS 的命令行参数（明确指定.s 或.S 文件时）	无
CFLAGS	执行 CC 编译器的命令行参数（编译.c 源文件的选项）	无
CXXFLAGS	执行 g++编译器的命令行参数（编译.cc 源文件的选项）	无

（3）自动化变量。

<、@、?、#等，这些特殊的变量之所以称为自动化变量，是因为它们的值会"自动地"发生变化，考虑普通的变量，只要不给它重新赋值，那么它的值是永久不变的，比如上面的 CC，只要不重新赋值，CC 永远都等于 arm-Linux-gnu-gcc。但是自动化变量的值是不固定的，不能说@的值等于几，但是它的含义的固定的——@代表了其所在规则的目标的完整名称。

有关自动化变量的详细内容，如表 1-8 所示。

表 1-8　Makefile 自动化变量

变　量　名	含　义	备　注
@	代表其所在规则的目标的完整名称	
%	代表其所在规则的静态库文件的一个成员名	
<	代表其所在规则的依赖列表的第一个文件的完整名称	
?	代表所有时间戳比目标文件新的依赖文件列表,用空格隔开	
^	代表其所在规则的依赖列表	同一文件不可重复
+	代表其所在规则的依赖列表	同一文件可重复，主要用在程序链接时，库的交叉引用场合
*	在模式规则和静态模式规则中，代表茎	茎是目标模式中 "%" 所代表的部分。当文件名中存在目录时，茎也包含目录（斜杠之前）部分

上述列出的自动化变量中。其中有 4 个在规则中代表一个文件名（@、<、%和*）。而其他 3 个在规则中代表一个文件名的列表。

GUN make 中，还可以通过这 7 个自动化变量来获取一个完整文件名中的目录部分或者具体文件名，需要在这些变量中加入 "D" 或 "F" 字符。这样就形成了一系列变种的自动化变量，如表 1-9 所示。

表 1-9　Makefile 自动化变量的变种

变　量　名	含　义	备　注
@D	代表目标文件的目录部分（去掉目录部分的最后一个斜杠）	如果$@是 dir/foo.o,那么$(@D)的值为 dir。如果$@不存在斜杠，其值就是.（当前目录）。注意它和函数 dir 的区别
@F	目标文件的完整文件名中除目录以外的部分（实际文件名）	如果$@为 dir/foo.o，那么$(@F)只就是 foo.o。$(@F)等价于函数$(notdir $@)

变　量　名	含　义	备　注
*D	代表目标茎中的目录部分	
*F	代表目标茎中的文件名部分	
%D	当以如 archive(member)形式静态库为目标时，表示库文件成员 member 名中的目录部分	仅对 archive(member)形式的规则目标有效
%F	当以如 archive(member)形式静态库为目标时，表示库文件成员 member 名中的文件名部分	仅对 archive(member)形式的规则目标有效
<D	代表规则中第一个依赖文件的目录部分	
<F	代表规则中第一个依赖文件的文件名部分	
^D	代表所有依赖文件的目录部分	同一文件不可重复
^F	代表所有依赖文件的文件名部分	同一文件不可重复
+D	代表所有依赖文件的目录部分	同一文件可重复
+F	代表所有依赖文件的文件名部分	同一文件可重复
?D	代表被更新的依赖文件的目录部分	
?F	代表被更新的依赖文件的文件名部分	

使用自动化变量，之前的 Makefile 变成：

```
vincent@ubuntu:~$ cat Makefile -n
 1   OBJ = a.o b.o x.o y.o
 2
 3   image:$(OBJ)
 4       $(CC) $^ -o $@
 5
 6   a.o:a.c
 7       $(CC) $^ -o $@ -c
 8   b.o:b.c
 9       $(CC) $^ -o $@ -c
10   x.o:x.c
11       $(CC) $^ -o $@ -c
12   y.o:y.c
13       $(CC) $^ -o $@ -c
```

但其实，自动化变量的用武之地是静态规则，在静态规则中才能体现自动化变量可以自动变化的特点，上面的例子中仅仅是简化了单词的拼写而已。

Makefile 中定义的变量有以下几种不同的方式。

（1）递归定义方式。

A = I love $(B)

B = China

此处，在变量 B 出现之前，变量 A 的定义包含了对变量 B 的引用，由于 A 的定义方式是所谓的"递归"定义方式，因此当出现$(B)时会对全文件进行搜索，找到 B 的值并代进 A 中，结果变量 A 的值是"I love China"。

递归定义的变量有以下两个缺点。第一，使用此风格的变量定义，可能会由于出现变量的递归定义而导致 make 陷入到无限的变量展开过程中，最终使 make 执行失败。例如，A=$(A)，这将导致无限嵌套迭代。第二，这种风格变量的定义中如果引用了某一个函数，那么函数总会在其被引用的地方被执行。这是因为这种风格变量的定义中，对函数引用的替换展开发生在展开它自身的时候，而不是在定义它的时候。这样所带来的问题是，可能会使 make 的执行效率降低，同时对某些变量和函数的引用出现问题。特别是当变量定义中引用了 Shell 和 wildcard 函数的情况，可能出现不可控制或者难以预料的错误，因为我们无法确定它在何时会被展开。

（2）直接定义方式。

B = China

A := I love $(B)

此处，定义 A 时用的是所谓的"直接"定义方式，即如果其定义里出现有对其他变量的引用，只会在其前面的语句进行搜寻（不包含自己所在的那一行），而不是搜寻整个文件，因此，如果此处将变量 A 和变量 B 的定义交换一个位置：

A := I love $(B)

B = China

则 A 的值将不包含 China，因此在定义 A 时 B 的值为空。

（3）条件定义方式。

有时我们需要先判断一个变量是否已经定义了，如果已经定义了则不做操作，如果没有定义则再来定义它的值，这时最方便的方法就是采用所谓的条件定义方式：

A = apple

A ?= I love China

此处对 A 进行了两次定义，其中第二次是条件定义，其含义是：如果 A 在此之前没有定义，则定义为"I love China"，否则维持原有的值。

（4）多行命令定义方式。

define commands

　　echo "thank you!"

　　echo "you are welcome."

endef

此处定义了一个包含多行命令的变量 commands，我们利用它的这个特点实现一个完整命令包的定义。注意其语法格式：以 define 开头，以 endef 结束，所要定义的变量名必须在指示符 define 的同一行之后，指示符 define 所在行的下一行开始一直到 end 所在行的上一行之间的若干行，是变量的值。这种方式定义的所谓命令包，可以理解为编程语言中的函数。

Makefile 中的变量还有以下几种操作方式。

（1）追加变量的值。

A = apple

A += tree

这样，变量 A 的值就是 apple tree。

（2）修改变量的值。

A = srt.c string.c tcl.c

B = $(A:%.c=%.o)

这样，变量 B 的值就变成了 srt.o string.o tcl.o。例子中$(A:%.c=%.o)的意思是：将变量 A 中所有以.c 作为后缀的单词，替换为以.o 作为后缀。其实这种变量的替换功能是内嵌函数 patsubst 的简单版本，使用 patsubst 也可以实现这个替换的功能，例如：

A = srt.c string.c tcl.c

B = $(patsubst %.c, %.o, $(A))

（3）override 一个变量。

override CFLAGS += -Wall

在执行 make 时，通常可以在命令行中携带一个变量的定义，如果这个变量跟 Makefile 中出现的某一个变量重名，那么命令行变量的定义将会覆盖 Makefile 中的变量。也就是说，对于一个在 Makefile 中使用常规方式（使用"="、":="或者"define"）定义的变量，我们可以在执行 make 时通过命令行方式重新指定这个变量的值，命令行指定的值将替代出现在 Makefile 中此变量的值，例如：

```
vincent@ubuntu:~$ cat Makefile -n
    1   A = an apple tree
    2
    3   all:
    4       @echo $(A)

vincent@ubuntu:~$ make A="an elephant"
an elephant
```

可见，虽然 Makefile 定义了 A 的值为 an apple tree，但被命令行定义的 A 的值覆盖了，变成了 an elephant。如果不想被覆盖，则可以写成：

```
vincent@ubuntu:~$ cat Makefile -n
    1   override A = an apple tree
    2
    3   all:
    4       @echo $(A)

vincent@ubuntu:~$ make A="an elephant"
an apple tree
```

但是请注意，指示符 override 并不是用来防止 Makefile 的内部变量被命令行参数覆盖的，其存在的目的是为了使用户可以改变或者追加那些使用 make 的命令行指定的变量的定义。从另外一个角度来说，就是实现了在 Makefile 中增加或者修改命令行参数的一种机制。想象一下，我们可能会有这样的需求：对一些通用的参数或者必需的编译参数我们可以在 Makefile 中指定，而在命令行中可以指定一些特殊的参数。对待这种需求，我们可以使用指示符 override 来实现。

例如，无论命令行指定哪些编译参数，必须打开所有的编译警告信息-Wall，我们的 Makefile 对 CFLAGS 应这样写：

override CFLAGS += -Wall

这样，无论通过命令行指定哪些编译选项，-Wall 参数始终存在，例如：

```
vincent@ubuntu:~$ cat Makefile -n
    1   override CFLAGS += -Wall
    2
    3   test:test.c
```

```
vincent@ubuntu:~$ make CFLAGS="-g"
cc -g -O0 -Wall a.c -o a
```

（4）导出变量。

export CFLAGS = -Wall -g

在 Makefile 中导出一个变量的作用是：使得该变量可以传递给子 Makefile。在默认的情况下，除了变量 SHELL、MAKEFLAGS，不为空的 MAKEFILES 以及在执行 make 之前就已经存在的环境变量之外，其他变量不会被传递给子 Makefile。

例如：

```
vincent@ubuntu:~/test$ tree
.
├── dir/
│   └── Makefile    #用来测试的两个 Makefile，其中子 Makefile 位于 dir/下
└── Makefile

vincent@ubuntu:~$ cat Makefile -n
    1    export A = apple  #在顶层 Makefile 中，将变量 A 导出
    2    B = banana
    3
    4    all:
    5        echo "rank 1: $(A)"
    6        echo "rank 1: $(B)"
    7        $(MAKE) -C dir/  #调用位于 dir/中的子 Makefile

vincent@ubuntu:~$ cat dir/Makefile -n
    1    all:
    2        echo "rank 2: $(A)"
    3        echo "rank 2: $(B)"

vincent@ubuntu:~$ make -sw  #在顶层执行 Makefile，且显示目录
rank 1: apple  #顶层 Makefile 将两个变量的值都打印了出来
rank 1: banana
rank 2: apple  #子 Makefile 只打印了通过 export 导出的 A
rank 2:
```

对于默认就会被传递给子 Makefile 的变量，可以使用 unexport 来阻止它们的传递，例如：

unexport MAKEFLAGS

这样，上一级 Makefile 的命令行参数就不会传递给子 Makefile 了。

最后来看看几个重要的特殊变量。

（1）VPATH。

这个特殊的变量用以指定 Makefile 中文件的备用搜寻路径：当 Makefile 中的目标文件或依赖文件不在当前路径时，make 会在此变量所指定的目录中搜寻，如果 VPATH 包含多个备用路径，它们使用空格或者冒号隔开。

```
vincent@ubuntu:~$ tree
.
```

```
├──── Makefile
├──── src1/
│     └──── a.c
└──── src2/
      └──── b.c
```

```
vincent@ubuntu:~$ cat Makefile -n
    1   VPATH = src1/:src2/  #指定文件搜寻除当前路径之外的备用路径
    2
    3   all: a b
    4   a:a.c  #若make发现当前路径下不存在a.c，则会到VPATH中去找
    5       gcc $^ -o $@
    6   b:b.c
    7       gcc $^ -o $@
```

```
vincent@ubuntu:~$ make
gcc src1/a.c -o a
gcc src2/b.c -o b
```

更进一步讲，可以使用小写的指示符 vpath 来更灵活地为各种不同的文件指定不同的路径，比如我们增加一个 include/路径用来存放本工程的头文件，则 Makefile 改成：

```
vincent@ubuntu:~$ tree
.
├──── include/
│     └──── head.h
├──── Makefile
├──── src1/
│     └──── a.c
└──── src2/
      └──── b.c
```

```
vincent@ubuntu:~$ cat Makefile -n
    1   vpath %.c = src1/:src2/  #指定本Makefile中.c文件的可能路径
    2   vpath %.h = include/  #指定本Makefile中.h文件的可能路径
    3
    4   all:a b
    5
    6   a:a.c head.h
    7       $(CC) $< -o $@
    8   b:b.c head.h
    9       $(CC) $< -o $@
```

```
vincent@ubuntu:~$ make
cc src1/a.c -o a
cc src2/b.c -o b
```

注意，VPATH 是一个变量，而 vpath 是一个指示符。

（2）MAKE。

当需要在一个 Makefile 中调用子 Makefile 时，用到的变量就是 MAKE，实际上该变量代表了当前系统中 make 软件的全路径，例如，/usr/bin/make。其具体用法是：

$(MAKE) -C subdir/

其中 -C subdir/ 代表指定子 Makefile 所在目录，详细案例请参照前面"导出变量"的相关内容。

（3）MAKEFLAGS。

此变量代表了在执行 make 时的命令行参数，这个变量是默认会被传递给子 Makefile 的特殊变量之一，例如：

```
vincent@ubuntu:~$ cat Makefile -n
    1   all:
    2       echo $(MAKEFLAGS)

vincent@ubuntu:~$ make -s
s
```

此处，s 就是 make 的命令行参数。

1.5.5 各种规则

第一，隐式规则。

上面用来管理 4 个源程序文件（a.c、b.c、x.c 和 y.c）的那个 Makefile 还是显得比较笨拙，需要对每一个文件编写一个规则，但其实 Makefile 是有一定的智能的，我们可以将编译语句省略掉，也可以将依赖文件都省略掉，甚至连目标都省略掉！比如可以写成：

```
vincent@ubuntu:~$ cat Makefile -n
    1   OBJ = a.o b.o x.o y.o
    2
    3   image:$(OBJ)
    4       $(CC) $(OBJ) -o image

vincent@ubuntu:~$ make
cc   -c -o a.o a.c
cc   -c -o b.o b.c
cc   -c -o x.o x.c
cc   -c -o y.o y.c
gcc a.o b.o x.o y.o -o image
```

可以看到，虽然后 4 个规则的目标、依赖文件和编译语句都没写，但是执行 make 也照样可以运行，可见 make 会自动帮我们找到.o 文件所需的源程序文件，也能自动帮我们生成对应的编译语句，这种情况称为 Makefile 的隐式规则。

但是也看到，虽然我们可以省略后 4 个规则的依赖文件和编译语句，但是第 1 个规则的依赖文件和编译语句不能省略，因为隐式规则是有限制的，它只能自动找到与目标同名的依赖文件，比如目标是 a.o，那么它会自动查找到 a.c，换了个名字就找不到了，生成的编译语句也是默认的单文件形式，如本例子中的第一个规则，隐式规则就无能为力了，因为 image 的依赖文件不止一个。

使用隐式规则虽然看起来方便，但是也有弊端：第一，有时一个目标可能并不是一个文件，而仅仅是一个动作，这时就不应在其身上运用隐式规则；第二，使用隐式规则不能让我们更好地控制编译语句，如在编译时想要连接某个指定的库文件，或者添加某些指定的编译选项，此时隐式规则就显得笨拙。

针对第一点，有时我们需要明确地告诉 Makefile 不要对某个目标运用隐式规则，比如我们每次想要清理工程项目中所有的目标文件，可以将清理工作交给 Makefile 来完成：

```
vincent@ubuntu:~$ cat Makefile -n
 1  OBJ = a.o b.o x.o y.o
 2
 3  image:$(OBJ)
 4      $(CC) $(OBJ) -o image
 5
 6  clean:
 7      $(RM) $(OBJ) image
 8
 9  .PHONY: clean
```

第 6 行、第 7 行声明了一个清理目标文件和 image 的规则，执行这条 Shell 命令时需要指定 make 的参数 clean，clean 是一个动作的代号，而不是一个我们要生成的文件，但根据隐式规则，假如当前目录恰巧有个文件是 clean.c，就可能会导致 Makefile 自动生成其对应的编译语句，从而引起混淆。在第 9 行中用指示符.PHONY 来明确地告诉 Makefile 不要对 clean 运用任何隐式规则，事实上，不能运用隐式规则的目标称为伪目标。

第二，静态规则。

针对上述第二点（使用隐式规则不能让我们更好地控制编译语句），我们也许在编译.o 文件时需要一些特殊的编译选项，不能完全将它们弃之不管，但是又不想对每一个.o 文件写一个规则，这样就可以使用静态规则：

```
vincent@ubuntu:~$ cat Makefile -n
 1  OBJ = a.o b.o x.o y.o
 2
 3  image:$(OBJ)
 4      $(CC) $(OBJ) -o image
 5
 6  $(OBJ):%.o:%.c
 7      $(CC) $^ -o $@ -Wall -c
 8
 9  clean:
10      $(RM) $(OBJ) image
11
12  .PHONY: clean
```

第 6 行、第 7 行运用了所谓的静态规则，其工作原理是：$(OBJ)称为原始列表，即（a.o、b.o、x.o、y.o），紧跟其后的%.o 称为匹配模式，含义是在原始列表中按照这种指定的模式挑选出能匹配得上的单词（在本例中要找出原始列表里所有以.o 为后缀的文件）作为规则的目标，这个过程演示如下。

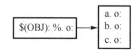

简单地讲，就是用一个规则来生成一系列的目标文件。接着，第二个冒号后面的内容就是目标对应的依赖，%可以理解为通配符，因此本例中%.o:%.c 的意思就是：每一个匹配出来的目标所对应的依赖文件是同名的.c 文件，这个过程演示如下。

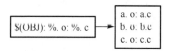

可见，静态规则的目的就是用一句话来自动生成很多目标及其依赖，接下来要针对每一对目标-依赖生成对应的编译语句，演示如下。

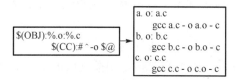

此处可见自动化变量的用武之地了，因为每一对目标-依赖对的名字都不一样，因此在静态规则中不可能直接把名字写死，而要用自动化变量来自动调整为对应的名字。

总结一下，静态模式规则是这样一个规则：规则存在多个目标，并且不同的目标可以根据目标文件的名字来自动构造出依赖文件。静态模式规则比多目标规则更通用，它不需要多个目标具有相同的依赖。但是静态模式规则中的依赖文件必须是相类似的而不是完全相同的。

第三，多目标规则。

上面的 Makefile 除了可以使用静态规则外，针对我们要生成的 3 个.o 文件，也可以使用所谓的多目标规则，具体（其中函数$(subst)的用法和功能请参阅下面有关 "函数" 的内容）如下。

```
vincent@ubuntu:~$ cat Makefile -n
 1   SRC = $(wildcard *.c)
 2   OBJ = $(SRC:%.c=%.o)
 3
 4   image:$(OBJ)
 5       $(CC) $(OBJ) -o image -lgcc
 6
 7   $(OBJ):$(SRC)
 8       $(CC) $(subst .o,.c,$@) -o $@ -c
 9
10   clean:
11       $(RM) $(OBJ) image
12
13   .PHONY:clean
```

着重看第 7、8 行，展开后是：

```
 7   a.o b.o x.o y.o:a.c b.c x.c y.c
 8       $(CC) $(subst .o,.c,$@) -o $@ -c
```

当中的 4 个.o 文件都是这个规则的目标，规则所定义的命令对所有的目标有效。这个具有多目标的规则相当于多个规则，规则中命令对不同的目标执行的效果不同，因为在规则的命令中可能使用自动环变量$@，多目标规则意味着所有的目标具有相同的依赖文件。

例如，当目标是 a.o 时，多目标规则将自动构建如下针对 a.o 的规则。

```
a.o:a.c b.c x.c y.c
    $(CC) $(subst .o,.c,$@) -o $@ -c
```

即：

```
a.o:a.c b.c x.c y.c
    $(CC) a.c -o a.o -c
```

可以看到，在这个示例中使用多目标规则是比较笨拙的，因为它把所有的源文件都当成 a.o 的依赖文件了，因为多目标规则不能根据目标来自动改变依赖文件，要做到这一点可以使用上面的静态规则。

一般而言，多目标规则应用在以下两种场合。

（1）只需要描述依赖关系，而不需要指定相关 Shell 命令。比如当前的所有的目标文件都依赖于一个名为 head.h 的头文件，可以用多目标规则来表达：

a.o b.o x.o y.o:head.h

这样只要 head.h 有改动，4 个目标文件都将会被重新编译。

一个只描述依赖关系的规则，用来管理工程项目当中一些各自和公共文件会非常方便，比如工程当中有许多.o 文件，用变量 OBJS 来表达，它们都依赖于 config.h 文件，而它们又可以各自依赖于其他的头文件：

```
OBJS = a.o b.o c.o
o:a.h
o:b.h B.h
o:c.h
$(OBJS):config.h
```

这样做的好处是：我们可以在源文件中增加或删除了包含的头文件以后就不用修改已经存在的 Makefile 的规则，只需要增加或删除某一个.o 文件依赖的头文件。这种方式很简单，也很方便。对于一个大的工程来说，这样做的好处是显而易见的。在一个大的工程中，对于一个单独目录下的.o 文件的依赖规则建议使用此方式。

（2）有多个具有类似构建命令的目标，就是上面的例子那样，将之展开后得到：

```
a.o:a.c b.c x.c y.c
    $(CC) a.c -o a.o -c
b.o:a.c b.c x.c y.c
    $(CC) b.c -o b.o -c
x.o:a.c b.c x.c y.c
    $(CC) x.c -o x.o -c
y.o:a.c b.c x.c y.c
    $(CC) y.c -o y.o -c
```

第四，双冒号规则。

双冒号规则就是使用 "::" 代替普通规则的 ":" 得到的规则。当同一个文件作为多个规则的目标时，双冒号规则的处理和普通规则的处理过程完全不同（双冒号规则允许在多个规则中为同一个目标指定不同的重建目标的命令）。

首先需要明确的是：Makefile 中，一个目标可以出现在多个规则中。但是这些规则必须是同一种规则，要么都是普通规则，要么都是双冒号规则，而不允许一个目标同时出现在两种不同的规则中。

双冒号规则有以下两个作用。

（1）当依赖列表为空时，即使目标文件已经存在，双冒号规则能确保规则中的 Shell 命令也会被无条件执行。

（2）当同一个文件作为多个双冒号规则的目标时。这些不同的规则会被独立的处理，而不是像普通规则那样合并所有的依赖到一个目标文件。这就意味着对这些规则的处理就像多个不同的普通规则一样。也就是说，多个双冒号规则中的每一个依赖文件被改变之后，make 只执行此规则定义的命令，而其他以这个文件作为目标的双冒号规则将不会被执行。看下面的一个例子：

```
vincent@ubuntu:~$ ls
a.c  b.c  libx.so  liby.so  Makefile
vincent@ubuntu:~$ cat Makefile -n
   1   image::b.c
   2       $(CC) a.c -o $@ -L. -lx
   3
   4   image::b.c
   5       $(CC) b.c -o $@ -L. -ly
vincent@ubuntu:~$ make
cc a.c -o image
cc b.c -o image
```

上例中，不管是 a.c 或是 b.c 都生成 image 文件，如果 a.c 文件被修改，执行 make 以后将根据 a.c 文件重建目标 image。而如果 b.c 被修改，那么 image 将根据 b.c 被重建。如果以上两个规则为普通规则，会出现什么情况？

当同一个目标出现在多个双冒号规则中时，规则的执行顺序和普通规则的执行顺序一样，按照其在 Makefile 中的书写顺序执行。GNU make 的双冒号规则给我们提供一种根据依赖的更新情况而执行不同的命令来重建同一目标的机制。

1.5.6　条件判断

之前提到，我们的工程文件可能在 PC 端编译，也可能在 ARM 平台运行，不同的编译环境需要使用不同的工具链，我们可以通过手工改动 Makefile 的方式来达到更改编译器的目的，也可以使用条件判断机制让 Makefile 自动处理：

```
vincent@ubuntu:~$ cat Makefile -n
   1   OBJ = a.o b.o x.o y.o
   2
   3   ifdef TOOLCHAIN # ifdef 语句用来判断变量 TOOLCHAIN 是否有定义
   4       CC = $(TOOLCHAIN)
   5   else
```

```
 6      CC = gcc
 7   endif
 8
 9   image:$(OBJ)
10      $(CC) $(OBJ) -o image
11
12   $(OBJ):%.o:%.c
13      $(CC) $^ -o $@ -c
14
15   clean:
16      $(RM) $(OBJ) image
17
18   .PHONY:clean
```

```
vincent@ubuntu:~$ make TOOLCHAIN=arm-none-linux-gnueabi-gcc
arm-none-linux-gnueabi-gcc a.c -o a.o -c
arm-none-linux-gnueabi-gcc b.c -o b.o -c
arm-none-linux-gnueabi-gcc x.c -o x.o -c
arm-none-linux-gnueabi-gcc y.c -o y.o -c
arm-none-linux-gnueabi-gcc a.o b.o x.o y.o -o image
```

在 Makefile 中增加了对变量 TOOLCHAIN 的判断，用来选择用户所指定的工具链，如果用户如上述代码所示，在执行 make 时指定了参数 TOOLCHAIN=arm-none-linux-gnueabi-gcc，那第 3 行的 ifdef 语句将成立，因此编译器 CC 被调整为用户指定的 TOOLCHAIN。在这个例子中，我们同时也看到了如何在命令行中给 make 传递参数。

再进一步讲，假如在用户使用 gcc 编译时需要连接库文件 libgcc.so，而在使用交叉工具链 arm-Linux-gnu-gcc 时不需要，那么我们的 Makefile 需要再改成：

```
vincent@ubuntu:~$ cat Makefile -n
 1   OBJ = a.o b.o x.o y.o
 2
 3   ifdef TOOLCHAIN
 4      CC = $(TOOLCHAIN)
 5   else
 6      CC = gcc
 7   endif
 8
 9   image:$(OBJ)
10   ifeq ($(CC), gcc)   # ifeq ()用来判断变量 CC 的值是否等于 gcc
11      $(CC) $(OBJ) -o image -lgcc
12   else
13      $(CC) $(OBJ) -o image
14   endif
15
16   $(OBJ):%.o:%.c
17      $(CC) $^ -o $@ -c
18
```

```
19   clean:
20       $(RM) $(OBJ) image
21
22   .PHONY:clean
```

在第 10 行中，使用 ifeq ( ) 来对 CC 进行了判断，注意 ifeq 与后面的圆括号之间有一个空格！ifeq ( ) 也可以用来判断一个变量是否为空，例如：

```
ifeq ($(A),)
    echo "$(A) is empty"
endif
```

1.5.7　函数

上述 Makefile 乍看上去已经像模像样了，毕竟已经隐约出现了一点乱码的影子，渐渐地不明觉厉起来，但其实还有一个大问题没有解决：假如某一天需要将 c.c 添加进工程中一起编译，由于 Makefile 里面没有体现 c.c 文件，因此没办法对该文件进行处理，如果又要手工来添加的话，显然很麻烦，正确的做法是：使用 Makefile 提供的内嵌函数来帮我们自动地搜寻所需的文件，还可以利用这些函数帮我们对字符串进行各种处理。

怎样让 Makefile 知道我们的工程来了一个新的文件 c.c 呢？这需要一个叫 wildcard 的函数帮忙：

```
SRC = $(wildcard *.c)
```

注意在 Makefile 中书写一个函数的格式：$(function arg1,arg2,arg3, …)其中 function 是函数的名字，后面跟一个空格，然后是参数列表，如果有多个参数则用逗号隔开（注意逗号后面最好不要有空格），整个函数用$( )包裹起来（与变量一样）。

由于 wildcard 函数的作用就是找到参数匹配的文件名，因此该语句的作用就相当于：

SRC = a.c b.c c.c x.c y.c

有了源程序文件名字列表，通过变量的替换操作，很容易就可以得到.o 文件列表：

OBJ = $(SRC: %.c=%.o)

于是，我们的 Makefile 又进化成了：

```
vincent@ubuntu:~$ cat Makefile -n
  1   SRC = $(wildcard *.c)
  2   OBJ = $(SRC:%.c=%.o)
  3
  4   ifdef TOOLCHAIN
  5       CC = $(TOOLCHAIN)
  6   else
  7       CC = gcc
  8   endif
  9
 10   image:$(OBJ)
 11   ifeq ($(CC),gcc)
 12       $(CC) $(OBJ) -o image -lgcc
 13   else
 14       $(CC) $(OBJ) -o image
```

```
15   endif
16
17   $(OBJ):%.o:%.c
18       $(CC)  $^  -o  $@  -c
19
20   clean:
21       $(RM)  $(OBJ)  image
22
23   .PHONY:clean
```

下面列出 Makefile 中常用到的内嵌函数的详细信息，以供查阅。

文本处理函数。此类函数专门用于处理文本（字符串）。

（1）$(subst FROM,TO,TEXT)

功能：

　　将字符串 TEXT 中的字符 FROM 替换为 TO。

返回：

　　替换之后的新字符串。

范例：

　　A = $(subst pp,PP,apple tree)

　　替换之后变量 A 的值是 aPPle tree。

（2）$(patsubst PATTERN,REPLACEMENT,TEXT)

功能：

　　按照 PATTERN 搜索 TEXT 中所有以空格隔开的单词，并将它们替换为 REPLACEMENT。注意，参数 PATTERN 可以使用模式通配符%来代表一个单词中的若干字符，如果此时 REPLACEMENT 中也出现%，那么 REPLACEMENT 中的%跟 PATTERN 中的%是一样的。

返回：

　　替换之后的新字符串。

范例：

　　A = $(patsubst %.c,%.o,a.c b.c)

　　替换之后变量 A 的值是 a.o b.o。

（3）$(strip STRING)

功能：

　　去掉字符串中开头和结尾的多余的空白符（掐头去尾），并将其中连续的多个空白符合并为一个。注意，所谓的空白符指的是空格、制表符。

返回：

　　去掉多余空白符之后的新字符串。

范例：

　　A = $(strip   apple   tree)

　　处理之后，变量 A 的值是 apple tree。

（4）$(findstring FIND, STRING)

功能：

在给定的字符串 STRING 中查找 FIND 子串。

返回：

找到则返回 FIND，否则返回空。

范例：

A = $(findstring pp, apple tree)

B = $(findstring xx, apple tree)

变量 A 的值是 pp，变量 B 的值是空。

（5）$(filter PATTERN,TEXT)

功能：

过滤 TEXT 中所有不符合给定模式 PATTERN 的单词。其中 PATTERN 可以是多个模式的组合。

返回：

TEXT 中所有符合模式组合 PATTERN 的单词组成的子串。

范例：

A = a.c b.o c.s d.txt

B = $(filter %.c %.o,$(A))

过滤后变量 B 的值是 a.c b.o。

（6）$(filter-out PATTERN,TEXT)

功能：

过滤 TEXT 中所有符合给定模式 PATTERN 的单词，与函数 filter 功能相反。

返回：

TEXT 中所有不符合模式组合 PATTERN 的单词组成的子串。

范例：

A = a.c b.o c.s d.txt

B = $(filter %.c %.o,$(A))

过滤后变量 B 的值是 c.s d.txt。

（7）$(sort LIST)

功能：

将字符串 LIST 中的单词按字母升序的顺序排序，并且去掉重复的单词。

返回：

排完序且没有重复单词的新字符串。

范例：

A = foo bar lose foo ugh

B = $(sort $(A))

处理后变量 B 的值是 bar foo lose ugh。

（8）$(word N,TEXT)

功能：

取字符串 TEXT 中的第 N 个单词。注意，N 必须为正整数。

返回：

第 N 个单词（如果 N 大于 TEXT 中单词的总数则返回空）。

范例：

A = an apple tree

B = $(word 2 $(A))

处理后变量 B 的值是 apple。

（9）$(wordlist START,END,TEXT)

功能：

取字符串 TEXT 中介于 START 和 END 之间的子串。

返回：

介于 START 和 END 之间的子串（如果 START 大于 TEXT 中单词的总数或者 START 大于 END 时返回空，否则如果 END 大于 TEXT 中单词的总数则返回从 START 开始到 TEXT 的最后一个单词的子串）。

范例：

A = the apple tree is over 5 meters tall

B = $(wordlist 4,100,$(A))

处理后变量 B 的值是 is over 5 meters tall。

（10）$(words TEXT)

功能：

计算字符串 TEXT 的单词数。

返回：

字符串 TEXT 的单词数。

范例：

A = the apple tree is over 5 meters tall

B = $(words $(A))

处理后变量 B 的值是 8。

（11）$(firstword TEXT)

功能：

取字符串 TEXT 中的第一个单词。相当于$(word 1 TEXT)。

返回：

字符串 TEXT 的第一个单词。

范例：

A = the apple tree is over 5 meters tall

B = $(firstword $(A))

处理后变量 B 的值是 the。

以上 11 个函数是 make 内嵌的文本处理函数。在书写 Makefile 时可搭配使用，来实现复杂功能。

GNU make 除了这些内嵌的文本处理函数之外，还存在一些针对于文件名的处理函数。这些函数主要用来对一系列空格分割的文件名进行转换，这些函数的参数被作为若干个文件名来对待，函数对这样的一组文件名按照一定方式进行处理，并返回以空格分隔的多个文件名序列。他们是：

（1）$(dir NAMES)

功能：

　　取文件列表 NAMES 中每一个路径的目录部分。

返回：

　　每一个路径的目录部分组成的新的字符串。

范例：

　　A = /etc/init.d /home/vincent/.bashrc /usr/bin/man

　　B = $(dir $(A))

　　处理后变量 B 的值是/etc/ /home/vincent/ /usr/bin/。

（2）$(notdir NAMES)

功能：

　　取文件列表 NAMES 中每一个路径的文件名部分。

返回：

　　每一个路径的文件名部分组成的新的字符串。注意，如果 NAMES 中存在不包含斜线的文件名，则不改变这个文件名，而以反斜线结尾的文件名，用空串代替。

范例：

　　A = /etc/init.d /home/vincent/.bashrc /usr/bin/man

　　B = $(dir $(A))

　　处理后变量 B 的值是 init.d .bashrc man。

（3）$(suffix NAMES)

功能：

　　取文件列表 NAMES 中每一个路径的文件的后缀部分。后缀指的是最后一个"."后面的子串。

返回：

　　每一个路径的文件名的后缀部分组成的新的字符串。

范例：

　　A = /etc/init.d /home/vincent/.bashrc /usr/bin/man

　　B = $(suffix $(A))

　　处理后变量 B 的值是.d .bashrc。

（4）$(basename NAMES)

功能：

　　取文件列表 NAMES 中每一个路径的文件的前缀部分。前缀指的是最后一个"."后面除了后缀的子串。

返回：

　　每一个路径的文件名的前缀部分组成的新的字符串。

范例：

　　A = /etc/init.d /home/vincent/.bashrc /usr/bin/man

　　B = $(basename $(A))

　　处理后变量 B 的值是/etc/init /home/vincent/ /usr/bin/man。

（5）$(addsuffix SUFFIX,NAMES)

功能：

为文件列表 NAMES 中每一个路径的文件名添加后缀 SUFFIX。

返回：

添加了后缀 SUFFIX 的字符串。

范例：

A = /etc/init.d /home/vincent/.bashrc /usr/bin/man

B = $(addsuffix .bk,$(A))

处理后 B 为/etc/init.d.bk /home/vincent/.bashrc.bk /usr/bin/man.bk。

（6）$(addprefix PREFIX,NAMES)

功能：

为文件列表 NAMES 中每一个路径的文件名添加前缀 PREFIX。

返回：

添加了前缀 PREFIX 的字符串。

范例：

A = /etc/init.d /home/vincent/.bashrc /usr/bin/man

B = $(addprefix host:,$(A))

处理后 B 的值为 host:/etc/init.d host:/home/vincent/.bashrc host:/usr/bin/man。

（7）$(wildcard PATTERN)

功能：

获取匹配模式为 PATTERN 的文件名。

返回：

匹配模式为 PATTERN 的文件名。

范例：

A = $(wildcard *.c)

假设当前路径下有两个.c 文件 a.c 和 b.c，则处理后 A 的值为 a.c b.c。

（8）$(foreach VAR,LIST,TEXT)

功能：

首先展开变量 VAR 和 LIST，而表达式 TEXT 中的变量引用不被展开。执行时把 LIST 中使用空格分割的单词依次取出赋值给变量 VAR，然后执行 TEXT 表达式，重复直到 LIST 的最后一个单词（为空时结束）。

它是一个循环函数，类似于 Linux 的 Shell 中的循环。注意，由于 TEXT 中的变量或者函数引用在执行时才被展开，因此如果在 TEXT 中存在对 VAR 的引用，那么 VAR 的值在每一次展开时将会得到的不同的值。

返回：

以空格分隔的多次表达式 TEXT 的计算的结果。

范例：

假设当前目录下有两个子目录 dir1/和 dir2/，先要将它们里面的所有文件赋值给变量 FILES，可以这么写：

```
vincent@ubuntu:~$ tree
.
├── dir1
```

```
|     ├──── file1
|     └──── file2
├──── dir2
|     ├──── a.c
|     └──── b.c
└──── Makefile
```

```
vincent@ubuntu:~$ cat Makefile -n
    1   DIR = dir1 dir2
    2   FILES = $(foreach dir,$(DIR),$(wildcard $(dir)/*))
    3
    4   all:
    5       echo $(FILES)
```

```
vincent@ubuntu:~$ make -s
dir1/file1 dir1/file2 dir2/a.c dir2/b.c
```

（9）$(if CONDITION,THEN-PART[,ELSE-PART])

功能：

判断 CONDITION 是否为空，如果为非空，则执行 THEN-PART 且将结果作为函数的返回值，如果为空，则执行 ELSE-PART 且将结果作为函数的返回值，如果此时没有 ELSE-PART 则函数返回空。

返回：

根据 CONDITION 返回 THEN-PART 或者 ELSE-PART 的执行结果。

范例：

install-dir := $(if $(INSTALL_DIR),$(INSTALL_DIR),extra)

先判断 INSTALL_DIR 是否为空，如果为空，则将 extra 赋值给 install-dir，如果不为空，则 install-dir 的值等于$(INSTALL_DIR)（该范例摘选自 Linux-3.9.8 源码顶层 Makefile）。

（10）$(call VAR,ARGS,…)

功能：

执行 VAR，并将 ARGS 一一对应地替换 VAR 里面的$(1)、$(2)…。因此函数$(call) 称为 Makefile 中唯一一个创建定制参数的函数。

返回：

将 ARGS 替换 VAR 中的$(1)、$(2)…之后 VAR 的执行结果。

范例 1：

A = my name is $(1) $(2)

B = $(call A Michael,Jackson)

将 Michael,Jackson 分别替换变量 A 里面的$(1)和$(2)，于是 B 的值就是 my name is Michael Jackson。

范例 2：

使用 Makefile 的命令，找出指定系统 Shell 指令的完整路径（类似 which 的功能）。

① 使用 subst 将环境变量 PATH 中每一个路径的分隔符冒号替换成空格：

A = $(subst :, ,$(PATH))

② 将指定的 Shell 指令添加到每一个可能的路径后面：

B = $(addsuffix /$(1),$(A))

③ 使用 wildcard 匹配所有正确的路径：

C = $(wildcard $(B))

将上述命令组合起来就能完成类似命令 which 的功能，暂且称之为 WHICH：

WHICH = $(wildcard $(addsuffix /$(1),$(subst :, ,$(PATH))))

注意，此处 WHICH 的定义只能是这样递归定义方式，而不能是直接定义方式。

最后，使用 call 来给这个复杂的变量传递一个定制化的参数$(1)，比如要获得系统命令 ps 的完整路径：

$(call WHICH,ps)

（11）$(origin VAR)

功能：

顾名思义，该函数用来查看参数 VAR 的出处。

返回：

参数 VAR 的出处，有如下几种情况。

① undefined

表示变量 VAR 尚未被定义。

② default

表示变量 VAR 是一个默认的内嵌变量，如 CC、MAKEFLAGS 等。

③ environment

表示变量 VAR 是一个系统环境变量，如 PATH。

④ file

表示变量 VAR 在另一个 Makefile 中被定义。

⑤ command line

表示变量 VAR 是一个在命令行定义的变量。

⑥ override

表示变量 VAR 在本 Makefile 定义并使用了 override 指示符。

⑦ automatic

表示变量 VAR 是一个自动化变量，如@、^等。

范例：

ifeq ("$(origin V)", "command line")

    KBUILD_VERBOSE = $(V)

endif

判断变量 V 的出处，如果该变量来自命令行，则将 KBUILD_VERBOSE 赋为 V 的值（该范例摘选自 Linux-3.9.8 源码顶层 Makefile）。

（12）$(Shell COMMANDS)

功能：

在 Makefile 中执行 COMMANDS，此处的 COMMANDS 是一个或几个 Shell 命令，功能与在 Shell 脚本中使用`COMMANDS`的效果相同。该函数返回这些命令的最终结果。

返回：

返回 COMMANDS 的执行结果，并把其中的回车符替换成空格符。

范例：

contents := $(Shell cat file.txt)

使用 cat 命令显示 file.txt 的内容，并将其中的回车符替换为空格符之后赋给 contents。注意，此处用的是直接定义方式而不是递归定义方式，这是为了防止后续再有对此变量的引用就不会有展开过程。这样可以防止规则命令行中的变量引用在命令行执行时展开的情况发生（因为展开 Shell 函数需要另外的 Shell 进程完成，影响命令的执行效率）。

一个用来展示以上函数的示例：

```
vincent@ubuntu:~/ch01/1.5$ cat Makefile -n
    1  V1 = /etc/init.d /home/vincent/.bashrc /usr/bin/man
    2
    3  A = $(dir $(V1))
    4  B = $(notdir $(V1))
    5  C = $(suffix $(V1))
    6  D = $(basename $(V1))
    7  E = $(addsuffix .bk,$(V1))
    8  F = $(addprefix host:,$(V1))
    9  V2 = my name is $(1) $(2)
   10  G = $(call V2,Michael,Jackson)
   11
   12  V3 = $(wildcard $(addsuffix /$(1),$(subst :, ,$(PATH))))
   13  H = $(call V3,nm)
   14
   15  all:
   16      echo $(A)
   17      echo $(B)
   18      echo $(C)
   19      echo $(D)
   20      echo $(E)
   21      echo $(F)
   22      echo $(G)
   23      echo $(H)
```

1.5.8　实用 make 选项集锦

（1）指定要执行的 Makefile 文件。

make -f Altmake

make --file Altmake

make --makefile Altmake

以上 3 种方式都可以用来执行一个普通命令的文件作为 Makefile 文件。在默认的情况下，不指定任何 Makefile 文件，则 make 会在当前目录下依次查找命名为 GNUmakefile 和 Makefile 以及 makefile 的文件。

（2）指定终极目标。

    make TARGET

所谓的终极目标指的是 Makefile 中第一个出现的规则中的第一个目标（详细解释请参见 1.5.3 节），是默认的整个工程或者程序编译过程的总的规则和目的。如果想要执行除该目标之外的其他普通目标位编译的最终目的，则可以在执行 make 的同时指定。

在我们需要对程序的一部分进行编译，或者仅仅对某几个程序进行编译而不是完整地编译整个工程时，指定终极目标就很有用。

（3）强制重建所有规则中目标。

    make -B

    make -always-make

（4）指定 Makefile 的所在路径。

    make -C dir/

    make --directory=dir/

假如要执行的 Makefile 文件不在当前目录，可以使用该选项指定。这个选项一般用在一个 Makefile 内部调用另一个子 Makefile 的场景（详见 1.5.4 节中关于特殊变量的部分内容）。

1.6　GNU-autotools

1.6.1　autotools 简介

1.5 节花了很大的力气去讲述 Makefile，读者会发现它其实挺"晦涩"的，对于一个大型工程来说，手工从头写几乎是不可能完成的任务，因此我们又要发明一种工具来自动生成 Makefile（懒人创造世界）。

在 GNU 开源软件的发布中，最常用的套件就是 autotools 了，这些小巧精致的工具不仅可以帮助我们快速地建立工程，自动编写各级目录的 Makefile，还能保证代码可移植性：C 语言中有些库函数并非每个系统都有，有些函数的名字还可能有差异，甚至同名函数在不同的平台中甚至有不同的接口，又或者有些函数所依赖的库不同，再或者被声明在不同的头文件中，这些千奇百怪的移植性问题，都被统统丢给了 autotools 的系列工具去完成。

回顾一下，在各种 Linux 环境中，以源代码的方式安装 GNU 软件或者服务的三部曲都是统一的，它们是：

```
vincent@ubuntu:~/ch01/1.6$ ./configure
vincent@ubuntu:~/ch01/1.6$ make
vincent@ubuntu:~/ch01/1.6$ make install
```

这里的配置文件 configure 就是由 autotools 系列套件生成的，而 autotools 的工作是不依赖于具体平台环境的。也就是说，在各种不同的平台下，只要先执行 configure，配置脚本就会自动根据当时当地的系统环境参数，正确地生成各级 Makefile 并进行编译，这为程序的可移植性带来了前所未有的便利。与此同时，configure 还支持许多有用的选项，可以进一步设置具体的编译环境，如自定义安装路径、自定义编译器名称、添加编译链接选项等。

下面逐步解开 autotools 的神秘面纱。

1.6.2　文件组织

首先，在一个工程项目代码中，每一个有源代码的目录都会对应一个 Makefile 文件，而在工程的顶层路径下，会有一个所谓的顶层 Makefile，除此之外，还需要一个定义了本工程相关信息（如包名、版本等）config.h 文件，这些文件全部由 configure 自动生成，如图 1-40 所示。

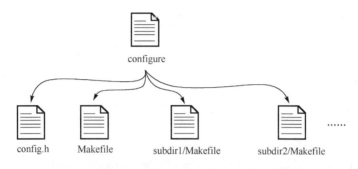

图 1-40　从 configure 生成的文件

而 configure 又是怎么来的呢？答案是：先由 aclocal 从一个名为 configure.ac 文件生成 aclocal.m4，再由 autoconf 从 configure.ac 和 aclocal.m4 生成，如图 1-41 所示。

而 configure.ac 文件则是需要我们自己编写的为数不多的文件之一。此外，要产生 config.h，还需要 config.h.in，而产生 Makefile 则需要 Makefile.in，Makefile.in 又是由 Makefile.am 生成的（貌似有点复杂），它们的关系和用到的工具如图 1-42 所示。

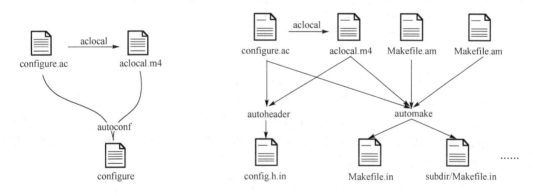

图 1-41　从 configure.ac 生成的文件　　　　　图 1-42　autoheader 和 automake

虽然看起来挺复杂，需要很多的中间文件（Sundry Files），但它们大多数都是由 autotools 的套件自动生成的，只有两种文件要我们亲自操刀：configure.ac 和 Makefile.am。因此，我们主要的精力就放在如何编写这两种文件上。

另外，我们从上面的分析中也得知，要使用 autotools 必须先安装好那些工具，安装命令如下。

```
vincent@ubuntu:~/ch01/1.6$ sudo apt-get install autoconf
vincent@ubuntu:~/ch01/1.6$ sudo apt-get install automake
vincent@ubuntu:~/ch01/1.6$ sudo apt-get install libtool
```

1.6.3 configure.ac 编写规则

文件 configure.ac 实际上是为产生另一个被称为 configure.in 的文件所需要的一堆宏的集合，用以规定诸如指定工程安装包名称和版本、初始化 automake、探测系统编译器、指定产生 Makefile 的详细路径等，下面以一个简单的工程为例，逐条说明语句的语法。

假设有如下工程文件：

```
vincent@ubuntu:~/ch01/1.6$ tree
.
├── include
│   └── head.h
├── lib
│   ├── haircut.c
│   └── havemeal.c
└── src
    └── main.c
```

由于我们要试图理解 autotools 的工作原理，而不是程序的功能，因此上面各个文件的内容就不展示出来了，它们的关系是：main.c 中调用了 haircut.c 和 havemeal.c 中的接口，这些接口在 head.h 中被声明。

我们希望 autotools 帮我们在顶层目录和 lib、src 中自动生成 Makefile，而且 lib 中的两个 *.c 文件要编译生成库文件（静态库或动态库），那么首先我们要在顶层目录下编写一个 Makefile.am 来告诉 automake 有几个子 Makefile 要产生：

```
vincent@ubuntu:~/ch01/1.6$ cat Makefile.am -n
     1  SUBDIRS = lib src
     2  include_HEADERS = include/head.h
```

解释：

（1）SUBDIRS 用以说明需要在 lib 和 src 两个目录下产生 Makefile。

（2）include_HEADERS 用以说明 include/head.h 在将来执行 make install 时将会被安装到 include 目录中。一般而言，只有最终安装的库文件所依赖的头文件才会被安装，一般程序或中间库的头文件不需要安装。默认的 include 路径是 /usr/local/include，可以通过在执行 ./configure 时的 --prefix 选项来调整。

在 src 和 lib 中，也都需要写 Makefile.am，它们分别如下：

```
vincent@ubuntu:~/ch01/1.6$ cat src/Makefile.am -n
     1  bin_PROGRAMS = main
     2  main_SOURCES = main.c head.h
     3  main_CPPFLAGS = -I$(srcdir)/../include
     4  main_LDADD = $(srcdir)/../lib/liblife.a
     5  main_LDFLAGS = -L$(srcdir)/../lib -llife
```

解释：

（1）bin_PROGRAMS 中的 bin 代表将来执行 make install 时，main 将会被安装到 bin 目录下（默认是 /usr/local/bin，可以在执行 ./configure 时的 --prefix 选项来调整），PROGRAMS 代表产生的 main 是一个普通执行程序。

（2）main_SOURCES 代表 main 所依赖的源文件列表。

（3）main_CPPFLAGS 代表编译产生 main 时的预处理器选项，该例子中因为 main.c 需要包含头文件，因此用-I 来给预处理器指定头文件所在路径。

（4）main_LDADD 代表连接的库。

（5）main_LDFLAGS 代表编译产生 main 时的连接器选项，该例子中因为 main.c 需要连接 life 库，因此使用-L 来给连接器指定库文件所在路径。

下面是 lib 下的 Makefile.am 的写法，先来看产生静态库时的情况：

```
vincent@ubuntu:~/ch01/1.6$ cat lib/Makefile.am -n
    1    lib_LIBRARIES = liblife.a
    2    liblife_a_SOURCES = haircut.c havemeal.c
    3    liblife_a_CPPFLAGS = -I../include
```

解释：

（1）lib_LIBRARIES 中的 lib 代表将来执行 make install 时，liblife.a 将会被安装到 lib 目录下（默认是/usr/local/lib，可以在执行./configure 时的--prefix 选项来调整），LTLIBRARIES 代表产生的 liblife.a 是一个库文件。

（2）liblife_a_SOURCES 代表 liblife.a 所依赖的源文件列表，注意，liblife.a 中的点被替换成下画线，实际上目标文件的任何非字母字符都将被替换成下画线。

如果是动态库，也很简单，只需要稍作修改即可：

```
vincent@ubuntu:~/ch01/1.6$ cat lib/Makefile.am -n
    1    lib_LTLIBRARIES = liblife.la
    2    liblife_la_SOURCES = haircut.c havemeal.c
    3    liblife_a_CPPFLAGS = -I../include
```

注意所做的修改：

（1）lib_LIBRARIES 变成 lib_LTLIBRARIES。

（2）liblife.a 变成 liblife.la

（3）liblife_a_SOURCES 变成 liblife_la_SOURCES

除此之外，下面的 configure.ac 要增加一行宏定义：LT_INIT，并且执行 libtoolize 来产生 ltmain.sh 文件即可。

最后，我们应该来编写 configure.ac 了，但是"懒人创造世界"，GNU-autotools 将这一思想精髓发挥到极致，因为还有一个工具是 autoscan，在顶层目录执行它！让其自动产生一个 configure.scan 作为 configure.ac 的模板，我们在 configure.scan 上修改比直接编写 configure.ac 要更省事。

```
vincent@ubuntu:~/ch01/1.6$ autoscan
vincent@ubuntu:~/ch01/1.6$ cat configure.scan -n
    1    #                              -*- Autoconf -*-
    2    # Process this file with autoconf to produce a configure script.
    3
    4    AC_PREREQ([2.69])
    5    AC_INIT([PACKAGE-NAME], [VERSION], [REPORT-ADDRESS])
    6    AC_CONFIG_SRCDIR([src/main.c])
```

```
 7    AC_CONFIG_HEADERS([config.h])
 8
 9    # Checks for programs.
10    AC_PROG_CC
11
12    # Checks for libraries.
13    # FIXME: Replace `main' with a function in `-llife':
14    AC_CHECK_LIB([life], [main])
15
16    # Checks for header files.
17
18    # Checks for typedefs, structures, and compiler characteristics.
19
20    # Checks for library functions.
21
22    AC_CONFIG_FILES([Makefile
23                     lib/Makefile
24                     src/Makefile])
25    AC_OUTPUT
```

需要修改的地方及解释如下。

（1）AC_INIT 用以初始化 autoconf，并指明包名、版本和错误报告邮箱，如可以改为：
AC_INIT([example], [0.01], [2437231462@qq.com])。

（2）AC_CONFIG_SRCDIR 指定源文件所在路径。

（3）AC_CONFIG_HEADERS 指定产生的配置文件名称。

（4）AC_PROG_CC 用以探测当前系统的 C 编译器。

（5）AC_CHECK_LIB([life], [main])探测工程中的库文件及其里面所包含的函数接口，因为 life 库中包含两个函数 haircut 和 havemeal，因此需要改成：

　　AC_CHECK_LIB([life], [haircut])

　　AC_CHECK_LIB([life], [havemeal])

（6）AC_CONFIG_FILES 用以告知 autoconf 本工程总共需要产生多少个子 Makefile。

（7）AC_OUTPUT 是最后一个必需的宏，用以输出需要产生的文件。

（8）由于本工程文件使用了静态库，因此在 configure.ac 中还必须声明以下宏：

　　AM_PROG_AR

　　AC_PROG_RANLIB

（9）还必须手工指定 automake 的初始化选项：

　　AM_INIT_AUTOMAKE([-Wall -Werror])

修改完毕之后，将该文件更名为 configure.ac：

```
vincent@ubuntu:~/ch01/1.6$ mv configure.scan configure.ac
```

执行 autoreconf --install（或依次执行 aclocal、autoconf、autoheader、automake --add-missing）之后，便可执行./configure 命令产生 Makefile 文件了。执行 make dist 可以将工程打包并压缩。autoreconf 的作用如图 1-43 所示。

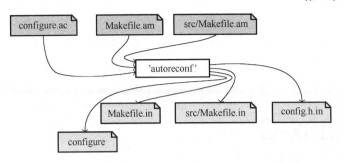

图 1-43　autoreconf 的作用

执行 autoreconf 后将自动生成 configure 和*.in 文件，然后执行 configure 之后再生成 Makefile 和 config.h。

第 2 章

深度 Linux-C

C 语言是嵌入式 Linux 开发基础中的重中之重，C 语言也是多年来最受欢迎、使用人数最多的编程语言之一，从 2002 年以来，C 语言在编程世界的排行榜中从未下过前三甲，有图 2-1 为证（来自博客园）。

图 2-1　编程语言龙虎榜

可以看到，C 语言和 Java 轮流抢夺最受欢迎编程语言排行榜头把交椅，与号称运行在数十亿台设备上的 Java 相比，C 语言低调得多，实际上 C 语言是其他很多编程语言的思想源泉，由于 Linux 的大行其道和 C 语言无可匹敌的高效性，C 语言顺理成章地成为众多开发者的首选也不是什么意外，在嵌入式开发中尤其如此。正所谓：学好 C（shu）语（li）言（hua），走遍天下都不怕。而本章的深度修炼，最终的目的是要取得一张畅游 Linux 源码通行证，可以无阻碍地研读源码，只有扫清了语言上的障碍，才谈得上理解源码的逻辑。

2.1　基 本 要 素

Linux 内核中除了那些与底层硬件密切相关的代码用汇编语言编写之外，其余绝大部分代码都是用 C 语言写的，当然 Linux 用的是在标准 C 语言基础上增加了许多扩展语法的 GNU

C,在本章中我们不仅要回顾标准的 C 语言以及我们需要注意的问题,而且还将详细介绍 GNU C 对标准 C 语言的扩展。

2.1.1　Linux 下 C 代码规范

在深入分析标准 C 语言的各个语法要点之前,必须先来澄清 Linux 环境下 C 代码的风格和规范,良好的编码习惯和一开始对代码可维护性的关注将会使工作更加轻松和高效,就像学习语言时的音标,学习乐器时的站姿或坐姿,学习烹饪时菜肴的外观等,这些看似可有可无的基本技术要领实际上会贯穿整个职业生涯,乃至直接影响最后达到的高度。

编码风格不能看成是个人的东西,因为虽然每个人的喜好并不一致,但是如果我们全凭自己的意愿来编写代码,那么看的人就会比较痛苦,将不同风格的代码杂糅在一起形成一个大项目软件,看起来也不那么舒服。因此,我们需要一种被大众接受的统一规范的编码风格,来约束程序员在编写代码时的格式要求,提高程序的可读性和维护性。在 Linux 环境下,C 代码遵循一定的书写习惯,这些习惯可能跟别的环境不同,原则上它们没有对错之分,只是习惯不同而已。而且这些我们将要介绍的不成文的约定俗成的代码风格,是写好 Linux 下 C 程序的前提。其中的语句和语法在后面逐一介绍,在此间碰到不熟悉的语句语法只需掠过即可,不必纠缠它们,我们将学习重心放在代码编写风格上。

1．标识符的命名

标识符指的是程序中的函数名和变量名,C 语言中对标识符命名的限制如下。

(1)只能包含数字、字母以及下画线,不能包含其他任何特殊字符。

(2)只能以字母或下画线开头。

(3)不能与系统已有的关键字重名,也不能与本命名空间(namespace)中具有相同作用域的其他标识符重名。

事实上对于一个大型程序而言,标识符的命名是个大问题,原因之一是我们经常会使用相同的单词来命名具有某个确切含义的变量,比如我们通常用 count 或 counter 来定义计数器,如果在不同的文件当中存在这样的重名的变量,那编译时就会有问题。解决这种问题的方法之一可能是用更多的信息来命名标识符,比如除了写出其作用之外,再加上该变量的长度、类型等信息,即饱受抨击的所谓的匈牙利命名法,这种包含了过多信息的标识符虽然在一定程度上能让冲突减少,但显然理解起来很麻烦。

以上问题在 C++中尤为明显,因为 C++就是为解决大型软件开发而产生的,期间可能会整合各种不同公司的软件包和类库,标识符名字冲突的矛盾便凸显了出来,因此 C++有专门的机制——namespace 来解决此问题。C 语言也有自己的 namespace,即所谓的命名空间,但是相对而言要简单得多,实际上在一个 C 程序中,所有的标识符处在 4 个命名空间的其中一个,这 4 个命名空间如下。

(1)所有的结构体、联合体、枚举列表的标签名。

(2)每一个结构体、联合体内部的成员列表。

(3)goto 语句的标签名。

(4)其他。

举一个例子来综合说明上面的情况。

```
vincent@ubuntu:~/ch02/2.1$ cat namespace.c -n
    1  struct apple                    //1，结构体的标签
    2  {
    3      int apple;                   //2，结构体的内部成员
    4  };
    5
    6  int main(void)
    7  {
    8      struct apple sweet_fruit;
    9      sweet_fruit.apple = 100;
   10
   11      double apple = 3.14;    //3，普通变量
   12
   13  apple:                           //4，goto 的标签
   14      if(apple == 0)
   15          goto apple;
   16
   17      return 0;
   18  }
```

上面的例子说明了一个问题：在相同的命名空间里标识符不能冲突，但在不同的命名空间中名字可以相同。就像一个教室不能有两个张三，否则叫起来会混乱，但是不同的教室可以有两个人都叫张三。就像上面代码所示，有 4 个标识符都叫 apple，但分别在不同的命名空间中，因此不冲突。

我们在命名标识符时，除了不能与关键字、相同命名空间里的其他标识符重复，只能包含数字、字母以及下画线且不能以数字开头这几点语法上的"硬性指标"之外，还需要符合 Linux 下 C 编程的规范，一般而言，在 Linux 的标识符中如果包含多个单词，则不同的单词用小写字母开头且之间用下画线隔开，比如 apple_tree，而不是 AppleTree，当然后者也没有任何不妥，两者都是为了使标识符更具有可读性，只不过 Linux 的习惯是前者罢了。另外，命名标识符要符合以下两个原则。

（1）max-info：即尽可能地包含更多的信息。

（2）min-length：即尽可能地让长度最短。

显然上述两点是矛盾的、互相制衡的，一个标识符所包含的信息越多其长度势必越长，因此我们需要在两者之间找一个权衡，避免出现在一个程序中所有的变量甚至是函数都是单个字母的标识符，那样看起来会很郁闷，因为我们根本不知道那些字母究竟代表什么含义。在可能的情形下，我们要使用一目了然、顾名思义的标识符命名，当然那些用来控制循环次数的变量简单地命名为 i，j，k 就可以了。

2. 缩进

缩进从语法角度上讲是无关紧要的，但对于程序的可读性和可维护性而言，无疑是重中之重，没有人会看一篇写得像面条一样的程序的，将一个逻辑块代码用缩进的方式让人一目了然非常重要，不管是对于大型的软件，还是小测试程序，逻辑清晰、格式悦目的代码永远受欢迎。那什么时候需要缩进呢？很简单，每一个代码块都需要缩进，如函数体、循环结构（包括 while 循环、do...while 循环和 for 循环），分支语句等、例如：

```
vincent@ubuntu:~/ch02/2.1$ cat indentation.c -n
     1   int main(void)
     2   {
     3       int i;
     4       int j;
     5       int k = 1;
     6
     7       while(k <= 100)
     8       {
     9           i = k;
    10           j = k;
    11           k++;
    12       }
    13
    14       return 0;
    15   }
```

缩进时，最好用 8 个空格缩进，避免用 4 个空格甚至是 2 个空格（或许还有"外星人"用诸如 3 个空格），8 个空格对于阅读大型软件而言非常有用，它使我们的眼睛不会容易疲劳，缩进的空格数过少，代码就感觉是揉在一起的，看久了就会降低我们的生活品质。也许有人会抱怨说 8 个空格太多了，如果缩进超过 4 层可能几乎都要写在行末了，但是要反过来想一想，缩进超过 4 层的代码，是否嵌套太深了，是否需要修改一下代码的逻辑，不至于阅读起来那么困难。

还有，如果厌烦缩进时要敲很多的空格，当然可以用制表符<Tab>来代替，但代价是代码最好不要在多款不同的编辑器中来回编辑，因为不同的编辑器的制表符所代表的空格数可能不一致，这时切换编辑器就有可能会使代码的格式紊乱。我们有几种办法来避免这种尴尬的局面：一是统一用宽度恒定的空格缩进；二是不要在不同的编辑器中"倒腾"我们的程序；三是在切换编辑器时设置编辑器的选项，使它们的制表符所代表的空格数相等。

3. 空格和空行

空格和空行也是提高程序可读性的很重要的一方面，谁都不愿意阅读挤在一起的代码，因此适当的空格和空行能让程序看起来逻辑更加清晰。

什么时候需要用空格和空行将程序中的不同标识符和不同代码段隔开，并没有一个严格、统一的说法，但是有一些一般做法我们可以借鉴。

在赋值、比较、逻辑操作等运算式中，用空格将操作数隔开，在标点符号后面也用空格隔开（符合英文的书写规范），例如：

a = b 要比 a=b 好；

if((a < 2) && (b > 100)) 要比 if((a<2)&&(b>100)) 好。

另外，不同的逻辑块代码之间最好用空行适当地隔开，不能挤到一起，例如：

```
vincent@ubuntu:~/ch02/2.1$ cat empty_line.c -n
     1   #include <stdio.h>
     2   #include <stdlib.h>
     3
```

```
4   int main(void)
5   {
6       int count = 100;
7       int bytes_read, bytes_write;
8
9       while(count > 0)
10      {
11          printf("%d\n", count--);
12      }
13
14      return 0;
15  }
```

可以看到：第 3、8、13 行是空行，它们介于头文件与主函数、变量定义和循环体、函数体与返回值之间，由于这些逻辑块确实没有太大的逻辑联系，因此最好使用空行隔开，使得整个程序一目了然。总之，空格也好空行也罢，目的只有一个，那就是让代码看起来舒服，不要挤在一起就行了。

4. 括号

函数体和循环结构、分支结构等代码块需要使用花括号将其代码括起来，对于函数而言，在 Linux 编码风格中，左右花括号分别占用 行，在其他代码块中，左花括号可以放在上一行的最右边，右花括号单独占一行（推荐像函数一样左右括号各自单独占一行，使得代码的风格更具一致性），例如：

```
vincent@ubuntu:~/ch02/2.1$ cat bracket.c -n
1   int main(void)
2   {
3       if(1)
4       {
5           //some statements
6       }
7
8       while(1)
9       {
10          //some statements
11      }
12
13      return 0;
14  }
```

5. 注释

在我们编写程序时，如果遇到比较复杂的情形，可以在代码中用自然语言添加一些内容，来辅助我们自己和将来要阅读该程序的人员更好地理解程序。首先介绍 C 语言中写注释的两种方法。

第一，用形如/* …… */的方式书写注释，被这一对正斜杠和星号包含的内容将被视为注释语句，这是 C 语言注释语句的传统编写方式，它有两个特点：一是不能嵌套，二是可以注释多行。例如：

```
/*
    this is one line of comment
    this is another comment
*/
```

第二，用形如//……的方式书写注释，这是 C++风格的注释，这种方式只能注释一行，例如：

```
// comment1
// comment2
```

在程序中，如果有许多地方需要输出调试信息，而且需要经常打开和关闭调试，如果不想把代码写得很难看，建议可以用条件编译语句来注释，例如：

```
vincent@ubuntu:~/ch02/2.1$ cat debug.c -n
    1   #include <stdio.h>
    2
    3   int main(void)
    4   {
    5       int a;
    6       a = 100;
    7       printf("a = %d\n", a);
    8
    9   #ifdef DEBUG
   10       printf("this is a debuging message.\n");
   11   #endif
   12
   13       return 0;
   14   }
```

这样，第 10 行调试信息可以很方便地在编译时，通过一个-D 选项来打开和关闭。

打开调试信息：

```
vincent@ubuntu:~/ch02/2.1$ gcc debug.c -o debug -DDEBUG
```

关闭调试信息：

```
vincent@ubuntu:~/ch02/2.1$ gcc debug.c -o debug
```

注释的作用相当于商品的《使用说明书》，比如买了一台微波炉，里面会有一册使用说明书，具体告诉我们它的功能及如何使用它，但是它不会告诉我们微波炉的详细制作原理及工艺，而且我们也并不关心此类信息。同样的道理，我们需要在一段比较复杂的需要说明的代码中添加说明其功能的注释，这些注释讲清楚该段程序能够做什么即可，不需要阐述其原理，即不需要说明它是如何做到的。

2.1.2　基本数据类型

标准 C 语言提供给我们的基本数据类型有很多，比如布尔型、整型、字符型（令人沮丧的是 C 语言居然没有字符串类型！在 C 语言中字符串是用字符数组来表达的，在数组的相关章节会详细讨论）、浮点型等。除此之外，在后面我们还会看到，为了满足更多的需要，C 语言还提供了复合数据类型，不同的数据类型的内部实现差别可以很大，比如整型数和浮点型数的存储采用的是完全不同的格式等。

> **提示**
>
> 初学者经常会抱怨只会写简单的程序，或者临摹复杂一点的代码，但总是找不到自己编程解决一个问题的手感，对稍微复杂一点的数据操作和混合运算倍感无助，总归一个词：没入门。既然没入门，那究竟门儿在哪里呢？
>
> C 程序编程，门就是对内存的理解，读者必须深刻地知道，自己所写的一切代码、定义的一切变量、调用的一切函数、实现的一切算法，其实都只是在不断地"倒腾"几块内存而已，使用 C 开发程序的人一般都比较偏向于底层，脑海中必须有一副具体的内存操作的图像。当读者面对一个变量，看不到抽象的概念（如类型），而只看到一块内存时，那么就入"门"了。

从此以后，当读者看到 int a;这样的定义时，脑海里要条件反射地意识到：a 是一块内存。更进一步讲，类型 int 规定了 a 的大小，同时也约定了以后应该要将一个整型数据放到 a 这块内存中去，注意措辞，这里说的是"应该"，也就是说，即便要将"一头大象"塞进去也是可以的，编译器阻止不了，但是一旦对 a 这块内存进行引用，编译系统会将里面的东西一概认为是 int 型数据，因为一开始定义时大家就说好了嘛！

以下代码是完全符合语法的。

```
vincent@ubuntu:~/ch02/2.1$ cat type.c -n
    1   #include <stdio.h>
    2
    3   struct elephant //一头大象 :)
    4   {
    5       char c;
    6       double f;
    7       int i;
    8       char s[5];
    9   };
   10
   11   int main(void)
   12   {
   13       int a;
   14       struct elephant x = {'w', 3.14, 100, "hey"};
   15
   16       a = *( (int *)&x );     //试图将一头大象 x 塞进 a 里面
   17       printf("%d\n", a);      //打印出一个毫无意义的垃圾值
   18
   19       return 0;
   20   }
```

注意第 16 行的代码，将一个结构体变量 x 塞进一个整型变量 a 里面（当然只能塞进去一部分），只要对类型稍做转换，就可以做到，这样变量 a 里面存放的实际上是与整型数据风马

牛不相及的东西，语法上没有任何问题，只是数据变得没有意义。此例旨在告诉读者，不管是什么变量，都只是一块内存，里面都是一大串 101010110101……序列而已，语法上我们可以随意地操纵这些内存，以及里面的内容，但是逻辑上我们必须使得它们有意义，所以还必须考虑每块内存的本职工作：存储某一种在定义时约定好的类型的数据。

已有过一定 C 语言基础的读者，现在入门了吗？

下面详细解析 C 语言中的各种类型数据。

1．布尔类型数据

C 语言中有一类变量只有两种可能的取值：真或假。这就是布尔变量。布尔运算是英国数学家布尔在 1847 年发明的用以处理二值之间关系的逻辑数学计算法，这种逻辑运算用数学方法研究逻辑问题。

在 C 语言中可以用_Bool 或者 bool 定义布尔变量，当使用关键字 bool 定义变量时，需要包含头文件<stdbool.h>，包含了这个文件之后还可以使用系统预定义的布尔常量 true 和 false。以下语句定义了一个布尔变量：

bool flag;　//或者 _Bool flag;

要正确地使用布尔值，必须先回答一个古老的问题：什么是真？什么是假？在哲学世界里这个问题可以很玄奥，但在 C 语言世界里答案很简单，我们只需要记住一句四字真言：非零即真。

例如，1、–1、0.1、–0.5 统统都是真，只有 0 才为假。在 C 语言中一般用值 1 表示 true，用 0 表示 false，因此布尔类型实际上也是一种整型数据。只是原则上它仅仅需要 1 位来进行存储。因为对于 0 和 1 而言，1 位存储空间已经足够。实际上 bool 变量占用 1 个字节，而 true 和 false 占用 4 个字节（它们实际上都是 int 型）。在以下程序中，测试了布尔值所占存储器的大小。

```
vincent@ubuntu:~/ch02/2.1$ cat bool_size.c -n
    1  #include <stdio.h>
    2  #include <stdbool.h>
    3
    4  int main(void)
    5  {
    6      printf("size of bool: %d\n", sizeof(bool));
    7      printf("size of true: %d\n", sizeof(true));
    8
    9      return 0;
   10  }

vincent@ubuntu:~$ ./bool_size
size of bool: 1
size of true: 4
```

事实上，true 和 false 是以下宏定义：

```
#define true 1
#define false 0
```

在 C 语言的分支跳转语句和循环结构当中，我们用布尔值来决定控制流的动作，比如 if 语句：

```
if(expression)
{
    statement
}
```

格式中的 expression 是一个布尔表达式，因此如果在表达式中使用的本身就是布尔值，则标准的形式是：

```
bool flag;
if( flag )
{
    statement
}
```

而不是

```
bool flag;
if( flag != 0 )      //甚至 if( flag != NULL )
{
    statement
}
```

虽然下面两种表达形式编译也可以通过，逻辑也没问题，但是可读性差，很容易让人误解 flag 变量是 int 类型变量（0 是 int 类型数据）或指针变量（NULL 是指针）。因此，为了程序的清晰易懂，我们要用相对应的数据类型来进行比较，而不仅仅关心运行结果，毕竟程序是要给人看的，我们都喜欢意思明确没有歧义的代码。

下面是对各种不同的数据类型与"0"比较时的规范代码样例。

```
vincent@ubuntu:~/ch02/2.1$ cat equal_zero.c -n
     1   #include <stido.h>
     2
     3   int main(void)
     4   {
     5       bool flag;
     6       if(flag)
     7       {
     8           //some statements
     9       }
    10
    11       int i;
    12       if(i == 0)
    13       {
    14           //some statements
    15       }
    16
    17       char c;
    18       if(c == '\0')
    19       {
```

```
20            //some statements
21        }
22
23        char *p;
24        if(p == NULL)
25        {
26            //some statements
27        }
28
29        return 0;
30    }
```

2．整型数据

接下来我们逐一讨论几个问题，分别是：C 语言标准对整型变量的限制，系统基本数据类型及整型变量的内部存储细节等。

C 语言支持多种整型数据类型，每种类型都有指示其数值范围以及指示其是否是有符号数的指示符。C 语言标准规定了某一种数据类型必须能够表达的最小的值域范围，而各种编译器根据不同的平台在不与此最小值域范围冲突的基础上进行扩展。各种整型数据如表 2-1 所示。

表 2-1　各种整型数据

声明形式	最小值域范围		典型 32 机器值域	
	最小值	最大值	最小值	最大值
char unsigned char	−127 0	127 255	−128 0	127 255
short unsigned short	−32 767 0	32 767 65 535	−32 768 0	32 767 65 535
int unsigned	−32 767 0	32 767 65 535	−2 147 483 648 0	2 147 483 647 4 294 967 295
long unsigned long	−2 147 483 647 0	2 147 483 647 4 294 967 295	−2 147 483 648 0	2 147 483 647 4 294 967 295

以下语句定义了一个有符号的短整型，以及一个无符号长整型。

short　si;

unsigned　long　ul;

显然，对于某一种特定的整数类型都有其表示范围，超出其范围的数值将无法正常存储，这种情况称为溢出（Overflow），对于整型数据而言，不管是有符号的还是无符号的，其值域都可看成如图 2-2 所示的汽车里程表。当汽车跑过的路程超出了里程表的最大标示值之后里程表回到最小值，重新开始计数。整数也是一样，比如有符号短整型变量 short m = 32 767，如果让 m 再加 1，则在存储器上不可能存储 32 768（对于典型 32 机器来说已经溢出了），而是回到最小值−32 768。

图 2-2　汽车的里程表

当然，一个变量用越多的字节来表示，其所能表达的数值就越大，Compaq Alpha 使用 64 位字来表示长整型 long，其无符号数的上限超过了 1.84×10^{19}，而有符号数的范围超过了 $\pm 9.22 \times 10^{18}$。但不管机器能表示的范围有多大，都不可能表示全部的整数。计算机由于自身的限制，只能表达整数的一部分，但这对于绝大多数情况，适当的值域已经足够了。而在一些数据可能会溢出的情况，我们必须提高警惕。

表 2-2　可移植性数据类型

类　型	含　义
s8	带符号字节
u8	无符号字节
s16	带符号 16 位整数
u16	无符号 16 位整数
s32	带符号 32 位整数
u32	无符号 32 位整数
s64	带符号 64 位整数
u64	无符号 64 位整数

不难看出，由这些基本数据类型关键字定义出来的变量的长度，在不同的平台下可能不同，如果我们的程序需要在不同的平台之间移植且它们的数据类型长度不一致，程序运行就会不正常，因此有些时候我们需要长度明确的数据，像操作硬件设备、进行网络通信和操作二进制文件等，通常都必须满足它们明确的内部要求。为了解决这个问题，Linux 内核在<asm/types.h>中定义了表 2-2 所示长度明确的类型，该文件包含在<linux/types.h>中。

这些长度明确的类型大部分都是通过 typedef 对标准的 C 类型进行映射得到的，例如，在一个典型的 32 位机器中，这些类型的定义可能会：

typedef	short	s16;
typedef	unsigned　short	u16;
typedef	int	s32;
typedef	unsigned　int	u32;
typedef	long　long	s64;
typedef	unsigned　long　long	u64;

而在 64 位机器中，可能会变成：

typedef	short	s16;
typedef	unsigned　short	u16;
typedef	int	s32;
typedef	unsigned　int	u32;
typedef	long	s64;
typedef	unsigned　long	u64;

以上这些类型只能在内核当中使用，不可以在用户空间中出现。这个限制是为了保护名字空间。但是内核在定义这些类型的同时也为用户空间定义了相对应的变量类型，这些类型与上面的类型所不同的是增加了两个下画线的前缀。例如，无符号 32 位整型对应的用户空间可见类型就是 __u32。

有了这些长度一定的类型，只要在不同的平台中提供相对应的头文件，在程序中便可以定义长度一定的变量，此时它们的内部实现可能是不同的（__u64 可能对应 32 位机的长长整型，也可能对应 64 位机的长整型），但所幸这种差异被相应平台的头文件屏蔽了，因此站在程序的角度看，定义为__u64 的变量在 32 位机和 64 位机之间是具有可移植性的。这些经由基本数据类型通过 typedef 预定义好的固定长度的数据类型，称为系统基本数据类型。

我们还可以通过包含头文件<stdint.h>来使用长度确定的整型变量。

介绍完了跟整型相关的定义以及系统基本数据类型，接下来讨论一下其计算机存储方式。对于整型而言，有两种重要的数字编码方式：一种是无符号编码，这是一种基于传统的二进制表示法，用以表达大于或等于零的整数，另一种是二进制补码编码，这是表示有符号数的最常见的编码方式，用以表达有符号整数。

例如，无符号数 unsigned int n = 0x12345678（此处为正整数），在以无符号编码的计算机中，其存储器的真实存储情况如图 2-3 所示。

低地址
高地址
0111
1000
0101
0110
0011
0100
0001
0010
78
56
34
12

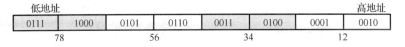

图 2-3　正整数的二进制真实内存存储视图（以小端序为例）

而如果是有符号数 signed int m = –0x12345678（此处为负整数），则其二进制补码编码方式的存储器真实存储情况如图 2-4 所示。

低地址
高地址
1000
1000
1010
1001
1100
1011
1110
1101
88
A9
CB
ED

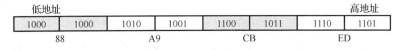

图 2-4　负整数的二进制真实内存存储视图

要弄明白上面这两个整数为什么会这样存储，有两点需要深入理解：第一，字节序的概念；第二，二进制补码编码原理。

所谓的字节序就是一个多字节储存单元的低地址放置高有效位还是低有效位的概念，比如上面的无符号整型变量 n，为什么地址由低到高存储的是 78 56 34 12，而不是 12 34 56 78，就是因为当前处理器是按照“小端序”的字节序运作的结果。一个总共占用了 4 个字节的整数 n，处理器可以有以下两种存储策略，如图 2-5 所示。

高地址
12
34
56
低地址
78
小端序
高地址
78
56
34
低地址
12
大端序

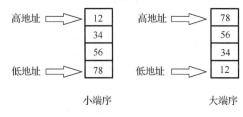

图 2-5　大端序和小端序

图 2.5 清楚地显示出了两种不同字节序的内部实现细节，我们也很容易得出结论：“小端序”就是指把最低有效位（即 78）放在低地址的存储方式。显然，如果我们把最高有效位（即 12）放在低地址，那就称为“大端序”。

在一台既定的计算机中，字节序是处理器的一种自身的运行属性，只要存储和读取用的是同一种字节序即可，至于究竟是大端还是小端则无关紧要（就像买菜需要货币一样，只要大家统一即可，至于是用纸币还是硬币买菜则都无所谓）。因此，在同一台计算机运行的程序和数据并不需要过多地关心字节序的问题。但如果要在网际传输数据，则需要考虑字节序的问题，因为不同的计算机可能使用不同的字节序（跨国交易需要进行汇率转换，不能指望揣着 3 元人民币在美国能买到一棵标价为$3.00 的大白菜）。

再一个需要澄清的知识点是二进制补码编码方式。如上所述，0x12345678 和-0x12345678 在存储器中的比特位值差别很大，那是因为对于有符号整数而言采用了二进制补码编码方式存储的原因。具体来说，该编码的原则为：将最高有效位解释为负权位（Negative Weight），也称为符号位，当它被设置为 1 时表示值为负，而当它被设置为 0 时表示值为非负。另外，正数的补码与无符号编码相同，负数的补码是在无符号编码的基础上取反加 1，以上面那个负整数为例，0x12345678 存储器存储如图 2-6 所示（假设左边是低地址右边是高地址）。

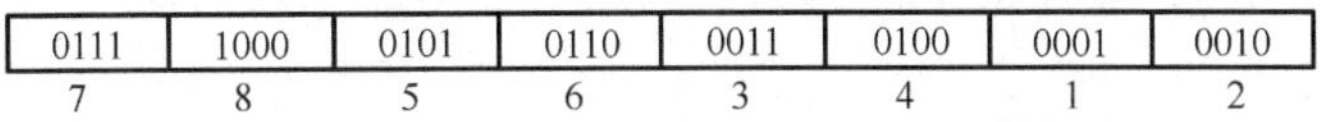

0111
1000
0101
0110
0011
0100
0001
0010
7
8
5
6
3
4
1
2

图 2-6　正整数 0x12345678 的存储细节

因此，-0x12345678 先取反，结果如图 2-7 所示。

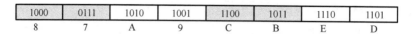

1000	0111	1010	1001	1100	1011	1110	1101
8	7	A	9	C	B	E	D

图 2-7　正整数 0x12345678 取反之后的存储细节

然后再加 1（注意，加在最低位，即加在第 1 个字节处，"87" 变成 "88"），如图 2-8 所示。

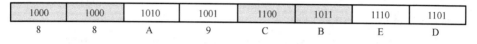

1000	1000	1010	1001	1100	1011	1110	1101
8	8	A	9	C	B	E	D

图 2-8　正整数 0x12345678 取反加 1 之后的存储细节

这就是负数在存储器上存储的原理。虽然 C 语言标准并没有要求要用这种二进制补码形式来表示有符号整数，但几乎所有的计算机都是这么做的。

可以用以下的小实验来观察计算机的具体字节序和编码方式。

```
vincent@ubuntu:~/ch02/2.1$ cat endian.c -n
 1  #include <stdio.h>
 2
 3  union node
 4  {
 5      unsigned int m;
 6      char c;
 7  };
 8
 9  int main(void)
10  {
11      union node data;
12      data.m = 0x12345678;
13
14      printf("%x\n", data.c);
15      return 0;
16  }
```

根据以上讨论，如果这个程序在计算机中打印高有效位 "12"，则可断定计算机是大端序，否则如果打印的是低有效位 "78"，则表示计算机是小端序。

3．浮点型数据

浮点数是用计算机表示的实数，用来表示那些介于整数之间的数值，比如 1.2 或 3.14 等。在书写浮点常量时，可以使用小数点与整型加以区分，比如 3.0 是浮点常量而 3 则是整型常量，也可以用科学计数法来表示浮点常量，比如 1.23e5，这个数代表了 1.23×10^5，其中字母 e 不区分大小写，紧跟其后的幂可正可负。科学计数法可以更方便地表示有效位数很多的数值。

我们还可以用以下关键字来定义浮点变量，如表 2-3 所示。

表 2-3　浮点型数据的取值范围

类　　型	Macintosh	Linux	Windows	ANSI C 规定的最小值
float	6 位	6 位	6 位	6 位
	−37～38	−37～38	−37～38	−37～37
double	18 位	15 位	15 位	10 位
	−4931～4932	−307～308	−307～308	−37～37
long double	18 位	18 位	18 位	10 位
	−4931～4932	−4931～4932	−4931～4932	−37～37

表 2-3 所示每种数据类型中，上面的位数代表有效数字位数，下面的数字范围代表指数（以 10 为基数）的范围。

以下语句定义了一个单精度浮点数和一个双精度浮点数并进行了初始化。

float　f;

double　lf = 1.23;

对于浮点类型数据，首先我们需要明白的一点是：浮点数和整型数的编码方式是不一样的，IEEE 浮点标准采用如下形式来表示一个浮点数。

$$V = (-1)^s \times M \times 2^E$$

其中符号 S 决定是负数(S=1)还是正数(S=0)，由 1 位符号位表示。有效数 M 是一个二进制小数，它的范围在 $1 \sim 2-\varepsilon$ 之间（当指数域 E 既不全为 0 也不全为 1，即浮点数为规格化值时。ε 为有效数 M 的精度误差，比如当有效数为 23 位时，ε 为 2^{-24}），或者在 $0 \sim 1-\varepsilon$ 之间（当指数域全为 0，即浮点数为非规格化值时），由 23 位或 52 位的小数域表示。指数 E 是 2 的幂，可正可负，它的作用是对浮点数加权，由 8 位或者 11 位的指数域表示。

下面我们详细地剖析 IEEE 浮点数据表示，相信在认真研读完本节之后，读者对浮点数的存储将会有非常清晰的认识。不用担心文中会充满数学家才会考虑的算式和符号，虽然大多数人认为 IEEE 浮点格式晦涩难懂，但理解了其小而一致的定义原则之后，相信读者能感觉到它的优雅和温顺，以下的叙述将尽量用浅显易懂的语言和例子让大家心情舒畅地了解浮点存储的内幕。

以 32 位浮点数为例，其存储器的内部情况如图 2-9 所示。

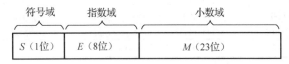

图 2-9　float 型浮点数内部存储结构

从上述公式 $V = (-1)^s \times M \times 2^E$ 可以计算出一个浮点数具体的数值，要理解这 3 个数据域是如何被解释的，我们需要知道，浮点数的编码根据指数域的不同取值表示被分成 3 种情形。

（1）规格化值。

当指数域不全为 0 且不全为 1 时即为这种情形，这是最常见的情况。这时有效数域被解释为小数值 f，且 $0 \le f < 1$，其二进制表示为 $0.f_{n-1}f_{n-2}\cdots f_1 f_0$，而有效数 M 被解释为 $M=1+f$。同时指数域被解释为偏置形式的有符号数，指数 E 被定义为 $E=e-Bias$，其中 e 就是指数域的二进制表示，Bias 是一个等于 $2^{k-1}-1$ 的偏置值（k 为指数域位数，对于 32 位浮点数而言是 8，对于 64 位浮点数而言是 11）。我们可以调整指数域 E 来使得有效数 M 的范围在 $1 \le M < 2$ 之间，也就可以始终使得 M 的第一位是 1，从而也没有必要在有效数域中显式地表示它了。

我们来做一个透视浮点数存储的练习，以此来更好地理解以上内容。例如，浮点数 12345.0，其二进制表示为$(1.1000000111001)_2 \times 2^{13}$，显然符号位 S 应为 0，而指数域部分 E 应根据公式 $E=e-Bias$ 计算，e 就是我们想要的内部存储表示，Bias 在 32 位单精度浮点中的值为 127，因此 $e=E+Bias=13+127=140$，用二进制表示即为$(100011001)_2$，而小数域就是在其二进制表示的基础上减去最高位的 1 即可，即 0.1000000111001，补满 23 位小数位，即可得到 0.10000001110010000000000，存储时略去前面的整数部分和小数点，因此浮点数 12345.0 的 IEEE 浮点表示为

0	1000 1100	100 0000　1110 0100　0000 0000

（2）非规格化值。

当指数域全为 0 时属于这种情形。非规格化编码用于表示非常接近 0.0 的数值以及 0 本身（因为规格化编码时有效数 M 始终大于或等于 1），我们会看到，由于在非规格化编码时指数域 E 被解释为一个定值：$E = 1-Bias = -126$（而不是规格化时 $E = e-Bias$），使得规格化数值和非规格化数值之间实现了平滑过渡。另外，此时有效数 M 解释为 $M=f$，对比上面所讲的规格化编码，此时的有效数 M 就是小数域的值，不包含开头的 1。

举个例子，编码为如下情形的浮点数就是一个非规格化的样本：

0	0000 0000	000 0000　0000 0000　0000 0001

这个数值的值将被解释为$(-1)^0 \times (0.00000000000000000000001)_2 \times 2^{1-Bias}$，即 $2^{-23} \times 2^{-126} = 2^{-149}$，转成十进制表示大约等于 1.4×10^{-45}，实际上这就是单精度浮点数所能表达的最小正数了。

以此类推，规格化值和非规格化值所能表达的非负数值范围如表 2-4 所示。

表 2-4　规格化和非规格化数据

数值	指数域	小数域	32 位单精度浮点数	
			二进制值	十进制值
0	0000 0000	000 0000 0000 0000 0000 0000	0	0.0
最小非规格化数	0000 0000	000 0000 0000 0000 0000 0001	$2^{-23} \times 2^{-126}$	$\approx 1.4 \times 10^{-45}$
最大非规格化数	0000 0000	111 1111 1111 1111 1111 1111	$(1-\varepsilon) \times 2^{-126}$	$\approx 1.2 \times 10^{-38}$
最小规格化数	0000 0001	000 0000 0000 0000 0000 0000	1×2^{-126}	$\approx 1.2 \times 10^{-38}$
最大规格化数	1111 1110	111 1111 1111 1111 1111 1111	$(2-\varepsilon) \times 2^{127}$	$\approx 3.4 \times 10^{38}$
1	0111 1111	000 0000 0000 0000 0000 0000	1×2^0	1.0

从表 2-4 中可以看出，由于在非规格化中将指数域数值 E 定义为 $E = 1-Bias$，实现了其最大值与规格化的最小值平滑的过渡（最大的非规格化数为$(1-\varepsilon) \times 2^{-126}$，只比最小的规格化数 2^{-126} 小一点，ε 为 2^{-24}）。

（3）特殊数值。

当指数域全为 1 时属于这种情形。此时，如果小数域全为 0 且符号域 S=0，则表示正无穷 $+\infty$，如果小数域全为 0 且符号域 S=1，则表示负无穷 $-\infty$。如果小数域不全为 0 时，浮点数将被解释为 NaN，即不是一个数（Not a Number）。比如计算负数平方根或处理未初始化数据时。

以下是理清各种数据之间关系的总结。

① 浮点数值 $V = (-1)^s \times M \times 2^E$。

② 在 32 位和 64 位浮点数中，符号域 S 均为 1 位，小数域位数 n 分别为 23 位和 52 位，指数域位数 k 分别为 8 位和 11 位。

③ 对于规格化编码，有效数 $M=1+f$，指数 $E=e-\text{Bias}$（e 即为 k 位的指数域二进制数据，对于 32 位浮点数而言，e 的范围是 $1\sim254$，此时 E 的范围是 $-126\sim127$）。

④ 对于非规格化编码，有效数 $M=f$，指数 $E=1-\text{Bias}$（这是一个常量）。

⑤ Bias 为偏置值，$\text{Bias}=2^{k-1}-1$，k 即为指数域位数，在 32 位和 64 位浮点数中 k 分别为 8 和 11。

⑥ f 为小数域的二进制表示值，即 n 位的小数域 $f_{n-1}f_{n-2}\cdots f_1f_0$ 将被解释为 $f=(0.f_{n-1}f_{n-2}\cdots f_1f_0)_2$。

有了以上的背景知识之后，我们就可以更从容地分析浮点运算了。毕竟我们不是数学家，学习浮点数不是为了科学研究，更多的是从实用主义的角度出发，是为了要写出更好、更可靠的代码。

首先要说明的是，浮点运算是不遵循结合性的，也就是说 $(a+b)-c$ 和 $a+(b-c)$ 可能会得出不一样的结果（如 $(1.23+4.56e20)-4.56e20=0$，但 $1.23+(4.56e20-4.56e20)=1.23$）。这是由浮点数的表示方法限制的，浮点数的范围和精度有限，因此它只能近似地表示实数运算。在两个浮点数进行运算时，它们之间会产生一种称之为"舍入"的行为，要理解清楚这种游戏规则，请仔细研读以下叙述。

假设有两个浮点数 f_1 和 f_2，其 IEEE 存储格式分别为如表 2-5 所示。

对于单精度浮点数而言 $k=8$、$n=23$，对于双精度浮点数而言 $k=11$、$n=52$。这个对于我们讨论舍入问题不是关键，权且就把 f 当成是 32 位的单精度浮点数即可。

表 2-5　浮点数 f_1 和 f_2 的内部结构示意

s	$e_{k-1}e_{k-2}e_{k-3}\cdots e_1e_0$	$f_{n-1}f_{n-2}f_{n-3}\cdots f_1f_0$
s'	$e'_{k-1}e'_{k-2}e'_{k-3}\cdots e'_1e'_0$	$f'_{n-1}f'_{n-2}f'_{n-3}\cdots f'_1f'_0$

如果现在要执行 f_1+f_2，则有可能会发生舍入操作，具体情况如下。

① 取两数中指数域较大的一个 e，再取小数域为最小值 $0000\cdots0001$。

② 令 $\delta=M\times2^E$，即 $(0.0000\cdots0001)_2\times2^{e-127}$，注意，这里 M 取的是非规格化值。

③ 所有小于 $\delta/2$ 的数值都会被舍入。

下面的代码验证了以上推论。

```
vincent@ubuntu:~/ch02/2.1$ cat float_precision.c -n
     1  #include <stdio.h>
     2
     3  int main(void)
     4  {
     5      float x = 0.1;
     6      float a = x + 0.37252E-8;
     7      float b = x + 0.37253E-8;
     8
     9      if(x == a)
    10      {
    11          printf("x == a\n");
    12      }
    13
```

```
14        if(x == b)
15        {
16            printf("x == b\n");
17        }
18
19        return 0;
20    }
```

程序的运行结果是打印出了"x==a"，但是不会打印"x==b"。也就是说系统辨识不出来比 0.372529e–8 还小的值，区分不出来 x 与 a 的差别。其内幕如下所示。

单精度数据 x=0.1 的存储细节如下：

0	011 1101 1	100 1100 1100 1100 1100 1101

因此，$\delta/2 = (M \times 2^E)/2 = (2^{-23} \times 2^{123-127})/2 = 2^{-28} \approx 0.372529e\text{–}8$。变量 a 与 b 都分别在 x 的基础上加了一个常量，但是由于加在 a 上的增量小于 $\delta/2$，在此精度范围内该增量无法被辨识。由此可见，从数学角度上看明明是 3 个不相等的实数，但是由于计算机本身特性的限制会导致程序运行结果与预料的不符，这就要求我们必须对浮点数运算的内部实现非常了解，不能想当然地写出似是而非的代码。

同样，我们可以自己再做一个练习，比如有一个单精度浮点数 f = 10e18，用 2.1.2 节所示的代码方法查看其二进制存储细节，然后计算出 $\delta/2 \approx 0.549755e12$，也就是说对于 f 而言精度小于 0.549755e12 的数据都将会被舍入，所有与 f 的差值小于此精度的数据都将会被认为等于 f。

从上述叙述中我们得出一个重要的结论：对于每个不同的浮点数，都有相应的最小可辨识精度（即 $\delta/2$），此最小可辨识精度随着该浮点数的数值变化而变化，具体究竟是多少要像上面那样分析该浮点数的二进制存储内部细节，找到其指数域之后才能确定。我们根据这个最小可辨识精度才能明确判定代码中所有对此浮点数的运算是否有效，否则可能会由于舍入的问题存在而在逻辑上存在歧义。

互联网上有简单地用一个固定的最小精度来判断两个浮点数是否相等的方法是不严谨的。我们以后在程序中需要进行高精度浮点比较（记住，精度是个相对的概念）时，需要先计算出其相应的最小可辨识精度 $\delta/2$，在此基础上再进行操作和判断。如果当前浮点数精度不能满足工程的需要，读者或许需要考虑使用更高精度的浮点数据类型。

2.1.3　运算符

C 语言为我们提供了各种丰富的运算符，用以表达诸如算术加减法、逻辑运算以及 C 程序中特殊的运算操作。下面详细分析各种运算符，先依次介绍算术运算符、关系运算符、逻辑运算符和位运算符，再介绍各个特殊运算符，以及在使用它们时需要着重注意的地方。

1. 算术运算符

C 语言提供的算术运算符如表 2-6 所示。

C 语言中很多关键字在不同的场合具有不同的

表 2-6　C 语言算术运算符

运　算　符	功　能　说　明	举　　例
+	加法，一目取正	a+b
–	减法，一目取负	a-b
*	乘法	a*b
/	除法	a/b
%	取模（求余）	a%b
++	自加 1	a++, ++b
– –	自减 1	a– –, – –b

意思，比如"+"和"-"，如果它们只有一个操作数，则分别是取正和取负运算，比如+10，-a 等，如果它们左右两边有两个操作数，则分别为加法和减法，如 a-3。再如星号"*"，其出现在定义语句时为指针标记，只有一个操作数时为解引用运算符，有两个操作数时为乘法运算，而与正斜杠"/"一起使用时又表示注释符。由此可见，同样的运算符在不同的场合有不同的意思，就像古中文一样博大精深，这些差别对于我们而言是必须了然于胸的。

这些运算符的基本含义在表 2-6 中已经写得很明白，本身理解起来也非常简单。下面列出需要读者注意的地方。

（1）两个整型相除的结果是整型，小数部分将被舍弃（而不是四舍五入），比如 17/10 的结果是 1。

（2）取模运算符左右两边的操作数都必须是整型（不仅是整数，比如 3.0 在数学意义上是整数，但在计算机中它是一个浮点型数而不是整型数，这样的数据是不能作为取模运算的操作数的）。

自增/自减运算符使操作数加 1 或减 1，当其作为前缀（如++a）时先进行自增/自减再参与运算，当其作为后缀（如 a++）时先参与运算再进行自增/自减。以下的代码能帮助我们更好地理解。

```
vincent@ubuntu:~/ch02/2.1$ cat increase_decrease.c -n
    1   #include <stdio.h>
    2
    3   int main(void)
    4   {
    5       int x = 100, a;
    6       int y = 100, b;
    7
    8       a = ++x;
    9       b = y++;
   10
   11       return 0;
   12   }
```

第 8 行，先对 x 进行自增 1 操作，再把 101 赋值给 a（x 值为 101，a 值为 101）。

第 9 行，先将 y 的值 100 赋给 b，然后 y 再自增 1（y 值为 101，b 值为 100）。

2．关系运算符

如果想要比较两个量的大小关系，可以用到 C 语言中提供的关系运算符，如表 2-7 所示。

由关系运算符构成的表达式称为关系表达式，关系表达式的值为布尔值。比如关系表达式 1 < 2 的值为真，而式子 1 == 0 的值为假。我们常常用关系表达式作为分支语句或循环语句的判断条件，比如：

if(x==1)
　　statement

当 x 的值等于 1 时表达式 x==1 结果为真，执行

表 2-7　C 语言关系运算符

运　算　符	功 能 说 明	举　　　例
>	大于	a > b
>=	大于或等于	a >= 5
<	小于	3 < x
<=	小于或等于	x <= y+1
==	等于	x+1 == 0
!=	不等于	c != '\0'

statement，否则跳过下面的语句。书写等于号时要特别注意，不要写成赋值号，比如：

if(x=1)

    statement

以上代码没有语法错误，但却存在逻辑隐患，它是一个赋值表达式而不是一个关系表达式，其具体含义是：将值 1 赋给变量 x，然后该值就成为这个赋值表达式的值，因此不管 x 之前是否等于 1，该条件判断语句都会执行下面的 statement 代码，这是很多初学者容易犯的错误，为了能让编译器察识出错误，可以将常量放在等号的左边：

if(1==x)

    statement

如果不小心漏写了一个等号，则编译器可以捕获赋值表达式 1=x 的语法错误。

关于关系运算符还需要注意一点，在比较不同的数据类型时，我们应写出更加逻辑清晰的代码，就拿变量 a 与零值比较来作为例子。

（1）如果 a 是整型，则应使 a 与 0 比较： if(a == 0)。

（2）如果 a 是指针，则应使 a 与 NULL 比较：if(a == NULL)。

（3）如果 a 是布尔变量，则应用 a 直接作为判断条件：if(a)。

（4）如果 a 是浮点变量，则应根据 2.1.2 节中讨论浮点数的结论来进行判断。

比如：

    if(a == 0)

这么写是可以的，但必须清楚：此时 a 的值只要在其"最小可辨识精度$\delta/2$"范围之内，编译器则会使该等式成立，即使$\delta/2$确实不为零。

再如：

    if(f1 == f2)

只要 f1 和 f2 的差值小于它们各自的最小可辨识精度$\delta/2$中较小的那个，那么编译器便会认为它们相等。如果该精度不能满足我们程序的需要，则需要考虑采用精度更高的浮点数了。

3．逻辑运算符

数学上的布尔代数，可以用 C 语言中的逻辑运算符来表达，也可以用位运算符来表达。当逻辑运算的操作数是表达式时用前者，当操作数是位时用后者。

C 语言中的逻辑运算符如表 2-8 所示。

逻辑反运算符是单目运算符，也就是说它只有一个目标操作数，比如例子中的表达式!(x==0)，逻辑反运算符对关系表达式(x==0)求反，如果 x 确实等于 0，则原来的表达式的值为真，求反之后为假，反之亦然。

逻辑与和逻辑或是双目运算符，它们对左右两边的表达式进行与操作和或操作，逻辑与和逻辑或的真值表如表 2-9 所示。

表 2-8　C 语言逻辑运算符

运算符	功能说明	举例
!	逻辑反	!(x==0)
&&	逻辑与	x>0 && x<10
||	逻辑或	y<10 || x>10

表 2-9　逻辑与及逻辑或的真值表

&&	0	1	||	0	1
0	0	0	0	0	1
1	0	1	1	1	1

由表 2-8 可见，在逻辑与操作（&&）中，只要有一个表达式的值为假（即为 0）则整个逻辑表达式的值就为假，在逻辑或操作（||）中，只要有一个表达式的值为真（即不为 0）则整个逻辑表达式的值就为真。因此，在逻辑运算语句中我们要特别注意，当左边的表达式能够决定整个表达式的值时，右边的表达式会被直接忽略，在其中的所有运算都不会被执行。比如表达式：

(p!=NULL) && (p->data == 100)

如果指针 p 是一个空指针(NULL)，那么左边的表达式 p!=NULL 不成立，值为假，则右边的表达式就直接跳过，不会被执行，这就避免了对空指针 p 的访问。在这里我们不能调换这两个表达式的顺序。同样，如果逻辑或运算表达式中左边的表达式的值为真，则右边表达式就被直接跳过不予执行。

4．位运算符

C 语言之所以被称为"中级"语言的原因，是因为它既提供了高级语言的逻辑控制语句，也提供了低级语言精细处理数据的位运算。C 语言的这种能力，使得它可以编写复杂的逻辑，在运行性能上可以有非常好的表现，同时也适用于需要对底层硬件进行操作的场合。

如表 2-10 所示为 C 语言中的位运算符。

（1）位逻辑反运算符（波浪号～）对操作数的每一位取反，比如：

char　a = 0x3A;

char　b = ～a;

则变量 b 的值为变量 a 的二进制表示的位反：

表 2-10　C 语言的位运算符

运　算　符	功 能 说 明	举　　　例
～	位逻辑反	～a
&	位逻辑与	a & b
|	位逻辑或	a | b
^	位逻辑异或	a ^ b
>>	右移	a >> 1
<<	左移	b << 4

a	0011 1010
b = ～a	1100 0101

（2）位逻辑与运算符（&）对两个操作数的相应位进行与运算，比如：

char　a = 0x3A,　b = 0x75;

char　c = a&b;

则变量 c 的值为 0x30。位逻辑与运算规则与逻辑与运算相同。

a		0011 1010
b	&	0111 0101
c= a&b		0011 0000

（3）位逻辑或运算符（|）对两个操作数的相应位进行或运算，比如：

char　a = 0x5C,　b = 0x7D;

char　c = a|b;

则变量 c 的值为 0x7D。位逻辑或运算规则与逻辑或运算相同。

a		0101 1100
b	|	0110 1101
c= a|b		0111 1101

在底层代码中经常需要对某些寄存器或控制器进行位操作，控制某一个状态位，比如设置为 1，或清除为 0。比如串口驱动代码中要对控制器 h_lcr 设置其相应位状态值，则其代码如下：

```
vincent@ubuntu:~$ cat bits.c -n
    1   #include <stdio.h>
    2
    3   #define H_UBRLCR_BREAK    (1 << 0)
    4   #define H_UBRLCR_PARENB   (1 << 1)
    5   #define H_UBRLCR_PAREVN   (1 << 2)
    6   #define H_UBRLCR_STOPB    (1 << 3)
    7   #define H_UBRLCR_FIFO     (1 << 4)
    8
    9   int main(void)
   10   {
   11       h_lcr &= ~H_UBRLCR_PAREVN;      //清空 PAREVN 状态位
   12       h_lcr |= H_UBRLCR_PAREVN;       //设置 PAREVN 状态位
   13
   14       ...
   15
   16       return 0;
   17   }
```

其中，第 11 行代表将变量 h_lcr 中对应的 PAREVN 的位清空，第 12 行代表将功能 PAREVN 设置到变量 h_lcr 中去。

（4）位逻辑异或运算符（^）对两个操作数的相应位进行异或运算，所谓的异或就是相同为 0 不同为 1，比如：

char   a = 0xB4,   b = 0x6D;

char   c = a^b;

则变量 c 的值为 0xD9。位逻辑或运算规则与逻辑或运算相同，运算细节如下：

a		1011 0100
b	^	0110 1101
c= a^b		1101 1001

（5）移位运算。移位运算分为左移（<<）和右移（>>），当然它们的操作数都必须是整型。左边的操作数是将要被移位的数据，右边的操作数是需要移动的位数。比如：

int   a = 0x87654321;

a = a<<4;

上面的代码表示要将有符号整型变量 a 左移 4 位，然后把左移之后的结果再赋给变量 a。

除了对有符号数进行右移时需要考虑最高位的情况之外，其他所有的移位运算（不管是左移还是右移，也不管要移位的是有符号整型还是无符号整型）都遵循同一原则：凡是被移除去的位全部丢弃，凡是空出来的位全部补 0。比如上面对有符号数 a 左移 4 位的运算如图 2-10 所示。

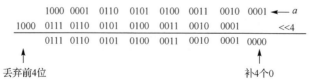

图 2-10   左移运算

再如，将无符号数右移 4 位：

unsigned int x = 0x4567;

x = x>>4;

右移运算如图 2-11 所示。

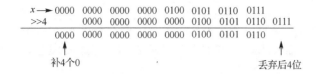

图 2-11　右移运算

而对于有符号整型的右移操作，C 语言标准本身并没有明确规定空出来的符号位应补什么值，因此原则上讲不同的编译器就可能有不同的情况：

第一，如果右移时符号位补 0，则称之为逻辑右移；

第二，如果右移时符号位补原来符号位的副本，则称之为算术右移。

下面是具体的例子：

int　a = -0x33;

int　b = a>>1;

逻辑右移如图 2-12 所示。

图 2-12　逻辑右移

这种情况下，右移之后空出来的位一律补零，称为"逻辑右移"。虽然原则上存在这样的情况，但在实际所能遇到的 C 编译器当中，几乎看不到这样的处理，因为这样处理会改变原有数据的正负属性。

而所谓的算术右移如图 2-13 所示。

图 2-13　算术右移

理论上这两种右移运算都可能出现在我们的编译器中，而实际上目前的绝大多数编译器采用的都是算术右移，也就是对于有符号整数进行右移时将复制其最高的符号位。

移位运算在效率上跟加减法一样，比乘除运算效率要高得多，因此在必要且允许的地方可以用移位运算来代替乘除法。在不把有效位数移出去的情况下，左移 n 位相当于乘以 2 的 n 次幂，右移 n 位相当于除以 2 的 n 次幂。

5．特殊运算符

（1）赋值运算符。

赋值运算符的书写形式就是一个等号（=），比如将变量 x 的值赋为 100，则代码可以写成：

x = 100;

注意，上式的含义是将值 100 赋给变量 x，而不是表示 x 与 100 相等。如果要表示一个量等于另一个量，则需要用连续的两个等号来表示，比如要表示 a 与 b 相等，则代码如下：

a == b;

实际上运算符 "==" 是关系运算符，它所构成的表达式称为关系表达式，所有的关系表达式的值都是布尔值，也就是说，如果 a 与 b 确实相等，那么整个式子的值为真，否则为假。

正确地理解赋值语句，关键在于理解 C 程序中变量的两个属性：地址和内容。C 程序中的每一个变量都有一个地址，如果这个变量只占用一个字节，那么该字节的地址就是该变量的地址，如果该变量占用了 n 个字节，那么最低的那个地址就作为该变量的地址。而该内存空间内存放的值即为该变量的内容。

比如变量 int a = 0x12345678; 它占用 4 个字节，则内部存储细节如图 2-14 所示（假设是小端序，即低有效位存放在低地址）。

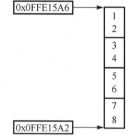

此时 4 个字节中的最低的字节地址是 0x0FFE15A2，该地址就是变量 a 的地址，里面存储的内容是一个整数 0x12345678。在一个赋值语句中，右边的内容将被赋给左边地址所对应的那块内存。也就是说，如果有赋值语句 x=y; 则其含义是将变量 y 的内容赋给变量 x 的地址所对

图 2-14　一个整型变量 0x12345678

应的那块内存。这就是为什么变量的地址称为左值（lvalue），而其内容又称为右值（rvalue）的原因。

赋值语句中的左值必须是一个可写的左值，因此我们不能将常量放在赋值号的左边，也不能将只读变量和数组（数组是地址常量，是一个不可写左值）放在赋值号的左边。

比如以下的赋值语句都是错误的。

① 不能对常量赋值：

　　100 = i;

② 不能对只读变量赋值：

　　int const i;

　　i = 200;

③ 不能对数组整体赋值：

　　int a[3];

　　a = 10;

（2）复合赋值运算符。

所谓的复合赋值运算符（<operator>=），就是当赋值运算符右边的操作数同时也是左边的操作数时的一种更简便高效的形式，具体而言有以下几种：

+=　　–=　　*=　　/=　　%=　　>>=　　<<=　　&=　　^=　　|=

比如表达式 a = a+1 可以用以上第一个复合赋值运算符来表达 a += 1。再比如表达式 x = x%10 可以写成 x %= 10，这样写不仅可以使程序简洁，更重要的是能减少代码的执行周期，提高性能。

（3）条件运算符。

条件运算符（?:）是 C 语言中唯一的一个三目运算符，所谓的三目就是三个目标操作数。其格式为：

<expression1> ? <expression2> : <expression3>

如果 expression1 的值为真，则 expression2 的值将作为整个条件运算符的值，如果 expression1 的值为假，则 expression3 的值将作为整个条件运算符的值。举个例子，我们可以用以下代码返回 a 与 b 的最大值给 x：

x = (a>b) ? a: b;

以上代码的逻辑是这样的，首先计算表达式(a>b)的值，如果 a 确实大于 b 则该表达式的值为真，此时 expression2（即 a）的值作为整个表达式的值赋给 x，否则把 expression3（即 b）的值作为整个表达式的值赋给 x。因此，x 将保存 a 与 b 中较大的那个值。

（4）sizeof 运算符。

sizeof 运算符用来计算某种类型所占的字节数。它的操作数可以是类型，也可以是变量，如果是类型则一定要加圆括号，如果是变量则圆括号可省。比如：

sizeof(float);

sizeof(x);　//或写成 sizeof x;

注意，如果是对数组求大小，则计算的结果是数组元素类型大小乘以元素个数，比如有数组 int a[20]，则 sizeof(a)的值为 4×20=80。另外，sizeof 也可以用来直接返回字符串所占空间的大小，比如 sizeof("abc")返回结果为 4，包括后面的字符串结束标记'\0'。

（5）逗号运算符。

逗号运算符（,）是最简单的运算符，它可以将多个不同的表达式连接起来形成一个逗号表达式。关于逗号表达式，需要知道以下 3 点。

① 逗号运算符具有最低运算优先级。

② 逗号表达式的运算顺序是从左到右。

③ 整个逗号表达式的值取决于最右边的表达式的值。

比如有这个语句：int x − (a++, b+=1, a+b); 则先运算 a++，再运算 b+=1，再把 a+b 的值作为整个逗号表达式的值赋给变量 x。

（6）return 运算符。

return 运算符有两个作用，当它出现在主函数 main( )中时，作用是退出进程，其返回值（在该例子中是 0，一般正常退出返回零值，非正常退出返回非零值）将会被返回给其父进程。当它出现在普通函数中时，作用是返回其调用者，此时如果该函数返回类型为 void，则 return 后面可以不接任何表达式，如果需要返回某种类型的值，则在 return 之后接上相应类型的表达式。

C 语言运算符的优先级和结合性如表 2-11 所示。

表 2-11　C 语言运算符的优先级和结合性

优　先　级	运算符及其含义	结　合　性	
1	[ ] ( ) . -> 后缀++ 后缀--	从左向右	⟶
2	前缀++ 前缀-- sizeof & ^ + - ～ !	⟵	从右向左
3	强制类型转换	⟵	从右向左
4	* / (算术乘除)　%	从左向右	⟶
5	+ - (算术加减)	从左向右	⟶
6	<< >> (位移位)	从左向右	⟶
7	< <= > >=	从左向右	⟶
8	== !=	从左向右	⟶
9	& (位逻辑与)	从左向右	⟶
10	^ (位逻辑异或)	从左向右	⟶
11		(位逻辑或)	从左向右	⟶
12	&&	从左向右	⟶
13	||	从左向右	⟶
14	?:	⟵	从右向左
15	= ^= /= %= += -= <<= >>= &= ^= |=	⟵	从右向左
16	,	从左向右	⟶

在一个表达式中，如果包含多个不同优先级的运算符，则高优先级运算符先运算，如果包含多个同样优先级的运算符，则根据其结合性来决定运算顺序。比如：

① (a+b*c)

乘法运算符（*）比加法运算符（+）优先级高，因此上式等价于 a+(b*c)。

② (a+b-c)

加法运算符（+）和减法运算符（-）拥有相同的优先级，而它们的结合性是"从左到右"，因此上式等价于(a+b)-c。

虽然我们可以根据优先级和结合性写出复杂的表达式，但这种做法是不推荐的。当我们需要用到比较复杂的表达式时，第一，我们可以考虑拆分它们，使之不至于太长，难以看清各个表达式分量的逻辑关系；第二，如果不得已需要用到比较复杂的表达式，则推荐用圆括号需要先运算的表达式括起来，比如：

(a+b * (c/d)) & (e++)

用括号来清楚地表达实际需要的运算顺序，而不要依赖于优先级，当然最好就是别写太冗长的表达式，我们可以用更简短的式子来分开它们。

2.1.4　控制流

C 语言提供了高级语言的逻辑控制流语句来满足日常逻辑控制，如果没有相应的控制语句，C 语言将会从上到下依次往下执行每一条语句，而很多时候我们需要重复循环地执行某一条或某几条语句，或者有时候我们需要有条件地执行某些语句而不是无条件地执行，这时就需要循环控制语句和分支控制语句来帮助我们达到这些目的。

1．循环控制

C 语言中可以用 while、do…while 和 for 循环结构来编写循环执行的代码，它们有共同的特点也有各自不同的地方，下面先来详细分析在 C 语言中的各种循环控制语句。

（1）while 循环

当我们想要循环地执行某些语句时，while 循环语句可以达到此目的，其标准语法格式如下：

while(expression)

{

　　　statements

}

其中 expression 可以是任意表达式（C 语言中任何表达式都有一个确定的值），while 语句根据表达式 expression 的值来决定是否执行下面的 statement
（被执行的这些语句也叫循环体，可以是一句简单的语句，也可以是用花括号括起来的若干条语句组合起来的复合语句），如果 expression 的值为假则跳过 statement，如果为真则执行 statement，执行完了再来判断 expression 的值，不断循环一直到其值为假为止（如果 expression 的值始终为真，则称为死循环），其执行流程如图 2-15 所示。

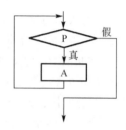

图 2-15　while 循环控制逻辑

由图 2-15 可以清楚地看到 while 循环的执行逻辑，执行流从上往下运行，遇到 while 循环先来计算表达式 P，如果表达式 P 的值为真则执行语句 A，否则跳出循环。因此 while 循环也被称为"入口条件循环"，因为它在执行循环体之前先测试循环条件（即表达式 P 的值），如果一开始表达式 P 的值就为假，那么循环体一次都不会被执行。

需要特别注意的是，如果循环体不止一条语句，则必须用花括号括起来，使之成为一个复合语句。下面的代码演示了如何使用 while 循环结构来打印从 1 到 10 的十个整数。

```
vincent@ubuntu:~/ch02/2.1$ cat while.c -n
 1   #include <stdio.h>
 2
 3   int main(void)
 4   {
 5       int i = 1;
 6       while(i <= 10)
 7       {
 8           printf("%d\n", i);
 9           i++;
10       }
11
12       return 0;
13   }
```

上述代码中的 while 循环不断测试表达式 i <= 10 的值，在 i 的值小于或等于 10 之前将其打印到屏幕上，直到 i 自增至 11 为止，此时条件为假，退出循环，进程终止。

！提 示

Linux 的 C 代码风格中，循环体结构（包括 while、do…while 和 for 循环）的左花括号既可以写在循环语句的末尾，也可以单独占一行，如上述代码所示。而对于函数而言，包含函数体的左花括号一般单独占一行。另外一定要注意缩进，缩进的目的是为了增强代码的可读性，在函数体、循环结构、分支结构等逻辑相对独立的代码块中都需要有适当的缩进。每一层代码块推荐用 8 个空格来缩进，过小则不易区分各个代码块，在程序嵌套太深时也不能更好地起到提醒作用。当然如果并不经常用不同的编辑器来编辑代码，用制表符代替空格也未尝不可，毕竟敲多个空格键比较烦琐（如果需要用不同的编辑器编辑代码的话，不同的编辑器可能对制表符的解释有所不同，这就会导致在一款编辑器中显示正常的代码在另一款编辑器中却显示不正常）。

代码良好的可读性和易维护性在庞大的工程中显得尤为重要，因此良好的习惯必须在一开始写简单代码时就要养成。

（2）do…while 循环

与 while 循环类似，根据表达式中的值来决定是否执行循环体，区别是 do…while 循环不是先计算表达式，而是先执行循环体在计算表达式的值，因此它也称为退出条件循环，即在每次执行循环体之后再检查判断条件，这样循环体中的语句至少被执行一次。与 while 循环一样，该形式的 statement 部分可以是一个简单的语句，也可以是一个复合语句，如果是复合语句则必须用一对花括号将其括起来：

do
{
        statements
}while(expression);

其执行逻辑是：先把 statement 执行一遍，然后判断 expression 的值是否为真，如果为真则再执行一遍 statement，不断循环一直到 expression 的值为假为止。另外需要特别注意，do…while 循环最后必须有一个分号作为结尾（while 循环中的 while 之后没有分号，如果有分号则该分号形成的空语句就会成为循环体）。如图 2-16 所示是其执行流程图。

由图 2-16 可见，do…while 先执行循环体语句 A，再来判断表达式 P 的值，以此决定是否继续循环。以下代码演示了如何用 do…while 循环结构打印从 1 到 10 的十个整数。

```
vincent@ubuntu:~/ch02/2.1$ cat do_while.c -n
 1    #include <stdio.h>
 2
 3    int main(void)
 4    {
 5        int i = 1;
 6        do
 7        {
 8            printf("%d\n", i);
 9            i++;
10        }while(i <= 10);
11
```

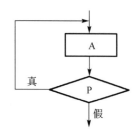

图 2-16　do_while 循环控制逻辑

```
12        return 0;
13   }
```

上述代码循环打印 i 的值，一直到 i 的值自增到 11，while 循环条件表达式的值为假为止。

（3）for 循环

for 循环是一种更为灵活的循环结构，在 Linux 内核中出现的频率大约是 while 循环和 do…while 循环的四五倍，下面是它的一般形式：

for(initialize; test; update)

statement

其中的语句块 statement 和以上两种循环体一样，可以是单条语句，也可以是用花括号括起来的复合语句。关键字 for 之后的圆括号中包含 3 个表达式，它们的名字显示了它们作为 for 循环结构的一般用途，即第 1 个表达式一般用来初始化循环控制变量，第 2 个表达式一般用作循环测试条件，而第 3 个表达式则一般用来更新循环控制变量，但从语法角度上讲它们可以是任意的语句。下面的代码演示了如何用 for 循环结构来循环打印 20 以内的所有奇数。

```
vincent@ubuntu:~/ch02/2.1$ cat for.c -n
     1   #include <stdio.h>
     2
     3   int main(void)
     4   {
     5       int i;
     6       for(i=0; i<=20; i++)
     7       {
     8           if(i%2 == 1)
     9           {
    10               printf("%d\n", i);
    11           }
    12       }
    13
    14       return 0;
    15   }
```

上述代码中，for 循环的 3 个表达式都没有省略，第 1 个表达式将控制循环测试的变量 i 的值初始化为 1，第 2 个表达式测试 i 是否小于 11，如果是则执行循环体，否则跳出循环，在循环体执行完之后计算第 3 个表达式，即让 i 自增 1，接着再来测试 i 的值是否小于 11，如此循环一直到 i 的值不再小于 11 为止。

> 💡 提 示
>
> 有人可能会将上述代码的第 5、6 行放在一起，写成下面这种形式：
> for(int i=0; i<11; i++)

这种在 for 循环中的第 1 个表达式处定义变量的特性是在 C 语言借鉴 C++语言实现的，最早出现在 C99 标准中。因此，如果程序使用这样的语句，则要用支持 C99 标准的编译器编译，否则会出错。而在用 gcc 编译时，由于默认的标准不是 C99，因此需要指定选项来指定其编译器所要遵循的标准：

gcc for.c -o for -std=c99

下面总结 for 循环结构的执行逻辑。

① 如果有 initialize 语句则执行它，然后跳到第②步，如果没有该语句则直接跳到第②步。

② 如果有 test 语句且其值为真或没有该语句则跳到第③步，否则如果有 test 语句且其值为假则跳出循环体。

③ 执行循环体语句 statement。完成后执行第④步。

④ 如果有 update 语句则执行它，然后跳到第②步，如果没有 update 语句则直接跳到第②步。

由以上叙述可知，for 循环中的 3 个表达式是可以省略的，但它们之间的两个分号不能省略。

2．分支控制

和循环控制类似，分支控制也是 C 语言最基本的程序控制语法，用来使得某些语句在特定条件下被执行或不被执行，大大提高了程序执行的灵活性，下面逐个讲解。

（1）两路分支。

所谓的两路分支，指的是一种非此即彼的逻辑关系，如图 2-17 所示。

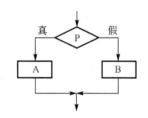

图 2-17　非此即彼的分支关系

实现这样逻辑代码非常简单，如下：

```
if( expression )          //当 expression 为真时，执行 statements 1
{
    statements 1
}
else                      //当 expression 为假时，执行 statements 2
{
    statements 2
}
```

上例中，else 语句代表了除 expression 为真以外的所有可能的情况，此语句可以省略，但是如果有 else 语句，它必须跟 if 语句一起使用。

（2）多路分支。

有时，程序需要判断的情况可能非常多，这时使用上述的 if...else 语句就会显得笨拙，比如下面的代码实现将用户输入的阿拉伯数字翻译为英文单词的功能，用 if...else 语句来写如下。

```
vincent@ubuntu:~/ch02/2.1$ cat -n translate_numbers1.c
     1 #include <stdio.h>
     2
     3 int main(int argc, char const *argv[])
     4 {
     5   int n;
     6
     7   while(1)
     8   {
     9     scanf("%d", &n);
    10
```

```
11        if(n == 1)
12            printf("one\n");
13        else if(n == 2)
14            printf("two\n");
15        else if(n == 3)
16            printf("three\n");
17        else if(n == 4)
18            printf("four\n");
19        else
20            printf("unknown\n");
21    }
22
23    return 0;
24 }
```

这种 if...else 语句的写法被称为阶梯型 if 语句，虽然代码能实现数字转化单词的功能，但总体上看不够直观，像这样的多路分支逻辑，最好使用 C 语言专门为我们准备的 switch 语句，如图 2-18 所示。

上述代码用 switch 语句改写如下。

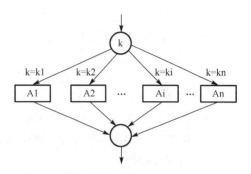

图 2-18　多路分支的逻辑

```
vincent@ubuntu:~/ch02/2.1$ cat -n translate_numbers2.c
 1 #include <stdio.h>
 2
 3 int main(int argc, char const *argv[])
 4 {
 5   int n;
 6
 7   while(1)
 8   {
 9       scanf("%d", &n);
10
11       switch(n)
12       {
13       case 1:
14           printf("one\n");
15           break;
16       case 2:
17           printf("two\n");
18           break;
19       case 3:
20           printf("three\n");
21           break;
22       case 4:
23           printf("four\n");
24           break;
25       default:
26           printf("unknown\n");
```

```
27        }
28    }
29
30    return 0;
31 }
```

虽然上述代码并没有比阶梯型的 if...else 语句简洁，但是逻辑更加清晰，下面是 switch 语句读者需要关注的语法点。

- switch(expression)语句中的 expression 可以是变量、运算表达式甚至是函数调用，但其结果必须保证是整型的。
- case constant 语句中的 constant 必须是整型常量，const 型变量都不行，但可以是 char 型常量，例如'w'。
- 一旦判断 expression 的值与某一个 case 语句的 constant 的值相等，即从该 case 语句顺序往下执行，一直遇到 break 语句或直到 switch 结构结束为止。
- 当没有任何 case 语句中的 constant 与 switch 语句中的 expression 相等时，执行 default 语句，但该语句不是必需的，可以不写。

（3）直接跳转。

分支语句中还有一个比较特殊的语句，称为 goto 语句，这个语句通常被告诫不要使用，实际情况是：由于 goto 语句是一种无条件的直接跳转语句，有时甚至还会破坏程序的栈逻辑，因此不推荐使用，但当我们在编写程序错误处理代码时，又会经常用到它，这是因为当程序发生错误时通常报告错误和及时退出比保护程序逻辑更加重要，并且 goto 语句可以忽视嵌套包裹它的任何代码块，直接跳转到错误处理单元。

goto 语句需要与标签语句配套使用，以下是示例代码。

```
vincent@ubuntu:~/ch02/2.1$ cat -n goto.c
     1 #include <stdio.h>
     2
     3 int main(void)
     4 {
     5    printf("[%d]\n", __LINE__);    //正常打印
     6
     7    goto label;                    //直接跳转到第10行
     8
     9    printf("[%d]\n", __LINE__);    //将被略过
    10 label:
    11
    12    printf("[%d]\n", __LINE__);    //正常打印
    13 }
vincent@ubuntu:~/ch02/2.1$ ./goto
[5]
[12]
```

从实验效果来看一目了然，goto 语句直接跳转到 label 所在的行，然后接着往下执行。而此处的 label 称为标签，其特点是后面紧跟着一个冒号，它实际上代表了下一行语句的地址。

最后，来看一段取自内核代码的 drivers/parport/parport_pc.c 中的关于 goto 语句用法的代码，不用理会其逻辑，只需关注 goto 语句即可。

vincent@ubuntu:~/ch02/2.1$ **cat -n partport_pc.c**

```
    1   /* Low-level parallel-port routines for 8255-based PC-style hardware.
    2    *
    3    * Authors: Phil Blundell <philb@gnu.org>
    4    *          Tim Waugh <tim@cyberelk.demon.co.uk>
    5    *       Jose Renau <renau@acm.org>
    6    *          David Campbell
    7    *          Andrea Arcangeli
    8    *
    9    * based on work by Grant Guenther and Phil Blundell.
   10    *
   11    * Cleaned up include files - Russell King <linux@arm.uk.linux.org>
   12    * DMA support - Bert De Jonghe <bert@sophis.be>
   13    * Many ECP bugs fixed.  Fred Barnes & Jamie Lokier, 1999
   14    * More PCI support now conditional on CONFIG_PCI, 03/2001, Paul G.
   15    * Various hacks, Fred Barnes, 04/2001
   16    * Updated probing logic - Adam Belay <ambx1@neo.rr.com>
   17    */
   18
......
 2270   struct parport *parport_pc_probe_port(unsigned long int base,
 2271                       unsigned long int base_hi,
 2272                       int irq, int dma,
 2273                       struct device *dev,
 2274                       int irqflags)
 2275   {
 2276       struct parport_pc_private *priv;
 2277       struct parport_operations *ops;
 2278       struct parport *p;
 2279
 2280
......
 2297
 2298       ops = kmalloc(sizeof(struct parport_operations), GFP_KERNEL);
 2299       if (!ops)
 2300           goto out1;    //直接跳转到错误处理语句 out1
 2301
 2302       priv = kmalloc(sizeof(struct parport_pc_private), GFP_KERNEL);
 2303       if (!priv)
 2304           goto out2;    //直接跳转到错误处理语句 out2
 2305
 2306       /* a misnomer, actually - it's allocate and parport number */
 2307       p = parport_register_port(base, irq, dma, ops);
 2308       if (!p)
 2309           goto out3;    //直接跳转到错误处理语句 out3
 2310
 2311       base_res = request_region(base, 3, p->name);
 2312       if (!base_res)
 2313           goto out4;    //直接跳转到错误处理语句 out4
```

```
2314
2315        memcpy(ops, &parport_ops, sizeof(struct parport_operations));
2316        priv->ctr = 0xc;
2317        priv->ctr_writable = ~0x10;
......
2342        if (!parport_SPP_supported(p))
2343            /* No port. */
2344            goto out5;      //直接跳转到错误处理语句 out5
2345        if (priv->ecr)
2346            parport_ECPPS2_supported(p);
2347        else
2348            parport_PS2_supported(p);
2349
......
2494  out5:
2495        if (ECR_res)
2496            release_region(base_hi, 3);
2497        if (EPP_res)
2498            release_region(base+0x3, 5);
2499        release_region(base, 3);
2500  out4:
2501        parport_put_port(p);
2502  out3:
2503        kfree(priv);
2504  out2:
2505        kfree(ops);
2506  out1:
2507        if (pdev)
2508            platform_device_unregister(pdev);
2509        return NULL;
2510  }
```

2.2 函　　数

如果非要说指针是 C 语言的灵魂，那函数就是 C 语言的肉身了。C 语言被称为模块化语言，所说的模块指的就是函数。一个 C 程序，本质上就是由一个个的模块搭建起来的混合物，就像小时候玩的积木，一块块拼装起来，最后变成一个大房子一样。所以函数在 C 程序中的重要性非同小可。

函数常常被类比为黑盒子，盒子里面的状况我们不清楚，但是我们只要给它所需要的东西，他就能给我们一个结果，用一幅图来演示，如图 2-19 所示。

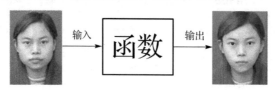

图 2-19　函数示意图

说白了，函数相当于一个加工厂，将输入的东西进行加工，变成我们想要的结果。这里最重要的概念就是函数的封装性，我们无法知道也不需要知道一台豆浆机究竟是怎么把豆子变成豆浆的，我们只需要知道倒入豆子和水，按开机键，等待 3 分钟，自然就有香飘飘的豆浆可以喝就行了，其他事情对于我们来说是透明的，我们不想知道太多。

生活中到处充满了这样的封装性，我们在饭店吃的大餐，在商场购买的衣物，在网上淘的各种电器，都无须知道它们是怎么被制造出来的，也完全无须理会它们的工作原理，只要会用就万事大吉。这样的好处是显而易见的：世界上每个人只从事自己专业领域之内的事情，社会分工越来越精细，效率自然得到了极大的提升，而且风险降低，假如有一家饭馆倒闭了，我们也不会没饭吃，因为还有无数家别的饭馆。但如果每个家庭自给自足，男耕女织，男人如果累倒了，家里立即就会出现吃饭问题，而且每个家庭成员要顾及生活中的方方面面的事物太多，极难达到专业性，生产力很容易就会达到无法突破的瓶颈。

对比软件世界也是一样的，一个函数相当于一个人，一个人要完成的事情最好是完整而单一，不应该做杂七杂八的事情，用 Linus Tovals 的话来讲，他要求 C 代码的函数应是 short and sweet，即短小精美，然后再将很多短小精美的积木搭建起来完成强大的功能，这样不仅有利于代码的维护，也有利于代码的重用，另外至少会让我们的程序看起来结构清晰脉络分明，而不是一团糟。事实上，小而美一直是 UNIX/Linux 世界所遵循的哲学，小而美的 syscalls，小而美的 Shell 指令，无一不体现得淋漓尽致。

这些东西暂且摆在这里作为伏笔，不用细究，因为既然读者在看这些章节，说明读者是 Linux 编程的初学者，对程序构架的概念不是通过三言两语就能够领悟的，这需要时间和经验的积累。

言归正传，既然函数如此重要，我们就不仅要会写函数，而且要深入理解函数调用的每一个细节，最后我们还会探讨将会遇到的各种函数，拓展知识面。

2.2.1　函数初体验

万丈高楼平地起，让我们用一个简单明了的例子，一睹函数的芳容。

```
vincent@ubuntu:~/ch02/2.2$ cat max.c -n
    17  ......
    18  int max_value(int x, int y)
    19  {
    20      int z;
    21      z = x>y ? x : y;
    22
    23      return z;
    24  }
```

上述代码中，显示了一个 max_value( ) 的示例函数的定义，整个函数定义可以分为两大部分，第 18 行称为函数特征标，或者函数头，用来规定这个函数的对外接口，外部代码在调用这个函数时，必须严格按照这个接口来传参和赋值。第 19 行到第 24 行称为函数体，用来实现函数的具体功能。

（1）函数头：

int max_value(int x, int y)

所谓的函数头包含 3 个重要信息：函数的名字、函数的返回值类型以及函数的参数列表。在这里的例子中函数名字是 max_value，函数的返回值类型是 int，而其参数列表是(int x, int y)。这 3 样信息就是这个函数的接口。

（2）函数体：

```
{
    int z;
    z = x>y ? x : y;

    return z;
}
```

可以看到，函数体必须用一对花括号括起来，括号里面的内容就是这个函数的定义，也就是真正"干活"的代码，还注意到最后一句 return z; 这条语句表示函数执行到此为止，并返回一个值 z，这个值被返回到调用它的地方，应引起注意的是：返回值的类型必须和函数头中规定的返回值类型一致，比如 max_value( )的函数头规定返回值类型是 int，那么 return 返回的变量 z 就必须是与之对应的 int 型。

通过阅读 max_value( )的函数体，很容易知道其功能是求出 x 和 y 的最大值，并返回这个最大值，而 x 和 y 是由外部代码提供的参数。因此这个函数的功能可以扼要地描述为：接收两个 int 类型的参数输入，经过计算得到它们的最大值，并将之返回。至于究竟是怎么求出这个最大值的，外界代码不必知晓，这是函数内政，保护以及隐藏内部细节是每个合格的函数的必要素质，这样的函数就像一个黑盒子，如图 2-20 所示。

图 2-20　函数的作用

将函数实现功能的细节封装起来有如下几大好处。

（1）提高代码的重用性。试想一下，函数 max_value( )也许会在许多地方被使用，如果没有将该功能封装起来，而在每一个用到这个功能的地方都写一遍代码，将会浪费很多资源。就像一个企业给每一个员工都配备一台打印机，虽然每个人独占资源用起来很便捷，但浪费了大量的成本。

（2）方便维护和升级源代码。假设需要对 max_value( )的算法修正或修改，那只要不改变函数接口和功能的情况下，可以方便地进行，不需要知道该函数在何处被调用。调用者都感觉不到代码的改变，因为函数的封装性使得它们让调用者感觉起来是透明的。

（3）有利于结构化代码。将一个个功能封装在相对独立的函数里，再将函数组装成程序，那么整个逻辑就会很清晰，出错了也较容易排查。否则，在一个没有结构化的代码中，所有的功能杂乱地挤作一团，逻辑复杂，也极易出错。

反正，函数好处多多，但是函数的封装性是一门学问，并不是说将代码包含在一对花括号里面就叫封装，好的封装必须功能清晰、易于拓展，代码的功能不越俎代庖、参数合理。后面随着知识的增加，在小型项目中慢慢体会。

有了这么好的一个函数，怎么用呢？请看 max.c 的完整代码：

```
vincent@ubuntu:~/ch02/2.2$ cat max.c -n
    1   #include <stdio.h>
    2
```

```
3    int max_value(int x, int y);  //①函数的声明，即函数头
4
5    int main(void)
6    {
7        int a = 1;
8        int b = 2;
9        int m;
10
11       m = max_value(a, b);      //②函数的调用，且传递了两个实参 a 和 b
12
13       printf("m: %d\n", m);
14
15       return 0;
16   }
17
18   int max_value(int x, int y)  //③函数的定义，函数功能实现的代码所在
19   {
20       int z;
21       z = x>y ? x : y;
22
23       return z;
24   }
```

代码中的注释显示了函数使用中的 3 个主要部分，分别是函数的声明、调用和定义。

① 函数的声明。

函数声明的目的是要告知编译系统一个自定义的函数的"样子"长得如何，函数的"样子"指的是一个函数的返回值、名字以及参数列表。只有把这 3 个要素写清楚了，编译系统在遇到这样的函数时才得以帮我们检查代码正确与否。否则，当编译器从上到下查看到第 11 行函数调用时，因为 max_value( )是我们自定义的，并不是系统函数，因此编译器无从检验我们对 max_value( )的使用是否符合其接口要求，也就无法判断第 11 行有无语法错误了，所以我们需要在函数调用之前，写上函数的声明语句：

int max_value(int x, int y);

这样编译器一看就明白了：max_value( )一定要接收 2 个参数，并且第 1 个参数一定是 int 类型，第 2 个参数也一定是 int 类型，并且它将会返回一个 int 类型的数据！如果在调用时，参数类型或返回值类型处理不符合这些要求，编译器就会报出警告来"抱怨"我们，严重的甚至会直接报告一个错误，然后"罢工"。

② 函数调用。

函数调用是一项伟大的发明，它使得程序不再是一篇只能从第 1 行逐行地执行到最后 1 行的记流水账，而是可以根据功能的需要，实现自由跳转。就好比读者在家学习了一半，发现需要一支钢笔写字，读者很自然地就停下手头的事情，下楼买支钢笔，回来继续原来未完的学习，这就是一个典型的嵌套函数调用的过程：在函数"学习"中嵌套调用了函数"买钢笔"，注意嵌套调用的意思是：在前一件事情 A 未完成的情况下，去做另一件事情 B，等 B 做完了再回来继续将 A 做完。

在 C 程序中，最先执行的函数永远是 main( )，在我们的案例中，第 11 行 main( )函数调

用了 max_value( )，进而直接跳转到第 18 行往下执行，到了第 23 行遇到 return 语句之后，再返回到第 11 行继续执行 main( )未完成的部分。函数的调用流程如图 2-21 所示。

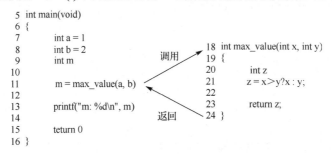

图 2-21　函数的调用流程

在执行函数调用时，调用者所传递的参数称为实参（Arguments），而被调用函数的参数列表中的参数称为形参（Parameters）。比如在此例中，a 和 b 是实参，x 和 y 是形参。实参是调用者定义的变量，形参是被调函数定义的变量，它们是相对独立的，拥有各自的内存，但是形参是由实参来初始化的，因此在本例中，x 的初始值等于 a，y 的初始值等于 b，所以要求参数之间的类型和个数必须严格对应。

③　函数的定义。

第 18 行到第 24 行称为函数 max_value( )的定义，函数的定义不仅包含了函数的实现代码，也包含了函数头，因此假如将函数的定义写在函数调用之前，那么函数的声明就可以省略了。

一般而言，对于一个代码量较大的工程，函数的声明会被放在头文件（即*.h 文件）中，函数的定义则会被放在源文件（即*.c 文件）中，以便于更好地管理代码。本例由于代码量很小，全部放在了一起，但此仅为了方便展示和讨论。

2.2.2　函数调用内幕

通过 2.2.1 节的学习，我们知道了函数如何编写，虽然这很基础也很重要，但更重要的是要知道函数在调用过程中发生的具体的事情，说白了我们需要搞清楚函数调用时，在内存中究竟发生了什么，只有搞清楚内存内幕，才算完全弄懂函数的调用，遇到问题才能从容不迫、游刃有余。

这里，引入一个非常基础且无比重要的概念：栈内存。每一个函数在运行时，都会占据一段栈内存，这段栈内存的大小，视该函数定义的局部变量的具体情况而定，另外，一个程序里面的所有函数所占据的栈内存，在逻辑上是连在一起的。比如函数 A 占据了一段栈内存 a_memory，然后函数 A 又调用了函数 B，此时系统在 a_memory 之后接着给 B 分配一段栈内存 b_memory，如果 B 再嵌套调用函数 C，系统将继续分配 c_memory，以此类推，退出时再一个个倒序释放。

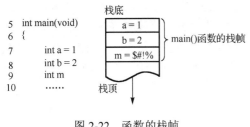

图 2-22　函数的栈帧

所谓一图胜万言，下面用几幅图来表示这个过程。

首先，程序从 main( )函数开始运行，此时系统为此函数分配了一个栈帧，用来存放 main( )函数中定义的所有局部变量，比如 a、b 和 m，其中 a 和 b 有初始值，m 没有初始值，因此 m 的值是随机值，如图 2-22 所示。

先来近距离看看所谓的"栈（Stack）"，实际上栈是一种逻辑结构（详细内容请参阅 3.3.2 节），一种符合"后进先出"的逻辑结构，比如吃完饭之后洗碗，将洗干净的碗摞起来，这一摞碗就是栈，因为最后放上去的碗，下次吃饭将最先被拿出来。这时，最底下的那个碗，我们称之为栈底，最上面的那个碗，我们称之为栈顶（详见图 3-41）。在函数调用过程中，用来存放每个函数局部变量的栈帧，就相当于一个碗，嵌套地调用函数，就相当于把碗堆叠起来，只不过我们的栈帧是向下（低地址）堆叠的！所以上面是栈底下面是栈顶。

接着分析源代码，main( )函数在第 11 行嵌套调用 max value( )，此时系统马上在栈中给 max_value( )分配一个栈帧，用来存放 max_value( )中定义的所有局部变量。注意到这一点很重要：由于此时 main( )函数尚未退出，因此它的栈帧是不会消失的，max_value( )的栈帧将会堆叠在 main( )函数的栈帧的下面，如图 2-23 所示。

参照 2-23 图，着重注意以下几点。

（1）一个 C 程序的栈由若干段函数的栈帧组成，每一段栈帧都被用来存放对应函数的局部变量（其实还包含其他数据，但此处暂且略过不记），栈帧的长度也取决于所对应函数的局部变量的个数和类型，但一般有一个最大值，比如 8M。因此，我们不应该也不可以定义太多、太大的局部变量，占用内存较多或不确定的数据应使用堆内存。

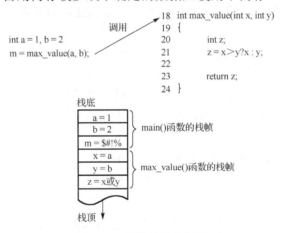

图 2-23 函数的嵌套调用

（2）每个函数的栈帧都是独立存在的，里面的局部变量也都是相对独立的，比如 main( )函数里的 a、b 和 max_value( )里的 x、y，各自占据不同的内存空间。

（3）函数调用时，实参（a 和 b）与形参（x 和 y）一一对应地赋值，换句话说，所有的形参被实参一一初始化，因此 x 的值就是 a，y 的值就是 b，这也就是为什么函数调用时传递的实参类型一定要和函数定义的接口一致的原因。

（4）栈内存的另一个最重要的特性：它是临时性的。一旦对应的函数退出，相应的栈帧将立即被释放（即被系统回收）。例如，当 max_value( )计算出 z 的值，执行 return 语句返回 z 之后，其所占的栈帧即被系统回收，如图 2-24 所示。

接着 main( )函数继续运行，直到 main( )函数也退出为止。如果在此之前又嵌套调用了别的函数，按照栈的规律依次类推。

如果在 max_value( )中还嵌套了其他函数，那么栈内存就继续向下增长，直到最后不再嵌套调用函数，再逐个返回调用者，栈也逐个从下往上释放，嵌套了多少层函数调用，就会产生多少个栈帧。

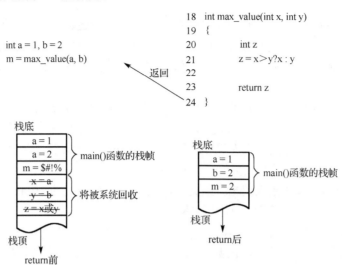

图 2-24 函数的返回

下面几节，将为读者讲解在实际开发中，经常会用到某些特殊的函数，讲解这些函数可能会涉及尚未学习的内容，在这种情况下，可以先跳过去，等到看了后面相关章节之后，再来研读，这样会事半功倍。

2.2.3 递归思维及其实现

先解释一下递归的概念：如果一个东西，自己包含了自己，我们就称其是递归的。它可能是一个定义、一种算法或一个函数。比如 GNU 就是一种递归的定义，因为 GNU 的意思是"GNU is Not UNIX"，我们发现它的定义里面包含了它自己！再比如阶乘就是一种递归的算法，因为一个数 n 的阶乘被定义为：n 乘以 n–1 的阶乘，这个算法里面又包含了阶乘算法！

再假如一个函数 f( )的代码中，包含了对自身 f( )的调用，那么 f( )就称为递归函数。一个递归函数可能是这样的：

```
vincent@ubuntu:~/ch02/2.2$ cat recursive_func.c -n
  1  #include <stdio.h>
  2
  3  void f(int n);
  4
  5  int main(void)
  6  {
  7      f(100);
  8
  9      return 0;
 10  }
 11
 12  void f(int n)  //这是一个递归函数
 13  {
 14      if(n > 1)
 15      {
 16          f(n-1);
```

```
17         }
18
19         printf("%d\n", n);
20     }
```

代码 recursive_func.c 就是一个典型的递归函数的例子,在函数 f( )的内部调用了函数 f( )。这个函数的功能是打印从 1 到 n 的所有整数。但为了将上述代码解释得更自然,我们必须将问题描述成递归问题。

大问题:如果要把从 1 到 n 的所有整数都打印出来,怎么办呢?

读者会想,如果有办法先把前面的 n-1 个数先打印出来就好啦,剩下的 n 就直接用 printf( ) 打印出来。关键是:

小问题:怎么把从 1 到 n-1 的所有整数都打印出来呢?

这里请注意,我们已经将问题递归化了:即我们将一个问题分解成了一个规模更小的问题,而且这个"小问题(打印从 1 到 n-1)"与原先的"大问题(打印从 1 到 n)"的算法是一模一样的!这就是递归思维。

现在,假设有一个函数 f( )能帮我们的忙,我们给它一个数 a,它就能帮我们打印从 1 到 a 的所有整数,那么按照我们刚才的思路,要打印从 1 到 n 的代码大致是这样的:

```
1     void f(int n)
2     {
3         f(n-1);
4         printf("%d\n", n);
5     }
```

但这还缺少一点:我们还必须指明我们的分解问题到什么时候结束,比如要打印 1 到 n,那就要先打印 1 到 n-1,进而就必须先打印 1 到 n-2,这样不断地递归,一定有一个不需要再分解的时候:当 n 被减到 1 时,就不需要再递归了。换句话说,只有 n 大于 1 时,才有必要递归:

```
1     void f(int n)
2     {
3         if(n > 1)
4         {
5             f(n-1);
6         }
7
8         printf("%d\n", n);
9     }
```

注意,每一次递归调用都会为函数产生一个新的栈帧,使得栈的总大小不断增大,但是不能超过最大值 8M,否则会溢出。嵌套调用时进程栈帧的增长如图 2-25 所示。

再用一个例子来说明递归思维:如图 2-26 所示,假设有一个从 a 到 z 一系列字母的数组,现需要将它们逆序重排。这个问题可以有很多种不同的解法,其中如果使用递归方式来思考的话,这个问题将会被描述成:要将 a 到 z 逆序重排,如果能先把从 b 到 y 逆序就好了,剩下的 a 和 z 只需要简单地调换一下位置即可。问题是:怎么才能把从 b 到 y 逆序重排呢?

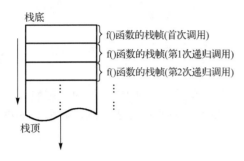

图 2-25　嵌套调用时进程栈帧的增长

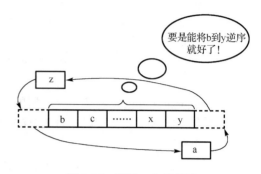

图 2-26　逆转一个字符串

很显然，我们已经将问题递归化了，假设我们设计一个函数 invert( )来实现这个功能，那么解题的步骤如下。

第一步，将第 2 个元素到倒数第 2 个元素逆序。

第二步，将首元素和末元素位置交换。

代码如下：

```
vincent@ubuntu:~/ch02/2.2$ cat invert.c -n
 1   #include <stdio.h>
 2
 3   void invert(int a[], int size);
 4   void swap(int *px, int *py);
 5   void show_value(int a[], int size);
 6
 7   int main(void)
 8   {
 9       int a[5] = {100, 200, 300, 400, 500};
10       invert(a, 5);               //传递数组 a 和它的长度给 invert( )
11
12       show_value(a, 5);        //显示逆序之后的结果
13   }
14
15   void swap(int *px, int *py)
16   {
17       int tmp;
18       tmp = *px;
19       *px = *py;
20       *py = tmp;
21   }
22
23   void invert(int a[], int size)
24   {
25       if(size <= 1)              //如果数组长度小于或等于 1，就没有必要逆序了
26           return;
27
28       invert(a+1, size-2);        //第一步，先逆序中间若干元素
29       swap(&a[0], &a[size-1]);   //第二步，再交换首末元素
30   }
```

```
31
32    void show_value(int a[], int size)
33    {
34        int i;
35        for(i=0; i<size; i++)
36        {
37            printf("%d\t", a[i]);
38        }
39        printf("\n"),
40    }
```

```
vincent@ubuntu:~/ch02/2.2$ ./invert
500       400       300       200       100
```

本例中关于数组和指针运算的详细内容，请参考 2.3 节。

总结如下几点。

（1）所谓的递归函数，指的是自己嵌套调用自己的函数。

（2）递归函数一定要有一个可以直接返回的时候，也就是问题一定有一个可以被分解到不需要再分解的情况，否则代码将进入无穷递归。

（3）当遇到一个问题可以被归结为递归问题，或者一个普通问题可以被描述为递归问题时，我们可以考虑使用递归函数来解决。

（4）递归函数的代码特点是短小精悍，但递归函数也有致命的弱点：效率低且容易使得栈溢出。

首先，嵌套递归调用函数的逻辑类似于循环结构，但是效率要低得多，因为函数调用时需要保存调用者的瞬时数据，比如当前关键寄存器的值、函数的返回地址等，以便于被调函数执行完之后能正确返回，而循环结构无此要求。

其次，由于系统会为每一次的函数调用分配一段栈帧，因为每一层函数调用的栈帧在最后一次调用返回之前都将被保留，因此假如递归层次很深，则容易导致栈溢出，发生段错误。所以使用递归函数要注意：要么不能递归太深，要么使用非递归算法替代。

2.2.4　变参函数

先做个声明：C 语言中的变参函数的实现机制是比较粗鲁和野蛮的，应用场合也不多，只是偶然会见到一些，开发中基本不需要编写此种函数，这里介绍它是为了加深对 C 程序栈内存的理解，扩展知识面，以及娱乐消遣。

我们考虑这样一个问题：有时候我们需要给一个函数传递不同类型的参数，或者个数不同的参数，那该怎么写呢？如果是 C++，我们可以直接写一个函数的多个版本，将我们可能用到的参数组合都写个遍，这种机制称为函数重载，是面向对象中实现多态性的基石，但可惜的是 C 语言不像 C++那样有完善的重载机制，在 C 程序中定义两个相同名字的函数将直接导致重复定义错误，哪怕它们的接口完全不同也不行，编译器会直接罢工。

但 C 语言也有办法来解决这个问题，我们使用的标准 I/O 函数 printf( )就是例证：

```
1    printf("%d", 100);              //2 个参数，分别是字符串和整型
2    printf("%d, %d", 100, 200);     //3 个参数，分别是字符串和两个整型
3    printf("%c", 'x');              //2 个参数，分别是字符串和字符
```

我们可以看到，printf( )函数就是一个典型的变参函数，貌似既可以接受不同类型的参数，也可以接受不同个数的参数。它是怎么做到的呢？先来看/usr/include/stdio.h 中标准 I/O 函数 printf( )的声明：

```
vincent@ubuntu:~$ cat /usr/include/stdio.h -n | grep 'printf' -rwB 4
359     /* Write formatted output to stdout.
360
361     This function is a possible cancellation point and therefore not
362     marked with __THROW.  */
363     extern int printf (__const char *__restrict __format, ...);
```

看到第 363 行，去掉__const 和__restrict__，精简一下大概看到 printf( )的原型是：

```
extern int printf(char *format, ...);
```

第 1 个参数是 1 个字符指针，第 2 个参数是 3 个圆点（不是 2 个，也不是 4 个），这就代表 printf( )除了第 1 个参数之外，从第 2 个参数开始其个数和类型都是不确定的，我们可以传递除第 1 个固定参数之外任意个任意类型的参数！注意到了吗？C 语言中的变参是"阉割版"的变参，因为它必须有 1 个固定的参数，而且必须是第 1 个，其原因是 Linux 环境下 C 程序的函数被执行时，其形参列表中的各个参数将从右到左依次地在栈中被分配，以如下代码为例：

```
printf("%d%c%lf", 100, 'x', 3.14);
```

当函数执行以上代码时，程序将跳转到 printf( )函数的定义中去，假设 printf( )函数的源代码是：

```
int printf(char *format, ...)
{
    … …
}
```

以上代码省略了 printf( )函数的函数体（具体代码可以搜索一下 glibc，下载标准 C 库的源码来查看），只关注它的头。根据我们所学的知识可知，一旦调用该函数成功，系统将在栈中给它分配一段栈帧来存放它的所有局部变量（含形参），而且是从右到左给每一个形参分配内存的，如图 2-27 所示。

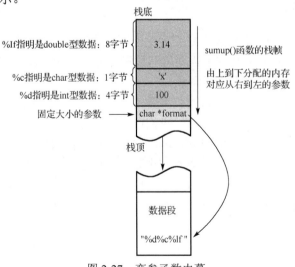

图 2-27　变参函数内幕

　　注意函数形参在栈中分配内存的顺序，从右到左的独特顺序使得第 1 个参数是栈顶元素（即示例中的参数 format），我们就可以根据第 1 个已知的参数（浅色灰底）所提供的线索，来回溯剩下的未知的参数（深色灰底），比如 printf( )就是这么做的，它的第一个固定参数是怎么给系统提供线索的呢？靠的就是所谓的格式控制符：

　　%d　代表 int 型数据

　　%c　代表 char 型数据

　　%lf　代表 double 型数据

　　有了这样的约定，在 printf( )函数内部，根据字符串"%d%c%lf"就完全可以推测除了第 1 个固定参数之外还有 3 个参数，而且第 2 个变参是 int 型，第 3 个变参是 char 型，最后 1 个变参是 double 型。这样，变量的起始地址确定了，每个参数的大小和类型也确定了，自然就可以通过指针来获得它们。

　　下面通过代码，详细了解 C 程序变参内部实现机理。

```
vincent@ubuntu:~/ch02/2.2$ cat variable_arguments.c -n
 1  #include <stdio.h>
 2  #include <stdlib.h>
 3  #include <stdarg.h>
 4  #include <strings.h>
 5
 6  #define MAXLINE 80
 7
 8  double sumup(const char *format, ...);
 9
10  int main(void)
11  {
12      int i = 1;
13      char c = 'a';
14      double f = 0.618;
15
16      //模仿 printf( )，约定#i 代表 int、#f 代表 double
17      printf("sumary: %f\n", sumup("#i#c#f", i, c, f));
18
19      return 0;
20  }
21
22  double sumup(const char *format, ...)
23  {
24      va_list arg_ptr; //定义一个用来回溯栈中变参的指针 arg_ptr
25      va_start(arg_ptr, format); //使 arg_ptr 指向固参之后第 1 个变参
26
27      int argnum = 0, i;
28      char arg[MAXLINE];
29      bzero(arg, MAXLINE);
30
31      //提取自定义的格式控制符，并存放进 arg[ ]中
32      for(i = 0; format[i] != '\0'; i++)
33      {
34          if(format[i] == '#')
35          {
```

```
36                    arg[argnum] = format[++i];
37                    argnum++;
38                }
39            }
40
41        double sum = 0;
42        int arg_int;
43        double arg_double;
44
45        for(i = 0; arg[i] != '\0'; i++)
46        {
47            switch(arg[i])
48            {
49            case 'i':    //约定 i 代表 int 型，使 arg_ptr 向上回溯 4B
50            case 'c':    //语法规定变参中的 char 类型一律要当成 int 来处理
51                arg_int = va_arg(arg_ptr, int);
52                sum += arg_int;
53                break;
54            case 'f':    //约定 f 代表 double 型，使 arg_ptr 向上回溯 8B
55                arg_double = va_arg(arg_ptr, double);
56                sum += arg_double;
57                break;
58            default:
59                printf("format error!\n");
60                exit(1);
61            }
62        }
63        va_end(arg_ptr);
64
65        return sum;
66    }
```

上述代码完整地展示了 C 程序是如何实现变参机制的，首先定义变参函数时，必须定义至少一个固定参数（此例中是一个字符指针 format），这个固定参数的类型理论上可以是任意类型，但是一般都是字符指针，因为字符指针指向的字符串能给我们栈回溯时提供更多的信息。其次，紧跟在后面的变参使用 3 个圆点（...）来表示：

```
8    double sumup(const char *format, ...);
```

接着，定义一个 va_list 类型的指针 arg_ptr，并将之初始化为指向紧挨着第一个固定参数后面的地址：

```
22  va_list arg_ptr;
23  va_start(arg_ptr, format);
```

此时的内存如图 2-28 所示。

注意，此时变参指针 arg_ptr 实际上已经指向了第 1 个变参的基地址了，但还是无法确定它的类型和大小，只有经过第 51 行代码之后才能确定：

```
51  arg_int = va_arg(arg_ptr, int);
```

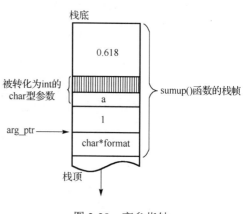

图 2-28　变参指针

代码中的 va_arg( ) 有两个作用：第一，从当前 arg_ptr 指向的内存中取出一个 int 型数据，返回给 arg_int，第二，使 arg_ptr 向上移动一个 int 数据的大小，指向下一个变参的基地址。变参指针的回溯如图 2-29 所示。

本例中的第 2 个变参有点特殊，它原本是一个 char 型数据，只占用 1 个字节就足够了，但是 C 语言标准规定，char 型数据压栈时要一律提升为 int 型数据来处理，因此我们在图 2-29 所示中看到，系统在 char 型数据'a'的上面补了 3 个字节（画了竖线部分，都已被清零），凑成一个 int 型。

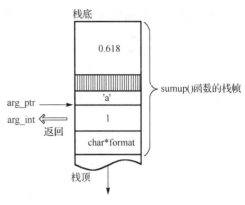

图 2-29　变参指针的回溯

就这样，使用 va_arg( ) 不断地使得 arg_ptr 向上移动，不断地取得各种类型的变参数据，究竟有多少个变参可以取，完全取决于第 1 个固定参数提供的线索，比如"#i#c#f"，上述代码中从第 45 行到第 62 行，就是根据"#i#c#f"提供的信息，来不断地使得 arg_ptr 回溯栈空间，取得变参。

最后，使用 va_end(arg_ptr)，来确保变参取完之后 arg_ptr 恢复到不可用状态，避免下次不小心再次对 arg_ptr 进行引用导致系统段错误（Sagmentation Fault）。

可见，变参函数的实现机理其实很简单，全靠第 1 个固定参数，它既给后面的变参提供了一个基地址，又可以提供变参的个数和类型，但这种实现是开发者来协调的，C 的编译系统并没有提供任何智能的支持，假设我们所提供的第 1 个固定参数跟后续的变参信息对不上，比如 sumup("#i", 100, 200, 300)。C 程序本身不提供任何语法和逻辑上的支持，这完全由函数 sumup( ) 的开发者自行保证。

2.2.5　回调函数

回调（Callback）是一种非常重要的机制，主要用来实现软件的分层设计，使得不同软件模块的开发者的工作进度可以独立出来，不受时空的限制，需要时通过约定好的接口（或者标准）相互契合在一起，也就是 C++或者 Java 等现代编程语言声称的所谓面向接口编程。同时回调也是定制化软件的基石，通过回调机制将软件的前端和后端分离，前端提供逻辑策略，后端提供逻辑实现。回调函数用到的最基本的语法是函数指针，对指针不了解的读者请参阅 2.3 节，仔细研读之后，再回过头来看本小节。

我们知道 C 语言中的函数实际上就相当于一个人，我们给它一些参数，它帮我们完成一样固定的功能。比方说我们给厨师一个菜名，他将会把这道菜烹饪出来；我们给医生一位病人，他将会对这位病人进行医治；等等。这里，厨师和医生都相当于功能确切的函数，等着我们来调用。我们身边不乏有很多这样的"函数"，假设你每天都到食堂吃饭，慢慢地你发现每次吃饭来回一趟走路的时间太长，于是你想让前台小妹吃饭时顺便帮你打饭回来，那么，在小妹外出午餐之前，你传递一些参数给她（比方说 10 块钱，以及说清楚你要吃什么），半个小时后，小妹拿着饭堂热腾腾的盒饭回来给你。这就是普通函数的调用过程：你调用了小妹，实现了你脚不挪手不动也能吃上饭的凤愿，如图 2-30 所示。

那什么是回调呢？

吃了食堂的饭一个星期之后，实在太难吃，你已经确定无法再吃下去了，于是你决定不吃食堂的饭，改为自己做饭吃，当然你不能亲自出马，你还是调用前台小妹帮你干活，这次你也必须给她一些钱，以及告诉她你想吃的东西，让她帮你去菜市场买回来做好，端给你吃。虽然前台小妹非常愿意为你效劳，她可以跑腿、买菜、砍价、端茶递水，但可惜她不会做饭，你急中生智，果断地从黑市雇用了一名资深大厨，啥也不会就会做饭，你只要给他材料就行了。这样，你的午饭的产生过程变成了：你将要吃的菜品清单和需要花的钱传递给前台小妹，不仅如此，你还把大厨的电话号码给到小妹，叮嘱她买了菜就打这个电话，让大厨帮你把菜做了，然后你捯饬好了给我送过来。于是小妹出去买菜了，与此同时，你可以"定制"你的大厨，叮嘱大厨：我喜欢吃辣，以后你做的任何菜里，都要放够足量的辣椒。

图 2-30　普通函数调用示意图

于是图 2-30 将变成图 2-31。

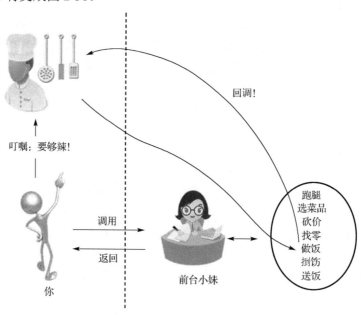

图 2-31　回调函数的调用示意图

　　在上面的"午饭"秀中，实现了典型的回调机制，你定制了一位做任何菜都死命放辣椒的大厨，然后你在调用前台小妹的同时，将大厨的电话号码也给了她，小妹在需要做饭时，就会根据你提供的参数（大厨的电话）回过去调用（回调）那位大厨，做好饭后小妹再细心地捯饬，端给你吃。

　　还应该注意到，在图 2-31 中一个最重要的信息：左边的两个人和右边的那个人之间有一条饱含深意的虚线，它意味着左右两边是两拨人，左边的人负责做饭和吃饭，右边的人负责跑腿、砍价等。例如，你只要知道怎么找到前台小妹，传给她参数让她干活就行了，根本不需要知道她究竟到哪儿买的菜跑了多远的路，另外管好大厨，让他死命放辣椒就行了，也根本不需要管小妹什么时候会去找大厨，以及他们之间的任何其他事情。对于右边的小妹而言，她只要根据你的嘱咐勤快跑腿，在必要时"回调"一下大厨就行了，也根本不管大厨做的饭究竟啥口味。

　　这样，左右两拨人各干各的，互不耦合，独立性强，但又可以非常方便地相互合作，达成一个更丰富的功能。这里，大厨就是一个回调函数——一个不被设计者（你）直接调用，而是被其他人（小妹）回过来调用的函数。你传递给小妹的电话号码，相当于一个能找到大厨的指针，称之为函数指针，回调机制就是靠传递函数指针来告知回调函数的位置的。

　　这里还必须引起注意的是：虽然左右两边的两拨人相互独立，但他们要相互合作完成一件事情就必须有默契，这个默契就是回调函数的接口约定。比如我们给前台小妹的信息是大厨的电话号码，那就必须按照这个约定给她电话号码，而不能给她身份证号码，大厨的身份证号码对于小妹而言相当于一个错误类型的数据，她是无法解析的，毕竟她要面向的可不仅仅是你一个人，全世界只要午饭都自己请大厨又不想动身买菜的人，都可以调用这位前台小妹来达到目的，因此她的接口约定（要大厨的电话号码）是至关重要的，否则就乱套了。

　　约定好了接口，即函数的特征，就能契合所有遵循该规则的代码，如同拼图的锯齿那样，都遵循一样的规范。这是现实世界中软件工程开发所遵循的最普遍的原则。

　　下面是一个代码实例，实现一个与上面做午饭类似的逻辑：我们调用函数 kill( )来让内核（前台小妹）处理一个信号，内核拿到这个通知，便会帮我们做信号处理，但在此期间对信号的响应（做饭）又需要我们应用层来提供，于是我们就要预先指定一个所谓的信号响应函数（大厨）给内核，让它在需要时可以"回调"，代码如下。

```
vincent@ubuntu:~/ch02/2.2$ cat callback.c -n
    1   #include <stdio.h>
    2   #include <stdlib.h>
    3   #include <stdbool.h>
    4   #include <unistd.h>
    5   #include <string.h>
    6   #include <strings.h>
    7   #include <signal.h>
    8
    9   //定义一个回调函数，以后内核需要信号响应函数时会调用该函数
   10   void sighandler(int sig)
   11   {
   12       printf("sig : %d\n", sig);
   13   }
   14
   15   int main(void)
   16   {
   17       //传递函数指针，预先告知内核回调函数 sighandler 的位置
   18       signal(SIGINT, sighandler);
   19
   20       //将信号 SIGINT 传递给内核，要求内核开始处理信号 SIGINT
   21       pid_t myPID = getpid( );
```

```
22      kill(myPID, SIGINT);
23
24      return 0;
25  }
```

以上代码中的各个信号处理相关函数，可以查阅 5.3.2 节内容，暂且不表，它们之间的逻辑关系图如图 2-32 所示。

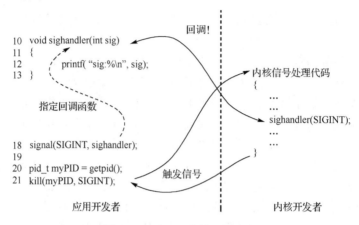

图 2-32　回调函数的调用流程

如图 2-32 所示，左边的应用开发者负责定制信号响应函数的具体实现，而右边的内核开发者专门负责整个信号处理的过程，当需要调用响应函数时，直接回调应用层提供的 sighandler 即可，由于指定了回调函数的接口［即 void sighandler(int sig)］，使得两拨人处在不同的时空，但仍然可以相互协作，因为它们的程序是面向接口的，而不是面向功能的。

2.2.6　内联函数

函数封装使得我们的程序模块化，开发和维护都变得更简单，但函数调用的一个代价是需要消耗一定的时间进行切换，这段时间用来保存现场和恢复现场，比如在执行函数 A 时，中途调用函数 B，那么在调用前一刻必须将函数 A 的执行状态记录下来，包括一些寄存器的值、当下的执行地址等，以便于将来执行完函数 B 返回之后，可以继续原来的状态执行下去。

这个函数切换所消耗的时间，大约相当于一两条语句的执行时间，假如被调函数本身很短小，只包含一两条语句，与函数切换时保存现场和恢复现场的时间在同一个数量级，那么这个函数调用过程的时间总花销分布图如图 2-33 所示。

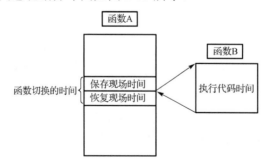

图 2-33　函数的切换

真正对程序做出贡献的是执行代码的那段时间，而切换花费的时间就是额外的代价了，假如函数 A 对函数 B 进行了多次调用，这种代价将会体现得更明显，如图 2-34 所示。

之所以要保存及恢复函数调用的现场，本质原因是函数 A 和函数 B 处在不同的函数之内，如果将它们都放在一起，就没有这个问题了，如图 2-35 所示。

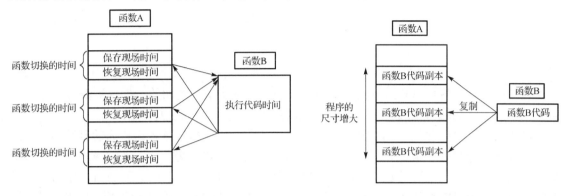

图 2-34　函数切换时高昂的时间成本　　　　图 2-35　多处复制消除函数的切换时间

这个特性实际上和宏是一样的，即所谓的"在字里行间"展开，将函数 B 的代码在所有调用它的地方复制一份副本，用空间代价（程序尺寸增大）来换取时间效率（不再需要切换函数），这样的函数称为内联（inline）函数。一般而言，函数 B 满足以下全部条件时可以考虑将之设计为内联函数：

（1）函数 B 的代码简短，简短到与函数切换所需要的时间具有可比性，比如只有一到两条语句。因为如果函数 B 是一个非常复杂的函数，节约函数的切换时间就显得非常可笑，而且此时大量的代码副本使得"内联"更加得不偿失。

（2）函数 B 被频繁地调用。想象一下假如函数 B 是一个使用率很低的函数，那么对它所做的一切优化都是徒劳的。实际上，在大型项目中，真正要优化的代码只能是热点代码，所谓的热点指的是程序中限制性能表现的局部代码，是整个软件的性能瓶颈。

内联函数的编写方法很简单，只需要在定义的前面加上关键字 inline 即可：

```
vincent@ubuntu:~/ch02/2.2$ cat head4inline.h -n
    1   #ifndef _HEAD4INLINE_
    2   #define _HEAD4INLINE_
    3
    4   #include <stdio.h>
    5
    6   inline int max_value(int x, int y) //将函数 max_value()声明为 inline
    7   {
    8       return x>y ? x : y;
    9   }
   10
   11   #endif
vincent@ubuntu:~/ch02/2.2$ cat inline.c -n
    1   #include "head4inline.h"
    2
    3   int main(void)
```

```
 4  {
 5      int a = 1, b = 2;
 6      int m;
 7      m = max_value(a, b);
 8
 9      printf("%d\n", m);
10
11      return 0;
12  }
```

从上面的代码也可以知道，内联函数一般是被放在头文件里面的，然后被源程序文件包含，关于头文件的编写格式和注意事项，可以参阅 2.6.2 节中的相关议题。

内联函数这个概念是 C 语言从 C++中借鉴过来的，它的执行效率比普通的函数要高，而且书写比带参宏简单，是个好东西。但是 C 语言中宏的资格更老，在 Linux 源码中，宏似乎受到更高的礼遇，到处可见复杂无比的带参宏耀武扬威的身影，造成这种局面的原因是多样的，历史原因当然首当其冲，对宏的偏爱是 C 语言的传统，虽然看起来宏语法艰涩难懂，毕竟 Linux 源码并非初学者的自学课本，但它往往是世界顶尖黑客炫耀技术的比武场，宏的存在也就名正言顺、理所当然了。

2.3 数组与指针

要说 C 语言中的明星，数组和指针绝对是大腕儿了，多少人仰视着它们耀眼光环却无法驾驭，最终被它们挫败，明星反而成为学习征途的一大障碍，实在不堪，但这其实不是因为它们逻辑复杂难以理解，而是因为太灵活容易用错而已，尤其是指针，堪称编程十八般武器中的核武器，越强大的东西同时也越危险，也难怪 Java 会宣布弃核。数组和指针的概念理解起来其实是很轻松的，但请不要忽视基本概念，这部分的内容需要着重注意夯实基础，深入理解数组与指针的实现机理。

另外，本节的题头是数组与指针，旨在要把数组和指针一起攻克，而不是像其他书那样逐个介绍，这是有原因的：除非对数组和指针的分析点到即止，只介绍基本概念，否则它们是无法"各个击破"的，因为它们有横向的密不可分的关系，使用数组就无法绕过指针，分析指针也常常会跟数组牵连在一块，因此我们的策略是：先介绍它们的基本概念，再对它们全面剖析，即难度上保持纵向深入，步调上保持横向一致。

2.3.1 数组初阶

在此之前，我们学会了如何在程序中定义不同的数据类型，比如浮点型、整型等，但有些时候我们需要同时定义多个相同类型的变量，比如图书馆里有 1000 本书，每一本书的价格都是一个浮点数，如果每一本书的价格都分别定义一个浮点变量来表示的话，那就需要逐个定义 1000 个浮点变量，简直太麻烦了！我们希望有一种机制，它能帮助我们一次性地定义 N 个相同数据类型的变量，C 语言提供了这种机制，这就是数组。

那么数组究竟"长"啥样呢？请看：

int   a[3];

上面的语句定义了一个具有 3 个元素的 int 型一维数组。编译器拿到这个定义语句时，会将其分成两部分来处理。

第 1 部分如图 2-36 所示括号内的部分，这部分规定了一块连续内存的名字称为 a，而且这块连续的内存有 3 个某种类型的数据。

第 2 部分如图 2-37 所示，用以回答第 1 部分遗留下来的问题：a 里面的 3 个元素是什么类型的数据呢？在此示例中，这些数据是 int。另外，由于每个 int 型数据占用 4 字节内存，因此该数组总共需要 12 字节内存，如图 2-37 所示。

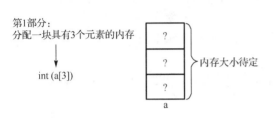

图 2-36　具有 3 个元素的数组

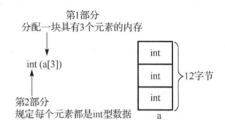

图 2-37　具有 3 个 int 型数据的数组

由此可知，数组定义中的第 1 部分负责挖坑，第 2 部分负责种菜，可以种萝卜、种番茄、种冬虫夏草，这也决定了究竟要挖多大、多深的坑。上述例子中的数组有 3 个坑，种了 3 个 int 型数据，我们就称这样的数组称 int 型数组，依次类推，种的是 char 型数据就称 char 型数组、种的是 double 型数据就叫 double 型数组等，这些坑的大小不尽相同，如图 2-38 所示。

事实上 C 语言并不限制数组元素的类型，任意数据类型的数组都是合法的，包括指针数组、结构体数组甚至数组的数组！

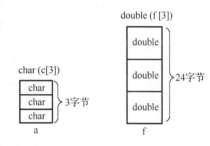

图 2-38　各种数组

定义了一个数组之后，我们就立即拥有了 N 个类型相同的变量，而且这些变量紧挨着存放在一块连续的内存之中，但是它们的值等于多少呢？我们可以在定义数组的同时，给它一个初始化列表，用来指明每个元素的值，例如：

```
int a[3] = {31, 67, 100};
```

上面的代码使用所谓的"初始化列表"对数组 a 进行了所谓的初始化，初始化列表中的每一个元素用逗号隔开，而且每一个元素的类型都必须与数组类型一致，另外必须注意：初始化列表中的元素个数必须小于或等于数组的长度，比如下面的代码是错误的：

```
int a[3] = {31, 67, 100, 22};
```

初始化列表的元素个数已经超过了数组长度的最大值，这种现象称为越界，就像我们家后院只有 3 个坑，结果依次种了 4 棵萝卜，最后一棵萝卜种到邻居家去了，侵犯了他人的内存空间，这是非法的。

但如果初始化列表的元素个数比数组长度短，则是允许的：

```
int a[3] = {31, 67};
```

这样，只有前两个元素被初始化了，最后一个元素未被初始化。如果该数组是静态数据（详见 2.4 节），则会被自动初始化为零，否则是随机值。

假如在数组定义时不初始化，而是在定义之后再赋值，那该怎么做呢？答案是：

```
int a[3];
a[0] = 31;
a[1] = 67;
a[2] = 100;
```

在非初始化语句中，数组一般是不可以整体赋值的（除非使用特殊的函数），只能像上述代码那样逐个赋值，其中方括号称为数组下标操作符，用来表示数组的每一个元素，注意数组元素的下标是从 0 开始的，如图 2-39 所示。

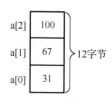

图 2-39　数组的下标

一个数组的长度如果是 N，那么正常情况下数组下标的范围是 a[0] ～ a[N−1]。

2.3.2　内存地址

理解内存地址，是猎杀指针的第一把尖刀。

地址是一片内存中每个字节（byte）的编号，就好比房号是一栋办公楼中每个房间的编号一样，假如我们所在的办公楼房间数量总共不超过 1000 间，那么可以用一个 3 位数来表示就足够了，比如 302、508 等。

同样的道理，假如计算机内存的字节总数不超过 1000 个，也可以用 3 位数来表达，换算成二进制数，最多也就是 11 1110 0111（即十进制的 999），也就是说用 10bit 就可以完全表示 1000 以下的所有字节的编号。但假如我们的内存有多达 4GB，10bit 的编号显然太短了，经计算，我们至少需要 32bit 来表示所有的字节地址编号，因此一个数据的地址就类似于：0110 1101 1100 0010 1101 1110 0101 1101，由于写起来太长不够方便，因此我们更喜欢将上述地址表示为十六进制：0x6DC2DE5D。

内存这栋大楼的房间数多得惊人！它们的编号从 0x00000000 开始，到 0xFFFFFFFF，总计达 2^{32} 个房间！每一个房间（字节/byte）包含 8 个比特/bit，每个比特可以存放一个 1 或者 0，如图 2-40 所示。

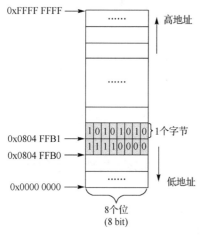

图 2-40　内存景色

图 2-40 展现了一个 32 位系统的内存示意图，第 0x0804FFB0 号字节里面存放了一串数据：1111 0000，而紧挨着它的第 0x0804FFB1 号字节里面存放了另一串数据：1010 1010。

这里实际上给大家展示了一个数据的两个最基本属性：内容和地址。内容指的就是内存中所存放的二进制串，地址指的就是这块内存的编号。一个数据的地址也称为这个数据的指针，虽然这样的叫法不是很正统。比如数据 11110000 的指针就是 0x0804FFB0。

注意，一个数据可不一定只占用一个字节，更为经常的情况是，一个数据占用多个字节，那么究竟哪个字节算是这个数据的地址呢？毕竟每个字节都有单独的编号。

图 2-41 显示的是一个占据了 4 个字节的 int 型数据

（值为 0x00000007），每一个字节都有其对应的地址，编译器会将最小的地址 0x0A33FF04 作为整个 int 型数据的地址，这个最小的地址就是所谓的基地址。以后当我们提到一个变量的地址时，指的都是基地址。

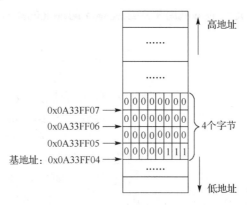

图 2-41　字节与地址

2.3.3　指针初阶

先来回顾一下我们对一个变量的定义，实际上每一条定义语句，都是请求系统帮我们在内存中申请一块适当大小的内存，来存放对应的数据，比如：

```
int a = 100;  char c = 'x';  double f = 1.2;
```

这样，系统就会为我们在内存中分配 3 块内存，来分别存放不同的数据，由于类型不同，这 3 块内存的大小也不同，它们分别是 a、c 和 f，如图 2-42 所示。

每一块内存的类型不同功能各异，大家各司其职：a 专门存放整数，c 专门存放字符，f 专门存放浮点数据，而且根据 2.3.2 节的讨论，每一个变量都有各自的所谓基地址。那么，我们可不可以定义一种变量，来专门存放地址呢？答案是肯定的，而这种"专门存放地址"的变量，就是传说中的指针，如图 2-43 所示。

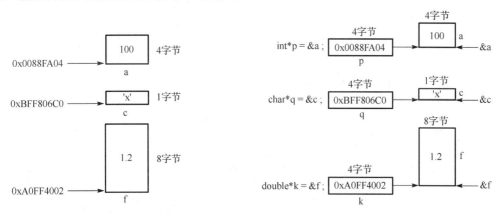

图 2-42　各种数据及其内存地址　　　　图 2-43　各种指针及其目标

图中 p、q 和 k 三个变量分别存放了 a、c 和 f 的地址，取变量地址用的是取址符&，这个地址就是代表了变量入口的基地址，指针存放了这些地址，将来就可以通过指针来间接地访问这些变量。

另外要注意，虽然 a、c 和 f 三个变量的大小各异，但它们的地址长度都是一样的，变量地址的长度取决于系统的寻址能力，也就是 CPU 的字长，在 32 位系统中，任何地址都是 4 字节的。就像一座大楼里面的房间虽然各不相同，但是房号都是 3 位数。

那么在程序中怎么定义一个可以用来存放变量 a 的地址的指针呢？请看：

int　*　p;

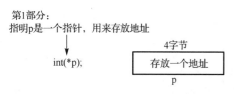

图 2-44　指针定义——第 1 部分

同数组一样，对上面这个最简单的指针定义，一定要从编译器的角度出发，按照编译器的思路来正确理解，即分成两部分来处理。

第 1 部分如图 2-44 所示括号里面的部分，星号用以告诉编译器：p 是一个指针，于是将会立即分配 4 个字节给它，将来存放某种数据的地址。

第 2 部分如图 2-45 所示，用以回答第 1 部分遗留下来的问题：p 要存放什么类型数据的地址呢？在此示例中，p 存放的是 int 型数据的地址。

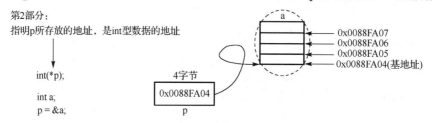

图 2-45　指针定义——第 2 部分

由于我们刚好有一个变量 a 的类型是 int，因此就可以将它的地址存放在 p 里面，此时 p 称为 int 型指针。事实上，根据数据类型的不同，我们可以定义各种对应类型的指针，比如 char 型指针、double 型指针、结构体指针、函数的指针甚至是指针的指针！

指针的作用就是对其目标的间接引用，以下代码诠释了指针的最基本用法。

```
vincent@ubuntu:~/ch02/2.3$ cat basic_pointer.c -n
    1   #include <stdio.h>
    2
    3   int main(void)
    4   {
    5       int  a = 100;
    6       int *p;
    7
    8       p = &a; //使指针 p 指向 a
    9
   10       printf(" a: %d\n",  a);
   11       printf("*p: %d\n", *p);//*p 等价于 a
   12
   13       return 0;
   14   }
vincent@ubuntu:~/ch02/2.3$ ./basic_pointer
 a: 100
*p: 100
```

代码中的第 8 行和第 11 行，展示了指针最基本的运算，即赋值和解引用。对一个指针赋的值必须是和指针类型相互匹配的地址，否则编译器会给出警告。而所谓的解引用，指的就是访问指针所指向的目标，从代码的指向结果来看，a 和*p 的值是一样的。

如同其他任何一种变量，我们可以在定义指针的同时给它一个初始值，例如：

int　a = 100;

int *p = &a;

但有些时候，我们也许无法在定义指针的同时立即给它一个有效的地址，而是在程序运行到下一个恰当的某个时刻再赋值，这期间就有个空档期，此空档期内指针 p 的值将是一个随机值，而这个随机值是一个地址，如果在此种状况下不小心对指针 p 进行了解引用，程序就会访问非法内存，导致本程序崩溃甚至更严重的后果，这样的未初始化的指针我们称为野指针，如图 2-46 所示。

一般而言，对于一个暂时无法让其指向一块合法内存的指针而言，我们最好将其初始化为"空指针"，即给它赋一个空值（零），让它指向零地址，如图 2-47 所示。

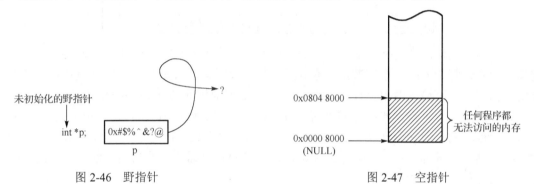

图 2-46　野指针　　　　　　　　　　　　图 2-47　空指针

如图 2-47 所示，Linux 规定：进程的虚拟内存从 0x0000 0000 到 0x0804 8000 为不可访问的内存，这段内存的权限为 0，也就是任何进程访问这段内存就一定会遇到权限不足无法运行的错误而被系统强制关闭，以免程序拿到一个野指针变成一匹脱缰的野马，造成更大的损失。

NULL 实际上就是一个宏：#define NULL (void *)0，从值上看，NULL 就是地址 0x0000 0000，从类型上看，空指针是一种通用型指针，关于 void 型指针，总结如下。

（1）当无法确定一个地址所对应的内存的数据类型时，将该地址类型定为 void 型，即通用型，例如：

```
void *p = malloc(8);   //申请了一块未知用途的内存（8 个字节）
```

（2）void 型指针在解引用时，必须转化为某种具体的数据类型指针，否则无法解引用，例如：

```
double f = 3.14;
*p = f;                //这是错误的，因为指针 p 是通用类型指针
*(double *)p = f;      //这是正确的，因为进行了相应的类型转化
```

2.3.4　复杂指针定义

内存地址虽然看起来差不多，如 0x0088FA04、0xBFF806C0 和 0xA0FF4002，但它们并非普通的数值，它们是有类型的！如果没有指定一个地址的类型，程序是无法使用这个地址的。

试想一下：一座办公楼的房间号码无非都是 302、508 等，但是不同房号对应的房间是千差万别的，有的是会议室，有的是仓储室，有的是洗手间甚至是健身房，它们不仅面积不同，其功能也各异，但所有的房号都是长度一样的 3 位数。因此，我们单单提到一个房号 508，别人是无法确定它究竟有多大的面积、是一个什么样的场所的，还必须告诉别人 508 的"类型"，比如 508 是一间洗手间、302 是健身房。这样，拿到 508 这个房号的人才心里有底了：哦！洗手间，不就是厕所嘛！下次有人内急时，就可以直奔 508 了，而不是 302！

因此，指明一个指针里面所存放地址的类型至关重要，它关系到程序是否能够正确理解并使用这个地址。因此，如果要再定义两个指针来存放 char 型数据和 double 型数据的地址，我们的做法如表 2-12 所示。

表 2-12　定义 char 型数据和 double 数据指针

char c;
char *q = &c; //q 专门存放 char 型数据地址
double f;
double *k = &f; //k 专门存放 double 型数据地址

编译器拿到这两个定义，将会把它们分成两部分来处理，第 1 部分是*q 和*k，于是毫不犹豫地给它们每个分配 4 个字节，用来存放地址。接着第 2 部分指明了将来我们可以将什么样的数据的地址赋给这两个指针：分别是 char 型数据地址和 double 型数据地址。

再次介绍一下指针，如图 2-43 所示，p、q 和 k 的长度是一样的，功能也"类似"：都是用来存放地址的。但它们又是完全不同的，p 专门用来存放 int 型数据的地址，q 专门用来存放 char 型数据的地址，k 专门用来存放 double 型数据的地址，因此它们分别称为 int 型指针、char 型指针和 double 型指针。

总之，不同指针的定义很简单：将其所指向的数据类型照抄到其第 2 部分即可，因为第 1 部分都是一样的，如图 2-48 所示代码。

可见，定义指向某一种数据的指针，只要把这种数据的类型照抄一下就可以了，图 2-48 中 p1、p2 和 p3 分别用来指向 char 型、int 型和一种结构体类型。

照这个规律，还可以定义复杂的指针，比如指向指针的指针，指向数组的指针和指向函数的指针，只要把类型照抄一下就可以了，如图 2-49 所示。

图 2-48　简单指针的定义　　　　　　　　图 2-49　复杂指针的定义

此例中，p4 用来专门存放 char *型数据的地址，上面提到的 p1 刚好是此类型的数据，也就是说，p4 可以指向 p1，而 p1 本身指向 v1，因此我们经常将 p4 这样的指针称为二级指针，假如 v1 的值是'w'，它们的关系如图 2-50 所示。

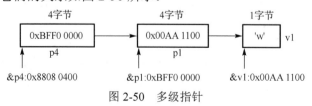

图 2-50　多级指针

用下面的代码来实操这几个变量。

```
vincent@ubuntu:~/ch02/2.3$ cat multiply_pointer.c -n
    1  #include <stdio.h>
    2
    3  int main(void)
    4  {
    5      char v1 = 'w';
    6      char *p1 = &v1;                 //使 p1 指向 v1
    7      char **p4 = &p1;                //使 p4 指向 p1
    8
    9      printf("v1: %c\n", v1);         //打印 v1 的值
   10      printf("*p1: %c\n", *p1);       //打印 p1 的目标的值（即 v1）
   11      printf("**p2: %c\n", **p4);     //打印 p4 的目标的目标的值
   12
   13      return 0;
   14  }
```

```
vincent@ubuntu:~/ch02/2.3$ ./multiply_pointer
v1: w
*p1: w
**p2: w
```

可见，打印的 3 个值都是'w'，即 v1 的值。

再来看图 2-51 中的 p5，它指向的是一个数组，操作方法也是一样的，即当数组是一个普通变量那样处理，如图 2-51 所示。

注意，指针 p5 指向的是整个数组 v5，而不是 v5 里面的某个元素（虽然 v5[0]的地址也是 0x00F8804）。可以使用数组指针 p5 来间接访问数组 v5，请看示例代码。

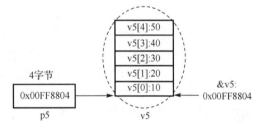

图 2-51　指向一个数组的指针

```
vincent@ubuntu:~/ch02/2.3$ cat array_pointer.c -n
    1  #include <stdio.h>
    2
    3  int main(void)
    4  {
    5      int   v5 [5] = {10, 20, 30, 40, 50};
    6      int (*p5)[5];
    7
    8      p5 = &v5; //使指针 p5 指向数组 v5
    9
   10      int i;
   11      for(i=0; i<5; i++)
   12      {
   13          printf("  v5 [%d]: %d\t", i,   v5 [i]);
   14          printf("(*p5)[%d]: %d\n", i, (*p5)[i]); //*p5 等价于 v5
   15      }
   16
```

```
    17        return 0;
    18    }

vincent@ubuntu:~/ch02/2.3$ ./array_pointer
    v5 [0]: 10        (*p5)[0]: 10
    v5 [1]: 20        (*p5)[1]: 20
    v5 [2]: 30        (*p5)[2]: 30
    v5 [3]: 40        (*p5)[3]: 40
    v5 [4]: 50        (*p5)[4]: 50
```

从上述代码中可以看到，数组指针虽然定义语句比较复杂，但参考 basic_pointer.c 会发现，数组指针使用起来和普通的指针是完全一样的。

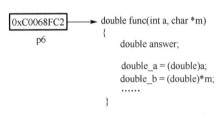

图 2-52　指向函数的指针

最后，再来看图 2-52 所示的函数指针 p6，这种指针比较特殊，它不是指向一种数据类型，而是指向一个函数，也就是指向一段代码，但仔细想想也没什么稀奇，代码和数据是一样的，都需要占据一定的内存空间，那也会一定有一个基地址，即第一条指令的地址，因此我们当然也能将代表这段代码的基地址存储到一个指针当中，这就是所谓的函数指针。

假设函数 func( )编译之后所生成的代码的地址是 0xC0068FC2，那么指针 p6 存储的就是这个地址，问题是我们怎么才能让指针 p6 指向这个地址呢？

事实上，C 源代码的函数名 func 在汇编之后，变成了.s 文件中的跳转标签，熟悉汇编语言的读者知道，在.s 文件中跳转标签代表的就是紧挨着它的下一条语句的地址，换句话说，函数名 func 就是该函数的基地址，原来函数的地址就是函数名，请看下面的代码。

```
vincent@ubuntu:~/ch02/2.3$ cat function_pointer.c -n
     1    #include <stdio.h>
     2
     3    int main(void)
     4    {
     5        double func (int a, char c);    //声明一个函数 func( )
     6        double (*p) (int a, char c);    //定义一个函数指针 p
     7
     8        p = &func;             //使 p 指向 func
     9                               //由于 func 本身就是函数地址，所以此处&可以省略
    10        double ans1 = func (100, 'x');
    11        double ans2 = (*p) (100, 'x'); //*p 等价于 func，此处*也可以省略
    12
    13        printf("%lf\n", ans1);
    14        printf("%lf\n", ans2);
    15
    16        return 0;
    17    }
    18
    19    double func(int a, char c) //某功能函数 func( )的定义
    20    {
```

```
21        double answer;
22
23        double _a = (double)a;
24        double _b = (double)c;
25
26        answer = _a / _b;
27
28        return answer;
29    }
vincent@ubuntu:~$ ./function_pointer
0.833333
0.833333
```

从上述代码可以看出，使用函数指针 p 间接调用函数 func( )的效果，和直接调用函数 func( )是一样的。函数指针是 C 语言中极其重要的东西，2.2 节中提到的回调机制靠的就是函数指针，C 语言实现面向对象的功能靠的也是函数指针。

2.3.5 指针运算

指针在 C 程序中所涉及的运算有 5 种。

1．定义，如：int *p;

定义中的星号是一个指针标记，用以告诉编译器 p 是一个指针，于是系统就会立即给 p 分配 4 个字节来存放地址。星号的用途如表 2-13 所示。

表 2-13 星号的用途

场　　合	作　　用	示　　例	说　　明
定义语句中	指针标记	int *p;	指明 p 是指针变量，除此之外无任何其他作用
一个操作数	解引用	*p = 100;	取得指针 p 所指向的目标
两个操作数	乘法运算	c = a * b;	将左右两边的操作数相乘
与正斜杠连用	注释	/* ... */	多行注释

2．赋值，如：p = &a;

指针和普通变量没有本质区别，都可以对其进行赋值，所赋的值原则上必须是正确类型的地址，但假如 a 不是 int 型数据，则在赋值时必须进行类型转换：p = (int *)&a;。

这样，能保证编译时不会报错，运行时，程序一律会将 a 所在内存的开头 4 个字节解释为一个 int 型数据，与 a 本身是什么无关。

3．取址，如：&p;

指针本身也是变量，变量就是一块内存，是内存就有地址，因此指针当然也有地址，详细内容请参考 2.3.4 节中的示例代码 multiply_pointer.c。

4．解引用，如：*p;

指针的作用，说白了就是间接访问内存。通过指针中所储存的地址，访问目标数据，这个过程就叫解引用，例如：

float a;

float *p = &a;

指针 p 指向了变量 a，因此*p 就相当于 a，如图 2-53 所示。

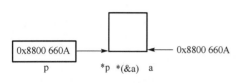

图 2-53　指针对其目标的解引用

如图 2-53 所示，可以有 3 种等价的方式来访问这个结构体，它们分别是*p、*(&a)和 a，注意第 2 种方式*(&a)，实际上&a 就是 p 的值，所以也就相当于*p，即对 p 进行解引用，结果当然也等价于 a。

从另一个角度出发，*(&a)等价于 a 使我们认识到，对一个变量取址然后再解引用，得到的又是该变量本身，因此取址和解引用实际上是一对逆运算。

5．加减法，如：p = p+2;

指针可以加减一个整数，如上面的范例，但例子中的 2 代表的并不是数值，而是目标个数，p = p+2 的含义是指针向高地址方向移动 2 个目标。再如，p = p–3 的含义则是指针向低地址方向移动 3 个目标。

图 2-54 中，指针 p 指向的目标对象是 int 型数据 a，因此指针 p 的上下移动都是以 int 型数据大小为单位的，也就是以 4 字节为步进单位。

指针除了可以加减整数，相同类型的指针还可以相减，结果是两个指针之间相隔的目标个数，两个不同类型的指针相减语法允许但无实际意义，另外，任何两个指针都不能相加。

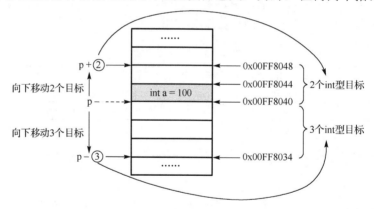

图 2-54　指针的加减法

2.3.6　数组与指针

在 C 程序中，除了指针可以进行加减法之外，数组也经常参与其中，但是 C 语言不认为数组是基本数据类型，因此没有像"指针运算"那样发明"数组运算"。而我们又确确实实可以写出数组参与运算的代码，这是怎么回事呢？

```
int a[3] = {100, 200, 300};
int *p;
p = a + 1;
```

上述代码中，定义了一个数组和一个指针，而且将它们放在一起进行运算，由于 a 是一个数组，既然没有"数组运算"的规则可遵循，那该怎么运算呢？数组名 a 究竟代表了什么？

答案是：任何数组的名字 a，除了在其定义语句和 sizeof 语句之外，均代表其首元素 a[0] 的地址。请注意以上表述的每一个措辞。以上面的数组 int a[3] 为例，如果在代码中出现该数组名 a，则它代表的是 a[0] 的地址（注意不是数组 a 的地址！数组 a 的地址应写成&a，请参考 2.3.4 节中关于数组指针的描述）。

那么有哪些场合需要运用以上结论呢？总归起来有 3 种情形。

1. 与指针混合运算时

因为数组 a 的首元素是 a[0]，因此其中的 $p = a + 1$ 实际上等价于 $p = \&a[0] + 1$，而又由于 a[0] 的数据类型是 int 型，因此地址&a[0] 的类型就是 int *，根据 2.3.5 节对指针运算的讨论可知，此处加 1 相当于向上移动 1 个 int 型数据，如图 2-55 所示。

于是，p 就指向了 200。请对比 2.3.4 节中关于数组指针 p5 的描述。p5 指向的是整个数组，赋值时数组前面有取址符，而这里的 p 指向的是 int 型，赋值时数组前面没有取址符。

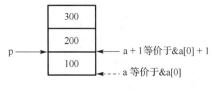

图 2-55　数组的运算

2. 与下标运算符相互作用时

下标运算符实际上是一种为了方便的简写，比如 a[1]，编译器一遇到这条语句马上将之转化为其本来面目：*(a+1)，可以看到，下标运算符也是对数组的运算，根据以上结论，此处又等价于*(&a[0]+1)，由上面可知它等价于*p，即是 200，所以 a[1] 就是 200。

进一步讲，看看 C 语言中一些古怪的行为：由于 a[1] 等价于*(a+1)，根据加法交换律 a[1] 等价于*(1+a)，将该式子转化回下标运算符变成 1[a]，看起来很怪异，但它确实是合法且可用的！

3. 函数调用时

假设有一个函数以数组 int a[3] 为参数，功能是打印出这个函数的所有的值。

```
vincent@ubuntu:~/ch02/2.3$ cat function_array.c -n
     1  #include <stdio.h>
     2
     3  void show_value(int a[3]);
     4
     5  int main(void)
     6  {
     7      int a[3] = {100, 200, 300};
     8
     9      show_value(a);  //将数组 a 传给函数 show_value( )
    10
    11      return 0;
    12  }
    13
    14  void show_value(int a[3])   //貌似接收到了数组 a
    15  {
```

```
16        int i;
17        for(i=0;  i<3;  i++)
18        {
19            printf("%d, %d\n", a[i], *(a+i));  //正常使用数组 a
20        }
21    }
```

vincent@ubuntu:~/ch02/2.3$ **./function_array**

100, 100
200, 200
300, 300

上述代码中的函数 show_value( )貌似接收了一个数组参数 a，但根据我们的结论，第 9 行中的函数调用语句出现了数组名 a，它代表的是其首元素 a[0]的地址，即&a[0]，因此它传递的实际上并非整个数组，而仅仅是一个指针而已，所以第 14 行 show_value( )的形参中 a 实际上是一个指针，一个指向 a[0]的指针，原文中的数组定义只是一种等价写法，上述代码可以写成：

vincent@ubuntu:~/ch02/2.3$ **cat function_array.c -n**

```
 1    #include <stdio.h>
 2
 3    void show_value(int a[3]);
 4
 5    int main(void)
 6    {
 7        int a[3] = {100, 200, 300};
 8
 9        //show_value(  a  );
10         show_value(&a[0]);            //传递的实际上是 a[0]的地址
11
12        return 0;
13    }
14
15    //void show_value(int (a[3]))
16    //void show_value(int (a[ ] ))  //"数组"的长度 3 并无实质作用
17      void show_value(int ( *p ))   //指针 p 存储了来自实参 a[0]的地址
18    {
19        int i;
20        for(i=0;  i<3;  i++)
21        {
22            //printf("%d, %d\n", a[i], *(a+i));
23             printf("%d, %d\n", p[i], *(p+i));     //正常使用指针 p
24        }
25    }
```

vincent@ubuntu:~/ch02/2.3$ **./function_array**

100, 100
200, 200
300, 300

这里有几处要点。

（1）函数形参列表中定义写为数组的形式只是方便推断实参可能是 int a[3]，实际上形参只能是指针，不可能是数组。因此，整数 3 在代码运行时是不起作用的。

（2）由于下标运算符[ ]和数组名的特殊运算规则，使得函数 show_value( )不管是将参数当成数组还是指针来处理，都毫无差别，这是 C 语言设计者们煞费苦心的杰作。

留一个小小的思考题：如何证明 show_value( )中的 a 的确是一个指针？

2.3.7　复杂数组剖析

从 2.3.1 节中得知，一个数组实际上就是很多相同元素的集合体，现在来考虑一下这种情形：数组的元素本身还是一个数组。根据数组的定义，实际上就是使得"第 2 部分"为一个数组，例如：

```
int a[2][3];  //也可以写成 int (a[2]) [3];
```

对于上面这个数组，一般我们为了方便，称之为二维数组。在 C 语言的权威著作谭浩强老师的《C 语言程序设计》一书中也是为了描述简便，将下标值理解为两行三列，但实际上站在编译器的角度，世界上并不存在多维数组，所有的数组都是一维的，这是几个萝卜几个坑的问题。内存是严格线性的，也不存在行列的概念，我们只是不想将此数组称为"由两个具有三个整型组成的数组的数组"，才简称为二维数组。以上数组 a 的正确图如图 2-56 所示。

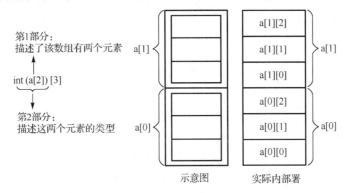

图 2-56　二维数组

注意在左边的示意图中，数组 a[2]的两个元素的两个类型是 int [3]的小数组，这是一个嵌套了数组的数组，实际内存部署如右图所示，一个关键的地方是，每个元素之间都是紧密相连的，中间并无间隙，那个有边框的图只是个示意图。

对于数组 a 而言，其首元素是 a[0]，首元素的首元素是 a[0][0]。如果要定义 3 个指针 p1、p2 和 p3 来分别指向它们，则代码如下。

```
vincent@ubuntu:~/ch02/2.3$ cat multiply_array.c -n
     1   #include <stdio.h>
     2
     3   int main(void)
     4   {
     5       int a[2][3] = {{100, 200, 300}, {77, 88, 99}};
     6
     7       int (*p1)[2][3];
```

```
 8        int (*p2)[3];
 9        int (*p3);
10
11        p1 = &a;
12        p2 = &a[0];
13        p3 = &a[0][0];
14
15        printf("p1: %p\n", p1);//%p 代表按十六进制的格式打印
16        printf("p2: %p\n", p2);
17        printf("p3: %p\n", p3);
18
19        printf("\n");
20
21        printf("p1 + 1: %p\n", p1+1);
22        printf("p2 + 1: %p\n", p2+1);
23        printf("p3 + 1: %p\n", p3+1);
24
25        return 0;
26   }
```

vincent@ubuntu:~/ch02/2.3$ ./multiply_array
p1: 0xbffc670c
p2: 0xbffc670c
p3: 0xbffc670c

p1+1: 0xbffc6724
p2+1: 0xbffc6718
p3+1: 0xbffc6710

代码中第 7、8、9 行分别针对二维数组 a、一维数组 a[0]和整型 a[0][0]定义了和它们类型匹配的 3 个指针，下面的第 11～13 行则对它们进行了相应的赋值。从程序的执行结果来看，此时这 3 个指针所指向的地址是一样的（0xbffc670c），这是由于二维数组 a 的基地址，就是其首元素 a[0]的基地址，而 a[0]的基地址也就是其首元素 a[0][0]的基地址，所以这 3 个地址相等，但并不代表这 3 个指针等价，我们知道指针的关键属性是其类型而不是其值，下面的第 20～22 行代码将这 3 个指针加 1，根据指针运算的规则，这 3 个指针将会向高地址方向增加一个目标对象的大小，从程序执行结果看到，确实各自加 1 之后的效果是不一样的，如图 2-57 所示。

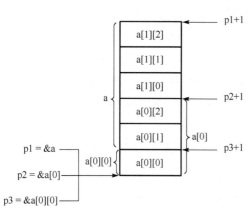

图 2-57　二维数组名及其元素的引用

虽然 3 个指针的初始指向是一样的，但其实它们所"看到"的范围是不同的，所代表的目标类型也是不同的，我们可以很容易地从它们加 1 之后的结果看出来。（注意不要试图访问 *(p1+1)，因此这个地址已经超过了数组的边界！）

在研读 Linux 源码时，读者会遇到另一种特殊数组，称为零长数组或柔性数组。C 语言与 C++相比较，最大的特点就是简单，或者"简陋"（绝无冒犯之意，我们对 C 语言之父理查德先生的敬仰如滔滔江水，连绵不绝）。发明 C 语言时因为年代太早，很多东西在现代编程看来是先天残疾的，比如数组——C 语言中的数组是一种如此死板的机制，以至于定义了之后就再也不能改变它的大小，它也不会随着所存储的内容而发生变化，我们更无法指望数组可以自检非法的越界访问，但问题是，一个随着我们的数据量的大小而改变的数组又是一个如此正当的要求，好在 Linux 所遵循的 GNU 扩展语法，支持所谓的零长数组，它也许可以帮得上我们的忙。

假设这么一个场景：我们编写了一个程序，在不同的客户机之间发送一些信息，这些信息包括一些固定长度的数据，比如客户机的 IP 地址、主机名等，还包含一些长度不确定的数据，比如用户自定义的文本或文件，那我们在发送一个数据包时，该如何定义这个数据包结构体的大小呢？请看下面的范例。

```
vincent@ubuntu:~/ch02/2.3$ cat flexable_array.c -n
  1   #include <stdio.h>
  2   #include <stdlib.h>
  3   #include <unistd.h>
  4   #include <string.h>
  5   #include <strings.h>
  6
  7   struct package      //某数据包
  8   {
  9       int msg_len;
 10       /************
 11       any other data
 12       ************/
 13       char msg[0];    //零长数组（即柔性数组）
 14   };
 15
 16   void test_node(struct node *p);
 17
 18   int main(void)
 19   {
 20       char buffer[100];
 21
 22       while(1)
 23       {
 24           fgets(buffer, 100, stdin); //将一些数据写进 buffer 中
 25
 26           struct node *p = malloc(sizeof(struct package)
 27                       + strlen(buffer)    //根据数据量来申请内存
 28                       + 1);
 29
 30           p->msg_len = strlen(buffer) + 1;
 31           strncpy(p->msg, buffer, p->msg_len);
 32
```

```
33              test_package(p);
34          }
35      return 0;
36  }
37
38  void test_package(struct package*p)
39  {
40      printf("total len: %d\n", sizeof(struct package)
41                  + p->msg_len);
42
43      printf("message: %s", p->msg);
44  }
```

```
vincent@ubuntu:~/ch02/2.3$ ./flexable_array
apple tree
total len: 16
message: apple tree

hello
total len: 11
message: hello
```

先从程序的执行结果来看，我们输入不同长度的信息，确实会为我们产生不同大小的节点来储存，这就基本解决了上面提到的发送不同数据量用不同大小内存的问题。实际上就是在第 26 行调用 malloc( )分配内存时指定一个个性化的大小，关于这个函数的使用方法参见 2.4 节。

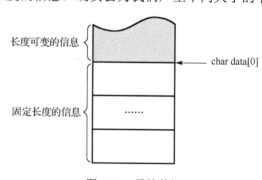

这里要注意的是，如上述范例所示，零长数组一般被放置在一个结构体的末尾，作为扩展内存大小的占位符而存在的，这是数组唯一可以"越界"访问的场合，如图 2-58 所示。

图 2-58　柔性数组

2.3.8　const 指针

如果要给 C 语言中最名不副实的关键字颁个奖，那冠军非 const 莫属，const 原本就是 constant（常量）的简写，但遗憾的是，C 语言中有各种使用和定义常量的方法，除了 const 之外。

const 的官方释义尤其让人摸不着头脑：它被用来定义一个只读变量。毫无疑问，这是一个使人恼火的说法，一个可以"变化"但同时又"只读"的东西，天知道究竟是什么！就像说一个明亮的黑洞，或者一朵红色的黄花、一个圆形的方框，这些都是充满了自悖性的陈述，但 C 语言的确创造并使用了 const 这朵奇葩，用一个例子来简单说明它的基本语法。

```
vincent@ubuntu:~/ch02/2.3$ cat const.c -n
    1  #include <stdio.h>
    2
```

```
 3   int main(void)
 4   {
 5       const int a = 1;
 6       a = 100;      //const 型的变量是只读的，不可赋值
 7
 8       int n = 1;
 9       switch(n)
10       {
11       case 1:
12           printf("correct.\n");
13
14       case a:        //只读的变量并非常量，不可用在 case 语句中！
15           printf("incorrect!\n");
16       }
17
18       return 0;
19   }
```

vincent@ubuntu:～/ch02/2.3$ **gcc const.c -o const -Wall**
const.c: In function ‘main’:
const.c:6:2: error: assignment of read-only variable ‘a’
const.c:14:2: error: case label does not reduce to an integer constant

上面的代码编译有错误，gcc 为我们指出了两处错误，第 6 行对一个只读变量进行了赋值是错误的，第 14 行使用只读变量作为 case 语句的 label 也是不对的。这两个地方典型的错误，应该可以使读者稍稍理解了什么叫"只读变量"了。

但 const 在 C 语言中的主要用法不是用来定义普通变量的，而是用来定义指针的，这时 const 就不仅不是可有可无的鸡肋，而会变得很实用。

我们在程序中有一个很常见的需求：假设有一个指针指向了某一块内存，我们希望可以通过这个指针来访问这块内存中的数据，但不希望通过这个指针修改这块内存的数据，此时 const 关键字就可以出场了，请看示例代码。

vincent@ubuntu:～/ch02/2.3$ **cat const_pointer.c -n**
```
 1   #include <stdio.h>
 2   #include <string.h>
 3
 4   int main(void)
 5   {
 6       char data[] = "apple tree";
 7       printf("%d\n", get_len(data)); //传递的其实是&data[0]
 8
 9       return 0;
10   }
11
12   int get_len(const char *p)  //得到一个指向原数组首元素的指针
13   {
14       int len = strlen(p);
15
16       //以下语句是错误的，指针 p 为 const 型，不可修改其目标内存
```

```
17        //strcpy(p, "APPLE TREE");
18        return len;
19   }
```
vincent@ubuntu:~/ch02/2.3$ **./const_pointer**
10

在上面的代码中，第 7 行将一个数组（实际上是首元素地址）传递给了函数 get_len( )，让它帮忙计算数组中字符个数，同时我们希望这个函数不要擅自修改数组内容，因此在第 12 行可以看到，指针 p 的定义中多了一个 const 关键字，这样就限制了使用指针 p 来修改其目标内存。const 型指针如图 2-59 所示。

注意，上述例子中指针 p 不能修改 data，但并不意味着 data 是只读的，也不意味着 p 是只读的。假设有以下代码：

```
int a, b;
const int *p = &a; //此式子等价于 int cosnt *p = &a;
```

则：

a = 100;　　　　修改 a 的值，是正确的，变量 a 是可写的。

p = &b;　　　　让 p 指向 b，是正确的，变量 p 是可写的。

*p = 100;　　　　这是错误的，不能通过指针 p 修改 a 的值。

它们的关系图如图 2-60 所示。

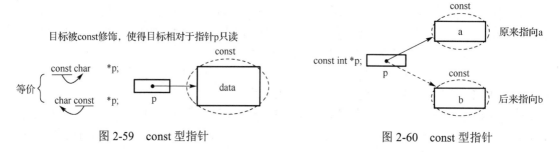

图 2-59　const 型指针　　　　　　　　　图 2-60　const 型指针

const 型指针还有一种写法：int * const p;。此时 const 是直接用来修饰指针 p 而不是向上面那样用来修饰其目标的，因此这里的 const 型指针 p 本身是只读的，但可以通过它来修改其目标，在实际应用代码中，这种 const 型指针几乎从来不被使用。

2.3.9　char 指针和 char 数组

我们可以很容易地定义一个指向 char 型数据的指针，比如：

```
char c = 'x';
char *p = &c;
```

这样，指针 p 就指向了 char 型变量 c，但我们会经常看到 C 程序中这样使用 char 型指针：

```
char *p = "funny story";
```

这条语句的意思貌似是让指针 p 指向一个字符串，但这有两个未解决的问题。第一，char 型指针应该可以而且只可以用来指向 char 型数据，为什么这里却指向了字符串了呢？第二，"字符串"到底是什么？类型是什么？感觉既那么熟悉又那么遥远，突然觉得很陌生。

C 语言的先天不足和它那耀眼的光环几乎总是如影随形的，君不见有很多类似于 C 语言缺陷或 C 语言陷阱类的书籍，它们最让人遗憾的一个地方是：C 语言中没有字符串类型，所有字符在任何表达式中参与运算时都将被视为 char 型数组，数组里面装的当然就是字符串中的每一个字符了。

按照这样的思路再来看上面的语句，它实际上就是将由字符串"funny story"组成的数组赋给指针 p，而数组的运算在 2.3.6 节中已经详细探讨过，它代表的就是其首字符'f'的地址，因此指针 p 储存的就是字符'f'的地址，而不是字符串的地址，因为根本没有字符串这种类型，更不要说"字符串的地址"这样的概念，它指向的也只是首字符，而不是整个字符串。

懂得了以上道理，以下代码作为练习，请仔细思考并上机运行，将心中的答案和实际结果对比：

```c
char *p = "funny story"[2];
printf("%c", *p);
```

上面的例子"funny story"，在内存中如图 2-61 所示。

| 'f' | 'u' | 'n' | 'n' | 'y' | ' ' | 's' | 't' | 'o' | 'r' | 'y' | '\0' |

图 2-61　字符串的内存表示

可以看到，一个字符串的存储内幕实际上就是一个字符数组，而且必定有一个'\0'作为此字符串的结束标记，因此一个字符串的大小，至少是 1 个字节（即只包含'\0'空串）。

以下两条语句

char *p = "apple tree";

char s[] = "apple tree";

的区别如图 2-62 所示。

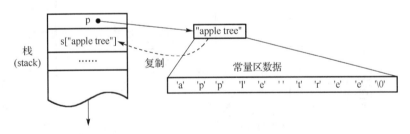

图 2-62　字符指针与字符数组

可以看到，字符串"apple tree"在常量区中就是一个以'\0'结尾的字符数组，当将此数组赋值给指针 p 时，该数组会被视为其首字符'a'的地址，因此 p 就存储了'a'的地址，表现为指向了以该字符为首的字符串。而当我们将此数组当作初始值赋给 s 时，实际上就是两个数组的相互复制，复制完之后数组 s 里面就是和常量区数组一样的一个字符串。而所谓的常量区，指的是内存中专门用来储存常量的区域（具体内容请参阅 2.4 节）。

按照上面的例子再根据示意图思考下面两条语句，哪条是正确的？哪条是错误的？

1　p[0] = 'A';

2　s[0] = 'A';

2.4 内存管理

之前提到过，C 语言编程的"门"在于对内存的理解，心里要一直存在着一幅内存图，一切变量及其类型的操作、变换都要看破，一切事物皈依内存，一切动作最终都是在"捣腾"内存，了解程序内存的每一个细节，所有问题就都必然迎刃而解。

2.4.1 进程内存布局

首先明确一件事情：以下谈到进程的内存以及内存地址，指的都是"虚拟内存"以及"虚拟内存地址"，之所以是虚拟的，是因为 Linux 操作系统为了更好、更高效地使用内存，将实际物理内存进行了映射，对应用程序屏蔽了物理内存的具体细节，有利于简化程序的编写和系统统一的管理。

假设正在使用的计算机实际物理内存（Physical Memory）大小只有 1GB，而当前系统运行了 3 个进程，Linux 会将 PM 中的某些内存映射为 3 个大小均为 4GB 的虚拟内存（Virtual Memory），让每个进程都以为自己独自拥有了完整的内存空间，这样极大地方便了应用层程序的数据和代码的组织，如图 2-63 所示。

当然，Linux 内核如何将一块物理内存映射为应用层当中的虚拟内存，已经超过本节要描述的内容，我们主要来观察：对于一个被内核"欺骗"了的普通 C 进程而言，它所看到的虚拟内存具体是怎么样的？这块内存都放了些什么东西？不同的内存区域又有什么区别？带着这些问题，先将图 2-63 中的 VM 放大，如图 2-64 所示。

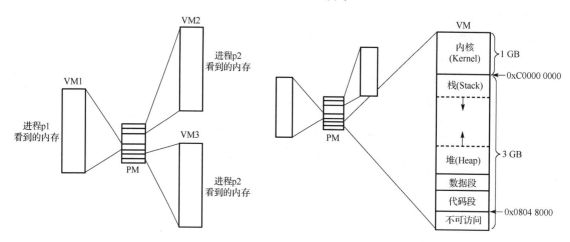

图 2-63　从物理空间映射到虚拟空间　　　　图 2-64　进程的虚拟空间

从图 2-64 可以看到，一个用户进程可以访问的内存区域介于 0x0804 8000 和 0xc000 0000 之间，这个的区域又被分成了几部分，分别用来存放进程的代码和数据，以及进程在运行时产生的动态信息。下面从上向下逐个来剖析。

1. 栈内存

栈内存（以下简称栈）指的是从 0xC000 0000 向下增长的这部分内存区域，之所以称为

"栈"，是因为进程在使用这块内存时是严格按照"后进先出"的原则来操作的，而这种后进先出的逻辑，就称为栈（详见 3.2 节）。

栈的全称是"运行时栈（Run-time Stack）"，顾名思义栈会随着进程的运行而不断发生变化：一旦有新的函数被调用，就会立即在栈顶分配一帧内存，专门用于存放该函数内定义的局部变量（包括所有的形参），当一个函数执行完毕返回之后，它所占用的那帧内存将被立即释放（参见 2.2.2 节，函数调用内幕），在图 2-62 中用一根虚线和箭头来表示栈的这种动态特征。

栈主要是用来存储进程执行过程中所产生的局部变量的，当然为了可以实现函数的嵌套调用和返回，栈还必须包含函数切换时当下的代码地址和相关寄存器的值，这个过程称为"保存现场"，等被调函数执行结束之后，再"恢复现场"。因此，如果进程嵌套调用了很多函数，就会导致栈不断增长，但栈的大小又是有一个最大限度的，这个限度一般是 8MB，超过了这个最大值将会产生所谓的"栈溢出"导致程序崩溃，所以我们在进程中不宜嵌套调用太深的函数，也不要定义太多、太大的局部变量。

2．堆内存

堆内存（以下简称堆）是一块自由内存，原因是在这个区域定义和释放变量完全由用户来决定，即所谓的自由区。堆跟栈的最大区别在于堆是不设大小限制的，最大值取决于系统的物理内存。

堆的全称是"运行时堆（Run-time Heap）"，与栈一样，会随着进程的运行而不断地增大或缩小，由于对堆的操作非常重要，2.4.2 节专门讨论堆的相关细节。

3．数据段

数据段实际上分为 3 部分，地址从高到低分别是.bss 段、.data 段和.rodata 段，3 个数据段各司其职：.bss 专门用来存放未初始化的静态数据，它们都将被初始化为 0，.data 段专门存放已经初始化的静态数据，这个初始值从程序文件中复制而来，而.rodata 段用来存放只读数据，即常量，比如进程中所有的字符串、字符常量、整型浮点型常量等。

4．代码段

代码段实际上也至少分为两部分：.text 段和.init 段。.text 段用来存放用户程序代码，也就是包括 main 函数在内的所有用户自定义函数，而.init 段则用来存储系统给每一个可执行程序自动添加的"初始化"代码，这部分代码功能包括环境变量的准备、命令行参数的组织和传递等，并且这部分数据被放在了栈底。

用一幅更加详尽的图来描绘一下上面各个内存区域的情况，如图 2-65 所示。

对图 2-65 做几点说明。

（1）栈中的环境变量和命令行参数在程序一开始运行之时就被固定在了栈底（即紧挨着内核的地方），且进程在整个运行期间不再发生变化，假如进程运行时对环境变量的个数或值做了修改，则为了能够容纳修改后的内容，新的环境变量将会被复制放到堆中。

（2）栈还有一个名称为"堆栈"，这是中文比较奇葩的地方："堆栈"与"堆"没有一点关系。

（3）栈和堆都是动态变化的，分别向下和向上增长，大小随着进程的运行不断变大和变小。

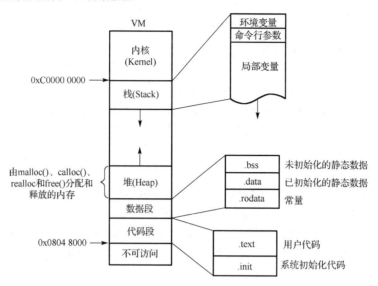

图 2-65　虚拟空间的各部分

（4）静态数据指的是所有的全局变量，以及 static 型局部变量。

（5）数据段的大小在进程一开始运行就是固定的，其中.rodata 存放程序中所有的常量，.data 存放所有的静态数据，而如果静态数据未被初始化，则程序刚开始运行时系统将会自动将它们全部初始化为 0 后放在.bss 段中，这么做的原因是节省磁盘存储空间：由于未初始化的静态数据在运行时一概会被初始化为 0，因此在程序文件中就没有必要保存任何未初始化的变量的值了。

（6）如果没有一个极具说服力的理由，我们应尽量避免使用静态数据，因为滥用静态数据至少有两个缺点：第一，静态数据的生命周期和整个进程相当，也就是说不管什么时候需要用到它们，它们在进程一开始运行时就已经存在了，而且就算不再需要它们，在进程完全退出之前它们都不会释放，会无条件地一直占用内存；第二，静态数据中的全局变量是一种典型的共享资源，尤其在多线程程序中，共享资源是滋生"竞态"的温床，实在没办法要在多线程程序使用全局变量，必须仔细地使用各种同步互斥手段保护它们，而不是简单粗暴地胡乱使用。

（7）用户代码所在的.text 段也称为正文段，.text 是一个默认的名称，它会囊括用户定义的所有的函数代码，实际上我们可以将某些指定的函数放到自己指定段当中去，比如在程序代码中有一段音乐数据，我们可以将此段数据放在一个.mp3 的代码段当中（详见 2.6.3 节），而.init 段是存放的系统初始化代码，这部分代码之所以要放在.init 段是因为这个段当中的代码默认只会被执行一遍（初始化只能执行一遍），完成任务之后所占据的内存会被立即释放，以便节省系统资源。因此，我们自己定义的函数如果也是在进程开始之初只执行一遍就不再需要，那么也可以将它放在该段中。

2.4.2　堆（Heap）

堆内存被称为内存中的自由区，这是一个非常重要的区域，因为在此区域定义的内存的生命周期我们是可以控制的。对比其他区域的内存则不然，比如栈内存，栈的特点就是临时分配、临时释放，一个变量如果是局部变量，它就会被定义在栈内存中，一旦这个局部变量所在的函数退出，不管我们愿不愿意，该局部变量也就会被立即释放。再如静态数据，它们都被存储在数据段，如前所述，这些变量将一直占用内存直到进程退出为止。

堆内存的生命周期是：从 malloc( )/calloc( )/realloc( )开始，到 free( )结束，其分配和释放完全由我们开发者自定义，这就给了我们最大的自由和灵活性，让程序在运行的过程当中，以最大的效益使用内存。

堆内存操作 API 介绍如表 2-14 所示。

表 2-14　堆内存操作 API

功能	在堆中申请一块大小为 size 的连续的内存	
头文件	#include <stdlib.h>	
原型	void ***malloc**(size_t size);	
参数	size：对内存大小（字节）	
返回值	成功	新申请的内存基地址
	失败	NULL
备注	该函数申请的内存是未初始化的	
功能	在堆中申请一个具有 n 个元素的匿名数组，每个元素大小为 size	
原型	void ***calloc**(size_t n, size_t size);	
返回值	成功	新申请的内存基地址
	失败	NULL
备注	该函数申请的内存将被初始化为 0	
功能	将 ptr 所指向的堆内存大小扩展为 size	
原型	void ***realloc**(void *ptr, size_t size);	
返回值	成功	扩展后的内存的基地址
	失败	NULL
备注	（1）返回的基地址可能与原地址 ptr 相同，也可能不同（即发生了迁移） （2）当 size 为 0 时，该函数相当于 free(ptr);	
功能	将指针 ptr 所指向的堆内存释放	
原型	void **free**(void *ptr);	
返回值	无	
备注	参数 ptr 必须是 malloc( )/calloc( )/realloc( )的返回值	

以上几个堆内存操作函数的使用是很简单的，最后要额外说明一点的是函数 free(p)，它的作用是释放 p 所指向的堆内存，但并不会改变 p 本身的值，即释放了之后 p 就变成了一个野指针，下次要引用指针 p 必须对它重新赋值。

堆内存的最重要的特点就是自定义其生命周期，除了显式地调用 free( )外，它们不会因为所在的函数退出而被释放，以下是一个综合范例，显示了如何使用这些函数。

```
vincent@ubuntu:~/ch02/2.4$ cat heap.c -n
     1   #include <stdio.h>
     2   #include <stdlib.h>
     3
     4   int *heap_array(int *old_ptr, int n);
     5   void show_value(int *ptr);
     6
     7   int main(void)
     8   {
```

```
 9        int n, *p = (int *)malloc(1 * sizeof(int));
10        p[0] = 1;    //第一个位置存放堆内存的大小（元素个数）
11
12        while(1)
13        {
14            if(scanf("%d", &n) == 0)    //输入非数字则退出
15                break;
16
17            p = heap_array(p, n);    //输入数字则扩展堆内存并存入该数字
18            show_value(p);
19        }
20
21        free(p);                        //用完堆内存后释放之
22        return 0;
23    }
24
25    int *heap_array(int *old_ptr, int n)
26    {
27        int size= old_ptr[0] + 1;
28        int *new_ptr;
29
30        new_ptr = (int *)realloc(old_ptr,
31                    (size * sizeof(int)));  //扩展堆内存
32
33        new_ptr[0] = size;
34        new_ptr[size-1] = n;                        //将新数据存入堆内存的尾端
35
36        return new_ptr;
37
38    }
39
40    void show_value(int *ptr)
41    {
42        int i;
43        printf("--->>> ");
44        for(i=1; i<ptr[0]; i++)
45        {
46            printf("%d ", ptr[i]);
47        }
48        printf("<<<---\n");
49    }
```

```
vincent@ubuntu:~/ch02/2.4$ ./heap
2
--->>> 2 <<<---
4
--->>> 2 4 <<<---
6
--->>> 2 4 6 <<<---
```

上述代码中，第 9 行一开始就申请了一块堆内存，用指针 p 指向它，大小是 4 个字节（int 型数据的大小），这个首元素将来用来记录所申请的整个动态变化的堆内存大小，所以第 10 行给了它一个初始值 1。

第 12 行到第 19 行的 while 循环，从键盘接受用户的输入，每输入一个数字就调用 heap_array( )来扩展堆内存，这样，我们所使用的内存实际上是严格定制的，用多少申请多少，不会浪费。从后面的执行效果来看确实如此，输入多少个数字就打印多少个。

第 21 行，free( )将不再使用的堆内存释放。

2.5　组合数据类型

C 语言的组合数据类型有结构体、联合体和枚举类型，虽然它们通常都放在一起，但本质上是有很大差异的，用途、功能也各不相同。

2.5.1　结构体

之所以有结构体的存在，是因为前面所介绍的普通基本数据类型实际上远远未能实现对现实世界的描述。现实世界中除了 int 型数据、浮点型数据、char 型数据之外，更多的是一些复合型的数据，比如一个学生、一本图书、一个进程或者一个文件，它们全都不是省油的灯，不可能用一个基本数据类型就打发它们。一个学生可能会包含的属性包括姓名、年龄、性别、身高、体重、血型、籍贯、学历、电话号码、家庭住址、兴趣爱好，当然还有婚史、收入、民族、党派、血统、信仰、族系宗亲、饮食习惯、风俗禁忌，少不了所属院系专业科目班级职务考试分数和毕业设计选题等，这么多的信息才构成了一个完整的数据——学生，因此我们需要一种机制，可以将很多基本的东西堆砌到一起，形成我们需要的复杂的变量。

这种机制，就是结构体。

说白了，结构体就是我们自己发明的数据类型，因此使用结构体至少包含两个步骤。

第一步，创建一个自定义的结构体类型。

第二步，用这个自己做出来的类型定义结构体变量，请看范例代码。

```
//（1）创建一个结构体模板 student，包含姓名、年龄和分数
struct student
{
    char name[32];
    int age;
    float score;
};
//（2）使用 student 模板定义两个结构体变量
struct student Jack, Rose;
```

注意，在创建结构体模板时，student 称为结构体模板的名称，可以省略（但省略了就无法在除了模板末尾的任何其他地方定义该结构体变量了）。花括号里面的变量称为这个结构体的成员，用分号隔开，C 语言对这些成员的类型没有限制（但结构体不能包含函数），最后用一个分号结束。

定义结构体变量时，类型除了要写明结构体模板的名字 student 之外，还必须携带 struct

关键字（事实证明这是多此一举的，因为每次定义该类型结构体都需要带上 struct，这就与每次定义该类型结构体都不需要与是完全等价的一样，C++将这个省略了），后面的 Jack 和 Rose 就是两个包含了一系列成员的所谓"结构体"变量。

对于一个普通变量来说，我们对它的操作无非是：定义、初始化、赋值、引用、组成数组、定义指针、传参等，读者会发现，对结构体操作和普通变量的操作几乎一样，实际上 C 语言的设计者们设计结构体机制的目标，就是要让我们这些开发者使用结构体与使用普通变量感觉起来是一样的，下面通过一个范例，展示结构体的各种操作。

```
vincent@ubuntu:~/ch02/2.5$ cat struct.c -n
     1  #include <stdio.h>
     2  #include <string.h>
     3
     4  struct student  //结构体模板
     5  {
     6      char name[32];
     7      int age;
     8      float score;
     9  };
    10
    11  void show(struct student someone);
    12
    13  int main(void)
    14  {
    15      //定义一个 student 类型结构体变量 Jack，并将成员赋值
    16      struct student Jack;
    17      strcpy(Jack.name, "Jack");  //圆点.被称为成员引用符
    18      Jack.age = 18;
    19      Jack.score = 90.5;
    20
    21      //定义一个 student 类型结构体变量 Rose，并进行初始化
    22      struct student Rose = {"Rose", 16, 80.0};
    23
    24      //对结构体变量 Michael 进行指定成员初始化
    25      struct student Michael = {
    26                  .score = 88.5,
    27                  .name = "Michael"
    28                  };
    29
    30      //定义结构体 Michael_Junior 并直接将 Michael 整个赋值给它
    31      struct student Michael_Junior;
    32      Michael_Junior = Michael;
    33
    34      //定义一个具有 50 个 student 类型结构体变量的数组
    35      struct student myclass[50];
    36      myclass[0] = Jack;
    37      myclass[1] = Rose;
    38      myclass[2] = Michael;
```

```
39
40          //定义一个结构体指针 p，并使其指向结构体 Michael
41          struct student *p;
42          p = &Michael;
43
44          //对结构体指针使用和普通指针一样，但也可以使用更加方便的箭头
45          (*p).age = 23;
46          p -> age = 23;
47
48          show(&Michael); //将结构体的地址作为参数传递给函数 show( )
49          return 0;
50      }
51
52      void show(struct student *ptr_someone)
53      {
54          printf("name: %s, age: %d, score: %f\n",
55              ptr_someone -> name,     //将结构体的成员打印出来
56              ptr_someone -> age,
57              ptr_someone -> score);
58      }
```

vincent@ubuntu:~/ch02/2.5$ **./struct**
name: Michael, age: 23, score: 88.500000

上面的例子虽短，但已将结构体的几乎所有操作都做了演示，可以看到，结构体除了类型是自定义的之外，使用起来和普通变量几乎一样。最后再提一次的是：结构体一般来讲会包含较多成员，结构体变量的尺寸会比一般的变量大，考虑到效率问题，一般不把结构体直接作为参数或返回值，而是会传递结构体的地址（指针），如上述代码中的 show( )。

另外，我们来考虑一下一个结构体的大小，例如：

```
struct node
{
    short a;
    double b;
    char c;
}x;
```

这个结构体变量 x 总共要占用几个字节呢？要回答这个问题，先来看另一个问题：变量的地址对齐。变量的地址需要对齐意味着：在内存中开辟一块空间（即变量）时，并不是随便找一块适当大小的内存就可以了，我们对这块内存的地址是有要求的，比如 int 型或 double 型数据的地址必须是 4 的整数倍，再如 short 型数据的地址必须是 2 的整数倍等，这些要求就是所谓的地址对齐。

为了方便描述，我们把"int 型数据的地址必须至少是 4 的整数倍"这句话简化为"int 型数据的 m 值等于 4"。这个 m 值，指的就是对变量地址的要求。每一个变量都不能随便放，因此实际上每一个变量都有其 m 值。

关键是为什么要对齐呢？用一幅图来说明这个问题，如图 2-66 所示。

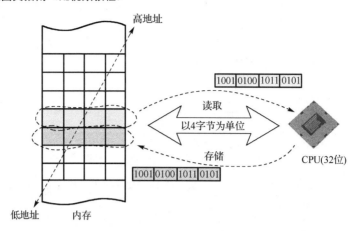

图 2-66　地址对齐的数据

　　每一款不同的处理器，存取内存数据都会有不同的策略，如果是 32 位的 CPU，一般来讲它在存取内存数据时，每次至少存取 4 字节（即 32 位），也就是按 4 字节对齐来存取的。换个角度讲，CPU 有这个能力，它能一次存取 4 字节。

　　接下来我们可以想到，为了更高效地读取数据，编译器会尽可能地将变量放进一个 4 字节单元里面，因为这样最省时间。如果变量比较大，4 字节放不下，则编译器会尽可能地将变量放进两个 4 字节单元里面，反正一句话：2 个坑能装得下的就绝不用 3 个坑。这就是为什么变量的地址要对齐的最根本原因。

　　以一个 double 型变量为例，double 型变量占 8 字节，地址未对齐时的情况如图 2-67 所示。

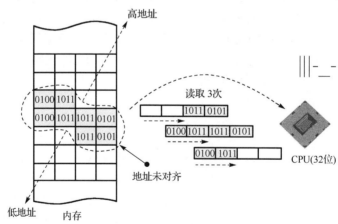

图 2-67　地址未对齐的数据

　　可见，如果对一个 double 型数据的地址不做要求，那么 CPU 就有可能为此付出代价：需要 3 个指令周期才能将区区 8 字节搬到家里来，这显然很不经济，经济的做法是：令其地址至少是 4 的整数倍（即 4 字节对齐），则情况变成如图 2-68 所示结果。

　　可以总结出一套这样的规律（假设是 32 位系统）。

　　（1）如果变量的尺寸小于 4 字节，那么该变量的 m 值等于变量的长度。

　　（2）如果变量的尺寸大于或等于 4 字节，则一律按 4 字节对齐。

　　（3）如果变量的 m 值被人为调整过，则以调整后的 m 值为准。

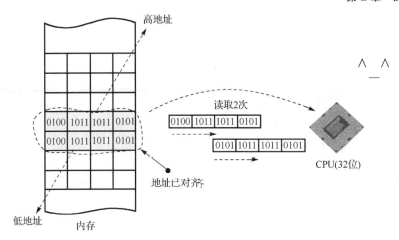

图 2-68　地址对齐的数据

强调一点：一个变量的 m 值规定了这个变量的地址的最小倍数，同时也规定了这个变量的大小至少是这个 m 值的倍数。m 值不是这个变量的大小。结构体本身也是一个变量，结构体变量的 m 值取决于其成员中 m 值最大的那个。以上面的结构体为例：

```c
struct node
{
    short a;
    double b;
    char c;
}x;
```

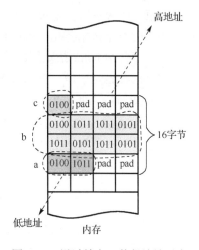

图 2-69　通过填充 0 使得地址对齐

按照上述总结出来的规律可知：$m_a = 2$、$m_b = 4$、$m_c = 1$，结构体 x 的 m 值取最大值：$m_x = \max\{2, 4, 1\}$，答案自然是：$m_x = 4$，按这些变量的地址要求，将它们的内存分布画出来就知道整个结构体占多少个字节了，如图 2-69 所示。

图 2-69 中的 pad 指的是系统为了各个成员地址对齐而自动填充的 0。实际上填充的是一些称为 pad 的数组，里面的值都是 0。对此例做几点说明。

（1）虽然 $m_a = 2$，但是 a 的地址同时也是整个结构体的地址，因此作为结构体 x 的首成员，它的地址必须遵守 m_x 规定的值，即 4 字节对齐。

（2）由于 $m_b = 4$，于是在 a 的后面必须填充两个 0 来使得 b 的地址是 4 的倍数。

（3）c 的后面需要再填充 3 个 0，原因是结构体的总大小必须是 m_x 的倍数。

2.5.2　共用体

共用体（Union）也称为联合体，和结构体类似，但比结构体低调得多，它也是将很多不同的变量放在一起，但是它们有本质的区别，结构体中的各个成员各自独立，占用不同的内存空间，而共用体则不同，它里面的各个成员的内存是"共用"的。

```c
union example
{
```

```
    int a;
    char b;
    double c;
}x;
```

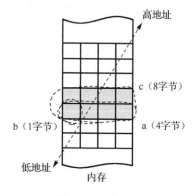

图 2-70　联合体

在这个例子中，共用体变量 x 的大小等于各成员中的最大值，也就是 c 的大小：8 个字节。由于在内存中这 3 个成员是相互覆盖的，所以在任意给定的时刻，只能有一个成员有效，如图 2-70 所示。

共用体的这种特性，使得它适合用来表达一些互斥的概念，比如一件衣服的颜色属性，要不是红要不就是白，不可能既红又白。一个进程的状态，要不是运行要不就是睡眠，不可能既运行又睡眠。像这种情况，就可以考虑将它们放在一个共用体里面，既节省了空间，又使得互斥的特征更加明朗。

2.5.3　枚举

C 语言中枚举数据是很"坑爹"的，是一类被"阉割"了的类型，本来枚举是一种所谓"指定范围"的整型数据，超出范围便无意义，比如指定颜色变量 color 只能是{1,2,3}，分别代表红、绿、蓝，给 color 指定别的值在逻辑上应该是讲不通的，因为没有别的颜色了。可惜 C 语言的枚举纯粹就是整型，可以给它赋任意的整数，并没有体现枚举"指定范围"的特点。

不管如何，下面给出一个范例，展示了如何使用枚举。

```
vincent@ubuntu:~/ch02/2.5$ cat enum.c -n
 1  #include <stdio.h>
 2
 3  //定义了一个枚举常量列表
 4  enum spectrum {red, green, blue};
 5
 6  int main(void)
 7  {
 8      enum spectrum color;    //定义了一个枚举变量
 9      color = green;
10
11      switch(color)
12      {
13      case red:               //使用枚举常量来判断 color 的值
14          printf("red\n");
15          break;
16      case green:
17          printf("green\n");
18          break;
19      case blue:
20          printf("blue\n");
21          break;
22      default:
```

```
23              printf("unknown color\n");
24          }
25
26      return 0;
27  }
```

vincent@ubuntu:~$ **./enum**
green

上述代码中的第 4 行定义了一个枚举常量列表，事实上在 C 语言中，使用常量有 3 种方式：第一，直接使用；第二，宏定义；第三，便是这里的枚举常量。比如例子中的 red、green 和 blue，代码中并没有给它们赋值，所以它们的值都是默认的，从 0 开始递增，所以第 4 行代码相当于：

```
enum spectrum {red=0, green=1, blue=2};
```

spectrum 是这个枚举常量列表的标签，其作用是可以利用这个标签定义所谓的枚举变量（事实上就是 int 型变量），如第 8 行所示。之后，我们就可以使用 color 来取得枚举列表中的各个值了（因为是"阉割"版的，所以要给 color 赋值为 888，编译器也无可奈何）。

最后明确一点，不管是使用宏来定义常量，还是使用枚举来定义常量，目的只有一个：增强程序的可读性。

2.6　高级议题

2.6.1　工程代码组织

在之前的众多范例中，几乎所有的程序都是由单文件构成的，但对于一个正常的工程来说，代码量一般不可能只有几百行，也许上万行甚至几十万行，这个时候如果将这么一大堆代码堆砌在一个单独的文件当中，除了找骂，难道还能有别的理由吗？

那么，我们该怎么组织工程代码呢？我们从一个假设的工程着手，逐步地分解、组装、整理成一个完整的工程范例。

假设一开始时，我们的功能还不是很丰富，只写了 100 行代码，里面包含了屈指可数的几个函数，也没有其他复杂的东西，我们把所有东西全部放在一个 all.c 文件里面，直接编译生成 image 镜像就可以了，但随着功能的复杂化，函数相应越来越多，我们想要把不同功能的源代码放在不同的相应的其他.c 文件中，其中 main.c 是主函数所在的地方，其他的.c 文件各自实现不同的功能函数。最终一起编译生成 image 镜像，如图 2-71 所示。

接着读者会发现，诸多的.c 源码文件都需要用到相同的系统标准头文件、结构体模板定义、函数声明等，于是为了不在每个.c 文件中都重复写这些代码，可以将这些内容抽取出来，

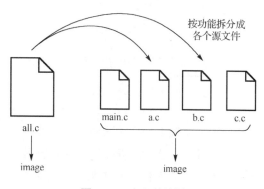

图 2-71　多文件编译

统一写到头文件当中（假设为 head.h），然后需要用到它们的.c 文件（假设 main.c 和 a.c、c.c 都用到了）使用预处理指令 include 来包含它们即可，如图 2-72 所示。

接着，我们可以将常用的、成熟的功能代码预先编译好，制作成为静态库文件或动态库文件（假设为 libx.so），这样更加方便调用和链接，有利于升级维护代码，而且也有利于精简最终工程代码的尺寸，如图 2-73 所示。

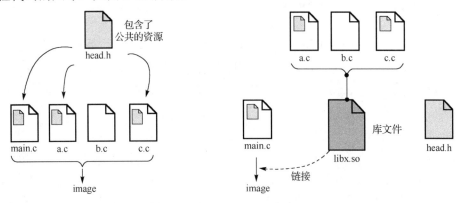

图 2-72　头文件的作用　　　　　　　　　图 2-73　库文件的作用

图 2-73 只是一个示意图，真正的工程代码往往不止一个头文件、一个库文件，源程序代码文件也可能因为功能繁多而被分放在不同的目录下，而因为这些源文件需要编译，一般会用 Makefile 来管理它们，因此一个更接近真实情况的工程文件组织，可以用下面的代码来展示。

```
vincent@ubuntu:~/ch02/2.6/project$ tree
.
├── include/
│   ├── head1.h
│   ├── head2.h
│   └── myhead.h
├── lib/
│   ├── libsum.a
│   ├── libx.so
│   └── liby.so
├── main.c
├── Makefile
├── src1/
│   ├── float_sum.c
│   ├── int_sum.c
│   └── Makefile
└── src2/
    ├── draw_circle.c
    ├── draw_square.c
    └── Makefile
```

可以看到，我们将所有的头文件都放在一个 include/的目录下，这些头文件包含了源程序一般需要使用的内容，具体头文件怎么写，详细内容在 2.6.2 节讲解。而 lib/下存放了几个自己制作的库文件，这些库文件包含了编译的代码，以后编译镜像时，只需要将含有主函数的

main.c 链接对应的库文件即可。src1/目录和 src2/目录存放了除 main.c 之外的所有源程序文件，这些包含源程序的地方一般需要由 Makefile 来管理。

C 语言在编译之前会处理源程序文件中的所有预处理指令。所谓的预处理指令，指的是所有以井号（#）开头的语句，这些语句实际上并不是 C 语言，而是给预处理器执行的命令，预处理器在 C 程序被编译前做了些准备工作。

那么，有哪些预处理指令呢？最重要的有 3 种：文件包含、宏和条件编译。下面分别介绍。

2.6.2 头文件

在编写源代码的过程中，随着功能的复杂化，所使用的各种技术和函数模块也会迅速增加，如 2.6.1 节所述，如果将所有的代码都放在.c 源文件中，会显得组织不力、难以维护，尤其是一些大家都要用的东西，比如函数的声明、结构体的模板等，最好能统一放在一个地方，要用时直接复制进来，这样不仅优化了工程项目的代码结构，也方便维护和升级我们的软件。这个统一存放相应信息的地方，就是所谓的头文件，也就是后缀为.h 的文件。通过学习 2.6.1 节的内容，我们了解了头文件在整个工程组织中的作用，下面回答一个悬而未决的问题：什么东西应该放在头文件里面呢？答案如下。

（1）普通函数声明。

（2）宏定义。

（3）结构体、共用体模板定义。

（4）枚举常量列表。

（5）static 函数和 inline 函数定义。

（6）其他头文件。

对上面几项内容说明如下。

（1）普通函数的定义不能放在头文件里，因为普通函数默认是所有文件可见的，假如一个头文件被几个.c 源文件包含了，那么当它们一起编译时就会出现函数重定义的错误。

（2）static 型的函数是可以放在头文件里的，因为这些函数被任何一个.c 源文件包含了也不会与别的文件冲突，实际上 static 型函数一般都放在头文件里。

（3）inline 函数默认就是 static 型函数，因此一般也被放在头文件里。

（4）由于头文件还可以嵌套包含别的头文件，为了防止头文件被重复包含，头文件的书写格式是有一定要求的，比如一个名字为 head.h 的头文件，它一般是这么写的：

```
vincent@ubuntu:~/ch02/2.6$ cat head.h -n
    1   #ifndef _HEAD_H_    //如果没有定义此宏
    2   #define _HEAD_H_    //则马上定义此宏
    3
    4   ...
    5   ... //头文件正文
    6   ...
    7
    8   #endif
```

上述代码中的条件编译语句和宏定义，能确保该头文件不会被重复包含，因为如果存在重复包含，那么在第二次判断宏 _HEAD_H_ 是否被定义时就会失败。顺便说一句，这里的宏名一般就是将头文件名写成大写字母，前后加下画线即可，目的是让宏名唯一。至于宏和条件编译，将在下面详细介绍。

2.6.3 宏（macro）

在 C 语言中，宏具有不可替代的地位，宏分为两种：一种是不带参数的，另一种是带参数的。不带参数的宏非常简单，例如：

#define PI 3.14

这样，在以后的程序代码中，凡是要用到圆周率（3.14）的地方，都可以使用 PI 来表示，有两个好处：一是程序代码使用英文单词替代数字，使得程序更具可读性；二是修改起来方便。想象一下程序中用到了 100 次圆周率，后来发现精度要变成 3.141592654，如果我们没有定义宏的话，则需要修改 100 处代码，有了宏之后则只需修改一处即可。

宏定义不一定要给它一个值，空值也行，比如上面提到的防止头文件重复包含的那个例子，定义的 _HEAD_H_ 就是空的：

#define _HEAD_H_

这样宏_HEAD_H_就被定义了，是空值。

而登顶 C 语言语法最高难度的是非带参宏莫属，这个结论绝非空穴来风。在 Linux 源码中，顶尖黑客们对 C 语言的宏也情有独钟，除去复杂性不说，宏确实有其优越性：宏不需要像函数那样来回切换，宏替换发生在编译的预处理阶段，因此省去了函数切换的时间花销（这个原理和 inline 函数是一样的，请参看 2.2.6 节关于内联函数内容）。另外，由于宏是直接将其参数进行替换的，中间没有实参、形参的计算，因此传递的是参数的名字，而不是参数的类型和值，这是和函数最大的不同之处。

来看一个使用带参宏的简单范例。

```
vincent@ubuntu:~/ch02/2.6$ cat macro.c -n
 1    #include <stdio.h>
 2
 3    #define MAX(a, b) a>b ? a : b  //定义一个求最大值的带参宏
 4
 5    void show(int a, int b, int m)
 6    {
 7        printf("a=%d, b=%d, m=%d\n",
 8            a, b, m);
 9    }
10
11    int main(void)
12    {
13        int a=100, b=200;
14        int m=0;
15
16        show(a, b, m);
17        m = MAX(a, b);              //使用 MAX( ) 求出最大值，赋给 m
18        show(a, b, m);
19
20        return 0;
```

```
   21   }
```

```
vincent@ubuntu:~$ ./macro
a=100, b=200, m=0
a=100, b=200, m=200
```

注意上述代码的第 17 行，站在使用者的角度看，宏的使用除了大写字母外，和函数调用感觉是一样的。而实际上，编译该文件时 MAX( )将会被其定义语句替代，我们可以使用 -E 选项来查看宏替换之后的程序的真实面孔。

```
vincent@ubuntu:~/ch02/2.6$ gcc macro.c -o macro.i -E
vincent@ubuntu:~/ch02/2.6$ cat macro.i -n
   ......
   ......
   852
   853
   854   void show(int a, int b, int m)
   855   {
   856    printf("a=%d, b=%d, m=%d\n",
   857     a, b, m);
   858   }
   859
   860   int main(void)
   861   {
   862    int a=100, b=200;
   863    int m=0;
   864
   865    show(a, b, m);
   866    m = a>b ? a : b;   //注意此处，宏已经被替换
   867    show(a, b, m);
   868
   869    return 0;
   870   }
```

世界上永远没有免费的午餐，这种"直截了当"的宏替换是把双刃剑，它在节省了函数切换时间的同时，也隐藏着逻辑陷阱，比如我们改造一下上述代码，变成：

```
vincent@ubuntu:~/ch02/2.6$ cat macro.c -n
   ......
   15
   16        show(a, b, m);
   17        m = MAX(a|-1, b);   //求出表达式 a|-1 和 b 的最大值
   18        show(a, b, m);
   19
   20        return 0;
   21   }
```

```
vincent@ubuntu:~/ch02/2.6$ ./macro
a=100, b=200, m=0
a=100, b=200, m=-1
```

我们修改了 MAX( )参数，发现执行的结果与预料的不相符。本来，任何数与-1 进行位或运算都将得到-1（因为-1 的二进制补码是全 1，即 0xFFFFFFFF，任何数位或这个值都将变成全 1），这样一来 b 当然要比 a|-1 要大，但结果却打印了-1 而不是 200，这是因为宏替换后的代码是这样的：

```
vincent@ubuntu:~/ch02/2.6$ cat macro.i -n
......
863    int m=0;
864
865    show(a, b, m);
866    m = a|-1>b ? a|-1 : b;//注意此处，宏已经被替换
867    show(a, b, m);
868
869    return 0;
870  }
```

可以看到，之所以出现逻辑错误，是因为宏替换之后出现了运算符优先级的问题。如果我们直接编写代码，上述代码的第 866 行应该写成：

```
m = (a|-1) > (a|-1) : b;
```

这样才能保证运算时不受运算符优先级的困扰，也就是说，我们在定义宏时，由于参数并不会像函数的实参那样经过计算再传递给形参，而是简单（粗暴）地直接替换，因此宏的"参数"其实是一个表达式，而不是一个数据，既然是表达式（如 a|-1）就必须用括号括起来，防止由于优先级的问题而导致计算结果错误，我们的代码改成：

```
vincent@ubuntu:~/ch02/2.6$ cat macro.c -n
1    #include <stdio.h>
2
3    #define MAX(a, b) ((a)>(b) ? (a) : (b)) //将该括起来的地方都括起来
4
5    void show(int a, int b, int m)
6    {
7        printf("a=%d, b=%d, m=%d\n",
8            a, b, m);
9    }
10
11   int main(void)
12   {
13       int a=100, b=200;
14       int m=0;
15
16       show(a, b, m);
17       m = MAX(a|-1, b);
18       show(a, b, m);
19
20       return 0;
```

```
    21  }
```

```
vincent@ubuntu:~/ch02/2.6$ ./macro
a=100, b=200, m=0
a=100, b=200, m=200
```

注意第 3 行的宏定义，我们将能括起来的地方都括起来了，再看程序的执行结果，果然输出了正确的答案。但是还有潜在的隐患，比如我们传递的宏参数如果带有自增自减运算符，尽管已经加了括号，但计算的结果可能还是会出现错误。

```
vincent@ubuntu:~/ch02/2.6$ cat macro.c -n
    1   #include <stdio.h>
    2
    3   #define MAX(a, b) ((a)>(b) ? (a) : (b))
    4
    5   void show(int a, int b, int m)
    6   {
    7       printf("a=%d, b=%d, m=%d\n",
    8           a, b, m);
    9   }
    10
    11  int main(void)
    12  {
    13      int a=100, b=200;
    14      int m=0;
    15
    16      show(a, b, m);
    17      m = MAX(a, b++);      //我们期待的结果，b 在自增 1 之后应该是 201
    18      show(a, b, m);
    19
    20      return 0;
    21  }
```

```
vincent@ubuntu:~/ch02/2.6$ ./macro
a=100, b=200, m=0
a=100, b=202, m=201
```

从程序执行结果看，变量 b 的值发生了奇怪的变化，本来应该自增 1 的，答案却变成了 202。这是宏参数直接替换的结果，我们来看看预处理之后的代码马上就会知晓：

```
vincent@ubuntu:~/ch02/2.6$ cat macro.i -n
    ......
    864
    865  show(a, b, m);
    866  m = ((a)>(b++) ? (a) : (b++));
    867  show(a, b, m);
    868
    869  return 0;
    870  }
```

注意代码中宏被替换之后，b++出现了两次，因此如果条件表达式的第一个语句结果为假，b 就会被自增两次，这是造成 b 的值不符合预期结果的原因。要解决这个问题，就必须保证宏参数在宏定义中只出现一次，请看代码：

```
vincent@ubuntu:~/ch02/2.6$ cat macro.c -n
     1  #include <stdio.h>
     2
     3  #define MAX(a, b) \
     4      ({ \
     5          int _a = a; \
     6          int _b = b; \
     7          ((_a)>(_b) ? (_a) : (_b)); \
     8      })
     9
     ......
vincent@ubuntu:~/ch02/2.6$ ./macro
a=100, b=200, m=0
a=100, b=201, m=200
```

在这个版本的宏定义中，改进了不少内容。

（1）在宏的内部，定义了两个变量_a 和_b 来替换 a 和 b，防止 a 和 b 出现多次。

（2）由于宏定义出现了多条语句，因此必须用{……}将它们括起来形成一个复合语句。

（3）根据 C 语言语法，复合语句不能出现在表达式当中，而我们的宏的调用不能有这个限制，因此在花括号的外边再加一对圆括号，变成({……})，这称为语句表达式，是 GNU 的扩展语法。

（4）每一条语句的后面都必须有一个反斜杠来结束，哪怕是空行。这是预处理指令的规定：任何一条预处理指令只能写在一个逻辑行之中，如果这个逻辑行有多个物理行，则每个物理行必须用反斜杠来结束。

> **提示**
>
> 该范例中的宏使用了所谓的语句表达式来将具有多条语句的复杂宏囊括起来，实际上在 Linux 内核中，除了这种方式之外，还有一种称之为 do…while(0)的方式，都可以用来实现这种复杂宏的编写，举一个现实的例子，比如 Linux-2.6.35/fs/aio.c 中的一段代码：
>
> ```
> 203 ......
> 204 #define put_aio_ring_event(event, km) do {\
> 205     struct io_event *__event = (event);    \
> 206     (void)__event;                \
> 207     kunmap_atomic(((unsigned long)__event & PAGE_MASK), km); \
> 208 } while(0)
> 209 ......
> ```
>
> 上述代码中，205～207 行代码被 do…while(0)包含，其目的就是让这 3 行代码组成一个整体，而且只执行一遍。

最后，果然打印出了正确的答案。但是，客户的需求是无止境的，他还会要求我们的宏能同时处理整型和浮点型。因此我们不能在宏定义里固定为整型，而要让程序自动获得宏参数的类型，代码进一步变成：

```
vincent@ubuntu:~/ch02/2.6$ cat macro.c -n
1    #include <stdio.h>
2
3    #define MAX(a, b) \
4      ({ \
5          typeof(a) _a = a; \
6          typeof(b) _b = b; \
7          ((_a)>(_b) ? (_a) : (_b)); \
8      })
9
......
```

注意第 5 行和第 6 行的关键字 typeof，这个关键字也是 GNU 的扩展语法，可以用它来取得一个数据的类型，这样一来，不管传递给宏的是整型还是浮点型数据，宏都可以自动处理。但是，客户的需求是多样的，可能会接着提出：如果将两个不同类型但兼容的数据给 MAX( )，比如一个 3.14 和一个 100，它应该也要得出正确的结果！而另一方面，毕竟它们的类型不同，所以最好在编译时要给客户些提示！

面对这个的要求，我们将代码进一步改成：

```
vincent@ubuntu:~/ch02/2.6$ cat macro.c -n
1    #include <stdio.h>
2
3    #define MAX(a, b) \
4      ({ \
5          typeof(a) _a = a; \
6          typeof(b) _b = b; \
7          (void)(&_a == &_b); \
8          ((_a)>(_b) ? (_a) : (_b)); \
9      })
10
11   void show(int a, float b, float m)
12   {
13       printf("a=%d, b=%.2f, m=%.2f\n",
14           a, b, m);
15   }
16
17   int main(void)
18   {
19       int   a = 100;
20       float b = 3.14;
21
22       float m=0;
23
24       show(a, b, m);
25       m = MAX(a, b++);
```

```
26        show(a, b, m);
27
28        return 0;
29  }
```

vincent@ubuntu:~/ch02/2.6$ **gcc macro.c -o macro**
macro.c: In function 'main':
macro.c:25:6: warning: comparison of distinct pointer types lacks a cast
[enabled by default]

vincent@ubuntu:~/ch02/2.6$ **./macro**
a=100, b=3.14, m=0.00
a=100, b=4.14, m=100.00

首先注意，执行结果是正确的，其次，编译时也确实有因为数据类型不同而给出的警告，他们这两个方面苛刻的需求居然也被我们满足了。

注意代码的宏定义部分，我们所做的更改是加了第 7 行的语句，使用一个判断来强迫编译器对比两个变量_a 和_b 的地址的类型（不能直接比较_a 和_b 的值，因为即使浮点和整型不同但仍是兼容的），由此来触发由于类型不同而产生的警告。前面的强类型转换(void)目的是要让编译器认为后面的比较语句是有作用的，从而不会因为误以为没有实际作用而报出其他我们不需要的警告。

实际上，这个 MAX( )宏定义代码出自 Linux 内核源码，是世界上最聪明的 Linux 黑客写的，这些代码与其说为了实现一些苛刻的要求，不如说更像一个展现 C 语言运用的舞台，将一门语言的各个方面运用得淋漓尽致。IT 精英用技术秀智商，既使得 Linux 变得越来越强悍甚至变态，也给这些为开源事业做出卓越贡献的黑客与之相匹配的荣誉，青史留名（在源码中有详细的源码贡献者名单）。这样的荣誉是非常重要的，因为世界上并没有一家公司或个人给这些志愿者们因为贡献 Linux 源码而支付薪水。

2.6.4 条件编译

顾名思义，条件编译的意思就是有条件地编译某些我们指定的代码，而不一定编译文件中的所有代码。条件编译语句有 3 种形式，分别如下。

第一种形式：

```
#ifdef MACRO
    some statements
#endif
```

含义是，如果定义了宏 MACRO，则编译 some statements，否则不编译。注意，条件编译都必须使用#endif 作为结尾。这种形式的条件编译，可以用来编写程序中的调试语句，例如：

vincent@ubuntu:~/ch02/2.6$ **cat thread_pool.c -n**
```
1    #include "thread_pool.h"
2
3    void handler(void *arg)
4    {
5        pthread_mutex_unlock((pthread_mutex_t *)arg);
```

```
 6    }
 7
 8    void *routine(void *arg)
 9    {
10        #ifdef DEBUG      //此处调试信息，若需要则定义 DEBUG，否则关闭
11        printf("[%u] is started.\n",
12            (unsigned)pthread_self());
13        #endif
14
15        thread_pool *pool = (thread_pool *)arg;
16        struct task *p;
17
......
```

在以上的例子中，如果我们需要第 11 行和第 12 行的调试信息，则在编译时添加-DDEBUG 选项即可，否则这两行信息将被舍弃。

第二种形式：

```
#ifndef MACRO
    some statements
#endif
```

含义是，如果没定义宏 MACRO，则编译 some statements，否则不编译。这种形式的逻辑跟第一种形式刚好相反，最常用的地方是在头文件（见 2.6.2 节）中，使得头文件的内容不会被重复包含。

第三种形式：

```
#if expression
    some statements
#endif
```

含义是，如果表达式 expression 的值为真，则编译 some statements，否则不编译。注意，这里的 expression 如果是一个宏，则必须是一个整数或一个整型表达式，例如：

```
vincent@ubuntu:~/ch02/2.6$ cat skbuff.h -n | more
    ......
158    #if (BITS_PER_LONG > 32) || (PAGE_SIZE >= 65536)
159        __u32 page_offset;
160        __u32 size;
161    #else
162        __u16 page_offset;
163        __u16 size;
164    #endif
165    };
166
    ......
```

这个代码片段来自 Linux 源码的 include/Linux/skbuff.h，注意第 158 行使用了条件编译，其中的 BITS_PER_LONG 和 PAGE_SIZE 是两个值为整数的宏。另外还注意到第 161 行，跟

C 语言的 if-else 结构相似，条件编译语句也可以使用二路分支语句#else，但是要注意前面有井号#。

2.6.5 复杂声明

C 程序中，声明有时会很复杂，例如：

```
void *(*puppy[3])(char kitty);
```

对于复杂声明，根据 C 语言语法，其阅读方式分成两步：

第一步，从左到右找到第一个非关键字标识符；

第二步，以此标识符为中心，逐层、逐个解释。

以上面的声明为例，语句中出现了 2 个非关键字标识符：puppy 和 kitty，根据步骤说明，第一个出现的标识符 puppy 才是整个声明的主体，也就是说整个语句都是用来说明 puppy 的。

```
void *(*puppy[3])(char kitty);
```

接下来就要问，这个 puppy 是什么呢？以它为中心，咱们来逐层讲解：距离 puppy 最近的是左边的星号和右边的方括号，由于方括号的优先级比较高，于是 puppy 首先与[3]结合，因此 puppy 实际上是一个具有 3 个元素的数组：

```
void *(*puppy[3])(char kitty);
```

接下来的问题是，这 3 个元素是什么呢？它们原来是 3 个指针：

```
void *(*puppy[3])(char kitty);
```

接下来又问：那么这些指针指向什么呢？答案当然就是上面语句中未加粗的部分了，这些指针指向了以下这个样子的函数：

```
void * function(char kitty);
```

因此，最终的结论是：puppy 是一个具有 3 个元素的数组，数组元素是指针，这些指针都指向了"返回值是 void *而参数是一个 char"的函数，简而言之，puppy 是一个函数指针数组。

当声明变得复杂时，我们希望能简化它，使得代码看起来更加简洁。关键字 typedef 可以帮忙，它的作用就是给一种类型取一个别名，请看范例：

```
vincent@ubuntu:~/ch02/2.6$ cat typedef.c -n
    1   #include <stdio.h>
    2   #include <stdlib.h>
    3   #include <unistd.h>
    4   #include <string.h>
    5   #include <strings.h>
    6
    7   int main(void)
    8   {
    9       //给 int 取个别名叫 INTEGER，使用它们定义整型 a 是等价的
   10       typedef int INTEGER;
   11       INTEGER a;
   12       int a;
```

```
13
14        //给 char *取个别名叫 String，使用它们定义字符指针 b 是等价的
15        typedef char *String;
16        String b;
17        char * b;
18
19        //给具有 5 个元素的数组类型 int [5]取个别名叫 ARRAY
20        typedef int ARRAY[5];
21        ARRAY c;              //使用它们定义具有 5 个 int 型元素的数组 c 是等价的
22        int c[5];
23
24        //给函数指针类型 void (*)(int)取个别名叫 FUNC_POINTER
25        typedef void (*FUNC_PTR)(int);
26        FUNC_PTR pf ;    //使用它们定义函数指针 pf 是等价的
27        void (*pf)(int);
28
29        return 0;
30   }
```

再来看一个使用 typedef 简化声明的实际范例，我们先来查看 man 帮助文档中库函数 signal 的定义：

```
vincent@ubuntu:~$ man 3posix signal | head -n 15
SYNOPSIS
     #include <signal.h>
     void (*signal(int sig, void (*func)(int)))(int);
……
```

在这里，signal 函数的定义被写在一条语句上，看起来复杂得很"可怕"，仔细看其实发现该函数的第二个参数和其返回值类型是一样的，即函数指针：void (*)(int)。

再来看 man 帮助文档中系统调用函数 signal 的定义：

```
vincent@ubuntu:~$ man 2 signal | head -n 15
SYNOPSIS
     #include <signal.h>
     typedef void (*sighandler_t)(int);
     sighandler_t signal(int signum, sighandler_t handler);
……
```

此处，将这种函数指针类型 void (*)(int) 用 typedef 抽取出来，定义了一个别名叫 sighandler_t，因此看起来就没那么面目可憎了。

由图 2-74 可知，它们的类型可以使用 typedef 来统一名称，称之为 sighandler_t，再使用这个别名来定义这个函数即可。

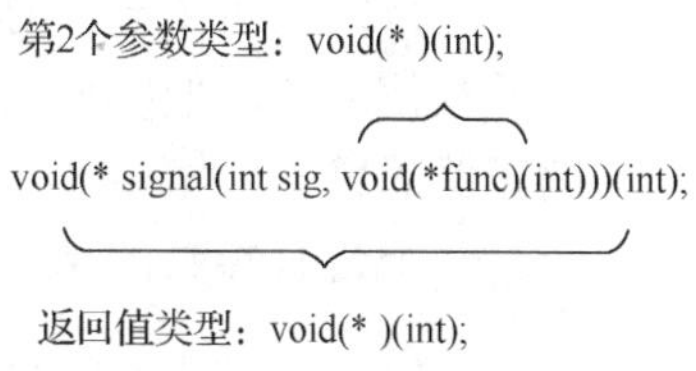

第 2 个参数类型：void(*)(int);

void(* signal(int sig, void(*func)(int)))(int);

返回值类型：void(*)(int);

图 2-74　复杂声明

2.6.6　attribute 机制

在 GNU 的扩展语法中，有一种特别的机制称 attribute 机制，利用它可以调整函数、变量和类型的各种 attribute（属性），比如一个函数所存放的段，一个变量的地址对齐格式等。

一个 attribute 说明符指的是形如"__attribute__((attribute-list))"的语句，其中的 attribute-list 是一个可以为空的、以逗号隔开的系列属性组成的列表，其中的每一个所谓的属性如下。

（1）空值。

空的属性将会被忽略。来看一个实际范例：

```
vincent@ubuntu:~/ch02/2.6$ cat attribute1.c -n
    1   #include <stdio.h>
    2
    3   int main(void)
    4   {
    5       int a __attribute__(( ));  //这是一个空的 attribute 说明符
    6
    7       return 0;
    8   }
```

上述代码中的第 5 行是最简单也毫无用处的 attribute 机制的使用方法，这里的 attribute 修饰的是一个变量，放在了变量标识及其分号之间。注意，属性列表必须使用双圆括号括起来，另外 __attribute__ 的左右两边必须都有双下画线。

（2）一个单词。

这个单词可以是一个标识符，比如 unused，或者一个保留字，比如 const。来看一个实际范例：

```
vincent@ubuntu:~/ch02/2.6$ cat attribute2.c -n
    1   #include <stdio.h>
    2
    3   int main(void)
    4   {
    5       int a __attribute__((unused)); //声明变量 a 可能没用
    6       int b;
    7
    8       return 0;
    9   }
```

```
vincent@ubuntu:~/ch02/2.6$ gcc attribute2.c -o attribute2 -Wall
attribute.c: In function 'main':
attribute.c:6:6: warning: unused variable 'b' [-Wunused-variable]
```

上面的范例演示了一个称为 unused 的变量的属性，从结果可以看出它的作用：定义了变量 a 且没有使用它，但编译器没有给出任何警告，而同样是定义了但没有使用的变量 b 却遭到了编译器的警告。

（3）一个带有参数的单词，这些参数是被一对圆括号括起来的，以下是范例代码。

```
vincent@ubuntu:~/ch02/2.6$ cat attribute3.c -n
    1   #include <stdio.h>
    2
    3   int main(void)
    4   {
    5       int a __attribute__((aligned(1024*1024)));
```

```
6        printf("&a = %p\n", &a);
7
8        return 0;
9    }
```

vincent@ubuntu:~/ch02/2.6$ **./attribute3**
&a = 0xbf700000

上述代码中的第 5 行，通过一个称为 aligned 的带参数属性，将变量 a 的地址调整为按 1MB 对齐的要求分配，因此打印出来的 a 的地址一定是 1M（1024×1024）的倍数。

在 GNU-C 中，通过增加某些特定的属性，可以帮助编译器更好地优化和检查代码，目前这些属性的标识符有很多，比如上面提到的地址对齐属性 aligned。下面再举两个 Linux 内核代码中常见的例子。

（1）section

一般而言，编译器会将函数代码编译完之后放在默认的.text 段，但有时我们也许需要一个额外的代码段，或者需要将一个特殊的函数放在一个特殊的代码段当中，例如：

```
extern void func(void) __attribute__((section("bar")));
```

此例中，将函数 func 的代码放到了一个名为 bar 的段当中，bar 这个代码段并不是系统分配的特殊的段，而是我们自定义的。再如：

```
extern void init_lcd(void) __attribute__((section("init")));
```

此例中，将函数 init_lcd 的代码添加到了 init 代码段中，init 代码段是一个特殊的段，此段中的代码在一开始被执行一遍之后，所占用的内存空间便会立即释放，以便为系统节省空间。

（2）aligned

和变量类似，函数的起始地址也可以定制，使用 aligned 属性可以使得一个指定函数的起始地址为 N 的整数倍，例如：

```
void func(int a) __attribute__((aligned(N))) ;
```

这样，函数 func 的地址就被限定在 N 字节对齐处了。注意，该属性在函数的声明处注明即可，在函数的定义处不可以使用该属性。

第 3 章

Linux 的数据组织

在任何一个工程项目中，都免不了要对数据进行有组织地运算，这些组织方式，最终的目的是要让我们处理数据更加高效，不同的数据组织方式，会具有不同的特性，这些特性对于某些运算来讲可能是非常关键的，但也可能是毫不敏感的。因此，开发者的任务就归结为：使用恰当的数据组织方式（即数据结构）来处理对某一方面运算敏感的数据，让程序整体性能最大化。

例如，链表是一种最普遍的数据组织方式，它不需要连续的大片内存也可以存储大量的数据，而且对于数据的插入和删除运算响应速度也够快，但查找性能一般。红黑树是一种更加"高大上"的数据组织方式，它虽然逻辑稍显复杂，但效果很好，它和链表一样不需要成片连续内存，而且插入和删除的响应速度也很快，更关键的是，它的查找性能达到了对数级别，这些特性使得红黑树在诸如内存管理等方面独树一帜。而如果单单考虑查找性能，那哈希算法的速度就登峰造极了，普通平民级别的查找算法都是基于对比的，但哈希查找根本不需要比较，而是基于所谓的哈希函数直接给出答案，哈希是查找算法中的贵族。

下面依然采用循序渐进的方式，先易后难，传统数据结构算法和 Linux 内核算法都将被剖析，最终的目的是在带领大家畅游 Linux 中关于数据组织的代码同时，欣赏世界顶级黑客是怎么玩转数据的，这是一道兼顾了代码编写和逻辑推理高超艺术的学习大餐，对于肯动脑筋思考的读者，更是一个锻炼缜密思维的机会。

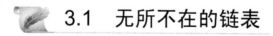

3.1　无所不在的链表

3.1.1　开场白

链表是最普遍的数据组织方式，链表的全称是"链式存储的线性表"，换句话讲，链表就是将一堆线性关系的数据用链式存储的方式串起来的一种数据结构，这里明显有两个概念要解释。

1. 线性关系

从数学意义上讲，数据之间的关系有 3 种，分别是集合、线性关系和非线性关系，如图 3-1所示。

可以看到，所谓的集合，指的是这一堆数据之间"没有关系"的关系。所谓的线性关系，指的是这一堆数据中的任意一个节点，有且仅有一个直接前趋节点（除了第一个节点），并有且仅有一个直接后继节点（除了最后一个节点），简单地讲线性关系就是"一对一"的关系。而所谓非线性关系就是"非一对一"关系。

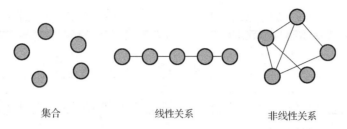

集合　　　　　　线性关系　　　　　　非线性关系

图 3-1　数据间的数学关系

现实生活中很多数的数据关系基本上都是线性关系，比如一个班级里面的学生，他们之间就是一张按照学号排列的线性表，任何一个学号为 n 的学生的前面有且仅有一位学号为 $n-1$ 的同学（除非他是第一个学生），他的后面有且仅有一位学号为 $n+1$ 的同学（除非他是最后一个学生）。再如一座图书馆里面的图书，也组成了一个由书的编码排列的线性表。

2．链式存储

以上讨论的线性和非线性，指的都是这一大堆数据的内在逻辑关系，不管我们将要如何处置它们，它们的内在逻辑关系是不为人的意志所转移的。我们能做的是：如何在内存中选择一种合适的方式来存放它们。

例如，假设班级总共有 20 个学生，我们用一个节点来表示一个学生，这些学生可以连续地分布在一块内存之中（如数组），这种存储方式称为顺序储存。这样做的缺点是需要一大块连续的内存，还有一个更大的缺点是顺序存储的插入和删除需要移动成片的数据，效率非常低。再者，在 C 语言中要扩展一个数组的容量可不是一件那么容易的事情。

花了这么多时间诋毁顺序存储，目的很单纯：链式存储没有那些烦恼！假设我们不把数据都挤到一起，而是将它们逐个一个分开存放，然后用指针将它们链接起来，使之在逻辑上保持连贯，就可以轻易地绕开顺序存储所面临的"三座大山"了。顺序表和链表如图 3-2 所示。

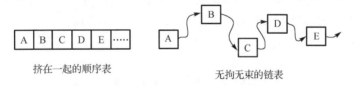

挤在一起的顺序表　　　　　　无拘无束的链表

图 3-2　顺序表和链表

由于链表中的节点离散地分布在内存的各个区域，因此在设计链表节点时必须至少预留一个可以保存其他节点地址的指针，使得各个节点逻辑连贯，根据不同的情形，节点中可以只保留指向后一个节点的指针，也可以保留指向前后两个节点的指针，还可以将尾节点指针指向第一个节点，如图 3-3 所示。

可见，图 3-3 所示的各种链表其实都是差不多的，无非是多一个或少一个指针而已，并无本质区别，这样的链式存储的优点如下。

（1）不需要一块连续的内存。

（2）插入和删除效率极高。

（3）节点的扩展极其容易。

拥有如此众多耀眼的优点，实在是编程开发的必备良品，下面进行详细介绍。

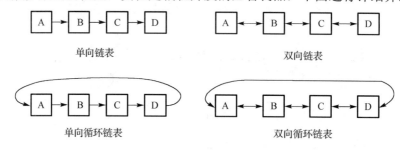

图 3-3   各种链表

3.1.2   单向链表

如图 3-4 所示，单向链表指的就是节点中只包含一个指针，该指针用来指向相邻节点。对链表的操作，最基本的就是初始化空链表、创建新节点、插入节点、删除节点、移动节点、查找节点和遍历链表，下面先给出节点的设计代码，然后针对以上所述的操作各个击破。

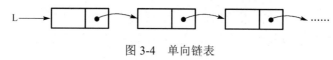

图 3-4   单向链表

1. 设计节点

节点的设计非常重要，关乎后续对链表的各种操作，而单向（循环）链表节点的设计就非常简单，假设我们要处理的数据类型为 datatype，我们只需要在节点中增加一个指向本节点类型的指针即可，如图 3-5 所示。

在后续的工作中，我们将会把 next 指针指向“下一个”相邻的节点，注意这个指针的类型，它是一个指向本节点类型的指针。它只有那么一个指针，太简单啦！是的，传统链表都很简单，但这简单易用的优点也正预示着它最致命的缺点，这里权且做个伏笔，3.1.5 节的内核链表将为读者揭示传统链表是怎样为这个易用性付出代价的。

2. 初始化空链表

什么样的一个链表算是“空”的呢？请看图 3-6 所示。

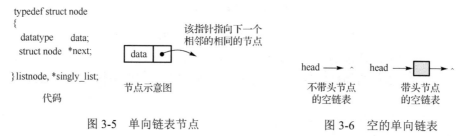

图 3-5   单向链表节点   图 3-6   空的单向链表

第一种空链表直截了当，使用一个指向空（即 NULL）的指针 head 即可。第二种空链表似乎留有点玄机，它使用一个指向头节点的指针。这个所谓的头节点是一个不带有效数据的节点，它的存在将会使得对链表的操作有以下影响：在该链表中插入节点时无须关注头指针 head

是否为空，换句话讲，使用第一种纯粹的空链表在插入节点时需要判断当其时头指针 head 是否为空。因此除非特殊情况，一般我们都倾向于建立带有头节点的空链表，如下述代码所示。

```
singly_list init_list(void)
{
    singly_list mylist = malloc(sizeof(listnode)); //创建一个头节点
    if(mylist != NULL)
    {
        mylist->next = NULL;
    }

    return mylist;
}
```

3. 插入节点

链表最大的优点就是插入删除节点的操作非常简便、快速，对于单链表而言，插入一个节点无非就是修改两个指针，如图 3-7 所示。

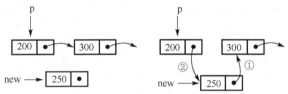

图 3-7　单向链表中节点的插入

假设要将一个 250 插入到 200 的后面，指针 new 和 p 分别指向了 250 和 200，那么从图 3-7 所示可知整个插入过程仅需移动两个指针即可，假设函数 insert( )接受 new 和 p 两个参数，实现将 new 插到 p 的后面，将第①步和第②步转化成如下代码：

```
void insert_node(singly_list p, singly_list new)
{
    if(p == NULL || new == NULL)
        return;

    new->next = p->next;              //第①步
    p->next = new;                    //第②步
}
```

4. 删除节点

对于一个单链表而言，由于单链表没有指向前驱节点的指针，因此，删除一个节点（如图 3-8 中的 delete 所指向的节点）时需要另一个指针（如图 3-8 中的 p）辅助才行，但总体操作非常简单，如图 3-8 所示。

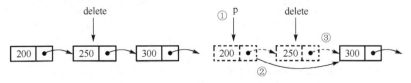

图 3-8　单向链表中节点的删除

图 3-8 标出了 3 个步骤，第①步先找到要删除的节点的前面一个节点 p，第②步将节点 200 的下一个节点指向 300，第③步将 250 的指针置为空，以下是代码。

```
bool remove_node(singly_list mylist, singly_list delete)
{
    if(is_empty(mylist))
        return false;

    singly_list p = mylist;
    while(p != NULL && p->next != delete)        //第①步
    {
        p = p->next;
    }

    if(p == NULL)
        return false;

    p->next = delete->next;                      //第②步
    delete->next = NULL;                         //第③步

    return true;
}
```

5．移动节点

将一个节点从一个地方移动到另一个地方，其实这是两步操作：首先将该节点从原位置删除，然后将该节点插入新的位置。如图 3-9 所示，要将 p 所指向的节点移动到 anchor 所指向的节点的后面，事实上只需要先将 p 指向的节点从链表中删除，然后将其插入 anchor 节点之后即可。

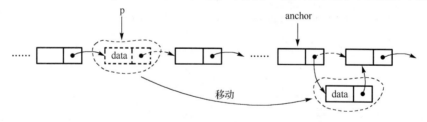

图 3-9　单向链表中节点的移动

由于之前已经将单向链表的插入和删除都统一进行了封装，因此移动操作就相对比较简单了，代码如下。

```
void move_node(singly_list mylist, singly_list p, singly_list anchor)
{
    if(mylist == NULL || p == NULL || anchor == NULL)
        return;

    remove_node(mylist, p);
    insert_node(anchor, p);
}
```

6. 查找节点

由一个指定的节点数据找到这个节点指针，也是常用的基本操作之一，思路非常简单：用一个指针 p 沿着链表头一直向下找，找到为止（或者找不到），代码如下。

```
singly_list find_node(singly_list mylist, datatype data)
{
    if(is_empty(mylist))
        return NULL,

    singly_list p;

    for(p=mylist->next; p != NULL; p=p->next)
    {
        if(p->data == data)  //如果找到了指定的数据，则返回其指针
            break;
    }

    return p;
}
```

最后，用一个完整的场景，来总结单向链表的所有操作：

设计一个链表，用户输入正整数时就插入链表，输入负整数时就把其对应的正整数删除，用户输入两个数 a 和 b 时，则要求程序将节点 a 移动到 b 的后面，输入 0 就退出程序。

为简单起见，下面不仅给出了主函数以及一个特殊的处理用户输入的函数 parse( )，其他单链表操作函数也一并给出，方便读者直接将代码复制到计算机即可编译运行。

```
vincent@ubuntu:~/ch03/3.1$ cat singly_list.c -n
    1   #include "commonheader.h"          //自定义的通用头文件
    2
    3   #define SIZE 20
    4
    5   typedef int datatype;
    6
    7   typedef struct node                 //链表节点，包含数据和链表指针
    8   {
    9       datatype data;
   10       struct node *next;
   11   }listnode, *singly_list;
   12
   13   singly_list init_list(void)         //初始化一个带头节点的空链表
   14   {
   15       singly_list mylist = malloc(sizeof(listnode));
   16       if(mylist != NULL)
   17       {
   18           mylist->next = NULL;
   19       }
   20
```

```
21        return mylist;
22    }
23
24    bool is_empty(singly_list list)      //判断链表 list 是否为空
25    {
26        return list->next == NULL;
27    }
28
29    singly_list new_node(datatype data, singly_list next) //创建新节点
30    {
31        singly_list new = malloc(sizeof(listnode));
32
33        if(new != NULL)
34        {
35            new->data = data;
36            new->next = next;
37        }
38
39        return new;
40    }
41
42    void insert_node(singly_list p, singly_list new) //向节点p后插入新节点
43    {
44        if(p == NULL || new == NULL)
45            return;
46
47        new->next = p->next;
48        p->next = new;
49    }
50
51    bool remove_node(singly_list mylist, singly_list delete) //删除节点
52    {
53        if(is_empty(mylist))
54            return false;
55
56        singly_list p = mylist;
57        while(p != NULL && p->next != delete)
58        {
59            p = p->next;
60        }
61
62        if(p == NULL)
63            return false;
64
65        p->next = delete->next;
66        delete->next = NULL;
67
```

```
68          return true;
69     }
70     //将节点 p 移动到节点 anchor 的后面
71     void move_node(singly_list mylist, singly_list p, singly_list anchor)
72     {
73          if(mylist == NULL || p == NULL || anchor == NULL)
74              return;
75
76          remove_node(mylist, p);
77          insert_node(anchor, p);
78     }
79
80     void show(singly_list list)                    //显示链表
81     {
82          if(is_empty(list))
83              return;
84
85          singly_list p = list->next;
86
87          int i = 0;
88          while(p != NULL)
89          {
90
91              printf("%s%d", i==0 ? "" : " --> ", p->data);
92              p = p->next;
93              i++;
94          }
95
96          printf("\n");
97     }
98
99     singly_list find_node(singly_list mylist, datatype data) //查找节点
100    {
101         if(is_empty(mylist))
102             return NULL;
103
104         singly_list p;
105
106         for(p=mylist->next; p != NULL; p=p->next)
107         {
108             if(p->data == data)
109                 break;
110         }
111
112         return p;
113    }
114
```

```
115  int parse(char buf[SIZE], int number[2])  //分析用户的输入数据
116  {
117      if(!strcmp(buf, "\n"))              //如果用户直接输入回车，则返回 0
118          return 0;
119
120      int count = 1;
121      char *p, delim[] = ", ";
122
123      p = strtok(buf, delim);
124      number[0] = atoi(p);                //获取用户输入的第 1 个数据
125
126      p = strtok(NULL, delim);
127      if(p != NULL)
128      {
129          number[1] = atoi(p);            //获取用户输入的第 2 个数据（若有）
130          count++;
131      }
132
133      return count;                       //返回用户输入数据的个数
134  }
135
136  int main(void)
137  {
138      singly_list mylist = init_list();
139
140      int ret, number[2];
141      char buf[SIZE];
142
143      while(1)
144      {
145          bzero(buf, SIZE);
146          fgets(buf, SIZE, stdin);
147          ret = parse(buf, number);
148
149
150          if(ret == 0)                    //如果用户直接输入回车，则什么都不干
151          {
152              continue;
153          }
154
155
156          if(ret == 1 && number[0] > 0)   //若输入 1 个正数则插入节点
157          {
158              singly_list new = new_node(number[0], NULL);
159              insert_node(mylist, new);
160              show(mylist);
161          }
162
163
```

```
164            else if(ret == 1 && number[0] < 0) //若输入1个负数则删除节点
165            {
166                singly_list delete = find_node(mylist, -number[0]);
167                if(delete == NULL)
168                {
169                    printf("%d is NOT found.\n", -number[0]);
170                    show(mylist);
171                    continue;
172                }
173
174                remove_node(mylist, delete);
175                show(mylist);
176            }
177
178            else if(ret == 2)         //若输入2个数据，则执行移动
179            {
180                singly_list pa = find_node(mylist, number[0]);
181                singly_list pb = find_node(mylist, number[1]);
182
183                if(pa == NULL || pb == NULL)
184                {
185                    printf("node does NOT exist.\n");
186                    show(mylist);
187                    continue;
188                }
189
190                move_node(mylist, pa, pb);
191                show(mylist);
192            }
193            else
194                break;
195        }
196    return 0;
197 }
```

　　其中，第 1 行出现的"自定义通用头文件"指的是一些最常用的头文件，由于在各个场合都想要用到，因此统一放在 commonheader.h 当中，这样就不用重复编写了。commonheader.h 代码如下。

```
vincent@ubuntu:~/ch03/3.1$ cat commonheader.h -n
    1   #ifndef _COMMONHEADER_H_
    2   #define _COMMONHEADER_H_
    3
    4   #include <stdio.h>                // （1）普通操作
    5   #include <stdlib.h>
    6   #include <stdbool.h>
    7   #include <unistd.h>
    8   #include <string.h>
```

```
 9  #include <strings.h>
10  #include <time.h>
11  #include <errno.h>
12
13  #include <sys/stat.h>              //（2）文件与目录操作
14  #include <sys/types.h>
15  #include <fcntl.h>
16  #include <dirent.h>
17
18  #include <sys/ipc.h>               //（3）进程间通信
19  #include <sys/sem.h>
20  #include <sys/shm.h>
21  #include <sys/msg.h>
22  #include <sys/wait.h>
23  #include <semaphore.h>
24  #include <signal.h>
25
26  #include <pthread.h>               //（4）线程
27
28  #include <arpa/inet.h>             //（5）网络
29  #include <netinet/in.h>
30  #include <sys/socket.h>
31
32  #endif
```

3.1.3　单向循环链表

所谓的循环指的是最后一个节点的指针指向第一个节点，使得整个链表形成一个圆环状，这样有时会方便我们从链表尾部再次遍历回到链表的头部，如图 3-10 所示。

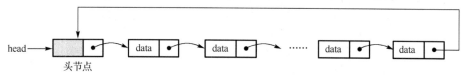

图 3-10　单向循环链表

图 3-10 展示的是一个单向循环链表，它和单向链表对比只是多了一个指向头节点的指针，因此，它们的算法几乎是一样的。

1．设计节点

单向循环链表的节点和单向链表完全一致。

2．初始化空链表

和单向链表类似，我们既可以初始化一个带有头节点的空循环链表，也可以不要头节点，如图 3-11 所示。

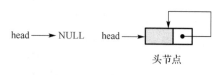

图 3-11　空单向循环链表

下面是创建这两种空链表的代码。

```
linklist init_list(void)  //版本一，带有头节点的单循环链表
{
    linklist head = malloc(sizeof(listnode));
    head->next = head;
    return head;
}
linklist init_list(void)  //版本二，不带有头节点的单循环链表
{
    return NULL;
}
```

3．插入节点

插入节点操作和单链表是完全一样的，此处不再赘述。

4．删除节点

由于单循环链表的特点，删除一个指定的节点时我们可以不需要头指针，而仅仅通过该待删除节点的指针就可以回溯到它的前一个节点，进而实现删除操作，代码如下。

```
void remove_node(linklist delete)
{
    linklist tmp = delete;
    while(tmp->next != delete)      //从 delete 开始，绕一圈找到其前面的节点
    {
        tmp = tmp->next;
    }

    tmp->next = delete->next;
    delete->next = NULL;
}
```

5．移动节点

在单链表中，移动节点需要 3 个参数，因为移动的目的地可能在原始位置的前面，由于没有头指针的情况下无法回溯回去，因此需要链表的头指针来遍历。但对于单循环链表而言则不存在这个问题，链表中的任意一个节点，都可以从另一个任意节点出发找到，因此移动节点不需要 3 个参数，代码如下。

```
void move_node(linklist p, linklist anchor)
{
    if(p == NULL || anchor == NULL)
        return;

    remove_node(p);               //先将要移动的节点从链表中删除
    insert_node(anchor, p);       //再插入指定的地方
}
```

6．查找节点

同理，单循环链表的查找和单链表的查找基本是一样的，只是在判断是否遍历完链表的条件上有所差别，代码如下。

```
linklist find_node(linklist mylist, int data)
{
    if(is_empty(mylist))
        return NULL;

    linklist tmp;

    for(tmp=mylist->next; tmp!=mylist; tmp=tmp->next)
    {
        if(data == tmp->data)
            break;
    }
    return tmp==mylist ? NULL : tmp; //如果遍历回到 mylist 则表示找不到
}
```

3.1.4　双向循环链表

从上面对单（循环）链表的操作看来，由于只保留了一个指向后续节点的指针，我们无法直接从一个节点往前遍历，降低了某些运算场合的效率。因此，在实际应用开发中，更加契合实际的设计是双向链表，即一个节点既包含了后续节点的指针，也包含了前趋节点的指针，而且一般都设计成循环的，这样就可以非常方便地从链表的任意一个位置开始遍历整个链表，如表 3-12 所示。

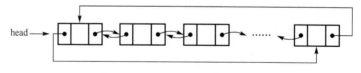

图 3-12　双向循环链表

下面和单链表类似，我们也从链表的设计节点、初始化空链表、插入节点和删除节点等日常操作来逐步阐述双向循环链表的特点，最后我们还会阐明这种传统链表的设计缺陷，引出 Linux 内核链表。

1．设计节点

双向链表的节点当然需要两个指针，节点的设计如图 3-13 所示。

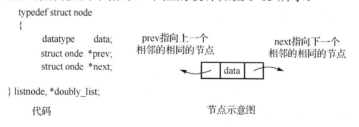

图 3-13　双向循环链表节点

特别注意，节点中的 prev 和 next 指针均是 struct node 型的指针，它们都是指向本结构体类型的相邻节点的。

2. 初始化空链表

毫无疑问，对于双向循环链表来说也可以有两种不同的空链表：不带头节点和带头节点的，但由于一般情况下都是带头节点，因此只给出带头节点的版本的图示和代码，如图 3-14 所示。

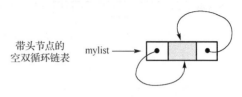
带头节点的空双循环链表

图 3-14 空双向循环链表

其对应的初始化代码如下。

```
linklist init_list(void)
{
    linklist mylist = malloc(sizeof(listnode));
    if(mylist != NULL)
    {
        mylist->prev = mylist->next = mylist;
    }
    return mylist;
}
```

3. 插入节点

双向循环链表的插入和单链表的插入基本原理是一样的，但指针更多，因此一开始时我们一定要画好图，在图上整理好思路，再由图中的步骤写出相应的代码。例如，在双循环链表的 anchor 指向的节点的后面，插入一个新的 new 节点，步骤如图 3-15 至图 3-18 所示。

第①步，将新节点的 prev 指针指向 anchor 节点：

```
new->prev = anchor
```

第②步，将新将节点的 next 指向 anchor 下一个节点：

```
new->next = anchor->next
```

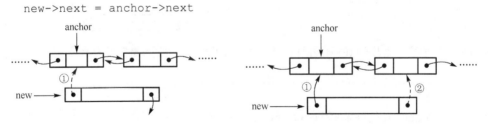

图 3-15 双向循环链表节点的前插操作（1）　　图 3-16 双向循环链表节点的前插操作（2）

第③步，将节点 anchor 的 next 指针指向新节点 new：

```
anchor->next = new
```

第④步，将 anchor 原来的下一个节点的 prev 指针指向 new 节点：

```
new->next->prev = new
```

初学者学习链表一定要像上面那样将节点的操作步骤画出来，逐步地转化为代码。下面的代码就是上述图解的具体实现。

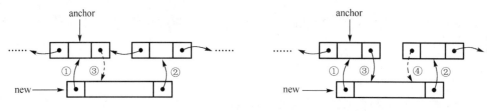

图 3-17　双向循环链表节点的前插操作（3）　　图 3-18　双向循环链表节点的前插操作（4）

```
void insert_next(linklist new, linklist anchor)
{
    if(new == NULL || anchor == NULL)
        return;

    new->prev = anchor;            //第①步
    new->next = anchor->next;      //第②步

    anchor->next = new;            //第③步
    new->next->prev = new;         //第④步
}
```

　　注意，上面的操作是将新节点 new 插入到锚点 anchor 的后面，有时我们需要稍作修改，插入到锚点 anchor 的前面，由于链表是双向的，因此这很容易办到。步骤如图 3-19 至图 3-22 所示。

第①步，将新节点的 prev 指向 anchor 的前节点：
```
new->prev = anchor->prev
```
第②步，将新节点的 next 指向 anchor：
```
new->next = anchor
```

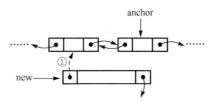

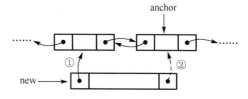

图 3-19　双向循环链表节点的后插操作（1）　　图 3-20　双向循环链表节点的后插操作（2）

第③步，将 anchor 的前节点的 next 指向新节点：
```
anchor->prev->next = new
```
第④步，将 anchor 的前驱指针指向 new：
```
anchor->prev = new;
```

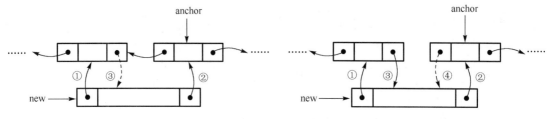

图 3-21　双向循环链表节点的后插操作（3）　　图 3-22　双向循环链表节点的后插操作（4）

下面的代码就是上述图解的具体实现。

```
void insert_prev(linklist new, linklist anchor)
{
    if(new == NULL || anchor == NULL)
        return;

    new->prev = anchor->prev;
    new->next = anchor;

    new->prev->next = new;
    anchor->prev = new;
}
```

4．删除节点

删除一个节点的步骤很简单，只需要将其前趋节点指向其后续节点，将其后续节点指向其前驱节点即可，另外要注意，需将被删除节点的前后向指针置空，使其彻底从链表中脱离开来，防止错误地访问。

首先，调整待删除节点的前后节点的 next 和 prev 指针。

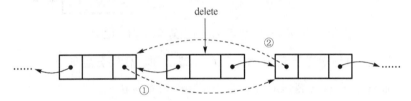

图 3-23　双向循环链表节点的删除操作（1）

其次，将待删除节点本身的前后向指针置空，彻底脱离链表。

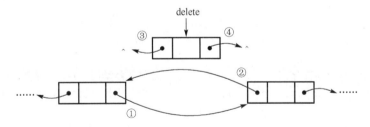

图 3-24　双向循环链表节点的删除操作（2）

下面是实现代码：

```
void remove_node(linklist delete)
{
    if(delete == NULL)
        return;

    delete->prev->next = delete->next;       //第①步
    delete->next->prev = delete->prev;       //第②步
```

```
    delete->prev = NULL;                                //第③步
    delete->next = NULL;                                //第④步
}
```

5．移动节点

和单链表一样，双循环链表中的节点移动其实也是删除和插入的合成，而根据要移入的位置，我们可以设计两种方案，如图 3-25 和图 3-26 所示。

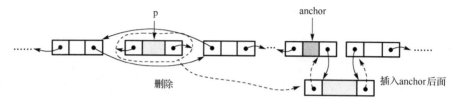

图 3-25　双向循环链表节点的移动操作（1）

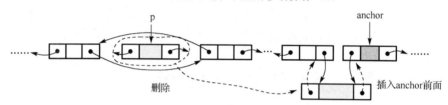

图 3-26　双向循环链表节点的移动操作（2）

即移动时可以移动到指定节点 anchor 的前面或后面，代码分别如下。

```
void move_prev(linklist p, linklist anchor)
{
    remove_node(p);                    //将要移动的节点从链表中移除
    insert_prev(p, anchor);            //将节点插入锚点 anchor 的前面
}

void move_next(linklist p, linklist anchor)
{
    remove_node(p);                    //将要移动的节点从链表中移除
    insert_next(p, anchor);            //将节点插入锚点 anchor 的后面
}
```

6．查找节点

节点的查找无非就是对链表进行遍历，从头开始找，找一圈找到为止，代码如下。

```
linklist find_node(int data, linklist mylist)
{
    if(is_empty(mylist))
        return NULL;

    linklist tmp = mylist->next;        //让 tmp 从第一个节点开始

    while(tmp != mylist)
```

```
    {
        if(tmp->data == data)
            return tmp;

        tmp=tmp->next;                          //不断地向后遍历，查找
    }
    return NULL;
}
```

与单链表类似，用一个完整的案例来总结以上双循环链表的所有操作：程序一开始自动初始化一个空双循环链表，用户输入一个正整数则将该节点插入链表的末尾；用户输入一个负整数则删除其绝对值对应的节点；用户若输入 100,i200 则将节点 100 移动到 200 的前面；用户若输入 100,200i 则将节点 100 移动到 200 的后面；用户输入 0 则退出程序。代码如 doubly_circle_list.c 所示。

```
vincent@ubuntu:~/ch03/3.1$ cat doubly_circle_list.c -n
    1   #include "commonheader.h"
    2
    3   #define SIZE 20
    4   enum {insert, delete, move_p, move_n, quit};
    5
    6   typedef struct node
    7   {
    8       int data;
    9       struct node *prev;
   10       struct node *next;
   11   }listnode, *linklist;
   12
   13   //初始化一个带有头节点的空的双向循环链表
   14   linklist init_list(void)
   15   {
   16       linklist mylist = malloc(sizeof(listnode));
   17       if(mylist != NULL)
   18       {
   19           mylist->prev = mylist->next = mylist;
   20       }
   21       return mylist;
   22   }
   23
   24   //创建一个新的节点
   25   linklist new_node(int data)
   26   {
   27       linklist new = malloc(sizeof(listnode));
   28       if(new != NULL)
   29       {
   30           new->data = data;
   31           new->prev = new->next = NULL;
   32       }
```

```
33          return new;
34      }
35
36      //判断链表是否为空
37      bool is_empty(linklist mylist)
38      {
39          return mylist->prev == mylist->next;
40      }
41
42      //将新节点 new 插入节点 anchor 的前面
43      void insert_prev(linklist new, linklist anchor)
44      {
45          if(new == NULL || anchor == NULL)
46              return;
47
48          new->prev = anchor->prev;
49          new->next = anchor;
50
51          anchor->prev = new;
52          new->prev->next = new;
53      }
54
55      //将新节点 new 插入节点 anchor 的后面
56      void insert_next(linklist new, linklist anchor)
57      {
58          if(new == NULL || anchor == NULL)
59              return;
60
61          new->prev = anchor;
62          new->next = anchor->next;
63
64          anchor->next = new;
65          new->next->prev = new;
66      }
67
68      //从链表中将节点 delete 删除
69      void remove_node(linklist delete)
70      {
71          if(delete == NULL)
72              return;
73
74          delete->prev->next = delete->next;
75          delete->next->prev = delete->prev;
76
77          delete->prev = NULL;
78          delete->next = NULL;
79      }
```

```
80
81   //将节点p移动到节点anchor的前面
82   void move_prev(linklist p, linklist anchor)
83   {
84       remove_node(p);
85       insert_prev(p, anchor);
86   }
87
88   //将节点p移动到节点anchor的后面
89   void move_next(linklist p, linklist anchor)
90   {
91       remove_node(p);
92       insert_next(p, anchor);
93   }
94
95   //遍历链表mylist，并将其节点的值打印出来
96   void show(linklist mylist)
97   {
98       linklist tmp = mylist->next;
99
100      int flag = 0;
101      while(tmp != mylist)
102      {
103          printf("%s", flag==0 ? "" : "-->");
104          printf("%d", tmp->data);
105
106          tmp = tmp->next;
107          flag = 1;
108      }
109      printf("\n");
110  }
111
112  //在链表mylist中查找其值等于data的节点
113  linklist find_node(int data, linklist mylist)
114  {
115      if(is_empty(mylist))
116          return NULL;
117
118      linklist tmp = mylist->next;
119
120      while(tmp != mylist)
121      {
122          if(tmp->data == data)
123              return tmp;
124
125          tmp=tmp->next;
126      }
```

```
127        return NULL;
128    }
129
130    //分析用户的输入信息，将结果放在 number 中
131    int parse(char buf[SIZE], int number[2])
132    {
133        if(!strcmp(buf, "\n"))
134            return 0;
135
136        char *p, delim[] = ", ";
137
138        p = strtok(buf, delim);
139        number[0] = atoi(p);
140
141        if(number[0] == 0) //用户输入 0，则返回 quit
142            return quit;
143
144        p = strtok(NULL, delim);
145        if(p != NULL)
146        {
147            if(p[0] == 'i') //用户输入类似 1,i2 的信息，则返回 move_p
148            {
149                number[1] = atoi(p+1);
150                return move_p;
151            }
152            else //用户输入类似 1,2i 的信息，则返回 move_n
153            {
154                number[1] = atoi(p);
155                return move_n;
156            }
157        }
158        //用户输入正整数则返回 insert，输入负整数则返回 delete
159        return (number[0] > 0) ? insert : delete;
160    }
161
162    int main(void)
163    {
164        linklist mylist;
165        mylist = init_list();
166
167        char buf[SIZE];
168        int number[2], ret;
169        while(1)
170        {
171            bzero(buf, SIZE);
172            bzero(number, 2);
173
```

```
174              fgets(buf, SIZE, stdin); //接收用户输入
175              ret = parse(buf, number); //解析用户的输入信息
176
177              linklist new, tmp, p1, p2;
178              switch(ret)
179              {
180              case insert: //插入新节点
181                  new = new_node(number[0]);
182                  insert_prev(new, mylist);
183                  break;
184
185              case delete: //删除节点
186                  tmp = find_node(-number[0], mylist);
187                  remove_node(tmp);
188                  free(tmp);
189                  break;
190
191              case move_p: //将节点 p1 插到 p2 的前面
192                  p1 = find_node(number[0], mylist);
193                  p2 = find_node(number[1], mylist);
194                  move_prev(p1, p2);
195                  break;
196
197              case move_n: //将节点 p1 插到 p2 的后面
198                  p1 = find_node(number[0], mylist);
199                  p2 = find_node(number[1], mylist);
200                  move_next(p1, p2);
201                  break;
202
203              case quit: //退出程序
204                  exit(0);
205              }
206
207              show(mylist);
208          }
209
210      return 0;
211  }
```

　　传统的双向循环链表概念简单、操作方便，但存在致命的缺陷，用一句话来概括就是：每一条链表都是特殊的，不具有通用性。换句话说，对于每一种不同的数据，所构建出来的传统链表都是与这些数据相关的，所有的链表操作函数也都是数据相关的，换一种数据节点，则所有的操作函数都需要一一重新编写，这种缺陷对于一个具有成千上万种数据节点的工程来说是灾难性的，是不可接受的。传统普通链表的缺陷如图 3-27 所示。

　　图 3-27 中的 3 个链表，虽然都是传统的双向循环链表，但可惜的是，我们无法为它们设计一套通用的操作函数，比如对 A 类节点设计了一个插入函数：

```
insert_node_A(linklist_A new, linklist_A mylist);
```

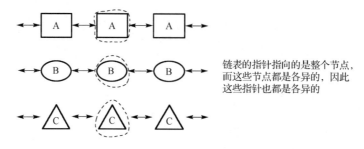

图 3-27　传统普通链表的缺陷

注意这里的指针类型是 linklist_A，是一种专门用来指向 A 类节点的指针，因此无法用这个函数来处理 B 类或 C 类节点构成的链表，此时如果要对由 B 类节点组成的链表也设计一个插入函数，也许是这样的：

```
insert_node_B(linklist_B new, linklist_B mylist);
```

我们将会发现：虽然这两个函数的内部算法和逻辑是完全一样的，但因为 C 语言没有函数重载，也不能编写函数模板，我们却不得不为它们各自编写一个独立的函数 insert_node_A 和 insert_node_B，因为它们的参数列表中的指针一个是 linklist_A 一个是 linklist_B，不相同且无法统一，这就是前面所述的所谓代价。

况且，我们的节点类型远不止 A 和 B，还有 C、D 等，为每一种链表设计一套插入、删除、查找遍历的函数，很显然是不可取的。

再深一层探讨发现，传统链表操作函数的这种"排他性"，来源于我们所设计的节点的不合理：传统链表的节点，不仅包含了表达链表逻辑的指针，更包含了某一种具体的数据，而关键是这些指针指向了整个节点，这就导致了无法将链表逻辑与具体数据分开，因此链表也就"被逼"变成了一种特殊的链表，如图 3-28 所示。

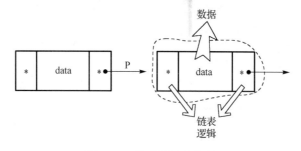

图 3-28　特殊的链表指针

注意图 3-28 中的指针 p，指向了一个既包含了数据又包含了组织逻辑的节点，因此 p 是特殊的指针，是不具有通用性的。

3.1.5　Linux 内核链表

经过 3.1.4 节的分析，我们知道了传统链表的先天缺陷：没有将具体的数据从组织这些数据的逻辑结构中剥离，而 Linux 内核链表的思路，正是从这一方面着手，追根溯源直抵"病灶"，彻底颠覆了传统链表：把传统链表中的"链"抽象出来，使之成为一条只包含前后指针的纯粹的双循环链表，这样的链表由于不含有特殊的数据，因此它实质上就是链表的抽象表示，如图 3-29 所示。

图 3-29　纯粹的链表逻辑

这样只有前后两指针的纯粹的链表形式称为 Linux 标准双向循环链表。当然，仅是这样的一条链表是毫无意义的，就好比一根绳子，但没有串上任何东西。下一步，就是将这条绳子"嵌入"一个具体的节点当中，如图 3-30 所示。

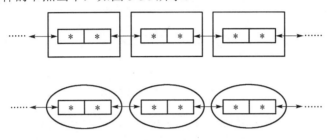

图 3-30　镶嵌了纯粹链表的节点

这样，链表的逻辑就被单独地剥离开来了，所带来的好处是巨大的：我们可以定义针对内核链表的基本操作，然后将之应用到任意节点当中，如图 3-31 所示。

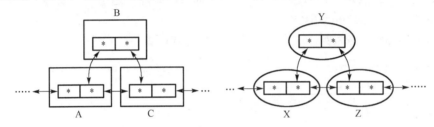

图 3-31　纯粹链表带来的全新感受

读者会发现，在节点 A 和节点 C 之间插入节点 B 的操作，与在 X 和 Z 之间插入 Y 的操作是完全一样的，因为虽然这是两组完全不同类型的节点，但我们对链表的操作不再与具体的数据相关，我们对链表的所有操作都统一为对 Linux 标准抽象链表的操作，它可以适用到任意类型的节点之中。

这样做的另一个好处是，使得复杂的数据结构背景变得更易受控，一个节点在系统中的关系网与一个人在社交网络中的关系网类似，一个人不可能只单单处于某一个关系逻辑之中，比如读者是某家公司的职员，同时还是家族关系网中的一员，也是某一家俱乐部的 VIP 会员，还是一个业余乐队的成员，还有许多的社会关系网络，如果一个节点也是有这样的众多背景，用传统的节点来表达的情况如图 3-32 所示。

这个节点每增加一个"数据结构背景"，其节点就要多一对指针，重要的是，这些不断增加的指针会导致结构体的成员发生变化，从而使得其他的链表指针跟着发生变化，因此这是一种完全不可取的做法。

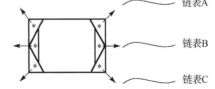

图 3-32　传统的普通链表的尴尬

而 Linux 内核链表则完美地避免了这种情况，因为任何情形下对链表的操作都是统一的，与具体的节点无关，一个节点如果处在一个复杂的关系网之中，Linux 内核链表也会很容易解决，只需要在节点中镶嵌更多的"小结构体"即可，如图 3-33 所示。

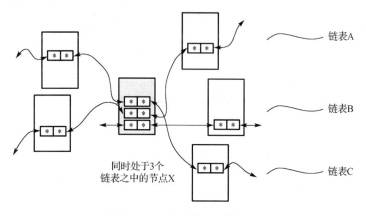

图 3-33　内核链表的优势

　　总之，Linux 内核链表的突出优点是：由于可以非常方便地将其标准实现（即"小结构"）镶嵌到任意节点当中，因此任何数据组成的链表的所有操作都被完全统一。另外，即使在代码的维护过程中要对节点成员进行升级修改，也完全不影响该节点原有的链表结构。

　　既然 Linux 内核链表是一种统一的抽象的数据结构实现，那么在 Linux 源码中就有专门的已经写好的代码，实现了内核链表的初始化、插入、删除、遍历、移动等，这些代码保存在内核目录中的 include/linux/list.h 中。

　　以 Linux-2.6.35 内核为例，这个文件的前面部分代码如下。

```
vincent@ubuntu:~/linux-2.6.35/include/linux$ cat list.h -n
 1   #ifndef _LINUX_LIST_H
 2   #define _LINUX_LIST_H
 3
 4   #include <linux/stddef.h>
 5   #include <linux/poison.h>
 6   #include <linux/prefetch.h>
 7   #include <asm/system.h>
 8
 9   /*
10    * Simple doubly linked list implementation.
11    *
12    * Some of the internal functions ("__xxx") are useful when
13    * manipulating whole lists rather than single entries, as
14    * sometimes we already know the next/prev entries and we can
15    * generate better code by using them directly rather than
16    * using the generic single-entry routines.
17    */
18
19   struct list_head {
20       struct list_head *next, *prev;
21   };
22
......
```

　　注意第 19～21 行，定义了一个只包含两个指向本身的指针的结构体 list_head，这个结构体就是所谓的"小结构体",它就是 Linux 内核链表的核心,它将会被"镶嵌"到其他的"大结构体"中,使它们组成链表。

在这个 list.h 文件中,其实总共包含了两部分:前半部分(在 Linux-2.6.35 版本中是前 560 行)描述的是 Linux 内核通用双向循环链表;后半部分描述的是一种更为特殊的所谓哈希链表。

下面先就 list.h 前半部分针对 Linux 内核链表中的代码,逐一地进行详细解读,然后结合源码实例,做几个情景剖析,读者认真阅读以下内容并将代码研读一遍,相信对内核链表就了如指掌了。

```
vincent@ubuntu:~/Linux-2.6.35/include/Linux$ cat list.h -n
......
22
23   #define LIST_HEAD_INIT(name) { &(name), &(name) }
24
25   #define LIST_HEAD(name) \
26       struct list_head name = LIST_HEAD_INIT(name)
27
28   static inline void INIT_LIST_HEAD(struct list_head *list)
29   {
30       list->next = list;
31       list->prev = list;
32   }
33
......
```

这几行代码的作用都是初始化,其中前面两个宏是配合在一起使用的,用来静态初始化一个 list_head 结构体,例如:

```
LIST_HEAD(a);
```

这行代码等价于

```
struct list_head a = LIST_HEAD_INIT(a);
```

也就是等价于

```
struct list_head a = {&a, &a};
```

即相当于定义了一个 list_head 并且将它初始化为自己指向自己,如图 3-34 所示。

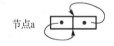

节点a

图 3-34　一个初始化了的纯链表节点

而 INIT_LIST_HEAD( )则是一个内联函数,用来动态生成一个空链表,例如:

```
struct list_head a;
INIT_LIST_HEAD(&a);
```

这样所形成的空的双循环链表效果也和上面的一样。

接下来继续往下看和链表插入节点有关的代码。

```
vincent@ubuntu:~/Linux-2.6.35/include/Linux$ cat list.h -n
......
41   static inline void __list_add(struct list_head *new,
```

```
42                  struct list_head *prev,
43                  struct list_head *next)
44  {
45      next->prev = new;
46      new->next = next;
47      new->prev = prev;
48      prev->next = new;
49  }
......
64  static inline void list_add(struct list_head *new,
65                  struct list_head *head)
66  {
67      __list_add(new, head, head->next);
68  }
......
79  static inline void list_add_tail(struct list_head *new,
80                  struct list_head *head)
81  {
82      __list_add(new, head->prev, head);
83  }
......
```

注意两个函数 list_add( ) 和 list_add_tail( )，它们事实上是对 __list_add( ) 的封装，list_add( ) 实现将节点 new 插入节点 head 的后面，而 list_add_tail( ) 实现将节点 new 插入节点 head 的前面，因为对于一个双向循环链表而言，插入 head 的前面就相当于插入以 head 为首的链表的末端，因此取名为 add_tail。

内核链表的插入算法如表 3-35 所示。

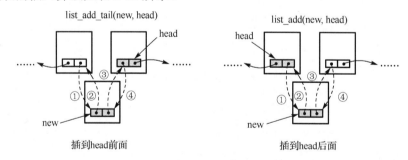

图 3-35　内核链表的插入算法

可以看到，对链表的插入操作针对的是类型为 struct list_head 的"小结构体"，而与它所镶嵌的大结构体无关。

下面来看与删除节点相关的代码。

```
vincent@ubuntu:~/Linux-2.6.35/include/Linux$ cat list.h -n
......
90  static inline void __list_del(struct list_head * prev,
91                  struct list_head * next)
92  {
93      next->prev = prev;
```

```
 94        prev->next = next;
 95    }
......
104    static inline void list_del(struct list_head *entry)
105    {
106        __list_del(entry->prev, entry->next);
107        entry->next = LIST_POISON1;
108        entry->prev = LIST_POISON2;
109    }
......
```

删除一个节点实际是将一个节点从链表中剔除，这和之前的传统链表的删除操作是完全一样的。只不过在传统链表中，当将一个节点剔除之后，我们会将它两边的指针置空，但是看到 Linux 源码并非简单地将 entry->next 和 entry->prev 置空，而是分别给他们"喂"了两个"Poison（毒药）"：将它们分别赋值为 LIST_POISON1 和 LIST_POISON2，这两个宏被定义在 include/linux/poison.h 之中。

```
vincent@ubuntu:~/Linux-2.6.35/include/Linux$ cat poison.h -n
......
 17    /*
 18     * These are non-NULL pointers that will result in page faults
 19     * under normal circumstances, used to verify that nobody uses
 20     * non-initialized list entries.
 21     */
 22    #define LIST_POISON1 ((void *)0x00100100+POISON_POINTER_DELTA)
 23    #define LIST_POISON2 ((void *)0x00200200+POISON_POINTER_DELTA)
......
```

非空的 LIST_POISON1 和 LIST_POISON2 在一般情况下的非法访问都会引发页错误，这可以防止程序不小心访问了内存中本不该访问的地方，而且相比空指针 NULL，它们更明确地指出：这是个已初始化的指针，更有利于程序崩溃时调试，因为崩溃时的空指针也许会让读者不知所云，不知道究竟是指针本身没有初始化还是被有意赋值为空。内核链表的删除算法如图 3-36 所示。

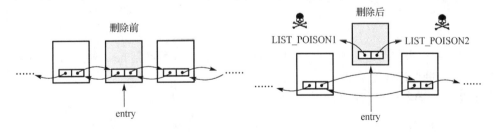

图 3-36　内核链表的删除算法

继续看如下代码。

```
vincent@ubuntu:~/Linux-2.6.35/include/Linux$ cat list.h -n
......
120    static inline void list_replace(struct list_head *old,
```

```
121                    struct list_head *new)
122  {
123      new->next = old->next;
124      new->next->prev = new;
125      new->prev = old->prev;
126      new->prev->next = new;
127  }
128
129  static inline void list_replace_init(struct list_head *old,
130                    struct list_head *new)
131  {
132      list_replace(old, new);
133      INIT_LIST_HEAD(old);
134  }
......
```

这两个函数非常简单，list_replace( )使用新节点 new 替代旧节点 old，而函数 list_replace_init( )不仅发生替代，而且将被替代掉的旧节点 old 重新初始化。

继续看如下代码。

```
vincent@ubuntu:~/Linux-2.6.35/include/Linux$ cat list.h -n
......
151  static inline void list_move(struct list_head *list,
152                    struct list_head *head)
153  {
154      __list_del(list->prev, list->next);
155      list_add(list, head);
156  }
......
163  static inline void list_move_tail(struct list_head *list,
164                    struct list_head *head)
165  {
166      __list_del(list->prev, list->next);
167      list_add_tail(list, head);
168  }
......
```

这一组函数用来移动链表的节点，其中 list_move( )将 list 移动到 head 的后面，而 list_move_tail( )将 list 移动到 head 的前面。

下面是分割链表操作代码。

```
vincent@ubuntu:~/Linux-2.6.35/include/Linux$ cat list.h -n
......
235  static inline void __list_cut_position(struct list_head *list,
236          struct list_head *head, struct list_head *entry)
237  {
238      struct list_head *new_first = entry->next;
239      list->next = head->next;
```

```
240        list->next->prev = list;
241        list->prev = entry;
242        entry->next = list;
243        head->next = new_first;
244        new_first->prev = head;
245    }
......
261    static inline void list_cut_position(struct list_head *list,
262            struct list_head *head, struct list_head *entry)
263    {
264        if (list_empty(head))
265            return;
266        if (list_is_singular(head) &&
267            (head->next != entry && head != entry))
268            return;
269        if (entry == head)
270            INIT_LIST_HEAD(list);
271        else
272            __list_cut_position(list, head, entry);
273    }
274
......
```

所谓的分割链表，大致情况如图 3-37 所示。

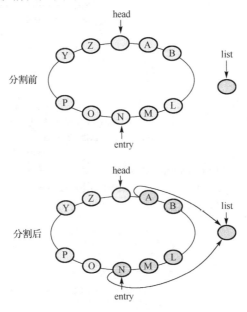

图 3-37　内核链表的分割

从图 3-37 可以看到，entry 是一个源链表中的一个待分割节点，list 是分割后的新链表的表头节点。第 269 和 270 行表明，如果 head 链表只有一个节点，那就不需要分割了，直接初始化 list 节点即可。

下面是合并链表的操作代码。

vincent@ubuntu:~/Linux-2.6.35/include/Linux$ **cat list.h -n**
......

```
275  static inline void __list_splice(const struct list_head *list,
276                   struct list_head *prev,
277                   struct list_head *next)
278  {
279      struct list_head *first = list->next;
280      struct list_head *last = list->prev;
281
282      first->prev = prev;
283      prev->next = first;
284
285      last->next = next;
286      next->prev = last;
287  }
......
294  static inline void list_splice(const struct list_head *list,
295                   struct list_head *head)
296  {
297      if (!list_empty(list))
298          __list_splice(list, head, head->next);
299  }
......
306  static inline void list_splice_tail(struct list_head *list,
307                   struct list_head *head)
308  {
309      if (!list_empty(list))
310          __list_splice(list, head->prev, head);
311  }
......
320  static inline void list_splice_init(struct list_head *list,
321                   struct list_head *head)
322  {
323      if (!list_empty(list)) {
324          __list_splice(list, head, head->next);
325          INIT_LIST_HEAD(list);
326      }
327  }
......
337  static inline void list_splice_tail_init(struct list_head *list,
338                   struct list_head *head)
339  {
340      if (!list_empty(list)) {
341          __list_splice(list, head->prev, head);
342          INIT_LIST_HEAD(list);
343      }
344  }
......
```

假设有两条链表：head 和 list，它们是各自链表的表头节点，可以使用 list_splice( )将它们合并在一起，但使用该函数合并之后的节点 list 还能访问链表（见图 3-38），因此最好使用 list_splice_init( )，注意 list_splice_init( )除了将两个链表合并之外，它还额外将 list 原表头初始化，使之不再指向以前的链表节点。

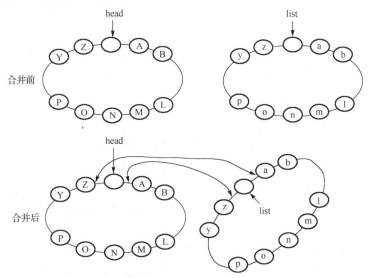

图 3-38　内核链表的合并

图 3-38 中的两幅图是 list_splice(list, head)的执行效果图，如果使用 list_splice_init(list, head)则 list 表头节点将被初始化，另外 list_splice_tail(list, head)的执行效果是将链表 list 合并到 head 表头和节点 Z 之间。

再向下，可以看到一个比较重要的宏：

```
vincent@ubuntu:~/Linux-2.6.35/include/Linux$ cat list.h -n
  ......
346  /**
347   * list_entry - get the struct for this entry
348   * @ptr:    the &struct list_head pointer.
349   * @type:   the type of the struct this is embedded in.
350   * @member: the name of the list_struct within the struct.
351   */
352  #define list_entry(ptr, type, member) \
353      container_of(ptr, type, member)
  ......
```

这个链表操作中经常用到的重要的宏为 list_entry( )，它用来从节点中镶嵌的小结构体的地址求得节点的基地址，所调用的另一个宏 container_of 被定义在 kernel.h 中，代码如下。

```
vincent@ubuntu:~/Linux-2.6.35/include/Linux$ cat kernel.h -n
  ......
722  #define container_of(ptr, type, member) ({           \
723      const typeof( ((type *)0)->member ) *__mptr = (ptr);  \
724      (type *)( (char *)__mptr - offsetof(type,member) );})
  ......
```

而 container_of 中又包含了宏 offsetof，这个宏被定义在 stddef.h 之中，代码如下。

```
vincent@ubuntu:~/Linux-2.6.35/include/Linux$ cat stddef.h -n
......
24    #define offsetof(TYPE, MEMBER) \
23                    ((size_t) &((TYPE *)0)->MEMBER)
......
```

将上面的几个宏整理一下，分别替代进去，去掉无关紧要的代码，将得到：

```
#define list_entry(ptr, type, member) \
            (type *)( (char *)ptr - ((size_t) &((type *)0)->member) )
```

要理解这个宏，先来说清楚一个问题：当我们使用内核链表时，我们处理的都是"小结构体"，即 struct list_head{}，回顾一下上面那些链表操作函数，它们之所以是通用的，是因为它们的参数全部是这种小结构体类型，但我们真正的数据并不存在于这些小结构体里面，而是存在于包含它们在内的大结构体里面，请看一个更接近现实的内核链表节点内存示意图，如图 3-39 所示。

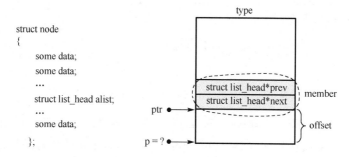

图 3-39　内核链表中的节点细节

其中 ptr 是小结构体指针，type 是大结构体的类型（即 struct node），member 是小结构体在大结构体中的成员名（即 alist），如果我们要从 ptr 访问大结构体中的数据 data，就要先求出大结构体的基地址 p。从图中很容易看出，大结构体的基地址 p 与小结构体 ptr 之间实际上就相差了 offset 个字节，这个 offset 就是小结构体在大结构体中的偏移量，如果偏移量知道了，那么：

```
p = ptr - offset
```

假设定义了一个类型为 struct node 的大结构体变量：

```
struct node big_struct;
```

那么里面的小结构体 alist 的地址等于：

```
&big_struct->alist = &big_struct + offset
```

代入得到：

```
offset = &big_struct->alist - &big_struct
```

在此等式中，&big_struct 的具体值是无关紧要的，因为我们要的是一个它与其内部小结构体的相对差值，于是假设&big_struct 为 0，则上述等式变为：

```
offset = &(0)->alist - (0) = &(0)->alist
```

当然，以上式子是数学意义上的，在程序代码中，还需要将数值 0 转换为 big_struct 格式的指针：

```
offset = &((type *)0)->alist
```

再者，为了在程序运算中使得该偏移量作为一个数值量，代表大小两个结构体之间相差的字节数，我们还需要将它转换为整数的类型，否则此时 offset 是一个 struct list_head 类型的指针，加了类型转换的等式变为：

```
offset = (size_t)( &((type *)0)->alist )
```

其中 size_t 是可移植的无符号整型，确保运算的正确性。

总结上述运算，可以知道大结构体指针 p 的运算方法为：

```
p = ptr - (size_t)( &((type *)0)->alist )
```

同理，为了使得 ptr 在运算时将 offset 作为字节偏移量来对待，需要将指针 ptr 的类型强制转换为 char 型指针，这样的话才能将 offset 正确地当作字节数来减，否则如果指针 ptr 不转换，那么根据指针运算规则，offset 将被理解为 ptr 所指向的目标（即大结构体）的个数，结果当然就错误了。因此，再对 ptr 进行类型转换，等式变为：

```
p = (char *)ptr - (size_t)( &((type *)0)->alist )
```

最后，减完之后得到的 p 就是真正的大结构体的地址了，这时又需要将它的类型转换回来变成大结构体的指针类型，否则就无法正确使用 p 了，等式变为：

```
p = (type *) ( (char *)ptr - (size_t)( &((type *)0)->alist ) )
```

 注 意

　　也许有人会对式子 &((type *)0)->alist 比较介意，认为这是要取一个处于地址 0 处 type 型结构体中的成员 alist 的地址，然后马上就得出一个让人迷惑不解的结论：地址 0 处的内存真的存在这么一个结构体？

答案当然是否定的。地址 0 处不仅没有这个结构体，而且 0 地址在 Linux 系统中处于禁止访问的范围，任何方式对这个地址的访问都是非法的。

真正的答案是，式子 &((type *)0)->alist 并不会到地址 0 处取其成员 alist，而仅仅就是以 0 为基数计算结构体 type 中成员 alist 的地址，仅此而已，不存在结构体成员引用的过程。而会对结构体成员进行引用操作的应是((type *)0)->alist ，这是编译器 gcc 的一个小小的"耍宝"。

所以其实如果想要获得某一个结构体里面的某一个成员的相对地址，随便写一个地址读者都可以办得到，例如：

```
&( ((some_struct *)0x1122FF00) -> some_member )
```

上面这个式子就是某结构体 some_struct 中某成员 some_member 基于地址 0x1122FF00 的相对地址，比如可能是 0x1122FF80，那么这个成员在该结构体中的偏移量就是 0x00000080。在这个过程中，编译器并不会真正让程序到地址 0x1122FF00 去找任何东西，地址 0x1122FF00 是我们随便杜撰出来的。

继续看如下代码。

```
vincent@ubuntu:~/Linux-2.6.35/include/Linux$ cat list.h -n
      ......
  371  #define list_for_each(pos, head) \
  372      for(pos = (head)->next; prefetch(pos->next), pos != (head); \
  373          pos = pos->next)
      ......
  385  #define __list_for_each(pos, head) \
  386      for (pos = (head)->next; pos != (head); pos = pos->next)
      ......
  403  #define list_for_each_safe(pos, n, head) \
  404      for (pos = (head)->next, n = pos->next; pos != (head); \
  405          pos = n, n = pos->next)
      ......
```

先看前面两个宏，它们都是用来向后迭代（iterate，即遍历）链表的，它们其实都是 for 循环，使用时只需提供我们需要迭代的链表表头指针 head 以及一个辅助变量 pos 即可，它们都会让 pos 从 head 开始往后迭代，不同的是：__list_for_each( ) 没有使用 prefetch 语句，这意味着 __list_for_each( ) 只用在已知链表非常短（如空链表或只有一个节点）的情况下，因此，除非是处理这样的最简单的链表迭代，否则推荐使用带有"预读取"（prefetch）功能的 list_for_each( )。

而第三个宏 list_for_each_safe( ) 则是专门用来迭代且删除链表节点的，当被遍历的当前节点被删除之后，就不能直接使用 pos = pos->next 这样的语句来继续迭代了，因为此时 pos 所在的节点已经被删除了，因此当涉及删除节点操作时，必须使用这个 safe 版本的迭代宏。在第 404 和 405 行可以看到，这个宏的迭代时使用了一个额外的变量 n 来预先保存 pos->next 的值，以避免刚刚所述的隐患。

如图 3-40 所示，pos 像"一阵风似的向右边跑去"，最终会兜个圈儿从左边跑回到 head 的位置，这就是所谓的迭代，也就是遍历。要注意的是：遍历的是小结构体指针，而不是大结构体指针，因此在得到 pos 指针之后，还需要调用 list_entry( ) 来获得大结构体指针。很容易想到，既然有向后迭代，就有向前迭代，请看代码：

```
vincent@ubuntu:~/Linux-2.6.35/include/Linux$ cat list.h -n
      ......
  393  #define list_for_each_prev(pos, head) \
  394      for(pos = (head)->prev; prefetch(pos->prev), pos != (head); \
  395          pos = pos->prev)
      ......
  413  #define list_for_each_prev_safe(pos, n, head) \
  414      for (pos = (head)->prev, n = pos->prev; \
  415          prefetch(pos->prev), pos != (head); \
  416          pos = n, n = pos->prev)
      ......
```

list_for_each_prev( ) 和 list_for_each( ) 一样，使用了 prefetch 来提高 CPU 缓存命中率，使用用来迭代节点数目较多的链表。而 safe 版本的 list_for_each_prev_safe( ) 的作用和 list_for_each_safe( ) 是完全一样的，不再赘述。

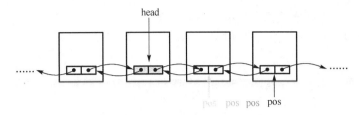

图 3-40　内核链表的遍历

刚提到过，通过上述方式迭代得到的都是小结构体指针，需要再次调用 list_entry( ) 来获得大结构体指针，但这两步动作也可以一步完成：使用 list_for_each_entry( ) 可以直接向后迭代并得到的是大结构体的指针 pos，使用 list_for_each_entry_prev( ) 则向前迭代。

其实现代码如下。

```
vincent@ubuntu:~/Linux-2.6.35/include/Linux$ cat list.h -n
......
424  #define list_for_each_entry(pos, head, member)              \
425    for(pos = list_entry((head)->next,typeof(*pos), member);  \
426     prefetch(pos->member.next),&pos->member != (head);       \
427     pos = list_entry(pos->member.next, typeof(*pos), member))
......
435  #define list_for_each_entry_reverse(pos, head, member)      \
436    for(pos = list_entry((head)->prev,typeof(*pos), member);  \
437     prefetch(pos->member.prev),&pos->member != (head);       \
438     pos = list_entry(pos->member.prev, typeof(*pos), member))
......
```

内核链表的核心操作就是这些，下面使用完全一样的思路，用 Linux 内核链表改造一遍 3.1.4 节中的 doubly_circle_list.c，请看代码：

```
vincent@ubuntu:~/ch03/3.1$ cat kernel_list.c -n
 1   #include <stdio.h>
 2   #include <stdbool.h>
 3   #include <stdlib.h>
 4   #include <unistd.h>
 5   #include <string.h>
 6   #include <strings.h>
 7
 8   #include "list.h"        //从内核 include/Linux/中复制过来的头文件 list.h
 9
10   #define SIZE 20
11   enum {insert, delete, move_p, move_n, quit};
12
13   typedef struct node      //包含了具体数据的 "大结构体"
14   {
15       int data;
16       struct list_head list; //被镶嵌在 struct node 中的 "小结构体"
17   }listnode, *linklist;
18
```

```
19   //初始化一个具有表头节点的空链表
20   linklist init_list(void)
21   {
22       linklist mylist = malloc(sizeof(listnode));
23       if(mylist != NULL)
24       {
25           INIT_LIST_HEAD(&mylist->list);        //使用内核代码
26       }
27       return mylist;
28   }
29
30   //创建一个新节点
31   linklist new_node(int data)
32   {
33       linklist new = malloc(sizeof(listnode));
34       if(new != NULL)
35       {
36           new->data = data;
37           new->list.prev = NULL;
38           new->list.next = NULL;
39       }
40       return new;
41   }
42
43   void show(linklist mylist)
44   {
45       linklist tmp;
46       struct list_head *pos;
47       int flag = 0;
48
49       list_for_each(pos, &mylist->list) //向后迭代得到小结构体指针 pos
50       {
51           tmp = list_entry(pos, listnode, list); //得到大结构体指针 tmp
52           printf("%s", flag==0 ? "" : "-->");
53           printf("%d", tmp->data);
54
55           flag = 1;
56       }
57       printf("\n");
58   }
59
60   //查找包含数据 data 的节点
61   linklist find_node(int data, linklist mylist)
62   {
63       if(list_empty(&mylist->list))
64           return NULL;
65
```

```
66        linklist pos;
67
68        list_for_each_entry(pos, &mylist->list, list)
69        {
70            if(pos->data == data)
71                return pos;
72        }
73        return NULL;
74    }
75
76    //解析用户输入
77    int parse(char buf[SIZE], int number[2])
78    {
79        if(!strcmp(buf, "\n"))
80            return 0;
81
82        char *p, delim[] = ", ";
83
84        p = strtok(buf, delim);
85        number[0] = atoi(p);
86
87        if(number[0] == 0)
88            return quit;
89
90        p = strtok(NULL, delim);
91        if(p != NULL)
92        {
93            if(p[0] == 'i')
94            {
95                number[1] = atoi(p+1);
96                return move_p;
97            }
98            else
99            {
100                number[1] = atoi(p);
101                return move_n;
102            }
103        }
104
105        return (number[0] > 0) ? insert : delete;
106    }
107
108    int main(void)
109    {
110        linklist mylist;
111        mylist = init_list();   //初始化一个空链表
112
```

```
113        char buf[SIZE];
114        int number[2], ret;
115        while(1)
116        {
117            bzero(buf, SIZE);
118            bzero(number, 2);
119
120            fgets(buf, SIZE, stdin);          //接受并解析用户输入
121            ret = parse(buf, number);
122
123            linklist new, tmp, p1, p2;
124            switch(ret)
125            {
126            case insert:                      //创建并插入新节点
127                new = new_node(number[0]);
128                list_add_tail(&new->list, &mylist->list);
129                break;
130
131            case delete:                      //删除节点
132                tmp = find_node(-number[0], mylist);
133                list_del(&tmp->list);
134                free(tmp);
135                break;
136
137            case move_p:                      //移动节点
138                p1 = find_node(number[0], mylist);
139                p2 = find_node(number[1], mylist);
140                list_move_tail(&p1->list, &p2->list);
141                break;
142
143            case move_n:                      //移动节点
144                p1 = find_node(number[0], mylist);
145                p2 = find_node(number[1], mylist);
146                list_move(&p1->list, &p2->list);
147                break;
148
149            case quit:                        //退出程序
150                exit(0);
151            }
152
153            show(mylist);
154        }
155
156        return 0;
157    }
```

以上内容从传统链表到内核链表都详细阐述了一遍，从各种操作方式可以看到，链表是一种对操作节点的位置没有任何限制的线性表，也就是说，我们可以按照具体的要求，在一

条链表的任意位置插入或删除一些节点。如果我们对链表节点的操作位置加以限制，就又会出现新的逻辑关系，欲知后事如何，且听下节分解。

3.2 线性表变异体

3.2.1 堆叠的盘子：栈

3.1.5 节做了这样一个铺垫，栈和队列都是对节点操作位置有要求的特殊的线性表：如果规定线性表的插入和删除操作都必须在线性表的一个端点进行，而不能在其他的任何位置进行，那么这样的线性表就称为栈。这时为了方便讨论，插入改称压栈，删除改称出栈。

可以想象，由于压栈和出栈都只能在一端进行，那么最后压栈的节点，实际上必然会被最先拿出来，栈的这种逻辑称为后进先出，英文名为 LIFO（Last In First Out）。栈实际上是一种常见的逻辑结构，比如日常生活中吃完饭之后洗碗，最后一个放上去的碗，下次吃饭最先被拿走，如图 3-41 所示。

我们可以使用顺序存储的方式来实现栈逻辑，这样的栈称为顺序栈；我们也可以使用链式存储的方式来实现栈的逻辑，这样的栈称为链式栈，存储结构的异同并不影响栈后进先出的特性。

下面用两个具体的例子，使用顺序栈和链式栈，各自来实现它们。

第一个例子：使用栈来实现十进制和八进制数据的转换。比如用户输入 123，程序就要输出 173，如图 3-42 所示。

图 3-41　吃完饭洗洗碗

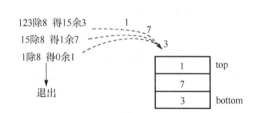

图 3-42　十进制转八进制

通过短除法，我们可以得到 123 每次除以 8 之前对 8 的余数，将这些余数一个一个地压栈，直到 123 被除完为止，然后再一个一个地出栈，由于栈刚好是 LIFO 的逻辑，因此压栈时是 371，出栈就必然是 173，刚好满足我们的十进制转八进制的要求。

顺序栈的实现，主要就是定义一块连续的内存来存放这些栈元素，同时为了方便管理，再定义一个整数变量来代表当前栈顶元素在此连续内存中的偏移量，这样即可很方便地知道栈的状态和当前栈顶元素的位置，便于压栈和出栈操作。将栈内存地址和栈顶元素偏移量放在一起，形成一个专门用来管理顺序栈的结构体，我们称之为管理结构体，如图 3-43 所示。

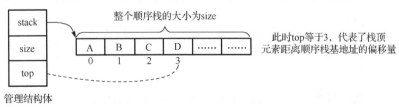

图 3-43　顺序栈

根据这样的思路，顺序栈可以用以下代码来表示：

```
struct sequent_stack      //栈的管理结构体
{
    int *stack;           //用 stack 指向一块连续的内存来存储栈元素
    int size;             //size 保存了该顺序栈的总大小
    int top;              //用 top 来指示栈顶元素的偏移量
};
```

有了顺序栈的管理结构体，接下来考虑如何初始化一个空顺序栈，一个空栈意味着栈中没有元素，首先将 stack 指向的内存清零，其次更重要的是将 top 置为-1，同时规定-1 为空栈的标志。这么做的好处是：压栈第一个元素之后，立即将 top 加 1 就会得到 0，而第一个元素就放在 stack 所指向的内存的开端处，偏移量刚好为 0。其初始化代码如下。

```
struct sequent_stack *init_stack(int size)       //参数 size 表明空栈的初始大小
{
    struct sequent_stack *s;
    s = malloc(sizeof(struct seqent_stack));     //申请栈管理结构体

    if(s != NULL)
    {
        s->stack = calloc(size, sizeof(int));    //申请栈空间，并由 stack 指向
        s->size = size;
        s->top = -1;                             //将栈顶偏移量置为-1，代表空栈
    }
    return s;
}
```

有了这个初始化好了的空栈，接下来就要为它设计诸如压栈、出栈、取栈顶、判断是否为空、判断是否已满等操作。先来看压栈，假设栈中已有一些元素，压栈的第一步首先要判断栈是否已满，如果已满就要考虑扩充栈空间或直接出错返回；如果未满，则需要将新的栈顶元素堆叠到原栈顶之上，以下是具体代码。

```
bool stack_full(struct sequent_stack *s)
{
    return s->top >= s->size-1;             //判断栈是否已满
}

bool push(struct sequent_stack *s, int data)
{
    if(stack_full(s))                       //如果栈已满，则出错返回
        return false;

    s->top++;
    s->stack[s->top] = data;
    return true;
}
```

而出栈操作，我们也保留其返回值作为操作是否成功的标志，因此得到的栈顶元素通过另一个参数来获得。另外，在出栈之前，需要判断栈是否为空。具体代码如下。

```
bool stack_empty(struct sequent_stack *s)
{
    return s->top == -1;                      //判断栈是否为空
}

bool pop(struct sequent_stack *s, int *p) //p指向存放栈顶元素的内存
{
    if(stack_empty(s))                        //如果栈为空，则出错返回
        return false;
    *p = s->stack[s->top];
    s->top--;
    return true;
}
```

最后，给出完整的 main 主函数，将以上的栈操作代码整合起来，完成十进制转八进制的功能（只处理正整数）。

```
int main(void)
{
    struct sequent_stack *s;
    s = init_stack(10);      //初始化一个具有 10 个元素空间的顺序栈

    int n;
    scanf("%d", &n);         //让用户输入一个需要转换的十进制数

    while(n > 0)
    {
        push(s, n%8);        //使用短除法将余数全部压栈
        n /= 8;
    }

    int m;
    while(!stack_empty(s))  //只要栈不为空，就继续循环
    {
        pop(s, &m);          //出栈并打印出来
        printf("%d", m);
    }
    printf("\n");

    return 0;
}
```

以上代码以顺序栈为例完整地展示了栈这种特殊的线性表的操作逻辑，同时栈也可以使用链式存储方式来实现，与顺序栈相似，我们也是使用一个结构体来统一管理链式栈的，只不过把一块连续的内存改成一个链表。

对于链式栈而言，同样也需要一系列基本操作：初始化、压栈、出栈、判断是否为空、判断是否已满等。首先，初始化一个空栈，意味着使得 top 指向 NULL，而 size 记为 0，如图 3-44 所示。

这个管理结构体的定义以及初始化的过程的代码如下：

```
struct node                                        //栈节点结构体
{
    int data;
    struct node *next;
};

struct linked_stack                                //栈管理结构体
{
    struct node *top;
    int size;
};

struct linked_stack *init_stack(void)
{
    struct linked_stack *s;
    s = malloc(sizeof(struct linked_stack));   //申请一个管理结构体

    if(s != NULL)
    {
        s->top = NULL;                          //j 将栈置空
        s->size = 0;
    }

    return s;
}
```

有了一个空栈之后，我们就可以向这个栈添加元素了，压栈首先需要一个新节点，然后将新的节点的 next 指针指向原来的栈顶，再让 top 指针指向该新的栈顶元素即可，如图 3-45 所示。

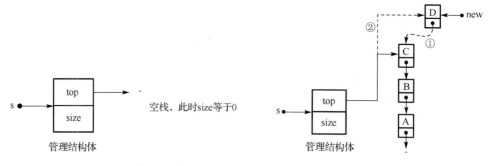

图 3-44　空的链式栈　　　　图 3-45　将新节点 new 压栈

其实现代码如下。

```
struct node *new_node(int data)                    //创建一个新的节点
{
    struct node *new;
    new = malloc(sizeof(struct node));

    if(new != NULL)
```

```
{
    new->data = data;
    new->next = NULL;
}

return new;
}
bool push(struct linked_stack *s, struct node *new)  //将新节点 new 压栈
{
    if(s == NULL || new == NULL)
        return false;

    new->next = s->top;    //第①步（见图 3-45）
    s->top = new;          //第②步
    s->size++;

    return true;
}
```

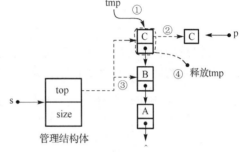

图 3-46　将栈顶元素出栈

对于出栈来说，首先要判断栈是否为空，如果不为空，则先要用一个指针 tmp 来保存原栈顶元素的地址，然后返回栈顶元素，再将 top 指针指向下一个元素，最后要注意释放 tmp 所指向的原栈顶元素的内存空间。具体步骤如图 3-46 所示。

其实现代码如下。

```
bool pop(struct linked_stack *s, int *p)
{
    if(s == NULL || p == NULL || stack_empty(s))
        return false;

    struct node *tmp = s->top;     //第①步
    *p = tmp->data;                //第②步

    s->top = s->top->next;         //第③步
    free(tmp);                     //第④步
    s->size--;

    return true;
}
```

下面使用链式栈来实现经典游戏：汉诺塔，如图 3-47 所示。汉诺塔（又称河内塔）问题是印度的一个古老传说：开天辟地的神（勃拉玛）在一个庙里留下了三根金刚石的棒，第一根棒上面套着 64 个圆的金片，最大的一个在底下，其余一个比一个小，依次叠上去。庙里的众僧不倦地把它们一个个地从这根棒搬到另一根棒上，规定可利用中间的一根棒作为帮助，但每次只能搬一个，而且大的不能放在小的上面。

注意这个问题的规定：每次只能拿最上面的一个，然后

图 3-47　汉诺塔

放的时候也必须放到最上面，这个逻辑其实就是栈。要解决这个问题，可以将这个问题"递归化"：假设有 *n* 个汉诺塔在 A 号柱子上，那么解题的步骤如下。

第①步：将 A 上面的 *n*–1 个汉诺塔先搬到 C 上。

第②步：直接将 A 最底下的那块汉诺塔出栈，然后直接在 B 上压栈。

第③步：再把 *n*–1 个汉诺塔从 C 搬到 B 上。

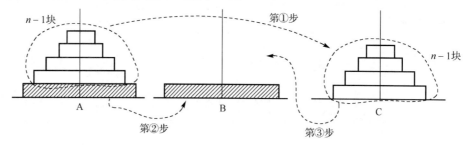

图 3-48　汉诺塔的解题步骤

关键是如何才能将 *n*–1 块汉诺塔从 A 搬到 C 呢？会马上发现：这是一个递归问题。递归算法和原先的问题是一模一样的，因此，这个搬移汉诺塔的代码大概是这样的：

```
void hanoi(int n, stack A, stack B, stack C)
{
    if(n < 1)
        return;                    //如果汉诺塔的个数小于 1，则无须运算直接返回

    hanoi(n-1, A, C, B);    //第①步：将 n-1 块汉诺塔从 A 搬到 C 借助于 B
    pop(A, &tmp);           //第②步：将最底层的汉诺塔从 A 搬到 B
    push(B, tmp);
    hanoi(n-1, C, B, A);    //第③步：将 n-1 块汉诺塔从 C 搬到 B 借助于 A
}
```

应该这么正确理解函数 hanoi 的含义：将 *n* 块汉诺塔从 A 搬到 B，借助于 C。对于一个递归的问题，站在 hanoi 的角度，不要再去深究如何先移动 *n*–1 块汉诺塔的问题，因为这个小问题恰恰就是 hanoi 本身的任务。

以下给出该范例的完整代码。

```
vincent@ubuntu:~/ch03/3.2$ cat hanoi_stack.c -n
    1  #include <stdio.h>
    2  #include <unistd.h>
    3  #include <stdlib.h>
    4  #include <stdbool.h>
    5
    6  struct node                    //链式栈节点
    7  {
    8      int data;
    9      struct node *next;
   10  };
   11
   12  struct linked_stack            //链式栈的管理结构体
```

```
13   {
14        struct node *top;              //栈顶元素指针
15        int size;                      //当前栈元素总数
16   };
17
18   struct linked_stack *s1, *s2, *s3;   //定义成全局变量是为了方便打印
19
20   bool stack_empty(struct linked_stack *s)        //判断栈是否为空
21   {
22        return s->size == 0;
23   }
24
25   struct node *new_node(int data) //创建一个新的节点
26   {
27        struct node *new = malloc(sizeof(struct node));
28        if(new != NULL)
29        {
30            new->data = data;
31            new->next = NULL;
32        }
33        return new;
34   }
35   //将新节点 new 压入栈 s 中
36   bool push(struct linked_stack *s, struct node *new)
37   {
38        if(new == NULL)
39            return false;
40
41        new->next = s->top;
42        s->top = new;
43        s->size++;
44
45        return true;
46   }
47   //从栈 s 中取出栈顶元素
48   bool pop(struct linked_stack *s, struct node **p)
49   {
50        if(stack_empty(s))
51            return false;
52
53        *p = s->top;
54        s->top = s->top->next;
55        (*p)->next = NULL;
56        s->size--;
57
58        return true;
59   }
```

```
60
61    void show(struct linked_stack *s1,
62          struct linked_stack *s2,
63          struct linked_stack *s3)  //纵向同时显示 3 个链栈数据
64    {
65        int maxlen, len;
66
67        maxlen = s1->size > s2->size ? s1->size : s2->size;
68        maxlen = maxlen > s3->size ? maxlen : s3->size;
69        len = maxlen;
70
71        struct node *tmp1 = s1->top;
72        struct node *tmp2 = s2->top;
73        struct node *tmp3 = s3->top;
74
75        int i;
76        for(i=0; i<maxlen; i++)
77        {
78            if(tmp1 != NULL && len <= s1->size)
79            {
80                printf("%d", tmp1->data);
81                tmp1 = tmp1->next;
82            }
83            printf("\t");
84
85            if(tmp2 != NULL && len <= s2->size)
86            {
87                printf("%d", tmp2->data);
88                tmp2 = tmp2->next;
89            }
90            printf("\t");
91
92            if(tmp3 != NULL && len <= s3->size)
93            {
94                printf("%d", tmp3->data);
95                tmp3 = tmp3->next;
96            }
97            printf("\n");
98
99            len--;
100       }
101       printf("s1\ts2\ts3\n---------------\n");
102   }
103
104   void hanoi(int n, struct linked_stack *ss1,
105             struct linked_stack *ss2,
106             struct linked_stack *ss3)
107   {
```

```
108     if(n <= 0)
109         return;
110
111     struct node *tmp;
112
113     hanoi(n-1, ss1, ss3, ss2); //第①步：将 n-1 个汉诺塔从 s1 移到 s3
114     getchar();
115     show(s1, s2, s3);
116     pop(ss1, &tmp);                //第②步：将最底层汉诺塔从 s1 移动到 s2
117     push(ss2, tmp);
118     hanoi(n-1, ss3, ss2, ss1); //第③步：将 n-1 个汉诺塔从 s3 移到 s2
119 }
120 //初始化一个空的链栈
121 struct linked_stack *init_stack(void)
122 {
123     struct linked_stack *s;
124     s = malloc(sizeof(struct linked_stack)); //申请链栈管理结构体
125
126     if(s != NULL)
127     {
128         s->top = NULL;
129         s->size = 0;
130     }
131     return s;
132 }
133
134 int main(void)
135 {
136     printf("how many hanois ? ");
137     int hanois;
138     scanf("%d", &hanois);
139
140     s1 = init_stack();             //初始化 3 个链栈，用来表示 3 根金刚石柱子
141     s2 = init_stack();
142     s3 = init_stack();
143
144     int i;
145     for(i=0; i<hanois; i++)        //在第一个栈中压入 n 个数，代表汉诺塔
146     {
147         struct node *new = new_node(hanois-i);
148         push(s1, new);
149     }
150
151     hanoi(hanois, s1, s2, s3); //使用递归算法移动这些汉诺塔
152     show(s1, s2, s3);              //显示移动之后的汉诺塔形状
153
154     return 0;
155 }
```

3.2.2　文明的社会：队列

队列是一种在日常生活中每个人都习以为常的逻辑，上车需要排队、购票需要排队、取钱需要排队，任何文明场所我们都应该排队，因为排队意味着先来后到，讲究秩序，队列这种逻辑结构是如何使得数据的进出那么有秩序的呢？

奥秘就在于，我们对队列里的元素操作是有严格限制的：插入一个新节点，必须插入指定的一端，而删除一个已有节点，则必须在另一端进行。当我们对一个线性表严格地执行这样的限制的话，这种线性表就是一种特殊的线性表，称之为队列。为了方便描述，将队列的插入称为入队，删除称为出队。可以插入节点的那一端称为队尾，另一端则称为队头，如图 3-49 所示。

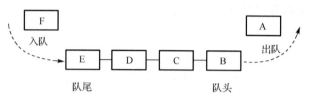

图 3-49　队列的逻辑

队列这种逻辑结构同样可以使用顺序存储或使用链式存储，使用顺序存储时，由于出队、入队分别在两端进行，为了避免数据的成片移动造成效率损失，可以考虑使用两个分别指示队头和队尾的偏移量来辅助队列操作。而对于链式存储来说，也可以使用类似的组织方式，用队头和队尾指针来分别指向相应的节点，以方便操作。

下面分别就两种常用队列基本操作进行详细讲解。首先来看顺序队列，我们采用一片连续的内存来存放队列元素，使用两个分别代表队头和队尾距离队列基地址的偏移量来控制队列，另外可以再加上队列当前元素个数等信息，其管理形态如图 3-50 所示。

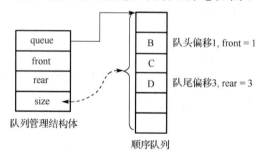

图 3-50　顺序队列

具体管理结构体设计和初始化的代码如下。

```
vincent@ubuntu:~/ch03/3.2$ cat sequent_queue.c -n
    1   #include <stdio.h>
    2   #include <stdlib.h>
    3   #include <stdbool.h>
    4
    5   typedef int datatype;
    6
    7   typedef struct              //队列管理结构体
```

```
8   {
9       datatype *queue;            //队列指针
10
11      unsigned int size;          //队列空间大小
12      int front;                  //队头元素偏移量
13      int rear;                   //队尾元素偏移量
14  }sequent_queue;
15
16  sequent_queue *init_queue(unsigned int size) //初始化一个空队列
17  {
18      //申请一块管理结构体内存
19      sequent_queue *q = malloc(sizeof(sequent_queue));
20      if(q != NULL)
21      {
22          q->queue = calloc(size, sizeof(datatype)); //申请队列内存
23          q->size = size;
24          q->front = 0;
25          q->rear  = 0;
26      }
27      return q;
28  }
```

由上述初始化代码 init_queue( )所得到的空队列，如图 3-51 所示。

注意，初始化一个空的顺序队列时，我们只需要使得队头和队尾偏移量相等即可，不一定非要等于 0，后期在判断队列是否为空时，判断的依据就是 front 是否等于 rear，而它们究竟指示了顺序队列中的哪个地方是无所谓的，因为我们即将看到，我们会循环地利用这个顺序存储的空间。

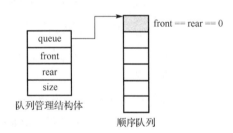

图 3-51　空的顺序队列

接下来看入队操作。假如现在有一个元素要入队，那么我们就让其排在原队列的队尾处（不能插队，这才合理），于是我们让 rear 往后增加一个偏移量，让数据 A 入队，紧接着让数据 B、数据 C 等依次入队，rear 不断向后偏移，如图 3-52 所示。

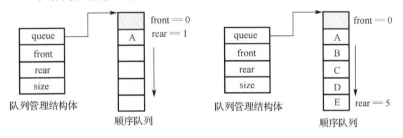

图 3-52　顺序队列的入队操作

注意，此时虽然顺序队列中还有一个位置是空着的（front 所指示的位置），但这个位置目前不能使用，因为如果将数据再填入这个地方，那么 front 和 rear 又再一次相等，而这两者相等恰恰是判断队列是否为空的标志，事实上此时队列已经满了。

要继续入队数据，必须先让队列中的元素出队一些，腾出空间才可以，如图 3-53 所示。

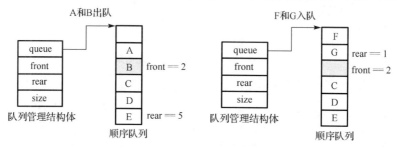

图 3-53 顺序队列的出队操作

必须注意的是，由于我们要"循环"地利用顺序队列的空间，因此在 A 和 B 出队之后，F 和 G 理应可以重复利用它们的空间，这就要求在给 rear 增量的同时必须保证 rear 的范围要落在 size 之内，于是入队的代码如下。

```
vincent@ubuntu:~/ch03/3.2$ cat sequent_queue.c -n
    ......
40  bool en_queue(sequent_queue *q, datatype data)
41  {
42      if(queue_full(q))
43          return false;
44
45      q->rear = (q->rear+1) % q->size; //结果要对 size 求余
46      q->queue[q->rear] = data;
47
48      return true;
49  }
```

入队操作中最关键的地方就是第 45 行，rear 往后继续偏移时必须对 size 求余，以保证结果一定落在 0～size-1 之间，这是正确的顺序队列空间的偏移量。同理，出队时也必须使得 front 落在合法的范围之内，因此每次出队操作更新 front 也必须对 size 求余。

```
vincent@ubuntu:~$ cat sequent_queue.c -n
    ......
51  bool de_queue(sequent_queue *q, datatype *pdata)
52  {
53      if(queue_empty(q))
54          return false;
55
56      q->front = (q->front+1) % q->size; //结果要对 size 求余
57      *pdata = q->queue[q->front];
58      return true;
59  }
```

这样，就使得顺序队列可以被循环地利用起来，front 和 rear 不断递增且每一次都对 size 求余，只要它们两者相等就代表队列为空，而如果 rear 紧挨着 front 即表示队列已满，具体代码如下。

```
vincent@ubuntu:~$ cat sequent_queue.c -n
    ......
30   bool queue_full(sequent_queue *q)        //判断队列是否已满
31   {
32       return q->front == (q->rear+1) % q->size;
33   }
34
35   bool queue_empty(sequent_queue *q)       //判断队列是否为空
36   {
37       return q->front == q->rear;
38   }
```

最后，按照惯例，用一个简单的范例将上述代码贯穿起来：程序一开始自动初始化一个顺序队列，然后当用户输入整数则依次入队，并打印队列的各元素；当用户输入字母则将队头出队，也打印队列的各元素，程序无限循环。上面已经给出了一部分代码，剩下的主函数和打印函数如下。

```
vincent@ubuntu:~/ch03/3.2$ cat sequent_queue.c -n
    ......
61   void show(sequent_queue *q)
62   {
63       if(queue_empty(q))
64           return;
65
66       int tmp = (q->front + 1) % q->size;
67       int flag = 0;
68
69       while(tmp != q->rear)
70       {
71           printf("%s%d", flag==0 ? "" : "-->", q->queue[tmp]);
72           tmp = (tmp+1) % q->size;
73           flag = 1;
74       }
75       printf("%s%d\n", flag==0 ? "" : "-->", q->queue[tmp]);
76   }
77
78   int main(void)
79   {
80       sequent_queue *q;
81       q = init_queue(10);
82
83       int n, m, ret;
84       while(1)
85       {
86           ret = scanf("%d", &n);
87           if(ret == 1)
88           {
89               en_queue(q, n);
```

```
 90              }
 91              else if(ret == 0)
 92              {
 93                  de_queue(q, &m);
 94                  while(getchar() != '\n');
 95              }
 96              show(q);
 97          }
 98
 99          return 0;
100      }
```

将上述代码稍加整理，写在一个文件中即可编译运行。

除了顺序队列，下面就来看链式队列。逻辑都是一样的，就是数据的组织方式不同，同样需要一个所谓的管理结构体来统筹，如图 3-54 所示。

而入队操作和出队操作也很简单，入队操作时需要着重注意：第一个入队的元素要额外处理，因为一开始 front 和 rear 都是 NULL，不能进行任何的接引用。出队操作需要注意：如果出队的元素是队列中的唯一的元素，那么队头和队尾指针都必须置空。

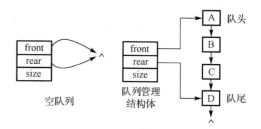

图 3-54　链式队列的组织方式

使用链式队列实现与顺序队列一样的范例：用户输入整数则入队，字母则出队，其实现代码如下。

```
vincent@ubuntu:~/ch03/3.2$ cat linked_queue.c -n
 1   #include <stdio.h>
 2   #include <stdlib.h>
 3   #include <stdbool.h>
 4
 5   typedef int datatype;
 6
 7   struct node                      //队列节点
 8   {
 9       datatype data;
10       struct node *next;
11   };
12
13   typedef struct                   //管理结构体
14   {
15       struct node *front;
16       struct node *rear;
17       unsigned int size;
18   }linked_queue;
19
20   linked_queue *init_queue(void) //初始化一个空队列
```

```
21  {
22      linked_queue *q = malloc(sizeof(linked_queue));
23      if(q != NULL)
24      {
25          q->front = q->rear = NULL;
26          q->size = 0;
27      }
28      return q;
29  }
30
31  struct node *new_node(datatype data)        //创建一个新节点
32  {
33      struct node *new = malloc(sizeof(struct node));
34      if(new != NULL)
35      {
36          new->data = data;
37          new->next = NULL;
38      }
39      return new;
40  }
41
42  bool queue_empty(linked_queue *q)           //判断队列是否为空
43  {
44      return q->size == 0;
45  }
46
47  bool en_queue(linked_queue *q, struct node *new)   //入队
48  {
49      if(new == NULL)
50          return false;
51
52      if(queue_empty(q))                      //如果是第一个节点，要额外处理
53      {
54          q->front = q->rear = new;
55      }
56      else
57      {
58          q->rear->next = new;
59          q->rear = new;
60      }
61
62      q->size++;                  //size 记录了当前队列的元素个数，入队需加 1
63      return true;
64  }
65
66  bool singular(linked_queue *q)      //判断队列是否刚好只剩一个元素
67  {
```

```
68        return (!queue_empty(q)) && (q->front == q->rear);
69   }
70
71   bool de_queue(linked_queue *q, struct node **p)  //出队
72   {
73        if(queue_empty(q))                    //如果队列为空，则立即出错返回
74            return false;
75
76        struct node *tmp = q->front;
77
78        if(singular(q))            //如果队列只剩一个节点，则出队之后队列被置空
79        {
80            q->front = q->rear = NULL;
81        }
82        else
83        {
84            q->front = q->front->next;
85        }
86
87        if(p != NULL)             //p 如果不为 NULL，则使 *p 指向原队头元素
88        {
89            tmp->next = NULL;
90            *p = tmp;
91        }
92        else                      //p 如果为 NULL，则直接释放原队头元素
93        {
94            free(tmp);
95        }
96        q->size--;
97
98        return true;
99   }
100
101  void show(linked_queue *q) //显示队列元素
102  {
103        if(queue_empty(q))
104            return;
105
106        struct node *tmp = q->front;
107
108        while(tmp != NULL)
109        {
110            printf("%d\t", tmp->data);
111            tmp = tmp->next;
112        }
113        printf("\n");
114  }
```

```
115
116    int main(void)
117    {
118        linked_queue *q;
119        q = init_queue();                   //初始化一个空队列
120
121        int n, ret;
122        while(1)
123        {
124            ret = scanf("%d", &n);          //接收用户输入
125
126            if(ret == 1)                    //如果输入的是整数，则将该整数入队
127            {
128                struct node *new = new_node(n);
129                en_queue(q, new);
130                show(q);
131            }
132            else if(ret == 0)               //如果输入非整数，则将队头元素出队
133            {
134                struct node *tmp;
135                de_queue(q, &tmp);
136                show(q);
137                while(getchar() != '\n');
138            }
139        }
140
141        return 0;
142    }
```

3.3　小白慎入：非线性结构

非线性数据结构的特征是：节点之间的关系不再是一对一的，而是一对多甚至是多对多的（参考图 3-1）。在 Linux 当中，最重要的非线性数据逻辑是一种自平衡的搜索二叉树，即所谓的红黑树（Red-Black Tree）。本节从非线性的基本概念讲起，详细剖析二叉树的核心操作技术，详细探讨二叉树搜索特性和自平衡性的建立，并且由此为切入点，带领读者深入图解 Linux 内核的红黑树数据逻辑及其应用场合。读者看完之后不仅能读懂内核非线性算法的代码，领略其设计的美感，而且可以直接将 Linux 源码摘出来，在自己的应用程序中据为己用。

3.3.1　基本概念

第一个需要搞清楚的问题是树的概念，数据逻辑中之所以会引入"树"，是借用日常生活中树这种植物的"分支"概念。我们知道：一棵正常的树，随着不断地生长，树干会长出枝杈，枝杈又会分出更小的枝丫，一直分到叶子为止，如图 3-55 所示。

逻辑上的树，指的是组织结构的一种特殊关系，具体来说是指这一堆数据中包含一个称

之为根的节点，其他节点又组成了若干棵树，成为根节点的后继。请注意上述措辞，树的定义是一种递归的定义，即定义本身又包含了定义。数据逻辑上的树一般习惯"倒着"画，即其根在上面，分支和叶子在下面，其示意图如图 3-56 所示。

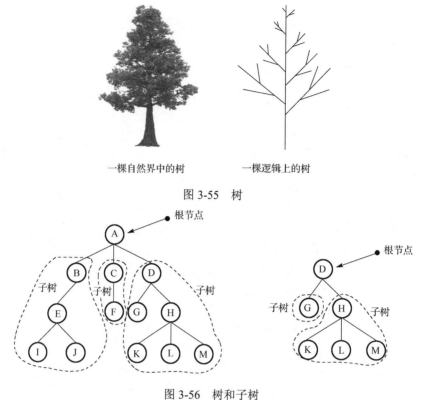

图 3-55　树

图 3-56　树和子树

由图 3-56 可知，树的根节点及其子树都是相对的概念，在任何一棵树中都有一个根节点，而这棵树本身又可以是别的树的子树。树的基本概念如下。

（1）双亲（Parent）和孩子（Children）：一个节点的后继节点称为该节点的孩子，相应该节点称为这些孩子的双亲。比如图 3-56 中的 A 是 B、C 和 D 的双亲，而 B、C 和 D 都是 A 的孩子。

（2）兄弟（Sibling）：拥有共同双亲的节点互为兄弟节点。比如 I 和 J，或 K、L 和 M。

（3）节点的度（Degree）：一个节点的孩子个数，称为该节点的度。比如 A 的度为 3，而 C 的度为 1。

（4）节点的层次（Level）：人为规定树的根节点的层次为 1，它的后代节点的层次依次加 1。比如节点 A 的层次为 1，而节点 B、C 和 D 的层次均为 2，节点 E、F、G 和 H 为 3，以此类推。

（5）树的高度（Height）：树中节点层次的最大值。比如在以 A 为根的树中，节点层次的最大值为 4，因此以 A 为根的树的高度是 4。树的高度也称为树的深度（Depth），树的高度是后面衡量一棵树平衡性的重要依据。

（6）终端节点（Terminal）：所谓的终端当然指的是最末端的叶子（Leaf）节点，严格的定义是度为 0 的节点。比如 I、J、K、L、M 都是叶子。

上述是树逻辑的基本概念，简单了解即可。在各种不同的树中，二叉树是最基本又是最重要的，什么是二叉树呢？

既然名字叫二叉，没什么意外当然就是两个分叉的树了，这个猜想是对的。请看如图 3-57
所示的几棵树。

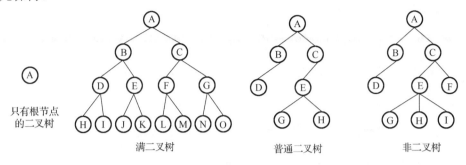

图 3-57　各种二叉树

图 3-57 中，最右边的树中节点 E 有 3 个孩子，有 3 个分叉，因此它不是二叉树，而左边
的几棵树，每一个节点都不超过 2 个孩子，都是二叉树。二叉树其实是有严格的数学定义的：
所谓二叉树，指的是任意节点的度小于或等于 2 的有序树。第一个条件满足了还不够，还必
须是一棵有序树，即节点的孩子是有次序的，哪怕只有一个孩子，也要严格区分左右两个分
叉。比如图 3-57 中普通二叉树的节点 B，它只有一个孩子节点 D，而且 D 是其左孩子，那么
这棵树就是一棵二叉树了。

另外，图 3-57 中第二棵树还是一棵所谓的满二叉树，因为其节点的个数达到了 4 层的最
大值 15，即如果一棵二叉树有 K 层，而它的节点个数达到最大值 2^K-1 个的话，那么这棵二
叉树称为满二叉树。

一棵对节点的分布没有任何约定的二叉树是没有实际用途的，比如要在二叉树中查找某
一个节点，如果没有约定任何规律，那么也许只能在树中一通乱找，这样的效率甚至连普通
链表都比不上。因此，我们一般都会对填入二叉树的节点做出约束，使之在查找性能上更加
快速，这就是 3.3.2 节将要讲的二叉搜索树（Binary Search Tree），而后面继续深入探讨的 AVL
树以及 Linux 内核红黑树，则是在自平衡性上做文章，使之性能更强劲。后面的内容将这些
细节进行详细剖析。

后续都是对各种树的讨论，以下 head4tree.h 是通用头文件。

```
vincent@ubuntu:~/ch03/3.3$ cat head4tree.h -n
    1  #ifndef _HEAD4TREE_H_
    2  #define _HEAD4TREE_H_
    3
    4  /*
    5   * Any application applying this linked-tree data structure should
    6   * define the macro "TREE_NODE_DATATYPE" before include this head
    7   * file, otherwise, the macro will be defined to 'int' as follow.
    8   *
    9   */
   10
   11  #ifndef TREE_NODE_DATATYPE
   12  #define TREE_NODE_DATATYPE int //树节点中的数据类型默认为 int
   13  #endif
   14
```

```
15   #include "commonheader.h"
16
17   #define MAX(a, b) ({ \
18           typeof(a) _a = a; \
19           typeof(b) _b = b; \
20           (void)(&_a == &_b);\
21           _a > _b? _a : _b; \
22           })
23
24   typedef TREE_NODE_DATATYPE tn_datatype;
25
26   typedef struct _tree_node
27   {
28       tn_datatype data;    //树节点中的数据类型，可通过第 11 行的宏来定义
29       struct _tree_node *lchild;
30       struct _tree_node *rchild;
31   #ifdef SELF_BALANCING
32       int height;               //当树需要自平衡特性时，需要定义此成员
33   #endif
34
35   }treenode, *linktree;
36
37   static int height(linktree root)    //获取以 root 为根的树的高度
38   {
39       if(root == NULL)                //空树的高度为 0
40           return 0;
41
42       #ifdef SELF_BALANCING   //如果是一棵自平衡树，则直接返回其高度
43       return root->height;
44       #else                   //如果是一棵非自平衡树，则递归求得其高度
45       return MAX(height(root->lchild), height(root->rchild)) + 1;
46       #endif
47   }
48   //前序、中序、后序和按层遍历函数
49   void pre_travel(linktree, void *(*handler)(void *), void *arg);
50   void mid_travel(linktree, void *(*handler)(void *), void *arg);
51   void post_travel(linktree, void *(*handler)(void *), void *arg);
52   void level_travel(linktree, void *(*handler)(void *), void *arg);
53
54   //二叉搜索树操作方法
55   linktree bst_insert(linktree root, linktree new);
56   linktree bst_remove(linktree root, tn_datatype data);
57   linktree bst_find(linktree root, tn_datatype data);
58
59   //AVL 树操作方法
60   linktree avl_insert(linktree root, tn_datatype data);
61   linktree avl_remove(linktree root, tn_datatype data);
```

```
62    linktree left_rotate(linktree root);
63    linktree right_rotate(linktree root);
64    linktree left_right_rotate(linktree root);
65    linktree right_left_rotate(linktree root);
66
67    //创建一个新节点
68    static linktree new_node(tn_datatype data, linktree l, linktree r)
69    {
70        linktree new = malloc(sizeof(treenode));
71        if(new != NULL)
72        {
73            new->data = data;
74            new->lchild = l;
75            new->rchild = r;
76
77            #ifdef SELF_BALANCING
78            new->height = 1;
79            #endif
80        }
81        return new;
82    }
83
84    #endif
```

3.3.2　玩转 BST

BST 就是二叉搜索树（Binary Search Tree）的简称，因此毫无疑问 BST 也是二叉树，对于二叉树而言，和线性表的实现一样，我们也必须设计其数据节点，而且也必须设计其诸如插入、删除等操作。由于一般二叉树使用顺序存储会不可避免地浪费存储空间，因此我们一般都采用链式存储来表达一棵二叉树，如图 3-58 所示。

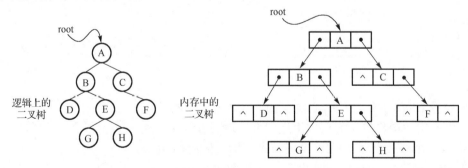

图 3-58　二叉树的链式存储方式

BST 之所以称为二叉搜索树，是因为我们对其节点的存放位置做出严格的规定，从而来提高其搜索性能。BST 规定：在任何子树中，根节点必须大于其左子树中任意的节点，且必须小于其右子树中任意的节点，换句话说必须满足"小—中—大"的逻辑次序，如图 3-59 所示。

树节点的设计，包含了 3 个要素：数据域、左孩子指针和右孩子指针，其代码如下。

```
typedef int datatype;
```

```
struct node                        //二叉树节点
{
    datatype data;                 //数据域
    struct node *lchild;           //左孩子指针
    struct node *rchild;           //右孩子指针
};
```

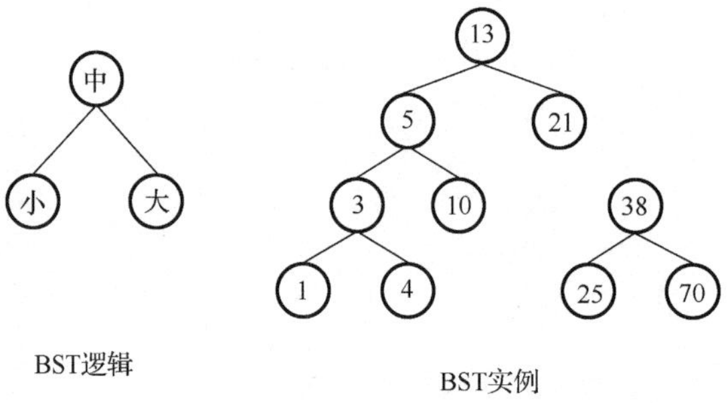

图 3-59   BST 示例

有了树的节点结构体，就可以写出初始化一棵空 BST 和产生一个新节点的代码了。

```
struct node *init_tree(void)           //初始化一棵空 BST
{
    return NULL;
}

struct node *new_node(datatype data)   //产生一个新的节点
{
    struct node *new = malloc(sizeof(struct node));   //申请节点空间
    if(new != NULL)
    {
        new->data = data;              //给节点里面的数据域和指针域分别赋值
        new->lchild = NULL;
        new->rchild = NULL;
    }
    return new;
}
```

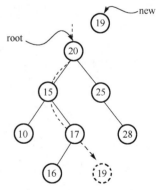

下面讨论 BST 的插入算法，注意，由于树本身是一种递归的结构，因此它的操作算法都可以用递归来实现。假设在一棵 BST 中插入一个新节点 19，那么从根节点开始，依次与 20、15、17 比较，最终定位到 17 的右孩子，过程如图 3-60 所示。

这个插入的过程，其实是一个递归的算法，当发现新节点比根节点大或小之后，下一步是插入其左子树或右子树（假设不允许出现相等的节点），这时只需递归地调用自己即可，代码如下。

图 3-60   BST 的插入算法

```
struct node *bst_insert(struct node *new, struct node *root)
{
```

```
    if(new == NULL)                     //如果新节点为空，则直接返回原树根指针
        return root;
    else if(root == NULL)           //否则，如果树为空，则返回此新节点作为树的根
        return new;

    if(new->data > root->data)  //如果新节点比根大，则插入根的右孩子
    {
        root->rchild = bst_insert(new, root->rchild);
    }
    else if(new->data < root->data)  //否则如果新节点比根小，则插入左孩子
    {
        root->lchild = bst_insert(new, root->lchild);
    }
    else                                //出现相等的节点则放弃
    {
        printf("%d is already exist.\n", new->data);
    }

    return root;
}
```

当有了一棵 BST 之后，就可以考虑树的查找了。对于 BST
来说查找是相当简单的，只需要从根节点开始，将要查找的节点
与根节点比较，如果相等就找到了，如果比根节点小，那么就去
其左子树找（显然也是使用递归算法），如果比根节点大就去其
右子树找。其查找过程就是一个从根节点到叶子节点的路径，如
果找到叶子都没找到，就代表查找失败，如图 3-61 所示。

图 3-61 中显示了在一棵 BST 中查找节点 16 的过程，先将它与
树的根节点相比较，发现比 20 要小，根据 BST 的定义，那么接下
来只能去 20 的左孩子中去找，于是沿着左孩子的路径递归地调用
自己，当发现 16 比左孩子的根节点 15 大时，根据 BST 的定义，
沿着 15 的右孩子继续递归地调用自己，以此类推，代码如下。

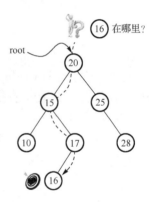

图 3-61　BST 的查找算法

```
//在以 root 为根的树中查找节点 data，返回指向节点 data 的指针
struct node *find_node(datatype data, struct node *root)
{
    if(tree_empty(root))                //如果树为空，则直接返回 NULL
        return NULL;

    if(data < root->data)               //如果比根节点小，则递归地去左孩子树找
        return find_node(data, root->lchild);
    else if(data > root->data)          //如果比根节点大，则递归地去右孩子树找
        return find_node(data, root->rchild);
    else
        return root;                    //如果不大不小，那 root 就刚好是要找的节点了
}
```

最后来看删除的情况，BST 树的删除比插入稍微复杂一点，具体过程是这样的：先根据查找算法的思路，找到要删除的节点，然后判断待删除的节点的子树情况，具体如下。

（1）如果待删除节点有左子树，那么就将其左子树中的最大的节点替换该节点。具体步骤如下。

第①步：递归地找到待删除节点。

第②步：找到其左子树中最大的节点（即最右下角的那个节点），用 tmp 指向。

第③步：将 tmp 替换 root。

第④步：调用删除函数递归地在 root 的左子树中删除节点 tmp。

其示意图如图 3-62 所示。

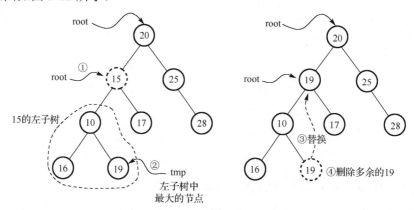

图 3-62　BST 的删除算法（1）

注意，这里有两个问题要解释。首先是 root 指针究竟指向哪里的问题，root 一开始指向了整棵树的根节点，然后随着查找递归法的演进，root 沿着从根到叶子的路径一路走下来，所以 root 指针并不是一直指向某一个节点，而是会随着查找的过程不断地向叶子移动，如图 3-63 所示。

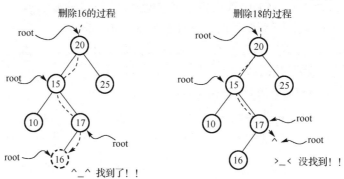

图 3-63　根节点的相对性

其次是要注意第④步，读者可能会纳闷为什么不是直接释放 19 就行了？而还要递归地调用删除函数？原因是 19 这个节点虽然一定没有右子树（如果有的话它就不是最大的了），但它可能有左子树，如果确实有左子树，那么就不能直接删除这个多余的 19 了。

（2）如果待删除节点只有右子树，那么就将其右子树中的最小的节点替换该节点。具体步骤如下。

第①步：找到待删除节点，假设用 delete 指向。

第②步：找到其右子树中最小的节点（即最左下角的那个节点），用 tmp 指向。

第③步：将 tmp 替换 delete。

第④步：调用删除函数递归地在 delete 的右子树中删除节点 tmp。

其示意图如图 3-64 所示。

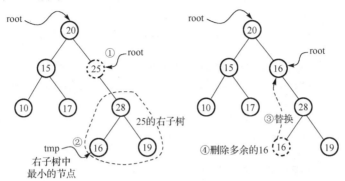

图 3-64　BST 的删除算法（2）

可以看到，只有右子树的情况与有左子树的情况是完全对称的。

（3）如果该节点是一个叶子节点，即可直接删除，这是最简单的情况，具体步骤如下。

第①步：找到待删除节点，假设用 delete 指向。

第②步：删除 delete 节点。

其示意图如图 3-65 所示。

以上 3 种情况是找到了要删除的节点的情况，如果找不到要删除的节点，则返回为 NULL，详细代码实现如下。

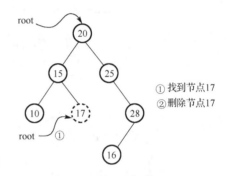

图 3-65　BST 的删除算法（3）

```
//在以 root 为根的树中删除节点 data，返回删除之后的树的根
struct node *remove_node(datatype data, struct node *root)
{
    if(root == NULL)              //如果递归到 root 为空还找不到 data，则返回 NULL
        return root;

    //第①步，寻找待删除节点
    if(data < root->data)        //如果 data 比根小，则到其左子树中去找
        root->lchild = remove_node(data, root->lchild);
    else if(data > root->data)   //如果 data 比根大，则到其右子树中去找
        root->rchild = remove_node(data, root->rchild);

    else            //如果不大也不小，那 root 就是要删除的节点了，这时分 3 种情况
    {
        struct node *tmp;
        if(root->lchild != NULL)  //（1）如果 root 有左子树，则选其最大值来替换
        {
            //第②步，找到左子树中最大的节点
            for(tmp=root->lchild; tmp->rchild!=NULL;tmp=tmp->rchild);
```

```
            //第③步，替换
            root->data = tmp->data;

            //第④步，递归地删除多余的 tmp
            root->lchild = remove_node(tmp->data, root->lchild);
        }
        else if(root->rchild != NULL) //（2）如果有右子树，则选其最小值替换
        {
            //第②步，找到右子树中最小的节点
            for(tmp=root->rchild; tmp->lchild!=NULL;tmp=tmp->lchild);

            //第③步，替换
            root->data = tmp->data;

            //第④步，递归地删除多余的 tmp
            root->rchild = remove_node(tmp->data, root->rchild);
        }
        else //（3）如果没有孩子，则直接释放根节点
        {
            //第②步，直接删除叶子节点
            free(root);
            return NULL;
        }
    }
    return root;
}
```

以上就是 BST 的基本算法，将以上算法综合起来，实现一个完整的例子：程序开始运行时，自动初始化一棵空的 BST，然后如果用户输入正整数，那么该正整数将会被插入 BST 的恰当位置；如果输入的是负整数，那么将会在 BST 中查找该负整数的绝对值所对应的节点，如果找到了就将之删除；如果输入 0 则退出程序。

详细代码如下。

```
vincent@ubuntu:~/ch03/3.3$ cat bst.c -n
    1   #define SELF_BALANCING
    2   #include "head4tree.h"
    3
    4   #define QN_NODE_DATATYPE linktree
    5   #include "head4queue.h"
    6
    7   linktree bst_insert(linktree root, linktree new)
    8   {
    9       if(new == NULL)
   10           return root;
   11
   12       if(root == NULL)
   13           return new;
   14
```

```
15      if(new->data > root->data)
16      {
17          root->rchild = bst_insert(root->rchild, new);
18      }
19      else if(new->data < root->data)
20      {
21          root->lchild = bst_insert(root->lchild, new);
22      }
23      else
24      {
25          printf("%d is already exist.\n", new->data);
26      }
27
28      return root;
29  }
30
31  linktree bst_find(linktree root, tn_datatype data)
32  {
33      if(root == NULL)
34          return NULL;
35
36      if(data < root->data)
37          return bst_find(root->lchild, data);
38      else if(data > root->data)
39          return bst_find(root->rchild, data);
40      else
41          return root;
42  }
43
44  linktree bst_remove(linktree root, tn_datatype n)
45  {
46      if(root == NULL)
47          return NULL;
48
49      if(n < root->data)
50          root->lchild = bst_remove(root->lchild, n);
51      else if(n > root->data)
52          root->rchild = bst_remove(root->rchild, n);
53      else
54      {
55          linktree tmp;
56          if(root->lchild != NULL)
57          {
58              for(tmp=root->lchild; tmp->rchild!=NULL;
59                  tmp=tmp->rchild);
60
61              root->data = tmp->data;
```

```
62              root->lchild = bst_remove(root->lchild, tmp->data);
63           }
64           else if(root->rchild != NULL)
65           {
66               for(tmp=root->rchild; tmp->lchild!=NULL;
67                   tmp=tmp->lchild);
68
69               root->data = tmp->data;
70               root->rchild = bst_remove(root->rchild, tmp->data);
71           }
72           else
73           {
74               free(root);
75               return NULL;
76           }
77       }
78       return root;
79  }
80
81  int main(void)
82  {
83      linktree root;
84      root = NULL;
85
86      int n;
87      while(1)
88      {
89          scanf("%d", &n);      //从键盘接受一个整数
90
91          if(n > 0)             //如果是正整数，则插入 BST 中
92          {
93              linktree new = new_node(n, NULL, NULL);
94              root = bst_insert(root, new);
95          }
96          else if(n < 0)        //如果是负整数，则将其对应的绝对值删除
97          {
98              root = bst_remove(root, -n);
99          }
100         if(n == 0)            //输入 0 则跳出循环
101             break;
102         draw(root);           //将 BST 用网页的形式直观地展现出来
103     }
104
105     return 0;
106 }
```

假如依次输入的正整数是 20、15、25、10、17、16、28，那么这些节点将会形成如图 3-66 所示的 BST。

为了可以体现算法的效果，上述代码中的函数 draw( )可以将
BST 形象地画在一个网页上，该函数的实现比较复杂，里面用到
了各种遍历手法，还有实现这个功能的很多小技巧，了解这个函
数的实现可以顺便引出这些内容。其头文件和实现代码如下。

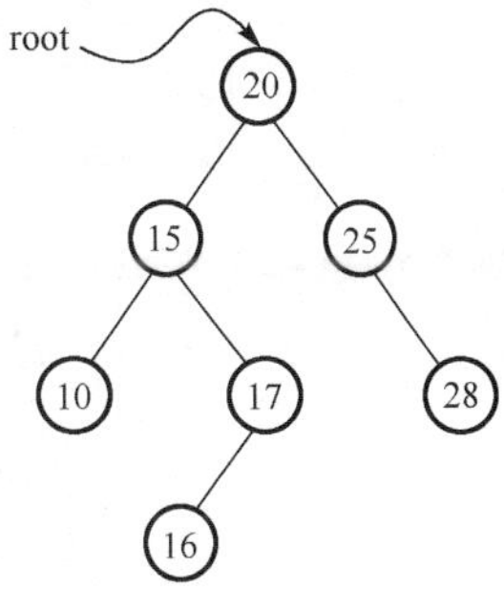

图 3-66　BST

```
vincent@ubuntu:~/ch03/3.3$ cat drawtree.h -n
     1  #ifndef _DRAWTREE_H_
     2  #define _DRAWTREE_H_
     3
     4  #include "commonheader.h"
     5  #include "head4tree.h"
     6  #define QUEUE_NODE_DATATYPE linktree
     7  #include "head4queue.h"
     8
     9  static char page_begin[ ] = "<html><head><title>tree map"
    10                              "</title></head><body>"
    11                              "<table border=0 cellspacing"
    12                              "=0 cellpadding=0>";
    13  static char line_begin[ ] = "<tr>";
    14  static char line_end  [ ] = "</tr>";
    15  static char space     [ ] = "<td> </td>";
    16  static char underline [ ] = "<td style=\"border-bottom:"
    17                              "1px solid #58CB64\"> "
    18                              "</td>";
    19  static char data_begin[ ] = "<td style=\"border:1px sol"
    20                              "id #58CB64;background-colo"
    21                              "r:#DDF1D8;PADDING:2px;\" t"
    22                              "itle=\"level: 1\">";
    23  static char data_end  [ ] = "</td>";
    24  static char page_end  [ ] = "</table></body></html>";
    25
    26  #define MAX_NODES_NUMBER 100    //网页显示的树节点个数最大值
    27  #define FILENAME 20             //网页文件名字长度最大值
    28
    29  static tn_datatype central_order[MAX_NODES_NUMBER];
    30
    31  void putunderline(int fd, int num);
    32  void putspace(int fd, int num);
    33  void putdata(int fd, int data);
    34  int  get_index(tn_datatype data);
    35  void create_index(linktree root);
    36
    37  void data_leftside(int fd, linktree root, int spaces);
    38  int  data_rightside(int fd, linktree root);
    39  void start_page(int fd);
    40  void end_page(int fd);
    41
```

```
42    void draw(linktree root);
43
44    #endif
```

vincent@ubuntu:~/ch03/3.3$ **cat drawtree.c -n**
```
 1    #include "drawtree.h"
 2
 3    //在网页中画 num 个表格单元
 4    void putunderline(int fd, int num)
 5    {
 6        int i;
 7        for(i=0; i<num; i++)
 8        {
 9            write(fd, underline, strlen(underline));    //下实线样式
10        }
11    }
12
13    //在网页中画 num 个表格单元
14    void putspace(int fd, int num)
15    {
16        int i;
17        for(i=0; i<num; i++)
18        {
19            write(fd, space, strlen(space));            //无线框样式
20        }
21    }
22
23    //在网页表格中填充一个数据
24    void putdata(int fd, int data)
25    {
26        char s[50];
27        bzero(s, 50);
28
29        snprintf(s, 50, "%d", data);
30        write(fd, data_begin, strlen(data_begin));
31        write(fd, s, strlen(s));
32        write(fd, data_end, strlen(data_end));
33    }
34
35    //将二叉树节点添加到数组 central_order[ ]中
36    void create_index(linktree root)
37    {
38        static int index = 0;
39
40        if(index >= MAX_NODES_NUMBER-1)
41            return;
42
```

```
43          central_order[index++] = root->data;
44  }
45
46  //获取 data 在数组 central_order[ ]中的下标
47  int get_index(tn_datatype data)
48  {
49      int i;
50      for(i=0; i<100; i++)
51      {
52          if(central_order[i] == data)
53              return i;
54      }
55      return -1;
56  }
57
58  //画出节点 root 左边的无框线样式和下实线样式的表格单元
59  void data_leftside(int fd, linktree root, int spaces)
60  {
61      if(root == NULL)
62          return;
63
64      int s_line=0;
65
66      if(root->lchild != NULL)
67      {
68          s_line = get_index(root->data)-
69              get_index(root->lchild->data)-1;
70      }
71      putspace(fd, spaces-s_line);
72      putunderline(fd, s_line);
73  }
74
75  //画出节点 root 右边的下实线样式的表格单元
76  int data_rightside(int fd, linktree root)
77  {
78      if(root == NULL)
79          return 0;
80
81      int s_line=0;
82
83      if(root->rchild != NULL)
84      {
85          s_line = get_index(root->rchild->data)-
86              get_index(root->data)-1;
87      }
88
89      putunderline(fd, s_line);
```

```
 90        return s_line;
 91    }
 92
 93
 94    void start_page(int fd)                //网页开始的固定格式
 95    {
 96        write(fd, page_begin, strlen(page_begin));
 97    }
 98
 99          .
100    void end_page(int fd)                  //网页结束的固定格式
101    {
102        write(fd, page_end, strlen(page_end));
103    }
104
105
106    void draw(linktree root)
107    {
108        if(root == NULL)
109            return;
110
111        time_t t;  //获取当前系统时间，作为产生的网页文件的名字
112        time(&t);
113        char filename[FILENAME];
114        bzero(filename, FILENAME);
115        snprintf(filename, FILENAME, "%u.html", (unsigned)t);
116        int fd = open(filename, O_CREAT | O_TRUNC | O_RDWR, 0644);
117
118        mid_travel(root, create_index);     //用中序遍历次序创建节点坐标
119
120        linktree tmp = root;
121        int ndata = 1;                       //ndata代表每一行的节点个数
122
123        start_page(fd);
124
125        linkqueue q = init_queue();          //队列用于按层遍历二叉树
126        while(1)                             //每循环一遍，打印一行
127        {
128            write(fd, line_begin, strlen(line_begin));
129
130            int i, n = 0;
131            int nextline = 0;
132            for(i=0; i<ndata; i++)           //一行要打印 ndata 个数据
133            {
134                int index = get_index(tmp->data);  //取得坐标
135
136                data_leftside(fd, tmp, index-n);   //输出数据左边空格
```

```
137                    putdata(fd, tmp->data);                        //输出数据本身
138                    int rightline = data_rightside(fd, tmp);      //输出数据右边空格
139
140                    if(tmp->lchild != NULL)
141                    {
142                        nextline++;
143                        en_queue(q, tmp->lchild);                  //将其左孩子入队
144                    }
145                    if(tmp->rchild != NULL)
146                    {
147                        nextline++;
148                        en_queue(q, tmp->rchild);                  //将其右孩子入队
149                    }
150                    if(!out_queue(q, &tmp))                        //出队
151                        return;
152
153                    n = index + rightline;
154                    n++;
155                }
156            write(fd, line_end, strlen(line_end));
157            ndata = nextline;
158        }
159
160        end_page(fd);
161        close(fd);
162    }
```

下面是输入 20、15、25、10、17、16、28 后的显示效果，用网页显示的 BST 如图 3-67 所示。

```
vincent@ubuntu:~/ch03/3.3$ ./bst
20 15 25 10 17 16 28 0

vincent@ubuntu:~/ch03/3.3$ firefox 1400607558.html
```

图 3-67　用网页显示的 BST

可见，使用 draw( )这个函数可以非常直观地观察自己设计和创建的二叉树是否正确，以

及非常容易地观察它们的相对位置，代码中涉及对文件的操作，比如创建一个网页文件，将某些数据输入到这个文件，这些内容在第 4 章有详细的解析。

3.3.3 各种的遍历算法

上述有关 draw( )函数的代码中，运用了非线性结构的中序遍历（第 118 行）和按层遍历（第 125~158 行）的算法。实际上，对一棵 BST 可以进行各种不同方式的遍历，所谓遍历就是环游树中的每一个节点，然后根据我们的需要对这些节点做某种处理。树的遍历方式主要有如下几种。

（1）先序遍历，即先访问根节点，再访问左子树，最后访问右子树。

（2）中序遍历，即先访问左子树，再访问根节点，最后访问右子树。

（3）后序遍历，即先访问左子树，再访问右子树，最后访问根节点。

（4）按层遍历：即从上到下，从左到右，依次访问每一个节点。

注意，前 3 种方法都是递归的，比如先序遍历，在访问完其根节点之后，下一步如何访问其左子树呢？答案是递归地使用先序的逻辑继续访问其左子树。实际上，对于一棵树而言，当访问任意一棵子树都是用这种"根→左→右"的算法遍历时，这样的算法就称为先序遍历。其逻辑如图 3-68 所示。

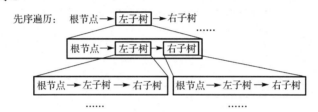

图 3-68 先序遍历的逻辑

其实现代码如下。

```
vincent@ubuntu:~/ch03/3.3$ cat travel.c -n
    1  #include "commonheader.h"
    2  #include "head4tree.h"
    3
    4  #define QUEUE_NODE_DATATYPE linktree
    5  #include "head4queue.h"
    6
    7  /*
    8   * the following functions for trees traveling are using
    9   * a giving interface looks like:
   10   *
   11   *       void handler(linktree root);
   12   *
   13   * therefor, any application which is intending to apply
   14   * these methods SHALL offer this kind of handler.
   15   */
   16
   17  void pre_travel(linktree root, void (*handler)(linktree))
   18  {
```

```
19        if(root == NULL)
20            return;
21
22        handler(root);                              //（1）访问根节点
23        pre_travel(root->lchild, handler);          //（2）递归访问左子树
24        pre_travel(root->rchild, handler);          //（3）递归访问右子树
25    }
......
```

注意第 11 行，函数 handler() 是遍历二叉树时调用者提供的节点处理函数的接口形式，从第 17 行到第 25 行是先序遍历的实现代码，可以看到这是一个典型的递归函数，在访问根节点时，回调了处理函数 handler()。

再来看中序遍历和后序遍历：中序遍历指的是遍历逻辑为"左→根→右"（即中间访问根节点），后序遍历指的是遍历逻辑为"左→右→根"（即最后访问根节点），如图 3-69 和图 3-70 所示。

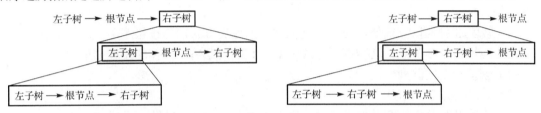

图 3-69　中序遍历的逻辑　　　　　　　　　　　图 3-70　后序遍历的逻辑

根据递归的思路，也很容易写出它们的代码。

```
vincent@ubuntu:~/ch03/3.3$ cat travel.c -n
......
26  //中序遍历，root 是要遍历的树，handler 是遍历时回调的处理函数
27  void mid_travel(linktree root, void (*handler)(linktree))
28  {
29        if(root == NULL)
30            return;
31
32        mid_travel(root->lchild, handler);      //（1）递归访问左子树
33        handler(root);                          //（2）访问根节点
34        mid_travel(root->rchild, handler);      //（3）递归访问右子树
35    }
36  //后序遍历，root 是要遍历的树，handler 是遍历时回调的处理函数
37  void post_travel(linktree root, void (*handler)(linktree))
38  {
39        if(root == NULL)
40            return;
41
42        post_travel(root->lchild, handler);     //（1）递归访问左子树
43        post_travel(root->rchild, handler);     //（2）递归访问右子树
44        handler(root);                          //（3）访问根节点
45    }
......
```

对于上述用户（这里指的是调用各种遍历算法的程序）自定义的回调机制要着重学习，代码中参数 root 是要进行遍历的树的根指针，而参数 hander 则是遍历时要执行的处理函数，注意它是一个回调函数：用户使用某一种遍历算法来遍历某一棵二叉树 root，同时提供遍历时需要对节点做何种处理的函数 handler，让遍历算法可以在适当的时候回调。

这样，就将中序遍历的逻辑 mid_travel() 与具体要处理的函数 handler() 分开了，用户可以自己编写这个处理函数，然后给 mid_travel() 去遍历就行了。大家各自干各自的事情，各司其职互不干扰，这种软件处理的层次化，在介绍内核链表时已经体会过一次了，这里又运用了一下，这是一种非常有用的编程技巧，可以使得软件具有极强的可拓展性。读者要常思考、勤练习。

再回过来看 drawtree.c 的第 118 行就很清楚了，用户自定义了处理函数 create_index()，然后将它传递给 mid_travel()，让其使用中序遍历的算法遍历二叉树的同时，将树的节点逐个地放进一个指定的数组当中，这样实际上就让每个节点在数组中的下标代表了其在网页表格中的横轴坐标。

除了以上 3 种遍历方式外，还有一种很常见的遍历方式，称按层遍历，即从上到下、从左到右地遍历每一个节点。这种遍历方式需要用到队列逻辑，具体的流程如下。

（1）创建一个空队列。

（2）将树的根节点入队。

（3）判断队列是否为空，如果为空，则遍历结束，否则出队队头元素。

（4）访问该队头元素。

（5）如果该队头元素左孩子不为空，则将其左孩子入队。

（6）如果该队头元素右孩子不为空，则将其右孩子入队。

（7）重复第（3）步。

实现代码如下。

```
vincent@ubuntu:~/ch03/3.3$ cat travel.c -n
......
  46
  47  void level_travel(linktree root, void (*handler)(linktree))
  48  {
  49      if(root == NULL)
  50          return;
  51
  52      linkqueue q;
  53      q = init_queue();              //建立一个队列，用以进行按层遍历
  54
  55      en_queue(q, root);             //首先将根节点入队
  56
  57      linktree tmp;
  58      while(1)
  59      {
  60          if(!out_queue(q, &tmp))    //出队失败则表示队列为空，退出遍历
  61              break;
  62
  63          handler(tmp);              //访问（处理）队头元素
```

```
64
65              if(tmp->lchild != NULL)
66                  en_queue(q, tmp->lchild);
67              if(tmp->rchild != NULL)
68                  en_queue(q, tmp->rchild);
69      }
70  }
```

代码 drawtree.c 中的第 125～158 行就是按层遍历算法，只是按照具体需要做了适当的改造。

3.3.4　自平衡 AVL 树

仔细观察 BST 会发现，虽然它有良好的"搜索"特性，也就是可以利用其节点之间的大小关系，很容易地从根节点开始往下走找到我们所要的节点，但它却无法保证这种搜索所需要的时间长短，因为建立 BST 时节点的随机性可能会导致它极其"不平衡"，什么称不平衡呢？来看一个例子便马上知晓。

假设我们创建了一棵空的 BST，然后依次插入节点 1、2、3、4、5，这会出现什么情况呢？利用 draw()函数来帮我们一看究竟，会发现这棵 BST 会长成如图 3-71 所示的样子。

图 3-71　严重不平衡的 BST

这棵"畸形"的二叉树虽然依旧是一棵标准的 BST，但已经明显左轻右重了，事实上这棵二叉树已经退化成了一条链表，在这棵 BST 中搜索某一节点的时间复杂度和链表是一样的。

这种"左轻右重"或"左重右轻"的长短腿的情形，就是所谓的不平衡，一棵树如果不平衡，那么它的搜索性能将会受到影响。具体来讲，当树保持平衡时，其搜索时间复杂度是 $O(\log_2 n)$，当树退化成链表时，其搜索时间复杂度变成 $O(n)$，其他情况下树的平均搜索时间复杂度就介于这两者之间。现在的目标，就是要升级我们的 BST，使之带有自平衡的特性，当它发现自己的左腿长或右腿长时，会及时调整，保持平衡。

要达到此目的，首先需要量化所谓的"平衡"，平衡的严格数学定义是：在一棵树中，如果其任意一个节点的左、右子树的高度差绝对值小于或等于 1，那么它就是平衡的。如图 3-72 所示的几棵树都是平衡树。

图 3-72 中每一个节点右上方的数字代表以其为根的树的高度，如果一个节点的子树为空，那么规定空树的高度为 0。再来看图 3-73 所示的两棵非平衡树。

图 3-73 中灰色的节点就是失去平衡的节点，左边二叉树的根节点的右腿太长，右边的是左腿太长，不管是哪种情况，左右两边的子树高度差绝对值都已经超过了 1。

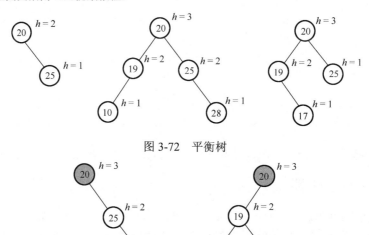

图 3-72　平衡树

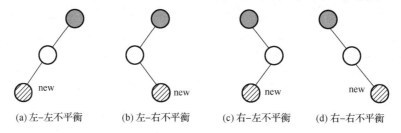

图 3-73　非平衡树

我们知道一开始当树只有一个根节点时，它是平衡的，之所以不平衡是因为后续插入节点以及删除节点时没有考虑平衡性，那么导致二叉树失去平衡的这些插入和删除的情况都有哪些呢？

先来看插入的情况，总共有 4 种插入会导致树失去平衡，如图 3-74 所示。

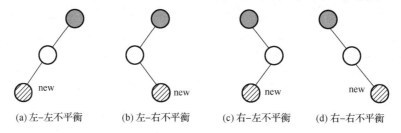

(a) 左–左不平衡　(b) 左–右不平衡　(c) 右–左不平衡　(d) 右–右不平衡

图 3-74　插入操作导致的 4 种不平衡

图 3-74 中填充了斜线的节点代表新插入的节点，是它们的插入导致了灰色节点出现了不平衡。第 1 种情况：原先灰色节点的左子树已经比其右子树高了，现在其左子树又新增了一个左子节点，于是这种不平衡称为"左–左不平衡"。如果其左子树新增的是一个右子节点也会导致不平衡，这就是第二种情况"左–右不平衡"。而第 3 种和第 4 种情况，则完全是对称的。

下面请思考，假如现在就出现了第 1 种"左–左不平衡"，如图 3-75 所示，在节点 2 的左边插入了一个新节点 1，应该怎么处理呢？注意这里的"处理"指的是：既要维持原有的二叉搜索树的特性，即"小–中–大"的搜索特性，又要使得它恢复平衡。以前在讨论各种线性表时，都会设计一套其常规操作，如初始化、插入、删除、查询节点、遍历等，二叉树也不例外，但是二叉树实际上还有一类标准常规操作，它称为旋转。处理"左–左不平衡"就要用到旋转操作。

图 3-75 中的所谓"右旋转"是一种对树的节点的常规操作，形象上讲，就是将不平衡子树的根（节点 3）按下去，将其原先的左孩子（节点 2）提上来，从图上看就好像整棵树被向右（顺时针）旋转了一下，所以称右旋转。注意，旋转了之后确实重新恢复了平衡，而且各个节点之间也保持了二叉搜索树的"小–中–大"的特性。

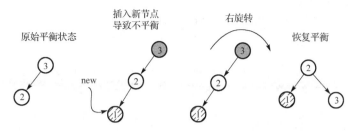

图 3-75　右旋转

那么，这个神奇的动作，又是如何用代码来实现的呢？虽然看起来很复杂，但代码的实现不仅很简洁，而且执行效率很高，这个旋转其实就只是变换了两个指针而已，如图 3-76 所示。

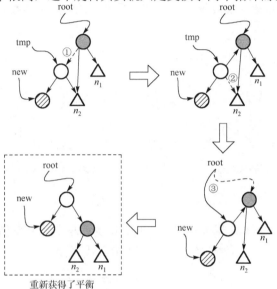

图 3-76　右旋转步骤图

用如下文字来表述图 3-76 所示的"右旋"。

（1）将 root 的左孩子变为 n2（n1 和 n2 分别是 root 的左、右孩子，可以为空）。

（2）将 tmp 的右孩子变为 root。

（3）将 tmp 作为旋转之后的树的根。

可见，右旋操作所需要的核心代码量是很少的，仅仅是变换了两个指针而已，其代码如下。

```
vincent@ubuntu:~/ch03/3.3$ cat avl.c -n
     1  #ifndef AVL
     2  #define AVL
     3  #endif
     4  #include "head4tree.h"
     5
     6  #include "drawtree.h"
     7
     8  linktree avl_rotate_right(linktree root)
     9  {
    10      linktree tmp = root->lchild;
```

```
11        root->lchild = tmp->rchild;
12        tmp->rchild = root;
13
14        root->height = MAX(height(root->lchild), height(root->rchild))+1;
15        tmp->height = MAX(height(tmp->lchild), root->height) + 1;
16
17        return tmp;
18    }
......
```

代码中的第 10～12 行就是两个指针的调整，第 14 行和第 15 行则是重新计算经过调整后的节点高度。完全对称地，如果新插入的节点导致了右-右不平衡，我们就要进行左旋转来调整树的形态，如图 3-77 所示。

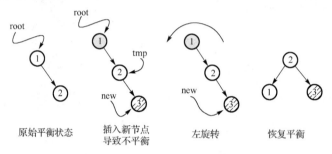

原始平衡状态　　插入新节点导致不平衡　　左旋转　　恢复平衡

图 3-77　左旋转

对于这种右-右不平衡所要执行的左旋转，其逻辑与上述右旋转完全对称，只需要将左改成右，将右改成左即可。因此省略图示了，其实现代码如下。

```
vincent@ubuntu:~/ch03/3.3$ cat avl.c -n
......
19
20    linktree avl_rotate_left(linktree root)
21    {
22        linktree tmp = root->rchild;
23        root->rchild = tmp->lchild;
24        tmp->lchild = root;
25
26        root->height = MAX(height(root->lchild), height(root->rchild))+1;
27        tmp->height = MAX(root->height, height(tmp->rchild)) + 1;
28
29        return tmp;
30    }
......
```

现在来考虑剩下的两种情形：左-右不平衡和右-左不平衡，由于这两种不平衡也是完全对称的，因此我们着重讨论左-右不平衡的算法之后，另一种便会自动迎刃而解了。

对于所谓的左-右不平衡来说，我们可以分两步走，首先针对节点 1 进行左旋转，这样旋转之后会发现左-右不平衡就变成了左-左不平衡，然后顺理成章地对节点 3 进行右旋转，则将会重新恢复平衡，如图 3-78 所示。

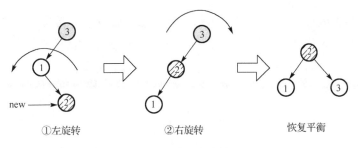

①左旋转　　　　　②右旋转　　　　　恢复平衡

图 3-78　左–右旋转

结论是：如果发生了左–右不平衡，那么就进行左–右旋转。

左–右旋转算法看起来很复杂，但因为我们已经实现了左旋转和右旋转，因此左–右旋转只需要简单地调用它们即可。需要再次提醒的是，左旋转针对的是节点 1，而右旋转针对的是节点 2，以下是详细代码。

```
vincent@ubuntu:~/ch03/3.3$ cat avl.c -n
    ......
32  linktree avl_rotate_leftright(linktree root)
33  {
34      root->lchild = avl_rotate_left(root->lchild);
35      return avl_rotate_right(root);
36  }
    ......
```

最后一种右–左不平衡是完全对称的情况，如果插入的新节点导致了右–左不平衡，则可以通过先右旋转再左旋转的操作来调整树的姿态，如图 3-79 所示。

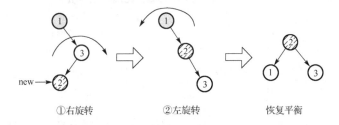

①右旋转　　　　　②左旋转　　　　　恢复平衡

图 3-79　右–左旋转

其代码如下。

```
vincent@ubuntu:~$ cat avl.c -n
    ......
37
38  linktree avl_rotate_rightleft(linktree root)
39  {
40      root->rchild = avl_rotate_right(root->rchild);
41      return avl_rotate_left(root);
42  }
    ......
```

现在还有个很关键的问题：我们怎么知道 root 在插入了 new 之后失去了平衡了呢？让我们回到最初的问题，判断一棵树是否平衡，其实就是要判断其左右子树的高度差，因此，如果在树节点中保存了以该节点为根的子树的高度，那么就可以非常容易地判断平衡性了。为此，我们首先需要在树的节点中定义一个可以用来表示树高度的成员，代码如下。

```
vincent@ubuntu:~/ch03/3.3$ cat head4tree.h -n
......
25
26  typedef struct _tree_node
27  {
28      tn_datatype data;
29      struct _tree_node *lchild;
30      struct _tree_node *rchild;
31  #ifdef AVL
32      int height; //当树需要自平衡特性时，需要定义此成员
33  #endif
34
35  }treenode, *linktree;
36
......
```

在之前定义的 head4tree.h 中，已经为支持二叉树的自平衡性做了准备，代码中的成员 height 就是用来记录其所在节点的高度的，要使用这个成员，只需要定义宏 AVL 即可。

对 height 的严格数学叙述是：它代表了以它所在的节点为根的子树的高度，这个高度等于其左右子树高度的最大值再加上本身的高度 1。换句话说，当我们创建一个新的节点时，其高度 height 将被初始化为 1，具体代码如下。

```
vincent@ubuntu:~/ch03/3.3$ cat head4tree.h -n
......
37  static int height(linktree root)    //获取以 root 为根的树的高度
38  {
39      if(root == NULL)    //空树的高度为 0
40          return 0;
41
42      #ifdef AVL              //如果是一棵自平衡树，则直接返回其高度
43      return root->height;
44      #else                  //如果是一棵非自平衡树，则递归求得其高度
45      return MAX(height(root->lchild), height(root->rchild)) + 1;
46      #endif
47  }
......
67  //创建一个新节点
68  static linktree new_node(tn_datatype data)
69  {
70      linktree new = malloc(sizeof(treenode));
71      if(new != NULL)
72      {
73          new->data = data;
74          new->lchild = NULL;
```

```
75              new->rchild = NULL;
76
77              #ifdef AVL
78              new->height = 1;           //新节点的 height 初始高度为 1
79              #endif
80          }
81      return new;
82  }
......
```

有了这些准备，我们在插入新节点时就可以根据插入之后各个子树的高度差来判断是否发生了不平衡，从而及时调整树的形态，使得整棵树一直保持平衡。这样的树称为 AVL 树，简单地讲就是一种带有自平衡性的二叉搜索树。

下面是 AVL 树的插入算法的文字描述。

（1）按照 BST 算法插入一个新节点。

（2）判断插入节点之后树的平衡性是否遭到了破坏，如果是，进一步判断不平衡类型。

（3）根据不平衡的类型（左-左、右-右、左-右、右-左）选择恰当的旋转算法。

（4）重新计算经过旋转后的各个节点的高度。

下面是详细的源代码。

```
vincent@ubuntu:~/ch03/3.3$ cat avl.c -n
    ......
    44  linktree avl_insert(linktree root, linktree new)
    45  {
    46      if(root == NULL) //新节点 new 插入一棵空树，new 即为根
    47          return new;
    48
    49      // （1）按照 BST 原则插入新节点
    50      if(new->data < root->data) //如果新节点比根小，则插入其左子树中
    51          root->lchild = avl_insert(root->lchild, new);
    52      else if(new->data > root->data) //否则插入其右子树中
    53          root->rchild = avl_insert(root->rchild, new);
    54      else
    55      {
    56          printf("%d is already exist.\n", new->data);
    57      }
    58      // （2）检查插入之后树的平衡性是否遭受了破坏
    59      //① 左子树高度"超标"
    60      if(height(root->lchild) - height(root->rchild) == 2)
    61      {
    62          if(new->data < root->lchild->data) // 发生了左-左不平衡
    63              root = avl_rotate_right(root);
    64          else if(new->data > root->lchild->data) //发生了左-右不平衡
    65              root = avl_rotate_leftright(root);
    66      }
    67      //② 右子树高度"超标"
    68      else if(height(root->rchild) - height(root->lchild) == 2)
```

```
69      {
70          if(new->data > root->rchild->data)  //发生了右-右不平衡
71              root = avl_rotateleft(root);
72          else if(new->data < root->rchild->data)  //发生了右-左不平衡
73              root = avl_rotate_rightleft(root);
74      }
75
76      //③ 重新计算根节点的高度
77      root->height = MAX(height(root->lchild), height(root->rchild))+1;
78      return root;
79  }
    ……
```

为了验证改进后的 AVL 插入算法的效果，可以利用 draw()写个测试代码，输入相同的节点，对比 BST 算法和 AVL 算法所生成的二叉树的异同，测试代码如下。

```
vincent@ubuntu:~/ch03/3.3$ cat avl.c -n
    ……
80
81  int main(void)
82  {
83      linktree root = NULL;
84
85      int n;
86      while(1)
87      {
88          scanf("%d", &n);
89
90          if(n > 0)
91          {
92              linktree new = new_node(n);
93              root = avl_insert(root, new);
94          }
95          else
96              break;
97      }
98      draw(root);
99
100     return 0;
101 }
```

下面是依次插入 1、2、3、4、5、6 之后的效果，BST 和 AVL 的较量如图 3-80 所示。

```
vincent@ubuntu:~/ch03/3.3$ ./bst
1 2 3 4 5 6 0

vincent@ubuntu:~/ch03/3.3$ ./avl
1 2 3 4 5 6 0

vincent@ubuntu:~/ch03/3.3$ firefox *html
```

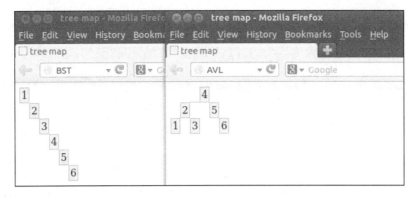

图 3-80　BST 和 AVL 的较量

从两个网页图形可以明显地看到，没考虑平衡性的 BST 在依次输入的节点的大小刚好有序时，悲剧地退化成了链表，而 AVL 则表现强劲，保持了整棵树的最低高度值，从而使得其搜索时间复杂度达到最优的 $O(\log_2 n)$。

与插入算法一样，删除节点时也会导致原来平衡的树变得不再平衡，而不平衡的类型与插入时导致的 4 种类型是完全一样的，如图 3-81 所示。

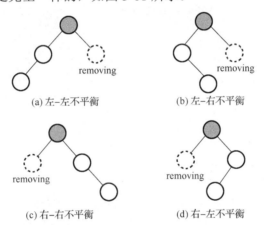

图 3-81　删除导致的 4 种不平衡

对这 4 种删除操作导致的不平衡，调整姿态算法跟插入完全一样，结合 BST 的删除算法，AVL 的删除算法的文字描述如下。

（1）按照 BST 算法删除一个节点。

（2）判断删除节点之后树的平衡性是否遭到了破坏，如果是，进一步判断不平衡类型。

（3）根据不平衡的类型（左-左、右-右、左-右、右-左）选择恰当的旋转算法。

（4）重新计算经过旋转后的各个节点的高度。

下面是详细的源代码。

```
linktree avl_remove(linktree root, tn_datatype data) //在 root 中删除 data
{
    if(root == NULL)
        return NULL;

// （1）用 BST 算法删除指定节点
```

```
        if(data < root->data)
            root->lchild = avl_remove(root->lchild, data);
        else if(data > root->data)
            root->rchild = avl_remove(root->rchild, data);
        else
        {
            linktree p;

            if(root->lchild != NULL)
            {
                for(p=root->lchild; p->rchild!=NULL; p=p->rchild){;}
                root->data = p->data;
                root->lchild = avl_remove(root->lchild, p->data);
            }
            else if(root->rchild != NULL)
            {
                for(p=root->rchild; p->lchild!=NULL; p=p->lchild){;}
                root->data = p->data;
                root->rchild = avl_remove(root->rchild, p->data);
            }
            else
            {
                free(root);
                return NULL;
            }
        }


//（2）判断树的平衡性是否遭受到破坏
//① 左子树的高度“超标”
    if(height(root->lchild) - height(root->rchild) == 2)
    {
//发生了左-右不平衡
        if(height(root->lchild->rchild)-height(root->lchild->rchild) == 1)
            root = avl_rotate_leftright(root);
        //发生了左-左不平衡
else
            root = avl_rotate_right(root);
    }

//② 右子树的高度“超标”
    else if(height(root->rchild) - height(root->lchild) == 2)
    {
//发生了右-左不平衡
        if(height(root->rchild->lchild)-height(root->rchild->rchild) == 1)
            root = avl_rotate_rightleft(root);
        //发生了右-右不平衡
        else
```

```
        root = avl_rotateleft(root);
    }

    //重新计算根节点的高度
    root->height = MAX(height(root->lchild), height(root->rchild)) + 1;
    return root;
}
```

3.3.5　自平衡 Linux 红黑树

实际应用中的自平衡搜索二叉树，除了 AVL 之外，红黑树是另一位备受宠爱的"明星"，它不仅是 Linux 中非线性数据结构的标准算法，而且是 Java 中 TreeMap、TreeSet 机制、C++ 中的 STL 这些经典工具背后的强大逻辑支撑。与 AVL 不同，红黑树并不追求"绝对的平衡"，在毫无平衡性的 BST 和绝对平衡的 AVL 之间，红黑树聪明地做了折中，它的左右子树的高度差可以大于 1，但任何一棵子树的高度不会大于另一棵兄弟子树高度的两倍。

正是红黑树放弃了 AVL 的绝对平衡的苛刻要求，获得了更加完美的性能表现，这种实用主义的哲学一直以来都是 Linux 最为推崇的价值观，难怪 Linux 内核采用的红黑树而不是 AVL，Linux 再一次站在了实用主义制高点。

当然，红黑树是复杂的，但无须担心，以下内容将用最舒适的方式，用图文并茂的方式为大家展现红黑树的内在逻辑，复杂的逻辑并不意味着效率低，事实上红黑树的插入、删除、旋转、查找等操作都被控制在 $O(\log_2 n)$ 之中，对数级别的时间复杂度，使得红黑树尤其适用于数据无序程度高、数据量庞大且需要快速定位节点的场合。

回忆一下，AVL 树是用子树的高度差不大于 1 这个绝对的条件来保证整棵树的平衡性的，而红黑树又是靠什么来保持二叉树的平衡性的呢？答案如下：

（1）树中的节点都是有颜色的，要么红色，要么黑色。

（2）树根节点的颜色是黑色的。

（3）空节点的颜色算做黑色。

（4）不能有连续的红色节点。

（5）从任意一个节点开始到叶子的路径包含的黑色节点的个数相等。

如果一棵二叉树满足以上条件，就会使得它不可能出现：一条路径的长度是另一条路径的两倍以上，这个结论只需看一下上述（4）和（5）两点限制就明白了。

如图 3-82 所示是一棵红黑树范例。

为了能够更方便地实现红黑树中的各个限制条件的检测和形态的调整，需要重新定义树的节点成员如下。

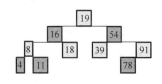

图 3-82　红黑树

```
typedef struct _tree_node
{
    tn_datatype data;
    struct _tree_node *lchild;
    struct _tree_node *rchild;

    struct _tree_node *parent;      //指向父节点的指针
    struct _tree_node *uncle;       //指向叔节点的指针
```

```
    int color;                        //节点的颜色
}treenode, *linktree;
```

对比 AVL 的节点设计，在红黑树中我们增加了树的父节点指针 parent 和叔节点 uncle，以及关键的颜色成员 color。下面讨论红黑树是如何保持其"最长路径不会比最短路径长两倍"的特性。

首先是插入操作，红黑树本质上就是一棵 BST，其插入算法实际是一个在利用 BST 算法插入一个节点之后，再根据节点颜色不断调整的过程。为了方便设计算法，一般将一个新产生的节点的颜色设置为红色，插入之后再做调整。插入的步骤如下。

（1）新创建一个节点，并着色为 RED。

（2）若树为空，则将此新节点的颜色翻转为 BLACK 并设置其为根。否则进入第（3）步。

（3）按照 BST 算法插入新节点。

（4）检测该新插入节点，若违反了红黑树的任意一条原则，处理它。

关键是上述步骤的第 4 点，新插入的节点都有哪些可能性呢？为了方便叙述，进行如下约定。

● N（New）为新插入的节点。

● P（Parent）为 N 的父节点。

● G（Grandparent）为 N 的祖父节点。

● U（Uncle）为 N 的叔节点。

下面将插入节点之后的情况罗列如下。

（1）P 的颜色为 BLACK，则 N 的插入没有违反任何红黑树原则，直接成功返回。

（2）P 的颜色为 RED，而 U 节点存在且颜色也为 RED，则此时 G 节点颜色必为 BLACK，那么将 P 和 U 的颜色翻转为 BLACK，将 G 的颜色翻转为 RED。然后将 G 当成新插入的 N 节点重新处理，如图 3-83 所示（情形一和情形二是完全对称的，假定深色为黑，浅色为红）。

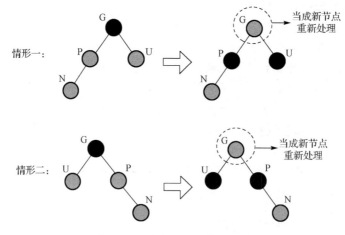

图 3-83　节点 P 和 U 均为红色

（3）P 的颜色为 RED，且 U 的颜色为 BLACK（注意 U 为空也算是 BLACK），此时又可分为两种完全对称的情况。

① N 是 P 的右孩子且 P 是 G 的左孩子：对 N 进行左旋，即 P 和 N 的角色对调，姑且将对调后的 P 称为 N′，N 称为 P′，接着翻转 P′和 G 的颜色，且对 P′进行右旋，如图 3-84 所示。

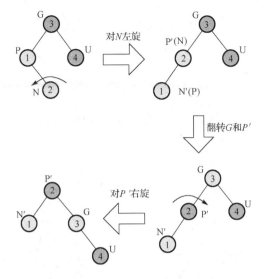

图 3-84　插入节点 N 时 P 为红色且 U 为黑色（情形一）

② N 是 P 的左孩子且 P 是 G 的右孩子：对 N 进行右旋，即 P 和 N 的角色对调，姑且将对调后的 P 称为 N′，N 称为 P′，接着对 P′进行左旋，且翻转 P′和 G 的颜色，如图 3-85 所示。

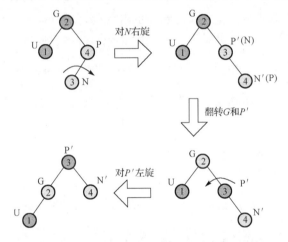

图 3-85　插入节点 N 时 P 为红色且 U 为黑色（情形二）

从分析容易看出，当 N 节点的叔节点是黑色时，不管是什么情况，最终都是将 3 个节点 G、P、N 放在"一条线"上（即 G 的左孩子是 P，P 的左孩子是 N，或者 G 的右孩子是 P，P 的右孩子是 N），然后再进行颜色的翻转和节点的旋转。

上述描述中的"左旋"和"右旋"与 AVL 中的旋转逻辑是一样的，但需要修改所有相关节点的父节点指针，如图 3-86 所示的红黑树中，对节点 n 进行右旋操作，最终的结果是其原先的父节点 p 被压下去做了 n 的右孩子，而 n 原来的右孩子则变成了 p 的左孩子。

右旋节点 n 的步骤如下。

（1）使节点 p 的左孩子指向 n 的右孩子。

（2）是节点 n 的右孩子指向 p。

（3）使 n 的右孩子的父节点为 p，使 p 的父节点为 n，且使 n 的父节点为 gp。

具体过程如图 3-86 所示。

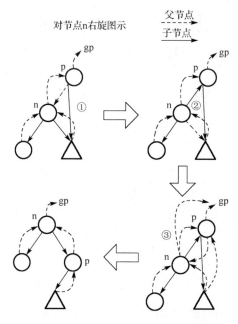

图 3-86　对节点 n 进行右旋转

综上所述，给出从零开始创建一棵红黑树的源代码，其功能是使用 rand()产生若干个随机数，将这些随机数依次放进红黑树中，并使用 draw()将它们画出来。

```
vincent@ubuntu:~/ch03/3.3/red-black$ cat rb_insert.c -n
  1  #ifndef RB
  2  #define RB
  3  #endif
  4
  5  #include "drawtree.h"
  6  #include "head4rb.h"
  7
  8  void insert_fixup(linktree *proot, linktree new)
  9  {
 10      if(new->parent == NULL)
 11      {
 12          new->color = BLACK;
 13          *proot = new;
 14          return;
 15      }
 16
 17      if(new->parent->color == BLACK)          // （1）黑父
 18          return;
 19      else
 20          insert_case1(proot, new);
 21  }
 22
 23  void insert_case1(linktree *proot, linktree new)// （2）红父 + 红叔
 24  {
```

```
25
26      if(uncle(new) != NULL && uncle(new)->color == RED)
27      {
28          new->parent->color = BLACK;
29          uncle(new)->color = BLACK;
30          grandparent(new)->color = RED;
31
32          insert_fixup(proot, grandparent(new));
33      }
34      else
35          insert_case2(proot, new);
36  }
37
38
39  void insert_case2(linktree *proot, linktree new)//（3）红父 + 黑叔
40  {
41
42      if(new == new->parent->rchild &&
43              new->parent == grandparent(new)->lchild)
44      {
45          rb_rotate_left(proot, new);
46          new = new->lchild;
47      }
48
49      else if(new == new->parent->lchild &&
50              new->parent == grandparent(new)->rchild)
51      {
52          rb_rotate_right(proot, new);
53          new = new->rchild;
54      }
55
56      insert_case3(proot, new);
57  }
58
59
60  void insert_case3(linktree *proot, linktree new)//（3）红父 + 黑叔
61  {
62      new->parent->color = BLACK;
63      grandparent(new)->color = RED;
64
65      if(new == new->parent->lchild &&
66              new->parent == grandparent(new)->lchild)
67      {
68          rb_rotate_right(proot, new->parent);
69      }
70      else
71          rb_rotate_left(proot, new->parent);
72  }
```

```
73
74  linktree bst_insert(linktree root, linktree new)
75  {
76      if(root == NULL)
77          return new;
78
79      new->parent = root;
80      if(new->data < root->data)
81      {
82          root->lchild = bst_insert(root->lchild, new);
83      }
83
85      else if(new->data > root->data)
86      {
87          root->rchild = bst_insert(root->rchild, new);
88      }
89      else
90      {
91          printf("%d exist.\n", new->data);
92      }
93
94      return root;
95  }
96
97  void rb_insert(linktree *proot, linktree new)
98  {
99      *proot = bst_insert(*proot, new);
100     insert_fixup(proot, new);
101 }
```

下面是测试命令，以及生成的网页截图（见图 3-87）。

```
vincent@ubuntu:~/ch03/3.3$ ./rb
1 2 3 4 5 6 7 8 9 0

vincent@ubuntu:~/ch03/3.3$ firefox *.html
```

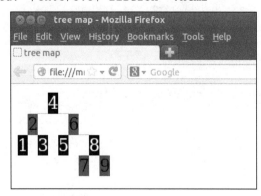

图 3-87　红黑树的网页表示

　　上面讨论完插入，接着就是删除了。从一棵红黑树中删除一个节点同样要使其保持红黑树的 5 个限制条件，下面将删除节点所能出现的所有情况做一个汇总。

　　首先明白一点，如果被删除的节点 x 有两个非空孩子，那么根据 BST 算法，我们总可以找到左孩子中最大或右孩子中最小的节点来替代它，这个替代的过程只涉及数据替换，与节点颜色无关，然后问题就被转化为删除该"最多只有一个孩子"的节点即可。假设这个真正被删除的最多有一个孩子的节点用 old 表示，其孩子用 new（可能为空）表示，那么它们的组合有如下可能性。

　　（1）old 和 new 都是红节点，由红黑树的定义可知，这是不可能的，如图 3-88 所示。

　　（2）一个红一个黑：如果 old 为红而 new 为黑（见图 3-89 右图），则以 old 为根的子树将违反红黑树定义的第 5 条规则（此时各个路径上的黑节点数目不相等）。因此，如果它们一黑一红的话，那么 old 必定为黑，new 必定为红（见图 3-89 左图）。

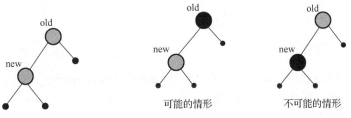

　　图 3-88　old 和 new 都是红色　　　　图 3-89　old 和 new 一黑一红

　　图 3-89 左图的场景比较简单，删除 old 节点，new 顶替上去之后，颜色改为黑色即可。

　　（3）由上述 2 点结论还能推出：如果 old 为红色节点，那么该节点一定是叶子（因为它不可能有一个红色的孩子，也不可能有一个黑色孩子）。此时直接删除该叶子节点即可。

　　（4）old 和 new 都是黑节点。这种情况比较复杂，最终的判定依据还要由 old 的兄弟节点的情况来决定。下面来对各个子情形分别讨论。

　　① old 的兄弟节点是红色（以右兄弟为例，左兄弟的情形完全是对称的），如图 3-90 所示。

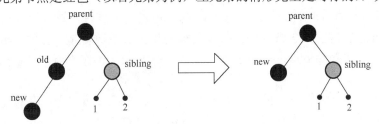

图 3-90　old 的兄弟为红色

　　这种情况下，父节点一定是黑色的。接下来需要先将红色兄弟节点做左旋转，将原来的父节点压下去变成左孩子，并且交换父节点和兄弟节点的颜色，如图 3-91 所示。

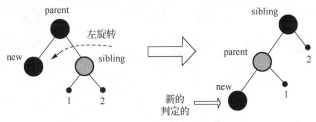

图 3-91　对红兄弟节点的操作

旋转之后，除了 new 之外所有节点的路径黑节点数目恢复原状，现在需要将 new 节点重新进行判定，与原先不同的是：现在 new 的兄弟变成了黑色。换句话讲，"红兄"的情形最终是通过转换成"黑兄"来解决的。下面请看"黑兄"的情形。

② old 的兄弟节点是黑色（以右兄弟为例，左兄弟的情形完全是对称的），如图 3-92 所示。

图 3-92 中的 parent 和 sibling 的两个孩子（即 old 的侄节点）当前颜色均不确定，图中用斜线底纹节点表示。此时，需要对这 3 个节点的颜色的各种情况继续分别进行讨论：

● 红父+双黑侄的操作如图 3-93 所示。

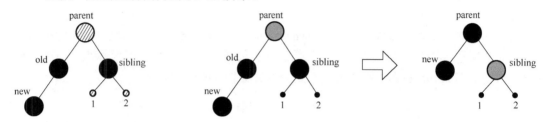

图 3-92　old 的兄弟为黑色　　　　　　　图 3-93　红父 + 双黑侄的操作

红父+双黑侄的情况比较简单，只需要将 parent 和 sibling 的颜色交换即可。

● 黑父+双黑侄的操作如图 3-94 所示。

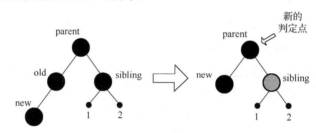

图 3-94　黑父 + 双黑侄的操作

在黑父+双黑侄的情形下，首先将 sibling 的颜色设定为红色，这样就使得以 parent 为根的子树重新符合红黑树的第 5 条规则：每条路径的黑色节点数目是一样的。但此时每条路径的黑色节点数目均比删除 old 之前少了 1，因此需要将 parent 作为新的判定点重新进行平衡性判断。

● 红侄的情况。如果 new 的侄子是红色的，这种情况又可以分为几种更细的情形：与 new 同边的红侄（大家都是左或右孩子）、与 new 对边的红侄（一个是左孩子，另一个是右孩子）以及双红侄。这些情形如图 3-95 所示。

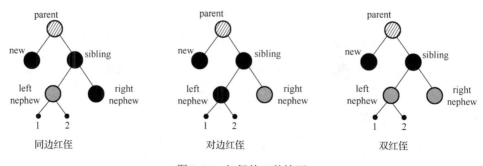

图 3-95　红侄的三种情形

当然，如果 new 是右孩子的话，这 3 种情形又可以得到完全对称另外 3 种情形，在此不再赘述。下面先来看看同边红侄的情形，如图 3-96 所示。

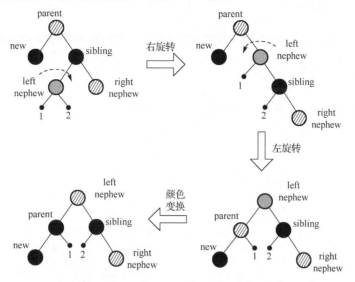

图 3-96　同边红侄的操作

注意，在图 3-96 中描述的情形中，new 的对边侄子节点的颜色并没有假定为黑色，事实上这个节点的颜色不影响上述算法，因此上述算法也就囊括了双红侄的情形。

另外需要再额外描述的就是对边红侄的情形了，如图 3-97 所示。

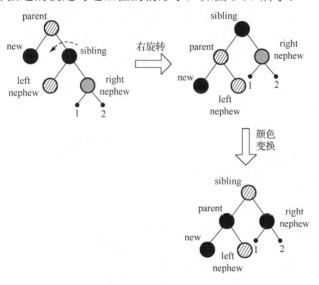

图 3-97　对边红侄的操作

在这种情形中，要注意的地方是颜色变换：第一，将 left-nephew 的颜色改为 parent 的颜色；第二，将 parent 和 right-nephew 的颜色变为黑色。

至此，红黑树删除算法中的所有情形都已经讨论完毕，接下来看看代码如何实现。首先，红黑树的删除操作中需要用经常访问祖父节点、叔节点、兄弟节点、侄子节点以及获取节点颜色等，这些代码如下。

vincent@ubuntu:~/ch03/3.3/red-black$ **cat rb_common.c -n**

```
 1  #ifndef RB
 2  #define RB
 3  #endif
 4
 5  #include "drawtree.h"
 6  #include "head4rb.h"
 7
 8  //========== 1  叔伯兄弟 ============ //
 9
10  linktree grandparent(linktree n)
11  {
12      if(n == NULL || n->parent == NULL)
13          return NULL;
14
15      return n->parent->parent;
16  }
17
18  linktree uncle(linktree n)
19  {
20      linktree gp = grandparent(n);
21
22      if(gp == NULL)
23          return NULL;
24
25      return n->parent == gp->lchild ?
26          gp->rchild : gp->lchild;
27  }
28
29  linktree sibling(linktree n)
30  {
31      if(n == NULL || n->parent == NULL)
32      {
33          return NULL;
34      }
35
36      if(n == n->parent->lchild)
37          return n->parent->rchild;
38      else
39          return n->parent->lchild;
40  }
41
42  linktree left_nephew(linktree n)
43  {
44      return sibling(n)==NULL ? NULL : sibling(n)->lchild;
45  }
46
```

```
47    linktree right_nephew(linktree n)
48    {
49        return sibling(n)==NULL ? NULL : sibling(n)->rchild;
50    }
51
52
53    //=========== 2　颜色获取 =========== //
54
55    int Color(linktree n)
56    {
57        return n==NULL ? BLACK : n->color;
58    }
59
60    //=========== 3　旋转操作 =========== //
61
62    void rb_rotate_left(linktree *proot, linktree n)
63    {
64        linktree gp = grandparent(n);
65        linktree p = n->parent;
66
67
68        p->rchild = n->lchild;
69        if(n->lchild != NULL)
70            n->lchild->parent = p;
71
72
73        n->lchild = p;
74        p->parent = n;
75
76
77        if(*proot == p)
78            *proot = n;
79
80
81        n->parent = gp;
82        if(gp != NULL)
83        {
84            if(p == gp->lchild)
85                gp->lchild = n;
86            else
87                gp->rchild = n;
88        }
89    }
90
91    void rb_rotate_right(linktree *proot, linktree n)
92    {
93        linktree gp = grandparent(n);
```

```
 94        linktree p = n->parent;
 95
 96        p->lchild = n->rchild;
 97        if(n->rchild != NULL)
 98            n->rchild->parent = p;
 99
100        n->rchild = p;
101        p->parent = n;
102
103        if(*proot == p)
104            *proot = n;
105
106        n->parent = gp;
107
108        if(gp != NULL)
109        {
110            if(p == gp->lchild)
111                gp->lchild = n;
112            else
113                gp->rchild = n;
114        }
115 }
116
117 void rb_rotate_leftright(linktree *proot, linktree n)
118 {
119     rb_rotate_left (proot, n);
120     rb_rotate_right(proot, n);
121 }
122
123 void rb_rotate_rightleft(linktree *proot, linktree n)
124 {
125     rb_rotate_right(proot, n);
126     rb_rotate_left (proot, n);
127 }
```

红黑树的节点删除代码如下。

```
vincent@ubuntu:~/ch03/3.3/red-black$ cat rb_delete.c -n
  1 #ifndef RB
  2 #define RB
  3 #endif
  4
  5 #include "drawtree.h"
  6 #include "head4rb.h"
  7
  8 linktree rb_find(linktree root, tn_datatype data)
  9 {
 10     if(root == NULL)
```

```
11          return NULL;
12
13      if(data < root->data)
14          return rb_find(root->lchild, data);
15      else if(data > root->data)
16          return rb_find(root->rchild, data);
17
18      return root;
19  }
20
21  void delete_fixup(linktree *proot, linktree new, linktree parent)
22  {
23      printf("%s\n", __FUNCTION__);
24
25      linktree ln, rn;        //left nephew & right nephew
26      linktree s, gp;         //sibling & grandparent
27      ln = rn = s = gp = NULL;
28
29      if(new == NULL && parent == NULL)       //原来的old是树唯一节点
30      {
31          *proot = NULL;
32          return;
33      }
34      else if(new != NULL && parent == NULL) //原来的old是根节点
35      {
36          *proot = new;
37          return;
38      }
39      else if(parent != NULL)
40      {
41          s = parent->lchild ? parent->lchild : parent->rchild;
42          gp = parent->parent;
43
44          if(s != NULL)
45          {
46              ln = s->lchild;
47              rn = s->rchild;
48          }
49      }
50
51      // (1) 红兄
52      if(Color(s) == RED)
53      {
54          if(new == parent->lchild)
55          {
56              rb_rotate_left(proot, s);
57              parent->color = RED;
```

```
58              s->color = BLACK;
59
60              delete_fixup(proot, new, parent);
61          }
62          if(new == parent->rchild)
63          {
64              rb_rotate_right(proot, s);
65              parent->color = RED;
66              s->color = BLACK;
67
68              delete_fixup(proot, new, parent);
69          }
70      }
71
72      // （2）黑兄
73      if(Color(s) == BLACK)
74      {
75
76          //① 黑兄，二黑侄，红父
77          if(Color(parent) == RED &&
78             Color(ln) == BLACK &&
79             Color(rn) == BLACK)
80          {
81              parent->color = BLACK;
82              if(s != NULL)
83                  s->color = RED;
84              return;
85          }
86
87          //② 黑兄，二黑侄，黑父
88          if(Color(parent) == BLACK &&
89             Color(ln) == BLACK &&
90             Color(rn) == BLACK)
91          {
92              if(s!= NULL)
93              {
94                  s->color = RED;
95              }
96
97              delete_fixup(proot, parent, parent->parent);
98          }
99
100         //③ 黑兄，同边红侄（同为左孩子）
101         if(Color(ln) == RED && new == parent->lchild)
102         {
103             rb_rotate_right(proot, ln);
104             rb_rotate_left(proot, ln);
```

```
105
106                 ln->color = parent->color;
107                 parent->color = BLACK;
108         }
109         //(同为右孩子)
110         else if(Color(rn) == RED && new == parent->rchild)
111         {
112                 rb_rotate_left(proot, rn);
113                 rb_rotate_right(proot, rn);
114
115                 rn->color = parent->color;
116                 parent->color = BLACK;
117         }
118         //对边红侄(情形一: new 是右孩子)
119         else if(Color(ln) == RED && new == parent->rchild)
120         {
121                 rb_rotate_right(proot, s);
122                 s->color = parent->color;
123
124                 parent->color = BLACK;
125                 ln->color = BLACK;
126         }
127         //对边红侄(情形二: new 是左孩子)
128         else if(Color(rn) == RED && new == parent->lchild)
129         {
130                 rb_rotate_left(proot, s);
131                 s->color = parent->color;
132
133                 parent->color = BLACK;
134                 rn->color = BLACK;
135         }
136     }
137 }
138
139 void real_delete(linktree *proot, linktree old)
140 {
141     printf("%s\n", __FUNCTION__);
142
143     //old 不可能为 NULL, new 可能为 NULL
144     linktree new = old->lchild ? old->lchild : old->rchild;
145     linktree parent = old->parent;
146
147     if(old->parent != NULL)
148     {
149         if(old == old->parent->lchild)
150             old->parent->lchild = new;
151         else
```

```
152                  old->parent->rchild = new;
153
154           old->parent = NULL;
155        }
156     if(new != NULL)
157           new->parent = old->parent;
158
159
160     if(Color(old) == BLACK && Color(new) == RED)
161     {
162         new->color = BLACK;
163     }
164     else if(Color(old) == BLACK && Color(new) == BLACK)
165     {
166         delete_fixup(proot, new, parent);
167     }
168
169     free(old);
170 }
171
172 void rb_delete(linktree *proot, tn_datatype data)
173 {
174     linktree tmp = rb_find(*proot, data);
175     if(tmp == NULL)
176     {
177         printf("%d is NOT exist.\n", data);
178         return;
179     }
180
181     linktree n = tmp;
182     if(tmp->lchild != NULL)
183     {
184         n = tmp->lchild;
185         for(;n->rchild != NULL; n = n->rchild);
186         tmp->data = n->data;
187     }
188     else if(tmp->rchild != NULL)
189     {
190         n = tmp->rchild;
191         for(;n->lchild != NULL; n = n->lchild);
192         tmp->data = n->data;
193     }
194
195     real_delete(proot, n); //n 是一个至多有一个红色节点的节点
196 }
```

第 4 章

I/O 编程技术

4.1 一切皆文件

4.1.1 文件的概念

在 Linux 中，有一句经典的话叫做：一切皆文件。这句话是站在内核的角度说的，因为在内核中所有的设备（除了网络接口）都一律使用 Linux 独有的虚拟文件系统（VFS）来管理。这样做的最终目的，是将各种不同的设备用"文件"这个概念加以封装和屏蔽，简化应用层编程的难度。文件，是 Linux 系统最重要的两个抽象概念之一（另一个是进程）。

另外，VFS 中有个非常重要的结构体叫 file{}，这个结构体中包含一个非常重要的成员称为 file_operation，它通过提供一个统一的、包罗万象的操作函数集合，来统一规范将来文件所有可能的操作。某一种文件或设备所支持的操作都是这个结构体的子集。作为 Linux 底层开发的人对该结构体都应该非常熟悉。

图 4-1 以 read( )为例子，说明了为什么在上层应用中可以对千差万别的设备进行读操作，头号功臣就是 file_operation 提供了统一的接口，实际上，VFS 不仅包括 file 结构体，还有 inode 结构体和 super_block 结构体，正是它们的存在，应用层程序才得以摆脱底层设备的差异细节，独立于设备之外。

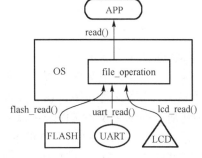

图 4-1 从应用层的 read( )到底层的 xxx_read( )

可以看到，内核做了掐头去尾的事情，提供了一个沟通上下的框架，如果读者是软件工程师，就站在用户空间使用下面内核提供的接口，来为自己的应用程序服务。如果读者是底层驱动工程师，就站在操作硬件设备的角度，结合具体设备的操作方式，实现上面内核规定好的各个该设备可以支持的接口函数。

有了内核提供的中间层，我们在操作很多不同类型的文件时就方便多了，比如读取文件 a.txt 的内容、读取触摸屏的坐标数据、读取鼠标的坐标信息等，用的都是函数 read()，虽然底层的实现代码也许不一样，但是用户空间的进程并不关心也无须操心，Linux 的系统 I/O 函数屏蔽了各类文件的差异，使得我们站在应用编程开发者的角度看下去，产生好像各类文件都一样的感觉。这就是 Linux 应用编程中一切皆文件说法的由来。

4.1.2　各类文件

在 Linux 中，文件总共被分成了 7 种，它们分别如下。

（1）普通文件（regular）：存在于外部存储器中，用于存储普通数据。

（2）目录文件（directory）：用于存放目录项，是文件系统管理的重要文件类型。

（3）管道文件（pipe）：一种用于进程间通信的特殊文件，也称为命名管道 FIFO。

（4）套接字文件（socket）：一种用于网络间通信的特殊文件。

（5）链接文件（link）：用于间接访问另外一个目标文件，相当于 Windows 快捷方式。

（6）字符设备文件（character）：字符设备在应用层的访问接口。

（7）块设备文件（block）：块设备在应用层的访问接口。

Linux 的 7 种文件类型如图 4-2 所示。

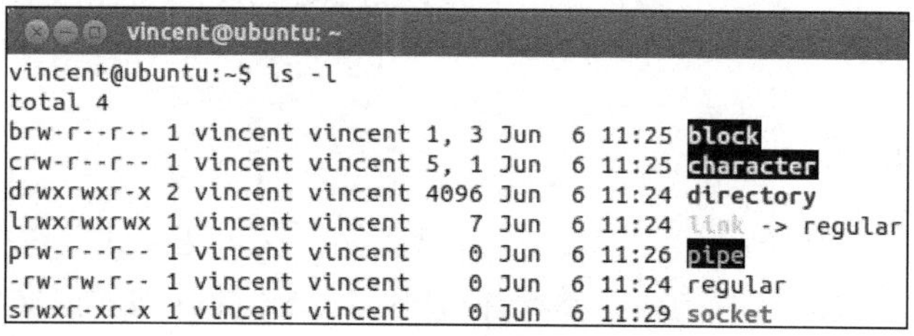

图 4-2　Linux 的 7 种文件类型

注意，每个文件信息的最左边一栏，是各种文件类型的缩写，从上到下依次是：

b（block）块设备文件

c（character）字符设备文件

d（directory）目录文件

l（link）链接文件（软链接）

p（pipe）管道文件（命名管道）

-（regular）普通文件

s（socket）套接字文件（UNIX 域/本地域套接字）

其中，块设备文件和字符设备文件，是 Linux 系统中块设备和字符设备的访问节点，在内核中注册了某一个设备文件之后，还必须在/dev/下为这个设备创建一个对应的节点文件（网络接口设备除外），作为访问这个设备的入口。目录文件用来存放目录项，是实现文件系统管理的最重要的手段。链接文件指的是软链接，是一种用来指向别的文件的特殊文件，其作用类似于 Windows 中的快捷方式，但它有更加有用的功能，比如库文件的版本管理。普通文件指的是外部存储器中的文件，比如二进制文件和文本文件。套接字文件指的是本机内进程间通信用的 UNIX 域套接字，或称本地域套接字。

各种文件在后续的章节中都会一一涉及。

4.2　文件操作

对一个文件的操作有两种不同的方式，既可以使用由操作系统直接提供的编程接口（API），即系统调用，也可以使用由标准 C 库提供的标准 I/O 函数，它们的关系如图 4-3 所示。

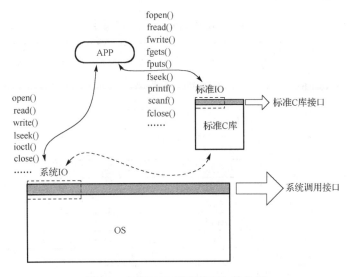

图 4-3　标准 I/O 和系统 I/O 的位置

在 Linux 操作系统中，应用程序的一切行为都依赖于这个操作系统，但是操作系统的内部函数应用层的程序是不能直接访问的，因此操作系统 OS 提供了大约四五百个接口函数，称为"系统调用接口"，好让应用程序通过它们使用内核提供的各种服务，图 4-3 中用灰底标注的那一层，就是这所谓的系统调用接口，这几百个函数是非常精炼的（Windows 系统的接口函数有数千个），它们以功能的简洁单一为美，以健壮稳定为美，但考虑用户可能需要用到更加丰富的功能，因此就开发了很多库，其中最重要的也是应用程序必备的库就是标准 C 库，库里面的很多函数实际上都是对系统调用函数的进一步封装而已，用个比喻来讲就是：OS 的系统调用接口类似于菜市场，只提供最原始的肉菜，而库的函数接口相当于饭馆，对肉菜进行了加工，提供风味各异、品种丰富的更方便食用的佳肴。

在几百个 Linux 系统调用中，有一组函数是专门针对文件操作的，比如打开文件、关闭文件、读/写文件等，这些系统调用接口就称为"系统 I/O"，相应地，在几千个标准 C 库函数中，有一组函数也是专门针对文件操作的，称为"标准 I/O"，它们是工作在不同层次，但都是为应用程序服务的函数接口。

下面我们来逐一对系统 I/O 函数和标准 I/O 函数中最重要、最常用的接口进行详细剖析，理解它们的异同，以便于在程序中恰当地使用它们。

4.2.1　系统 I/O

要对一个文件进行操作，首先必须"打开"它，打开两个字之所以加上双引号，是因为这是代码级别的含义，并非图形界面上所理解的"双击打开"一个文件，代码中打开一个文件意味着获得了这个文件的访问句柄（即 file descriptor，文件描述符 fd），同时规定了之后访问这个文件的限制条件。

我们使用以下系统 I/O 函数来打开一个文件，如表 4-1 所示。

使用系统调用 open( )需要注意的问题有如下。

（1）flags 的各种取值可以用位或的方式叠加起来，比如创建文件时需要满足这样的选项：读/写方式打开，不存在要新建，如果存在了则清空它。那么此时指定的 flags 的取值应该是：O_RDWR | O_CREAT | O_TRUNC。

表 4-1　函数 open( )的接口规范

功能	打开一个指定的文件并获得文件描述符，或者创建一个新文件		
头文件	#include <sys/types.h> #include <sys/stat.h> #include <fcntl.h>		
原型	int **open**(const char *pathname, int flags); int **open**(const char *pathname, int flags, mode_t mode);		
参数	pathname：即将要打开的文件		
	flags	O_RDONLY：以只读方式打开文件	这 3 个参数互斥
		O_WRONLY：以只写方式打开文件	
		O_RDWR：以读/写方式打开文件	
		O_CREAT：如果文件不存在，则创建该文件	
		O_EXCL：如果使用 O_CREAT 选项且文件存在，则返回错误消息	
		O_NOCTTY：如果文件为终端，那么终端不可以作为调用 open()系统调用的那个进程的控制终端	
		O_TRUNC：如果文件已经存在，则删除文件中原有数据	
		O_APPEND：以追加方式打开文件	
	mode	如果文件被新建，指定其权限为 mode（八进制表示法）	
返回值	成功	大于或等于 0 的整数（即文件描述符）	
	失败	−1	
备注	无		

（2）mode 是八进制权限，比如 0644 或 0755 等。

（3）它可以用来打开普通文件、块设备文件、字符设备文件、链接文件和管道文件，但只能用来创建普通文件，每一种特殊文件的创建都有其特定的其他函数。

（4）其返回值就是一个代表这个文件的描述符，是一个非负整数。这个整数将作为以后任何系统 I/O 函数对其操作的句柄，或称入口。

以下的系统 I/O 函数用来关闭一个文件，如表 4-2 所示。

表 4-2　函数 close( )的接口规范

功能	关闭文件并释放相应资源	
头文件	#include <unistd.h>	
原型	int close(int fd);	
参数	fd：即将要关闭的文件的描述符	
返回值	成功	0
	失败	−1
备注	重复关闭一个已经关闭了的文件或尚未打开的文件是安全的。	

系统调用 close( )相对来讲简单得多，只需要提供已打开的文件描述即可。一般来讲，当我们使用完一个文件之后，需要及时对其进行关闭，以防止内核为继续维护它而付出不必要的代价。下面是一个使用了这两个函数的示例代码。

```
vincent@ubuntu:~/ch04/4.2$ cat open_close.c -n
     1    #include <stdio.h>
     2    #include <sys/stat.h>
     3    #include <sys/types.h>
     4    #include <fcntl.h>
```

```
 5
 6    int main(void)
 7    {
 8        int fd = open("a.txt", O_CREAT|O_TRUNC|O_WRONLY, 0644);
 9        printf("fd: %d\n", fd);
10
11        close(fd);
12        return 0;
13    }
```

vincent@ubuntu:~/ch04/4.2$ **./open_close**
fd: 3

代码中第 8 行使用 open( )打开了一个文件 a.txt，打开模式是只读，并且存在就打开不存在就创建，从程序的执行结果来看，获得的文件描述符 fd 等于 3，这是因为 0、1 和 2 三个描述符在程序一开始运行时就已经被默认打开了，它们分别代表了标准输入、标准输出和标准出错，事实上，在代码中我们经常使用 STDIN_FILENO、STDOUT_FILENO 和 STDERR_FILENO 来替代 0、1 和 2。

如图 4-4 所示，每一个被打开的文件（键盘、显示器都是文件）都会有一个非负的描述符来对应它们，一个文件还可以被重复打开多次，每打开一次也都会有一个描述符对应，并且可以有不同的模式。

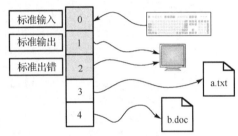

图 4-4　文件描述符与文件

那么，这个所谓的文件描述符究竟是什么呢？其实它是一个数组的下标值，在 4.1 节中提到过，在内核中打开的文件是用 file 结构体来表示的，每一个结构体都会有一个指针来指向它们，这些指针被统一存放在一个称为 fd_array 的数组当中，而这个数组被存放在一个称为 files_struct 的结构体中，该结构体是进程控制块 task_struct 的重要组成部分。它们的关系如图 4-5 所示。

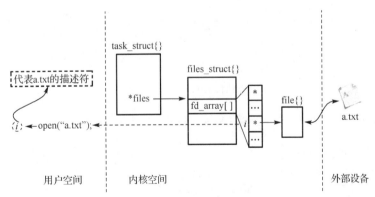

图 4-5　文件描述符的本质

图 4-5 中 task_struct 称为进程控制块（Process Control Block），是程序运行时在内核中的实现形式，在第 5 章有详细剖析。它里面包含了一个进程在运行时的所有信息，当然就包括了进程在运行过程中所打开文件的信息，这些信息被一个 files 指针加以统一管理，files 指针

所指向的结构体 files_struct{}里面的数组 fd_array[ ]是一个指针数组，用户空间每一次调用 open( )都会使得内核实例化一个 file{}结构体，并将一个指向该结构体的指针依次存放在 fd_array[ ]中，并且该指针所占据的数组下标将作为所谓的"文件描述符（file descriptor）"返回给用户空间的调用者，这就是为什么文件描述符是非负整数的原因。

结构体 file{}是内核管理文件操作的最重要的数据之一，里面存放了对该文件的访问模式、文件位置偏移量等重要信息。在操作文件之前，open( )参数中指定的模式将被记录在该结构体中，在操作文件之时，文件相关的控制数据也一并在此统一管理，下面是该结构体的源代码（选自 Linux-2.6.35.7/include/linux/fs.h）。

```
struct file
{
    /*
     * fu_list becomes invalid after file_free is called and queued via
     * fu_rcuhead for RCU freeing
     */
    union
    {
        struct list_head    fu_list;
        struct rcu_head     fu_rcuhead;
    } f_u;
    struct path      f_path;
#define f_dentry    f_path.dentry
#define f_vfsmnt    f_path.mnt
    const struct file_operations    *f_op;      //文件操作函数集
    spinlock_t       f_lock;
    atomic_long_t        f_count;
    unsigned int        f_flags;                //open()该文件时所指定的flags
    fmode_t             f_mode;                 //open()该文件时所指定的mode
    loff_t              f_pos;                  //文件位置偏移量
    struct fown_struct  f_owner;
    const struct cred   *f_cred;
    struct file_ra_state    f_ra;

    u64          f_version;
#ifdef CONFIG_SECURITY
    void             *f_security;
#endif
    void             *private_data;

#ifdef CONFIG_EPOLL
    struct list_head    f_ep_links;
#endif /* #ifdef CONFIG_EPOLL */

    struct address_space    *f_mapping;
#ifdef CONFIG_DEBUG_WRITECOUNT
    unsigned long f_mnt_write_state;
#endif
}
```

上述代码中，用粗体标注出来的 f_op、f_flags、f_mode 和 f_pos 是其中最重要的成员。f_op 包含了该文件实际读/写的操作算法，这些算法由文件所在的设备驱动程序提供，设备类型不同，驱动程序也不尽相同，但是这些细节都被封装在 f_op 里面了，应用层程序看的是 f_op 提供的统一的接口，比如 read( )、write( )等。

f_flags 和 f_mode 的值由用户在调用 open( )传递过来。规定了之后对该文件访问的选项和新建时的初始权限。

f_pos 指的是当前对文件操作的位置，比如刚开始我们读这个文件时，f_pos 的值是 0，也就是从距离文件开头偏移量为 0 的字节开始读，读了 n 个字节之后，内核自动将 f_pos 的值加 n，使得下次读取该文件时从第 n+1 个字节开始。这个值在应用层可以通过相应的函数来调整。

在用户空间使用系统 I/O 编写应用程序时，也许无须了解这些内核数据和原理，但是知道这些细节，明白打开一个文件的本质内涵，无疑是分析复杂代码的有力保障，比如在多进程多线程操作文件时，比如编写设备驱动程序的测试代码时。因此，推荐读者可以根据自己的情况，经常阅读内核源码，加深一些概念的代码级别的理解，接口是拳脚，原理是内功，最好内外兼修。

接下来是文件的读/写接口，如表 4-3 所示。

表 4-3　函数 read( )和 write( )的接口规范

功能	从指定文件中读取数据	
头文件	#include <unistd.h>	
原型	ssize_t **read**(int fd, void *buf, size_t count);	
参数	fd：从文件 fd 中读数据	
	buf：指向存放读到的数据的缓冲区	
	count：想要从文件 fd 中读取的字节数	
返回值	成功	实际读到的字节数
	失败	−1
备注	实际读到的字节数小于或等于 count	
功能	将数据写入指定的文件	
头文件	#include <unistd.h>	
原型	ssize_t **write**(int fd, const void *buf, size_t count);	
参数	fd：将数据写入到文件 fd 中	
	buf：指向即将要写入的数据	
	count：要写入的字节数	
返回值	成功	实际写入的字节数
	失败	−1
备注	实际写入的字节数小于或等于 count	

这两个函数都非常容易理解，需要特别注意的如下几点。

（1）实际的读/写字节数要通过返回值来判断，参数 count 只是一个"愿望值"。

（2）当实际的读/写字节数小于 count 时，有以下几种情形。

● 读操作时，文件剩余可读字节数不足 count。

● 读/写操作期间，进程收到异步信号。

（3）读/写操作同时对 f_pos 起作用。也就是说，不管是读还是写，文件的位置偏移量（即内核中的 f_pos）都会加上实际读/写的字节数，不断地往后偏移。

下面通过一个示例展示它们的用法，这个示例实现一个简单的功能：将指定的一个文件的内容复制到另一个指定的文件中去，目前暂时只支持普通文件的复制，代码如下。

```
vincent@ubuntu:~/ch04/4.2$ cat mycopy.c -n
 1   #include <stdio.h>
 2   #include <string.h>
 3   #include <stdlib.h>
 4   #include <errno.h>
 5   #include <fcntl.h>
 6   #include <unistd.h>
 7
 8   #define SIZE 1024
 9
10   int main(int argc, char **argv)
11   {
12       int fd_from, fd_to;
13
14       if(argc != 3)
15       {
16           printf("Uage: %s <src> <dst>", argv[0]);
17           exit(1);
18       }
19       //以只读方式打开源文件，以只写方式打开目标文件
20       fd_from = open(argv[1], O_RDONLY);
21       fd_to = open(argv[2],O_WRONLY|O_CREAT|O_TRUNC, 0644);
22
23       char buf[SIZE];
24       char *p;
25       int nread, nwrite;
26
27       while(1)
28       {
29           nread = read(fd_from, buf, SIZE);
30
31           if(nread == 0)
32               break;
33
34           write(fd_to, buf, nread);
35       }
36
37       close(fd_from);
38       close(fd_to);
39
40       return 0;
41   }
```

上述代码中的第 27～35 行是关键，程序循环地从 fd_from 中读取数据，放到 buf 中，然后将数据写入 fd_to 中。当 read( )返回 0 时代表已经读完，退出循环并且关闭两个文件描述符。

　　虽然这个代码 99%的情况下都运行正常，但是有一个问题没有考虑，那就是读/写出错的时候。首先是读，如果 nread 小于 SIZE，那没关系，因为写入时就只写 nread 个字节；如果 nread 等于–1，什么都没读到而且出错了，此时还要判断出错的具体原因，如果是因为中途收到了信号 SIGINT 而导致操作被中断了，这种情况只需再读一遍就可以了，但是如果遇到别的真正的错误，比如内存不足、描述符不对、权限不够等，那就无法继续读取文件了。

　　其次是写，第 34 行代码的含义是要将 buf 中的 nread 个字节写入 fd_to 中，但是没人保证这个愿望一定能实现，也许只写入了一半就退出了，所以我们要判断 write 的返回值，如果发现确实没写完，则应循环地将 buf 中的 nread 个字节写入到目标文件中去。

　　修改后的代码如下。

```
......
27      while(1)
28      {
29          //如果出错且错误码是EINTR，则循环再读
30          while((nread=read(fd_from, buf, SIZE))==-1
31              && errno == EINTR){;}
32
33          //如果出错但错误码不是EINTR，则遇到真正的错误，退出
34          if(nread == -1)
35          {
36              perror("read() error")
37              break;
38          }
39
40          if(nread == 0)
41          {
42              break; //nread为0代表读到了文件尾，复制完成
43          }
44
45          p = buf;
46          while(nread > 0)
47          {
48              //如果出错且错误码是EINTR，则循环再写
49              while((nwrite=write(fd_to, p, SIZE))==-1
50                  && errno == EINTR){;}
51
52              //否则遇到真正错误，退出
53              if(nwrite == -1)
54              {
55                  perror("write() error");
56                  break;
57              }
58
59              nread -= nwrite; //nread减去已写入的nwrite
60              p += nwrite; //调整写入数据的指针
61          }
62      }
......
```

上面提到，在读/写文件时有个偏移量的概念，即当前读/写的位置，这个位置可以获取，也可以人为调整，用到的系统 I/O 接口如表 4-4 所示。

表 4-4　函数 lseek( )的接口规范

功能	调整文件位置偏移量	
头文件	#include <sys/types.h> #include <unistd.h>	
原型	off_t **lseek**(int fd, off_t offset, int whence);	
参数	fd：要调整位置偏移量的文件的描述符	
	offset：新位置偏移量相对基准点的偏移	
	whence：基准点	SEEK_SET：文件开头处
		SEEK_CUR：当前位置
		SEEK_END：文件末尾处
返回值	成功	新文件位置偏移量
	失败	−1
备注	无	

注意，lseek( )只对普通文件有效，特殊文件是无法调整偏移量的。下面通过一个示例来使用这个接口：创建一个空洞文件。

```
vincent@ubuntu:~/ch04/4.2$ cat file_hole.c -n
     1   #include <stdio.h>
     2   #include <stdlib.h>
     3   #include <stdbool.h>
     4   #include <unistd.h>
     5   #include <string.h>
     6   #include <strings.h>
     7   #include <errno.h>
     8
     9   #include <sys/stat.h>
    10   #include <sys/types.h>
    11   #include <fcntl.h>
    12
    13   int main(int argc, char **argv)
    14   {
    15       int fd = open("file", O_RDWR|O_CREAT|O_TRUNC, 0644);
    16
    17       write(fd, "abc", 3);              //写入 "abc"
    18       lseek(fd, 100, SEEK_CUR);         //定位到 100 个字节之后
    19       write(fd, "xyz", 3);              //写入 "xyz"
    20
    21       close(fd);
    22       return 0;
    23   }
```

注意，上述代码的第 17～19 行，首先写入 "abc" 3 个字符，然后直接将文件位置偏移量人为调整到 "当前位置往后 100 个字节" 处，然后再写入 "xyz" 3 个字符，这时文件 file 中就包含了一个大小为 100 个字节的空洞，头尾分别有 3 个字节，整个文件的大小为 106 个字节：

```
vincent@ubuntu:~/ch04/4.2$ ls -l
-rwxrwxrwx 1 root root  106  Jun 19 04:29 file
```

从执行效果来看，我们不仅可以通过 lseek( )来调整当前文件偏移量，甚至还可以将位置偏移量调整到文件之外，形成一个空洞，这种特性其实是非常重要的，它提供了可以在不同地方同时写一个文件的可能，对于一个较大的文件而言，我们可以通过在文件中定位到一个指定的地方，让多个进程同时在不同的偏移量处写入文件数据。例如，下面的例子，一个进程负责复制文件的前半部分（父进程），另一个进程负责复制文件的后半部分（子进程）。相当于网络应用中的多点下载。

```
vincent@ubuntu:~/ch04/4.2$ cat multi-points_copy.c -n
 1    #include <stdio.h>
 2    #include <stdlib.h>
 3    #include <stdbool.h>
 4    #include <unistd.h>
 5    #include <string.h>
 6    #include <strings.h>
 7    #include <errno.h>
 8
 9    #include <sys/stat.h>
10    #include <sys/types.h>
11    #include <fcntl.h>
12
13    int main(int argc, char **argv)
14    {
15        if(argc != 3) //输入两个参数，用法类似于 Shell 命令：cp file1 file2
16        {
17            printf("Usage: %s <src> <dst>\n", argv[0]);
18            exit(1);
19        }
20
21        //创建一个子进程（详细讲解参见第 5 章）
22        pid_t a = fork();
23
24        //父子进程都打开源文件和目标文件
25        int fd1 = open(argv[1], O_RDONLY);
26        int fd2 = open(argv[2], O_CREAT|O_RDWR|O_TRUNC, 0644);
27        if(fd1 == -1 || fd2 == -1)
28        {
29            perror("open()");
30            exit(1);
31        }
32
33        int size = lseek(fd1, 0, SEEK_END); //获得文件大小
34        if(a == 0) //在子进程中，将位置偏移量调整到中间位置（形成空洞）
35        {
36            lseek(fd1, size/2, SEEK_SET);
```

```
37              lseek(fd2, size/2, SEEK_SET);
38          }
39      else if(a > 0)  //在父进程中，将文件位置偏移量调整到文件开头处
40      {
41              lseek(fd1, 0, SEEK_SET);
42      }
43
44      char buf[100];
45      int nread;
46
47      while(1)
48      {
49          bzero(buf, 100);
50          nread = read(fd1, buf, 100);
51          if(nread==0)
52              break;
53
54          if(a > 0)
55          {
56              //在父进程中，查看当前偏移量是否已经到达中间位置
57              int n;
58              n = lseek(fd1, 0, SEEK_CUR) - size/2;
59              if(n >= 0)  //到达甚至已经超过中间位置
60              {
61                  write(fd2, buf, n); //写入未超过中间位置的字节
62                  exit(0); //然后退出
63              }
64          }
65
66          write(fd2, buf, nread);
67      }
68
69      close(fd1);
70      close(fd2);
71
72      return 0;
73  }
```

上面的代码的第 36、37 行，子进程通过调整位置偏移量使得源文件和目标文件形成了中间空洞，然后从这中间位置开始复制，而父进程独自从开头处开始复制上半部分。以上代码用到了第 5 章详细讲解的多进程编程开发技术，如果对这段代码有疑惑可以暂且放下，等到第 5 章再来学习这方面内容。

除了以上这几个打开关闭、读写系统 I/O 函数之外，在应用编程开发中还有一些必备接口，比如 dup( )/dup2( )、fcntl( )、ioctl( )、mmap( )等，这些工具对 Linux 开发者就好比螺丝刀、扳手对汽车修理师傅一样不可或缺。

首先是 dup( )/dup2( )，这两个函数接口如表 4-5 所示。

表 4-5　函数 dup( )和 dup2( )的接口规范

功能	复制文件描述符	
头文件	#include <unistd.h>	
原型	int **dup**(int oldfd); int **dup2**(int oldfd, int newfd);	
参数	oldfd：要复制的文件描述符	
	newfd：指定的新文件描述符	
返回值	成功	新的文件描述符
	失败	−1
备注	无	

dup 是英文单词 duplicate 的缩写，意味着复制一个已有的文件描述符 oldfd，dup( )将会返回一个最小未用的描述符作为已有描述符 oldfd 的复制，而 dup2( )则可以通过第 2 个参数 newfd 来指定一个描述符，如果这个指定的描述符已经存在，那将会被覆盖。

复制一个原有的文件描述符意味着"重定向"，还记得第 1 章的 Shell 命令中的重定向吗？其本质实现原理就是这里的 dup2 系统调用。

如图 4-6 所示，首先用 open( )获得文件 a.txt 的描述符 fd1，然后用 dup( )复制了 fd1 得到一个最小未用的文件描述符 fd2，而 dup2( )可以将新描述符指定为任意的值，比如 100。经过这两个复制操作之后，不管是向 fd1、fd2 还是 fd3 读写数据，最终操作的都是文件 a.txt。如果 dup2( )的第 2 个参数是一个已经存在的文件描述符，那么它将被"重定向"到新的文件，详情参考 1.3.4 节。

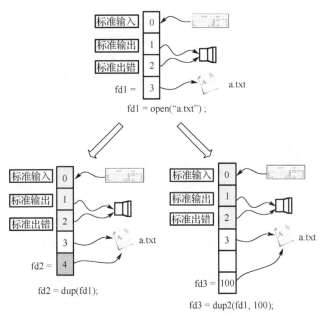

图 4-6　dup( )与 dup2( )

接下来还有两个常见的与文件描述符相关的 I/O 函数，它们是 fcntl( )和 ioctl( )。ioctl( )是一个历史悠久的函数接口，长期以来人们习惯于将除了读和写这样的常规动作之外的其他文件操作放到 ioctl( )中去实现，久而久之 ioctl( )成了臭名昭著的"垃圾筐"，里面什么乱七八糟的功能都有，而且由于它的接口由底层驱动直接定义，没有一套统一的规范，越来越受到黑客大咖们的鄙视，于是后来有了规范接口的 fcntl( )来肃清乱哄哄的场面。应该这么说：在编程开发时，除非情不得已，否则尽量使用 fcntl( )。它们的接口和详细情况，如表 4-6 所示。

表 4-6　函数 ioctl( )和 fcntl( )的接口规范

功能	文件控制	
头文件	#include <sys/ioctl.h>	
原型	int ioctl(int d, int request, ...);	
参数	d：要控制的文件描述符	
	request：针对不同文件的各种控制命令字	
	变参：根据不同的命令字而不同	
返回值	成功	一般情况下是 0，但有些特定的请求将返回非负整数
	失败	−1
备注	无	
功能	文件控制	
头文件	#include <unistd.h> #include <fcntl.h>	
原型	int fcntl(int fd, int cmd, .../* arg */);	
参数	fd：要控制的文件描述符	
	cmd：控制命令字	
	变参：根据不同的命令字而不同	
返回值	成功	根据不同的 cmd，返回值不同
	失败	−1
备注	无	

这两个都是变参函数，先来看下 ioctl( )，其 request 是一个由底层驱动提供的命令字，一些通用的命令字被放在头文件/usr/include/asm-generi/ioctls.h（不同的系统存放位置也许不同）中，后面的变参也由前面的 request 命令字决定。例如，调整文件为异步工作模式：

```
int on = 1;
ioctl(fd, FIOASYNC, &on);
```

上述代码将 fd 对应的文件的工作模式设置为所谓的异步方式，FIOASUNC 就是其中的一个通用的命令字，而后续的变量 on 则是其所需要的对应的值。这个操作也可以用 fcntl( )来达到：

```
fcntl(fd, F_SETFL, O_ASYNC);
```

对于 fcntl( )而言，其第 2 个参数命令字 cmd 有很多，如表 4-7 所示。

表 4-7　fcntl 的各种命令字及其对应的功能

命令字 cmd	变参 arg	含　义
F_DUPFD	long arg	复制一个在数值上大于或等于 arg 并未使用的文件描述符，并且使其代表与 fd 相同的文件
F_DUPFD_CLOEXEC	long arg	作用和 F_DUPFD 一样，但新复制的描述符的 FD_CLOEXEC 状态会被设置为 1
F_GETFD	void	获取 FD_CLOEXEC 状态
F_SETFD	long arg	设置 FD_CLOEXEC 状态，若该状态位为 0 则意味着该 fd 在程序执行 execve( )加载新代码时将保持有效，否则该 fd 在新代码执行时将被关闭

命令字 cmd	变参 arg	含　义
F_GETFL	void	获取 status 状态
F_SETFL	long arg	设置 status 状态 在 Linux 中，以下选项不可设置： O_RDONLY O_WRONLY O_RDWR O_CREAT O_EXCL O_NOCTTY O_TRUNC 以下的选项可以设置： O_APPEND O_ASYNC O_DIRECT O_NOATIME O_NONBLOCK
F_SETLK	struct flock *arg[①]	将 arg.l_type 设置为以下值意味着加锁： FD_RDLCK FD_WRLCK 将 l_type 设置为以下值意味着解锁： FD_UNLCK 如果当前区域已经有冲突的锁存在，那么将立即返回−1，且 errno 将被设置为 EACCES 或 EAGAIN
F_SETLKW	struct flock *arg	和 F_SETLK 一样，但在冲突的情况下将会阻塞等待
F_GETLK[②]	struct flock *arg	用 arg 中的信息检查是否有冲突，如果无冲突，则将 arg.l_type 设置为 FD_UNLCK，别的成员保持不变；如果有冲突，则 arg 将会储存当前冲突的锁的相关信息
F_GETOWN	void	获取收到由 fd 输入或输出状态改变而触发的信号 SIGIO 和 SIGURG 的进程或进程组 ID。进程 ID 用正整数表示，进程组 ID 用负整数表示。
F_SETOWN	long arg	设置接收由 fd 输入或输出状态改变而触发的信号 SIGIO 和 SIGURG 的进程或进程组 ID 为 arg。进程 ID 用正整数表示，进程组 ID 用负整数表示
F_GETOWN_EX[③]	struct f_woner_ex *arg	作用同 F_GETOWN，但还能获取线程的 TID，且只能适用于 Linux-2.6.32 及以后的版本
F_SETOWN_EX	struct f_woner_ex *arg	作用同 F_SETOWN，但还能设置线程的 TID，且只能适用于 Linux-2.6.32 及以后的版本
F_GETSIG	void	获取由 fd 输入或输出状态改变而触发的信号
F_SETSIG	long arg	设置由 fd 输入或输出状态改变而触发的信号
F_GETPIPE_SZ	void	获取管道文件缓冲区的大小
F_GETPIPE_SZ	long arg	设置管道文件缓冲区的大小为 arg。arg 必须介于 Linux 内存页大小和系统支持的最大尺寸（见/proc/sys/fs/pipe-size-max）之间

注：① 该结构体的内部成员至少有：

```
struct flock
{
    short l_type;        //记录锁的类型：FD_RDLCK、FD_WRLCK、FD_UNLCK
    short l_whence;      //基准点：SEEK_SET、SEEK_CUR、SEEK_END
```

```
    off_t l_start;        //锁区域相当于基准点的偏移量，可以为负整数
    off_t l_len;          //锁区域长度
    pid_t l_pid;          //在 F_GETLK 命令字下可以获得持有锁资源的进程 PID
};
```

② 对一个文件必须有可读或可写权限，才能分别对该文件加读记录锁和写记录锁。另外，由于缓冲区的原因，应避免在涉及记录锁的场合使用标准 I/O（详见 4.2.2 节），改用系统 I/O 函数代替。

除了可以使用 F_UNLCK 来释放记录锁之外，进程的退出也会自动释放记录锁。

记录锁不会被通过 fork( )系统调用创建出来的子进程继承，但可以在进程执行 execve( ) 加载新代码之后继续保持。

记录锁可以是协商性的，也可以是强制性的，默认是协商性的。协商性的记录锁不对文件本身做任何处理，因此只能用于相互协作的进程之间。强制性的记录锁将会作用于文件本身，使得任何进程在读/写已经加了锁的文件的相关区域时阻塞或发生错误，强制性的记录锁要求在挂载文件系统时使用 "-o mand" 选项或使用 "MS_MANDLOCK" 参数，且要求去掉该文件的组执行权限并设置其 setgid。在 Linux 系统中，强制性的记录锁尚存 BUG 未解决，是不可用的。

③ 结构体 f_owner_ex 的定义如下：

```
struct f_owner_ex
{
    int type;         //ID 的类型：F_OWNER_TID、F_OWNER_PID 和 F_OWNER_PGRP
    pid_t pid;        //正整数为线程 ID、进程 ID，负整数为进程组 ID
};
```

在 fcntl( )的诸多用法中，以最常见的"设置非阻塞"为例，来看看应怎么正确地利用位或运算来达到这个目的。

```
int status;
status = fcntl(fd, F_GETFL);     //1  获取当前的 status 状态字
status |= O_NONBLOCK;            //2  将"非阻塞"属性加入 status
fcntl(fd, F_SETFL, status);      //3  将配置好的 status 设置到 fd 中
```

第 1 步和第 2 步很重要，保证第 3 步设置非阻塞属性时不会影响其他属性。

最后再介绍一个非常有用的系统 I/O 接口：mmap( )。该函数在进程的虚拟内存空间中映射出一块内存区域，用以对应指定的一个文件，该内存区域上的数据与对应的文件的数据是一一对应的，并在一开始时用文件的内容来初始化这片内存。函数 mmap( )的接口规范如表 4-8 所示。

表 4-8　函数 mmap( )的接口规范

功能	内存映射	
头文件	#include <sys/mman.h>	
原型	void ***mmap**(void *addr, size_t length, 　　　　　　int prot, int flags, int fd, off_t offset);	
参数	addr:	映射内存的起始地址。 如果该参数为 NULL，　则系统将会自动寻找一个合适的起始地址，一般都使用这个值。 如果该参数不为 NULL，则系统会以此为依据来找到一个合适的起始地址。在 Linux 中，映射后的内存起始地址必须是页地址的整数倍
	length:	映射内存大小

续表

参数	prot:	映射内存的保护权限。 PROT_EXEC：可执行 PROT_READ：可读 PROT_WRITE：可写 PROT_NONE：不可访问
	flags:	当有多个进程同时映射了这块内存时，该参数可以决定在某一个进程内使映射内存的数据发生变更是否影响其他进程，也可以决定是否影响其对应的文件数据。 以下两个选项互斥。 MAP_SHARED：所有的同时映射了这块内存的进程对数据的变更均可见，而且数据的变更会直接同步到对应的文件（有时可能还需要调用 msync( )或 munmap( )才会真正起作用）。 MAP_PRIVATE：与 MAP_SHARED 相反，映射了这块内存的进程对数据的变更对别的进程不可见，也不会影响其对应的文件数据。 以下选项可以位或累加。 MAP_32BIT：在早期的 64 位 x86 处理器上，设置这个选项可以将线程的栈空间设置在最低的 2GB 空间附近，以便于上下文切换时得到更好的表现性能，但现代的 64 位 x86 处理器本身已经解决了这个问题，因此这个选项已经被弃用了。 MAP_ANON：等同于 MAP_ANONYMOUS，已弃用。 MAP_ANONYMOUS：匿名映射。该选项使得该映射内存不与任何文件关联，一般来讲参数 fd 和 offset 会被忽略(但可移植性程序需要将 fd 设置为-1)。另外，这个选项必须和 MAP_SHARED 一起使用。 MAP_DENYWRITE：很久以前，这个选项可以使得试图写文件 fd 的进程收到一个 ETXTBUSY 的错误，但这很快成为所谓"拒绝服务"攻击的来源，因此现在这个选项也被弃用了。 MAP_FIXED：该选项使得映射内存的起始地址严格等于参数 addr 而不仅仅将 addr 当作参考值，这必须要求 addr 是页内存大小的整数倍，由于可移植性的关系，这个选项一般不建议设置。 MAP_GROWSDOWN：使得映射内存向下增长，即返回的是内存的最高地址，一般用于栈。 MAP_HUGETLB：使用"大页"来分配映射内存。关于"大页"请参考内核源代码中的 Documentation/vm/hugetlbpage.txt。 MAP_NONBLOCK：该选项必须与 MAP_POPULATE 一起使用，表示不进行"预读"操作。这使得选项 MAP_POPULATE 变得毫无意义，相信未来的某一天这两个选项会被修改。 MAP_NORESERVE：该选项旨在不为这块映射内存使用"交换分区"，也就是说，当物理内存不足时，操作映射内存将会收到 SIGSEGV，而如果允许使用交换分区，则可以保证不会因为物理内存不足而出现这个错误。 MAP_POPULATE：将页表映射至内存中，如果用于文件映射，该选项会导致"预读"的操作，因此在遇到页错误时也不会被阻塞。 MAP_STACK：在进程或线程的栈中映射内存。 MAP_UNINITIALIZED：不初始化匿名映射内存
	fd:	要映射的文件的描述符
	offset:	文件映射的开始区域偏移量，该值必须是页内存大小的整数倍，即必须是函数 sysconf(_SC_PAGE_SIZE)返回值的整数倍
返回值	成功	映射内存的起始地址
	失败	(void *) −1
备注	无	

下面使用 mmap( )实现类似 Shell 命令 cat 的功能：将一个普通文件的内容显示到屏幕上。代码 mmap.c 演示了这个功能。

```
vincent@ubuntu:~/ch04/4.2$ cat mmap.c  -n
    1   #include <stdio.h>
```

```
2    #include <stdlib.h>
3    #include <unistd.h>
4    #include <errno.h>
5
6    #include <sys/stat.h>
7    #include <sys/mman.h>
8    #include <sys/types.h>
9    #include <fcntl.h>
10
11   int main(int argc, char **argv)
12   {
13       if(argc != 2)
14       {
15           printf("Usage: %s <filename>\n", argv[0]);
16           exit(1);
17       }
18
19       //以只读方式打开一个普通文件
20       int fd = open(argv[1], O_RDONLY);
21
22       //申请一块大小为 1024B 的映射内存，并将之与文件 fd 相关联
23       char *p = mmap(NULL, 1024, PROT_READ,
24                   MAP_PRIVATE, fd, 0);
25
26       //将该映射内存的内容打印出来（即其相关联文件 fd 的内容）
27       printf("%s\n", p);
28
29       return 0;
30   }
```

事实上，上面的示例没有什么实际的作用，甚至显得有点做作，因为我们极少使用 mmap 来读写普通文件的数据，更安全可靠且易懂的方式是 read( )/write( )，但有些特殊文件只能用映射内存来读/写，比如 6.3 节的 LCD 液晶屏。

4.2.2　标准 I/O

系统 I/O 的最大特点：一个是更具通用性，不管是普通文件、管道文件、设备节点文件、套接字文件等都可以使用；另一个是简约性，对文件内数据的读/写在任何情况下都是不带任何格式的，而且数据的读/写也都没有经过任何缓冲处理，这样做的理由是尽量精简内核 API，而更加丰富的功能应交给第三方库去进一步完善。

标准 C 库是最常用的第三方库，而标准 I/O 就是标准 C 库中的一部分接口，这一部分接口实际上是系统 I/O 的封装，它提供了更加丰富的读/写方式，比如可以按格式读/写、按 ASCII 码字符读/写、按二进制读/写、按行读/写、按数据块读/写等，还可以提供数据读/写缓冲功能，极大提高程序读/写效率。

在 4.2.1 节中，所有的系统 I/O 函数都是围绕所谓的"文件描述符"进行的，这个文件描述符由函数 open( )获取，而在本节中，所有的标准 I/O 都是围绕所谓的"文件指针"进行的，这个文件指针则是由 fopen( )获取的，它是第一个需要掌握的标准 I/O 函数，如表 4-9 所示。

表 4-9　函数 fopen( )的接口规范

功能	获取指定文件的文件指针	
头文件	#include <stdio.h>	
原型	FILE *fopen(const char *path, const char *mode);	
参数	path：即将要打开的文件	
	mode	"r"：以只读方式打开文件，要求文件必须存在
		"r+"：以读/写方式打开文件，要求文件必须存在
		"w"：以只写方式打开文件，文件如果不存在会创建新文件，如果存在会将其内容清空
		"w+"：以读/写方式打开文件，文件如果不存在会创建新文件，如果存在会将其内容清空
		"a"：以只写方式打开文件，文件如果不存在会创建新文件，且文件位置偏移量被自动定位到文件末尾（即以追加方式写数据）
		"a+"：以读/写方式打开文件，文件如果不存在会创建新文件，且文件位置偏移量被自动定位到文件末尾（即以追加方式写数据）
返回值	成功	文件指针
	失败	NULL
备注	无	

返回的文件指针是一种指向结构体 FILE{}的指针，该结构体在标准 I/O 中被定义：

```
vincent@ubuntu:/usr/include$ cat stdio.h -n
......
    46    __BEGIN_NAMESPACE_STD
    47    /* The opaque type of streams. */
    48    typedef struct _IO_FILE FILE; //定义 FILE 等价于 _IO_FILE
    49    __END_NAMESPACE_STD
......

vincent@ubuntu:/usr/include$ cat libio.h -n
......
   244
   245    struct _IO_FILE {
   246      int _flags; /* High-order word is _IO_MAGIC; rest is flags. */
   247    #define _IO_file_flags _flags
   248
   249      //The following pointers correspond to the C++ streambuf protocol.
   250      //Note: Tk uses the _IO_read_ptr and _IO_read_end fields directly.
   251      char* _IO_read_ptr;
   252      char* _IO_read_end;
   253      char* _IO_read_base;
   254      char* _IO_write_base;
   255      char* _IO_write_ptr;
   256      char* _IO_write_end;
   257      char* _IO_buf_base;
   258      char* _IO_buf_end;
   259      /* The following fields are used to support backing up and undo. */
   260      char *_IO_save_base;
   261      char *_IO_backup_base;
   262      char *_IO_save_end;
   263
   264      struct _IO_marker *_markers;
```

```
265
266     struct _IO_FILE *_chain;
267
268     int _fileno; //文件描述符
269 #if 0
270     int _blksize;
271 #else
272     int _flags2;
273 #endif
274    _IO_off_t _old_offset;
275
276 #define __HAVE_COLUMN /* temporary */
277     /* 1+column number of pbase(); 0 is unknown. */
278     unsigned short _cur_column;
279     signed char _vtable_offset;
280     char _shortbuf[1];
281
282     /*  char* _save_gptr;  char* _save_egptr; */
283
284    _IO_lock_t *_lock;
285 #ifdef _IO_USE_OLD_IO_FILE
286     };
......
```

观察上述代码，第 268 行中的_fileno 就是打开的文件的描述符，它被封装在了 FILE{}
里，FILE{}里除了封装了由系统 I/O 函数 open( )得来的_fileno 之外，还提供了一组指针（第
251～262 行），用来管理数据缓冲区。

文件指针和文件描述符的关系如图 4-7 所示。

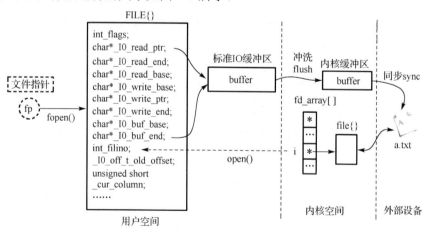

图 4-7 文件指针与文件描述符的关系

可以看到，使用标准 I/O 函数处理文件的最大特点是，数据将会先存储在一个标准 I/O
缓冲区中，而后在一定条件下才被一并 flush（冲洗，或称刷新）至内核缓冲区，而不是像系
统 I/O 那样，数据直接被 flush 至内核。

注意，标准 I/O 函数 fopen( )实质上是系统 I/O 函数 open( )的封装，它们是一一对应的，
每一次 fopen( )都会导致系统分配一个 file{ }结构体和一个 FILE{}来保存维护该文件的读/写

信息，每一次的打开和操作都可以不一样，是相对独立的，因此可以在多线程或者多进程中多次打开同一个文件，再利用文件空洞技术进行多点读写。

另外，标准输入/输出设备是默认被打开的，在标准 I/O 中也是一样，它们在程序的一开始就已经拥有相应的文件指针了，如表 4-10 所示。

表 4-10　默认打开的 3 个标准文件

设　　备	文件描述符（int）		文件指针（FILE *）
标准输入设备（键盘）	0	STDIN_FILENO	stdin
标准输出设备（屏幕）	1	STDOUT_FILENO	stdout
标准出错设备（屏幕）	2	STDERR_FILENO	stderr

与 fopen( ) 一起配套使用的是 fclose( )，如表 4-11 所示。

表 4-11　函数 fclose( ) 的接口规范

功能	关闭指定的文件并释放其资源	
头文件	#include <stdio.h>	
原型	int **fclose**(FILE *fp);	
参数	fp：即将要关闭的文件	
返回值	成功	0
	失败	EOF
备注	无	

该函数用于释放由 fopen( ) 申请的系统资源，包括释放标准 I/O 缓冲区内存，因此 fclose( ) 不能对一个文件重复关闭。

下面是它们的应用示例代码。

```
vincent@ubuntu:~/ch04/4.2$ cat fopen_fclose.c -n
     1  #include <stdio.h>
     2  #include <stdlib.h>
     3  #include <errno.h>
     4  #include <sys/types.h>
     5  #include <fcntl.h>
     6
     7  int main(int argc, char **argv)
     8  {
     9      FILE *fp = fopen("a.txt", "r+"); //以读/写方式打开已存在文件
    10
    11      //如果打开文件"a.txt"失败，fopen()将会返回 NULL
    12      if(fp == NULL)
    13      {
    14          perror("fopen()");
    15          exit(1);
    16      }
    17
    18      //如果关闭 fp 失败，fclose()将会返回 EOF
    19      if(fclose(fp) == EOF)
    20      {
    21          perror("fclose()");
```

```
22              exit(1);
23          }
24
25      return 0;
26  }
```

标准 I/O 函数的读/写接口非常多，下面逐一列出最常用的各个函数集合。

第一组：每次读/写一个字符的标准 I/O 函数接口，如表 4-12 所示。

表 4-12　每次读写一个字符的标准 I/O 函数接口

功能	获取指定文件的一个字符	
头文件	#include \<stdio.h\>	
原型	int **fgetc**(FILE *stream); int **getc**(FILE *stream); int **getchar**(void);	
参数	stream：文件指针	
返回值	成功	读取到的字符
	失败	EOF
备注	当返回 EOF 时，文件 stream 可能已达末尾，或遇到错误	
功能	讲一个字符写入一个指定的文件	
头文件	#include \<stdio.h\>	
原型	int **fputc**(int c, FILE *stream); int **putc**(int c, FILE *stream); int **putchar**(int c);	
参数	c：要写入的字符	
	stream：写入的文件指针	
返回值	成功	写入到的字符
	失败	EOF
备注	无	

需要注意以下几点。

（1）fgec( )、getc( )和 getchar( )返回值是 int，而不是 char，原因是它们在出错或读到文件末尾时需要返回一个值为–1 的 EOF 标记，而 char 型数据有可能因为系统的差异而无法表示负整数。

（2）当 fgec( )、getc( )和 getchar( )返回 EOF 时，有可能是发生了错误，也有可能是读到了文件末尾，这时要用以下两个函数接口来进一步加以判断，如表 4-13 所示。

表 4-13　函数 feof( )和 ferror( )的接口规范

功能	feof()：判断一个文件是否到达文件末尾 ferror()：判断一个文件是否遇到了某种错误	
头文件	#include \<sys/ioctl.h\>	
原型	int **feof**(FILE *stream); int **ferror**(FILE *stream);	
参数	stream：进行判断的文件指针	
返回值	feof	如果文件已达末尾则返回真，否则返回假
	ferror	如果文件遇到错误则返回真，否则返回假
备注	无	

（3）getchar( )默认从标准输入设备读取一个字符。

（4）putchar( )默认从标准输出设备输出一个字符。

（5）fgetc( )和 fputc( )是函数，getc( )和 putc( )是宏定义。

（6）两组输入/输出函数一般成对使用，fgetc( )和 fputc( )、getc( )和 putc( )、getchar( )和 putchar( )。

下面的示例使用上述接口，实现普通文件的复制操作。

```
vincent@ubuntu:~/ch04/4.2$ cat copy_fgetc_fputc.c -n
 1  #include <stdio.h>
 2  #include <stdlib.h>
 3  #include <stdbool.h>
 4  #include <unistd.h>
 5  #include <string.h>
 6  #include <strings.h>
 7  #include <errno.h>
 8
 9  #include <sys/stat.h>
10  #include <sys/types.h>
11  #include <fcntl.h>
12
13  int main(int argc, char **argv)
14  {
15      if(argc != 3)
16      {
17          printf("Usage: %s <src> <dst>\n", argv[0]);
18          exit(1);
19      }
20
21      //分别以只读和只写模式打开源文件和目标文件
22      FILE *fp_src = fopen(argv[1], "r");
23      FILE *fp_dst = fopen(argv[2], "w");
24
25      //如果返回 NULL 则程序出错退出
26      if(fp_src == NULL || fp_dst == NULL)
27      {
28          perror("fopen()");
29          exit(1);
30      }
31
32      int c, total = 0;
33      while(1)
34      {
35          c = fgetc(fp_src); //从源文件读取一个字符存储在变量 c 中
36
37          if(c == EOF && feof(fp_src))    //已达文件末尾
38          {
39              printf("copy completed, "
40                  "%d bytes have been copied.\n", total);
41              break;
42          }
43          else if(ferror(fp_src))     //遇到错误
44          {
45              perror("fgetc()");
```

```
46                break;
47            }
48
49            fputc(c, fp_dst);          //将变量 c 中的字符写入目标文件中
50            total++;                   //累计复制字符个数
51        }
52
53        //正常关闭文件指针，释放系统资源
54        fclose(fp_src);
55        fclose(fp_dst);
56
57        return 0;
58    }
```

第二组：每次读/写一行的标准 I/O 函数接口，如表 4-14 所示。

表 4-14　每次读/写一行的标准 I/O 函数接口

功能	从指定文件读取最多一行数据	
头文件	#include <sys/ioctl.h>	
原型	char ***fgets**(char *s, int size, FILE *stream); char ***gets**(char *s);	
参数	s：自定义缓冲区指针	
	size：自定义缓冲区大小	
	stream：即将被读取数据的文件指针	
返回值	成功	自定义缓冲区指针 s
	失败	NULL
备注	（1）gets( )默认从文件 stdin 读入数据 （2）当返回 NULL 时，文件 stream 可能已达末尾，或遇到错误	
功能	将数据写入指定的文件	
头文件	#include <sys/ioctl.h>	
原型	int **fputs**(const char *s, FILE *stream); int **puts**(const char *s);	
参数	s：自定义缓冲区指针	
	stream：即将被写入数据的文件指针	
返回值	成功	非负整数
	失败	EOF
备注	puts( )默认将数据写入文件 stdout	

值得注意的有以下几点。

（1）fgets( )与 fgetc( )一样，当其返回 NULL 时并不能确定究竟是达到文件末尾还是碰到错误，需要用 feof( )/ferror( )来进一步判断。

（2）fgets( )每次读取至多不超过 size 个字节的一行，所谓"一行"即数据至多包含一个换行符"\n"。

（3）gets( )是一个已经过时的接口，因为它没有指定自定义缓冲区 s 的大小，这样很容易造成缓冲区溢出，导致程序段访问错误。

（4）fgets( )和 fputs( )、gets( )和 puts( )一般成对使用，鉴于 gets( )的不安全性，一般建议使用前者。

下面是使用该组函数实现的普通文件复制示例代码。

```
vincent@ubuntu:~/ch04/4.2$ cat copy_fgets_fputs.c -n
     1  #include <stdio.h>
     2  #include <stdlib.h>
     3  #include <stdbool.h>
     4  #include <unistd.h>
     5  #include <string.h>
     6  #include <strings.h>
     7  #include <errno.h>
     8
     9  #include <sys/stat.h>
    10  #include <sys/types.h>
    11  #include <fcntl.h>
    12
    13  #define BUFSIZE 100
    14
    15  int main(int argc, char **argv)
    16  {
    17      if(argc != 3)
    18      {
    19          printf("Usage: %s <src> <dst>\n", argv[0]);
    20          exit(1);
    21      }
    22
    23      //分别以只读和只写模式打开源文件和目标文件
    24      FILE *fp_src = fopen(argv[1], "r");
    25      FILE *fp_dst = fopen(argv[2], "w");
    26
    27      //如果返回 NULL, 则程序出错退出
    28      if(fp_src == NULL || fp_dst == NULL)
    29      {
    30          perror("fopen()");
    31          exit(1);
    32      }
    33
    34      char buf[BUFSIZE];                      //自定义缓冲区
    35      int total = 0;
    36      while(1)
    37      {
    38          bzero(buf, BUFSIZE);
    39          if(fgets(buf, BUFSIZE, fp_src) == NULL) //从源文件读数据
    40          {
    41              if(feof(fp_src))                //已达文件末尾
    42              {
    43                  printf("copy completed, %d bytes"
    44                      " have been copied.\n", total);
    45                  break;
```

```
46                        }
47                        else if(ferror(fp_src))        //遇到错误
48                        {
49                            perror("fgetc()");
50                            break;
51                        }
52                    }
53
54                    fputs(buf, fp_dst);        //将自定义缓冲区中的数据写入目标文件
55                    total += strlen(buf);   //累计复制的字节个数
56                }
57
58                //正常关闭文件指针，释放系统资源
59                fclose(fp_src);
60                fclose(fp_dst);
61
62                return 0;
63            }
```

第三组：每次读/写若干数据块的标准 I/O 函数接口，如表 4-15 所示。

表 4-15　每次读/写若干数据块的标准 I/O 函数接口

功能	从指定文件读取若干个数据块	
头文件	#include <sys/ioctl.h>	
原型	size_t **fread**(void *ptr, size_t size, size_t nmemb, FILE *stream);	
参数	ptr：自定义缓冲区指针	
	size：数据块大小	
	nmemb：数据块个数	
	stream：即将被读取数据的文件指针	
返回值	成功	读取的数据块个数，等于 nmemb
	失败	读取的数据块个数，小于 nmemb 或等于 0
备注	当返回小与 nmemb 时，文件 stream 可能已达末尾，或者遇到错误	
功能	将若干块数据写入指定的文件	
头文件	#include <sys/ioctl.h>	
原型	size_t **fwrite**(const void *ptr, size_t size, size_t nmemb,FILE *stream);	
参数	ptr：自定义缓冲区指针	
	size：数据块大小	
	nmemb：数据块个数	
	stream：即将被写入数据的文件指针	
返回值	成功	写入的数据块个数，等于 sinmembze
	失败	写入的数据块个数，小于 nmemb 或等于 0
备注	无	

这一组标准 I/O 函数称为"直接 I/O 函数"或"二进制 I/O 函数"，因为它们对数据的读/写严格按照规定的数据块数和数据块的大小来处理，而不会对数据格式做任何处理，而且当数据块中出现特殊字符（如换行符"\n"、字符串结束标记"\0"等）时不会受到影响。

需要注意以下几点。

（1）如果 fread( )返回值小于 nmemb 时，则可能已达末尾，或遇到错误，需要借助于 feof( )/ferror( )来加以进一步判断。

（2）当发生上述第（1）种情况时，其返回值并不能真正反映其读取或写入的数据块数，而只是一个所谓的"截短值"，比如正常读取 5 个数据块，每个数据块 100 个字节，在执行成功的情况下返回值是 5，表示读到 5 个数据块总共 500 个字节，但是如果只读到 499 个数据块，那么返回值就变成 4，而如果读到 99 个字节，那么 fread( )会返回 0。因此，当发生返回值小于 nmemb 时，需要仔细确定究竟读取了几个字节，而不能直接从返回值确定。

第四组：获取或设置文件当前位置偏移量。调整文件位置偏移量的函数接口规范如表 4-16 所示。

表 4-16　调整文件位置偏移量的函数接口规范

功能	设置指定文件的当前位置偏移量		
头文件	#include <sys/ioctl.h>		
原型	int **fseek**(FILE *stream, long offset, int whence);		
参数	stream：需要设置位置偏移量的文件指针		
	offset：新位置偏移量相对基准点的偏移		
	whence：基准点	SEEK_SET：文件开头处	
		SEEK_CUR：当前位置	
		SEEK_END：文件末尾处	
返回值	成功	0	
	失败	−1	
备注	无		
功能	获取指定文件的当前位置偏移量		
头文件	#include <sys/ioctl.h>		
原型	long **ftell**(FILE *stream);		
参数	stream：需要返回当前文件位置偏移量的文件指针		
返回值	成功	当前文件位置偏移量	
	失败	−1	
备注	无		
功能	将指定文件的当前位置偏移量设置到文件开头处		
头文件	#include <sys/ioctl.h>		
原型	void **rewind**(FILE *stream);		
参数	stream：需要设置位置偏移量的文件指针		
返回值	无		
备注	该函数的功能是将文件 strean 的位置偏移量置位到文件开头处		

这一组函数需要注意以下几点。

（1）fseek( )的用法基本上与系统 I/O 的 lseek( )是一致的。

（2）rewind(fp)相等于 fseek(fp, 0L, SEEK_SET)。

利用上述两组标准 I/O 函数，重新再实现一遍文件的复制功能，源代码如下。

```
vincent@ubuntu:~/ch04/4.2$ cat copy_fread_fwrite.c -n
    1    #include <stdio.h>
    2    #include <stdlib.h>
    3    #include <stdbool.h>
```

```
 4    #include <unistd.h>
 5    #include <string.h>
 6    #include <strings.h>
 7    #include <errno.h>
 8
 9    #include <sys/stat.h>
10    #include <sys/types.h>
11    #include <fcntl.h>
12
13    #define SIZE 100
14    #define NMEMB 5
15
16    int main(int argc, char **argv)
17    {
18        if(argc != 3)
19        {
20            printf("Usage: %s <src> <dst>\n", argv[0]);
21            exit(1);
22        }
23
24        //分别以只读和只写模式打开源文件和目标文件
25        FILE *fp_src = fopen(argv[1], "r");
26        FILE *fp_dst = fopen(argv[2], "w");
27
28        //如果返回 NULL，则程序出错退出
29        if(fp_src == NULL || fp_dst == NULL)
30        {
31            perror("fopen()");
32            exit(1);
33        }
34        char buf[SIZE * NMEMB];
35        int total = 0;
36        long pos1, pos2;
37        while(1)
38        {
39            bzero(buf, SIZE * NMEMB);
40            pos1 = ftell(fp_src); //获取当前源文件的位置偏移量
41            if(fread(buf, SIZE, NMEMB, fp_src) < NMEMB) //发生了异常
42            {
43                if(feof(fp_src)) //已达文件末尾
44                {
45                    pos2 = ftell(fp_src); //将剩余的字节写入目标文件
46                    fwrite(buf, pos2-pos1, 1, fp_dst);
47                    total += (pos2 - pos1);
48
49                    printf("copy completed, %d bytes"
50                        " have been copied.\n", total);
```

```
51                  break;
52              }
53          else if(ferror(fp_src))  //遇到错误
54              {
55                  perror("fread()");
56                  break;
57              }
58          }
59      fwrite(buf, SIZE, NMEMB, fp_dst); //将数据写入目标文件
60      total += SIZE*NMEMB;
61      }
62  //正常关闭文件指针，释放系统资源
63  fclose(fp_src);
64  fclose(fp_dst);
65
66  return 0;
77  }
```

第五组，标准格式化 I/O 函数。格式化 I/O 函数接口规范如表 4-17 所示。

表 4-17　格式化 I/O 函数接口规范

功能	将格式化数据写入指定的文件或者内存	
头文件	#include <stdio.h>	
原型	int **fprintf**(FILE *restrict stream, const char *restrict format, ...); int **printf**(const char *restrict format, ...); int **snprintf**(char *restrict s, size_t n,const char *restrict format, ...); int **sprintf**(char *restrict s, const char *restrict format, ...);	
参数	stream：写入数据的文件指针	
	format：格式控制串	
	s：写入数据的自定义缓冲区	
	n：自定义缓冲区的大小	
返回值	成功	成功写入的字节数
	失败	−1
备注	无	
功能	从指定的文件或者内存中读取格式化数据	
头文件	#include <stdio.h>	
原型	int **fscanf**(FILE *restrict stream, const char *restrict format, ...); int **scanf**(const char *restrict format, ...); int **sscanf**(const char *restrict s, const char *restrict format, ...);	
参数	stream：读出数据的文件指针	
	format：格式控制串	
	s：读出数据的自定义缓冲区	
返回值	成功	正确匹配且赋值的数据个数
	失败	EOF
备注	无	

格式化 I/O 函数中最常用的莫过于 printf( )和 scanf( )了，但从表 4-17 中可以看到，它们其实各自都有一些功能类似的兄弟函数可用，使用这些函数需要注意以下几点。

（1）fprintf( )不仅可以像 printf( )一样向标准输出设备输出信息，也可以向由 stream 指定的任何有相应权限的文件写入数据。

（2）sprintf()和 snprintf()都是向一块自定义缓冲区写入数据的，不同的是后者第 2 个参数提供了这块缓冲区的大小，避免缓冲区溢出，因此应尽量使用后者，放弃使用前者。

（3）fscanf( )不仅可以像 scanf( )一样从标准输入设备读入信息，也可以从由 stream 指定的任何有相应权限的文件读入数据。

（4）sscanf( )从一块由 s 指定的自定义缓冲区中读入数据。

（5）最重要的一条：这些函数的读/写都是带格式的，这些所谓的格式由表 4-18 所示内容规定。

表 4-18　格式化 I/O 函数的格式控制符

格式控制符	含　义	范例（以 printf( )为例）
%d	有符号十进制整型数	int a=1; printf("%d", a);
%u	无符号十进制整型数	int a=1; printf("%u", a);
%o	无符号八进制整型数	int a=1; printf("%o", a);
%x	无符号十六进制整型数	int a=1; printf("%x", a);
%c	字符	char a=100; printf("%c", a);
%s	字符串	char *a="xy"; printf("%s", a);
%f	计数法单精度浮点数	float a=1.0; printf("%f", a);
%e	科学技术法单精度浮点数	float a=1.0; printf("%e", a);
%p	指针	int *a; printf("%p", a);
%.5s	取字符串的前 5 个字符	char *a="abcdefghijk"; printf("%.5s", a);
%.5f	取单精度浮点数小数点后 5 位小数	float a=1.0; printf("%.5f", a);
%5d	位宽至少为 5 个字符，右对齐	int a=1; printf("%5d", a);
%-5d	位宽至少为 5 个字符，左对齐	int a=1; printf("%-5d", a);
%hd	半个有符号数十进制整型数	short a=1; printf("%hd", a);
%hhd	半半个有符号数十进制整型数	char a=1; printf("%hhd", a);
%lf /%le	双精度浮点数	double a=1.0; printf("%lf", a);
%Lf /%Le	长双精度浮点数	long double a=1.0; printf("%Lf", a);

注意，这一组函数与之前的标准 I/O 最大的区别是带有格式控制，因此最适用于有格式的文件处理，假设有一个文件存储了班级学生的姓名、性别、年龄和身高，如下：

```
vincent@ubuntu:~/ch04/4.2$ cat format_data -n
    1   Mike M 18 167.2
    2   Lucy F 17 155.3
    3   Jack M 22 171.0
    4   Joe  M 19 175.1
    5   Rose F 21 169.1
```

很明显这个文件是带有格式的，假如我们需要将这个文件读入程序，再将之输出到屏幕显示出来，可以使用 fscanf( )和 fprintf( )来实现。

```
vincent@ubuntu:~/ch04/4.2$ cat format_io.c -n
    1   #include <stdio.h>
```

```
2   #include <stdlib.h>
3   #include <stdbool.h>
4   #include <unistd.h>
5   #include <string.h>
6   #include <strings.h>
7   #include <errno.h>
8
9   #include <sys/stat.h>
10  #include <sys/types.h>
11  #include <fcntl.h>
12
13  #define NAMELEN 20
14
15  struct student  //用来存放一个带有一定数据格式的学生节点
16  {
17      char name[NAMELEN];
18      char sex;
19      int age;
20      float stature;
21
22      struct student *next;  //用以形成链表
23  };
24
25  struct student *init_list(void)  //初始化一个空链表
26  {
27      struct student *head = malloc(sizeof(struct student));
28      head->next = NULL;
29
30      return head;
31  }
32
33  //将新节点 new 添加到链表 head 中
34  void add_student(struct student *head, struct student *new)
35  {
36      struct student *tmp = head;
37
38      while(tmp->next != NULL)
39          tmp = tmp->next;
40
41      tmp->next = new;
42  }
43
44  //显示链表中的所有节点
45  void show_student(struct student *head)
46  {
47      struct student *tmp = head->next;
48
```

```
49        while(tmp != NULL)
50        {
51            fprintf(stdout, "%-5s %c %d %.1f\n",
52                tmp->name, tmp->sex, tmp->age, tmp->stature);
53
54            tmp = tmp->next;
55        }
56    }
57
58    int main(int argc, char **argv)
59    {
60        FILE *fp = fopen("format_data", "r");
61
62        //创建一个用来保存学生节点的空链表
63        struct student *head = init_list();
64
65        int count = 0;
66        while(1)
67        {
68            struct student *new = malloc(sizeof(struct student));
69
70            //从文件 fp 中按照格式读取数据，并将之填充到 new 中
71            if(fscanf(fp, "%s %c %d %f",
72                new->name, &(new->sex),
73                &(new->age), &(new->stature)) == EOF)
74            {
75                break;
76            }
77
78            //将新节点 new 加入到链表 head 中
79            add_student(head, new);
80            count++;
81        }
82
83        printf("%d students have been added.\n", count);
84        show_student(head); //打印所有的节点
85
86        fclose(fp); //关闭文件指针，释放系统资源
87
88        return 0;
89    }
```

4.2.3 文件属性

在操作文件时，经常需要获取文件的属性，比如类型、权限、大小、所有者等，这些信息对于文件的传输、管理等是必不可少的，而这些信息可以使用如表 4-19 所示的函数之一来获取。

表 4-19　获取文件控制信息的函数接口规范

功能	获取文件的元数据（类型、权限、大小等）	
头文件	#include <sys/types.h>	
	#include <sys/stat.h>	
	#include <unistd.h>	
原型	int **stat**(const char *path, struct stat *buf);	
	int **fstat**(int fd, struct stat *buf);	
	int **lstat**(const char *path, struct stat *buf);	
参数	path：文件路径	
	fd：文件描述符	
	buf：属性结构体	
返回值	成功	0
	失败	NULL
备注	无	

这 3 个函数的功能完全一样，区别是：stat( )参数是一个文件的名字，而 fstat( )的参数是一个已经被打开了的文件的描述符 fd，而 lstat( )则可以获取链接文件本身的属性。

属性结构体如下。

```
struct stat
{
        dev_t st_dev;              //普通文件所在存储器的设备号
        mode_t    st_mode;         //文件类型、文件权限
        ino_t st_ino;              //文件索引号
        nlink_t   st_nlink;        //引用计数
        uid_t st_uid;              //文件所有者的 UID
        gid_t st_gid;              //文件所属组的 GID
        dev_t st_rdev;             //特殊文件的设备号
        off_t     st_size;         //文件大小
        blkcnt_t st_blocks;        //文件所占数据块数目
        time_t    st_atime;        //最近访问时间
        time_t    st_mtime;        //最近修改时间
        time_t    st_ctime;        //最近属性更改时间
        blksize_t st_blksize;      //写数据块建议值
};
```

该结构体中有很多成员的含义和作用是一目了然的，示例如下。

（1）文件索引号：st_ino，实质上是一个无符号整型数据，用来唯一确定分区中的文件。

（2）引用计数：st_nlink，记录该文件的名字（或称硬链接）总数，文件的别名可以用命令 link 或函数 link( )来创建。当一个文件的引用计数 st_nlink 为零时，系统将会释放清空该文件锁占用的一切系统资源。

（3）文件所有者 UID 和所属组 GID。

（4）文件的大小。这个属性对只对普通文件有效。

（5）文件所占数据块数目 st_blocks，表明该文件实际占用存储器空间。一个数据块一般为 512 字节。

（6）st_atime、st_mtime 和 st_ctime 都是一个文件的时间戳，st_atime 代表文件被访问了

但是没有被修改的最近时间，st_mtime 代表文件内容被修改的最近时间，st_ctime 则代表了文件属性更改的最近时间。文件的时间戳对于某些场合来讲是至关重要的属性，比如工程管理器 make，它的工作原理就完全基于文件的时间戳上，判断文件的被修改时间，决定其是否参与编译。

（7）st_blksize 是所谓的"写数据块"的建议值，因为当应用程序频繁地往存储器写入小块数据时，可能会导致效率的低下。

除此之外，st_dev、st_rdev 和 st_mode 就没那么一目了然了，它们详细情况如下。

（1）文件设备号。

属性结构体 stat 中有两个成员涉及文件的设备号，它们分别是 st_dev 和 st_rdev，前者只对普通文件有效，它包含了普通文件所在设备的设备号，因此这个成员对于特殊文件而言是无意义的。而 st_rdev 恰好相反，它储存的是特殊设备文件本身的设备号，因此 st_rdev 对于普通文件而言是无效的。

什么是设备号呢？我们在系统/dev 目录下执行 ls -l 一看究竟：

```
vincent@ubuntu:/dev$ ls -l
total 0
crw-rw----  1 root video    10, 175 Jun 18 07:13 agpgart
crw-------  1 root root      10,  58 Jun 18 07:13 alarm
crw-------  1 root root      10,  59 Jun 18 07:13 ashmem
crw------T  1 root root      10, 235 Jun 18 07:13 autofs
brw-rw----  1 root disk       7,   1 Jun 18 07:13 loop1
brw-rw----  1 root disk       7,   2 Jun 18 07:13 loop2
brw-rw----  1 root disk       7,   3 Jun 18 07:13 loop3
crw-rw----  1 root lp         6,   0 Jun 18 07:13 lp0
brw-rw----  1 root disk       1,   1 Jun 18 07:13 ram1
brw-rw----  1 root disk       1,   6 Jun 18 07:13 ram6
brw-rw----  1 root disk       1,   7 Jun 18 07:13 ram7
brw-rw----  1 root disk       8,   0 Jun 18 07:13 sda
brw-rw----  1 root disk       8,   1 Jun 18 07:13 sda1
brw-rw----  1 root disk       8,   2 Jun 18 07:13 sda2
brw-rw----  1 root disk       8,   5 Jun 18 07:13 sda5
crw-rw----  1 root tty        7,   7 Jun 18 07:13 vcs7
crw-rw----  1 root tty        7, 128 Jun 18 07:13 vcsa
crw-rw----  1 root tty        7, 129 Jun 18 07:13 vcsa1
......
```

从上面的执行结果可以看到，在/dev 下的文件没有"大小"的属性，而只有两个号码，比如文件 agpgart，设备号为 10, 175，其中前面的 10 是所谓的主设备号，用来标识一种设备的类型，后面的 175 是所谓的次设备号，用来区分本系统中的多个同类设备。

设备号在编写设备文件的驱动程序中才需要用到，在应用编程中不需要关注。st_dev 和st_rdev 里面都包含了主次设备号，需要用到表 4-20 所示的函数来获取。

表 4-20　分离主次设备号函数接口规范

头文件	#include <sys/types.h>
原型	int **major**(dev_t dev); int **minor**(dev_t dev);

参数	dev：文件的设备号属性，来自 stat 结构体中的 st_dev 或 st_rdev	
返回值	成功	major 返回主设备号，minor 返回次设备号
	失败	无
备注	无	

（2）文件类型和权限。

如图 4-8 所示，属性成员中的 st_mode 里包含了文件类型和权限，st_mode 实质上是一个无符号 16 位短整型数，各个位域所包含的含义如下。

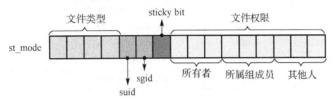

图 4-8　st_mode 内部结构

st_mode[0:8] ——对应地代表了文件的各个用户的权限。

st_mode[9] 存储了所谓的黏住位（只对目录有效），在拥有该目录的写权限的情况下，如果这一位被设置为 1，那么某一用户也只能删除在本目录下属于自己的文件，否则可以删除任意文件。

st_mode[10] 和 st_mode[11] 分别用来设置文件的 suid（只对普通文件有效）和 sgid（只对目录有效）。如果 suid 被设置为 1，则任何用户在执行该文件时均会获得该文件所有者的临时授权，即其有效 UID 将等于文件所有者的 UID。如果 sgid 被设置为 1，则任何在该目录下执行的程序均会获得该目录所属组成员的临时授权，即其有效 GID 将等于该目录的所属组成员的 GID。

st_mode[12:15] 用以标识 Linux 下不同的文件类型，由于 Linux 总共只有 7 种文件类型，因此 4 位足以表达。

如表 4-21 所示是 st_mode 的详细信息。

表 4-21　st_mode 的各个位域细节

	宏 定 义	值（八进制）	值（二进制）	含 义
文件类型	S_IFMT	0170000	1 111 000 000 000 000	文件类型掩码
	S_IFSOCK	0140000	1 100 000 000 000 000	文件类型：套接字
	S_IFLNK	0120000	1 010 000 000 000 000	文件类型：链接
	S_IFREG	0100000	1 000 000 000 000 000	文件类型：普通文件
	S_IFBLK	0060000	0 110 000 000 000 000	文件类型：块设备
	S_IFDIR	0040000	0 100 000 000 000 000	文件类型：目录
	S_IFCHR	0020000	0 010 000 000 000 000	文件类型：字符设备
	S_IFIFO	0010000	0 001 000 000 000 000	文件类型：管道
SID 和黏住位	S_ISUID	0004000	0 000 100 000 000 000	文件的 suid 位
	S_ISGID	0002000	0 000 010 000 000 000	文件的 sgid 位
	S_ISVTX	0001000	0 000 001 000 000 000	文件的黏住位

续表

	宏 定 义	值（八进制）	值（二进制）	含 义
文件 权限	S_IRWXU	0000700	0 000 000 111 000 000	所有者权限掩码
	S_IRUSR	0000400	0 000 000 100 000 000	所有者读权限
	S_IWUSR	0000200	0 000 000 010 000 000	所有者写权限
	S_IXUSR	0000100	0 000 000 001 000 000	所有者执行权限
	S_IRWXG	0000070	0 000 000 000 111 000	所属组成员权限掩码
	S_IRGRP	0000040	0 000 000 000 100 000	所属组成员读权限
	S_IWGRP	0000020	0 000 000 000 010 000	所属组成员写权限
	S_IXGRP	0000010	0 000 000 000 001 000	所属组成员执行权限
	S_IRWXO	0000007	0 000 000 000 000 111	其他人权限掩码
	S_IROTH	0000004	0 000 000 000 000 100	其他人读权限
	S_IWOTH	0000002	0 000 000 000 000 010	其他人写权限
	S_IXOTH	0000001	0 000 000 000 000 001	其他人执行权限

结合文件的设备号，下面的示例代码实现一个功能：判断一个文件是否是特殊设备文件（即字符设备文件或块设备文件），如果是则打印出其主次设备号，否则打印出其所在设备的主次设备号，代码如下。

```
vincent@ubuntu:~/ch04/4.2$ cat dev_no.c -n
1    #include <stdio.h>
2    #include <stdlib.h>
3    #include <unistd.h>
5    #include <sys/stat.h>
6    #include <sys/types.h>
7    #include <fcntl.h>
8
9    int main(int argc, char **argv)
10   {
11       if(argc != 2)
12       {
13           printf("Usage: %s <filename>\n", argv[0]);
14           exit(1);
15       }
16
17       //定义一个 stat 结构体 info，用来存放指定文件的属性
18       struct stat info;
19       stat(argv[1], &info);
21       //如果该文件是特殊设备文件（字符设备文件或块设备文件）
22       if(S_ISCHR(info.st_mode) ||
23         S_ISBLK(info.st_mode))
24       {
25           printf("regular file: %d, %d\n",
26               major(info.st_rdev), //打印其主设备号
27               minor(info.st_rdev)); //打印其次设备号
28       }
29
```

```
30          //如果不是特殊设备文件，则打印该文件所在设备的设备号（如硬盘）
31          else
32              printf("device: %d, %d\n",
33                  major(info.st_dev),
34                  minor(info.st_dev));
35
36          return 0;
37      }
```

```
vincent@ubuntu:~/ch04/4.2$ ./dev_no .
regular file: 0, 22

vincent@ubuntu:~/ch04/4.2$ ./dev_no a.txt
regular file: 0, 22

vincent@ubuntu:~/ch04/4.2$ ./dev_no /dev/agpgart
device: 10, 175
```

执行效果显示，当前目录"."和文件"a.txt"都属于某设备 0,22 中的普通文件，而"/dev/agpgart"是一个设备号为 10,175 的特殊设备文件。

在上述代码中还可以看到，判断文件的类型不需要直接读取 st_mode 的高 4 位，而是使用表 4-22 所示的这些宏定义即可。

表 4-22　判断文件类型的宏

宏　定　义	功　　能
S_ISREG(st_mode)	判断文件是否为普通文件
S_ISDIR(st_mode)	判断文件是否为目录
S_ISCHR(st_mode)	判断文件是否为字符设备文件
S_ISBLK(st_mode)	判断文件是否为块设备文件
S_ISFIFO(st_mode)	判断文件是否为管道文件
S_ISLNK(st_mode)	判断文件是否为链接文件
S_ISSOCK(st_mode)	判断文件是否为套接字文件

下面的示例代码演示了如何像 Shell 命令那样打印出一个文件的类型及其权限。

```
vincent@ubuntu:~/ch04/4.2$ cat simple_ls.c -n
1    #include <stdio.h>
2    #include <stdlib.h>
3    #include <stdbool.h>
4    #include <unistd.h>
5    #include <string.h>
6    #include <strings.h>
7    #include <errno.h>
8    #include <sys/stat.h>
9    #include <sys/types.h>
10   #include <fcntl.h>
11   #include <dirent.h>
12
13   void print_type(struct stat *pinfo)
```

```
14  {
15      //用文件类型掩码 S_IFMT 获得文件的类型
16      switch(pinfo->st_mode & S_IFMT)
17      {
18      case S_IFREG: printf("-"); break;
19      case S_IFDIR: printf("d"); break;
20      case S_IFLNK: printf("l"); break;
21      case S_IFCHR: printf("c"); break;
22      case S_IFBLK: printf("b"); break;
23      case S_IFIFO: printf("p"); break;
24      case S_IFSOCK: printf("s"); break;
25      }
26  }
27  void print_perm(struct stat *pinfo)
28  {
29      char rwx[] = {'r', 'w', 'x'};
30      int i;
31      for(i=0; i<9; i++)
32      {
33          //打印文件的权限
34          printf("%c", pinfo->st_mode & (0400>>i) ?
35                  rwx[i%3] : '-');
36      }
37  }
38  int main(int argc, char **argv)
39  {
40      if(argc != 2)
41      {
42          printf("Usage: %s <path>\n", argv[0]);
43          exit(1);
44      }
45      //将文件 argv[1]的属性信息存储在 info 中
46      struct stat info;
47      stat(argv[1], &info);
48
49      // （1）如果 argv[1]是一个目录，则需打印该目录下所有文件的相关信息
50      if(S_ISDIR(info.st_mode))
51      {
52          DIR *dp = opendir(argv[1]);
53          struct dirent *ep;
54          chdir(argv[1]);
55          //迭代获取所有的目录项，并打印它们的类型、权限和名字
56          while(1)
57          {
58              ep = readdir(dp);
59              if(ep == NULL)
60                  break;
```

```
61
62                  stat(ep->d_name, &info);
63                  print_type(&info); //打印文件类型
64                  print_perm(&info); //打印文件权限
65
66                  printf("\t%s\n", ep->d_name); //打印文件名字
67          }
68      }
69      //（2）如果 argv[1]是一个普通文件，则直接打印其相关属性信息
70      else
71      {
72                  print_type(&info);
73                  print_perm(&info);
74
75                  printf("\t%s\n", argv[1]);
76      }
77      return 0;
78  }
```

上述代码实现了对一个目录的操作，包括如何获取目录指针（第 52 行）以及如何获取目录项（第 58 行），具体细节，请参阅 4.3 节。

4.3 目 录 检 索

4.3.1 基本概念

Linux 中目录的概念，与 Windows 中文件夹的概念很容易让人混淆，很多人甚至将它们认为是一样的东西的两种不同称呼而已，其实不是，Windows 中的文件夹类似于一种容器，大文件夹里面放了很多文件以及子文件夹，子文件夹里面又套有别的文件夹，一层套一层，就像图 4-9 所示的俄罗斯套娃，但是不管怎么套，里面的总比外面的小，在 Windows 中子文件夹是不可能比外部文件夹还大的。

图 4-9 俄罗斯套娃

但 Linux 中的目录并不是一种容器，而仅仅是一个文件索引表，图 4-10 所示是第 1 章介绍 ls 命令时看到的分区和目录的关系图。

Linux 中的目录就是一组由文件名和索引号组成的索引表，目录下的文件的真正内容存储在分区中的数据域区域。目录中索引表的每一项称为"目录项"，里面至少存放了一个文件

的名字（不含路径部分）和索引号（分区唯一）。当我们访问某一个文件时，就是根据其所在的目录的索引表中的名字找到其索引号，然后在分区的 i-node 节点域中找到对应的文件 i 节点的。

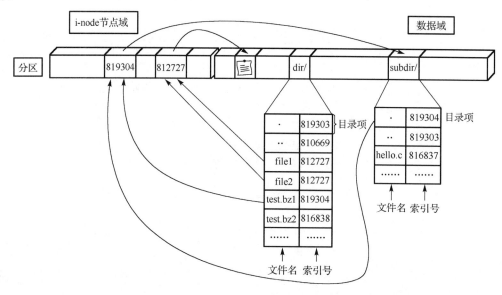

图 4-10　Linux 文件系统的组织

4.3.2　相关 API

现在来看看对于一个目录而言，我们是怎么处理的。其实操作目录与标准 I/O 函数操作文件类似，也是先获得"目录指针"，然后读取一个个的"目录项"。用到的接口函数如表 4-23 所示。

表 4-23　函数 opendir( )和 readdir( )的接口规范

功能	打开目录以获得目录指针	
头文件	#include <sys/types.h> #include <dirent.h>	
原型	DIR ***opendir**(const char *name);	
参数	name：目录名	
返回值	成功	目录指针
	失败	NULL
备注	无	
功能	读取目录项	
头文件	#include <dirent.h>	
原型	struct dirent ***readdir**(DIR *dirp);	
参数	dirp：读出目录项的目录指针	
返回值	成功	目录项指针
	失败	NULL
备注	无	

从目录中读到的所谓目录项，是一个类似如下的结构体。

```
struct dirent
{
    ino_t d_ino;                    //文件索引号
    off_t d_off;                    //目录项偏移量
    unsigned short d_reclen;        //该目录项大小
    unsigned char d_type;           //文件类型
    char d_name[256];               //文件名
};
```

以下代码展示了如何获取目录指针，并打印该目录下所有文件的名字。

```
vincent@ubuntu:~/ch04/4.3$ cat opendir_readdir.c -n
 1   #include <stdio.h>
 2   #include <stdlib.h>
 3   #include <stdbool.h>
 4   #include <unistd.h>
 5   #include <string.h>
 6   #include <strings.h>
 7   #include <errno.h>
 8
 9   #include <sys/stat.h>
10   #include <sys/types.h>
11   #include <fcntl.h>
12   #include <dirent.h>
13
14   int main(int argc, char **argv)
15   {
16       if(argc != 2)
17       {
18           printf("Usage: %s <dir>\n", argv[0]);
19           exit(1);
20       }
21
22       DIR *dp = opendir(argv[1]);          //获取指定目录指针
23
24       struct dirent *ep = NULL;
25       while(1)
26       {
27           ep = readdir(dp);                //读取目录项指针
28           if(ep == NULL)
29               break;
30
31           printf("%s\n", ep->d_name);      //打印文件名
32       }
33
34
35       return 0;
36   }
```

4.4　触控屏应用接口

4.4.1　输入子系统简介

连接操作系统的输入设备不止一种，也许是一个标准 PS/2 键盘，也许是一个 USB 鼠标，或者是一块触摸屏，甚至是一个游戏机摇杆，Linux 在处理这些纷繁各异的输入设备时，采用的办法还是找中间层来屏蔽各种细节，如图 4-11 所示。

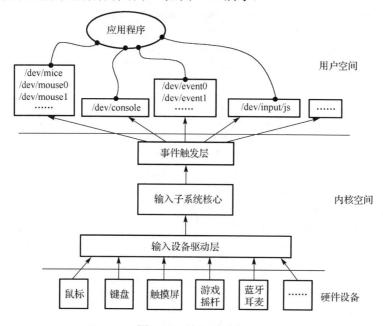

图 4-11　输入子系统

在 Linux 的内核中，对输入设备的使用，实际上运用了 3 大块来管理，它们分别是输入设备驱动层、输入子系统核心层以及事件触发层。它们各自的工作分别如下。

（1）输入设备驱动层。

每一种设备都有其特定的驱动程序，它们被妥当地装载到操作系统的设备模型框架内，封装硬件所提供的功能，向上提供规定的接口。

（2）核心层。

此处将收集由设备驱动层发来的数据，整合之后触发某一事件。

（3）事件触发层。

这一层是我们需要关注的，我们可以通过在用户空间读取相应设备的节点文件来获知某设备的某一个动作。在最靠近应用程序的事件触发层上，内核所获知的各类输入事件，比如键盘被按了一下，触摸屏被滑了一下等，都将被统一封装在一个称为 input_even 的结构体当中，这个结构体定义如下。（/usr/include/Linux/input.h）

```
vincent@ubuntu:/usr/include/Linux/$ cat input.h -n
    1   #ifndef _INPUT_H
    2   #define _INPUT_H
```

```
     3
......
    20
    21  struct input_event {
    22      struct timeval time;
    23      __u16 type;
    24      __u16 code;
    25      __s32 value;
    26  };
    27
......
```

该结构体有 4 个成员，其含义分别如下。

① time：输入事件发生的时间戳，精确到微秒。时间结构体定义如下。

```
struct timeval
{
    __time_t tv_sec;        //秒
    long int tv_usec;       //微秒（1 微秒 = 10⁻³ 毫秒 = 10⁻⁶ 秒）
};
```

② type：输入事件的类型。

- EV_SYN：事件间的分割标志，有些事件可能会在时间和空间上产生延续，比如持续按住一个按键。为了更好地管理这些持续的事件，EV_SYN 用于将它们分割成一个个小的数据包。
- EV_KEY：用于描述键盘、按键或类似键盘的设备的状态变化。
- EV_REL：相对位移，比如鼠标的移动，滚轮的转动等。
- EV_ABS：绝对位移，比如触摸屏上的坐标值。
- EV_MSC：不能匹配现有的类型，这相当于当前暂不识别的事件。比如在 Linux 系统中按下键盘中针对 Windows 系统的"一键杀毒"按键，将会产生该事件。
- EV_LED：用于控制设备上的 LED 灯的开关，比如按下键盘的大写锁定键，会同时产生 EV_KEY 和 EV_LED 两个事件。

③ code：这个"事件的代码"用于对事件的类型做进一步的描述。例如,当发生 EV_KEY 事件时,则可能是键盘被按下了,那么究竟是哪个按键被按下了呢？此时查看 code 就知道了。当发生 EV_REL 事件时,也许是鼠标动了,也许是滚轮动了。这时可以用 code 的值来加以区分。

④ value：当 code 都不足以区分事件的性质时，可以用 value 来确认。比如由 EV_REL 和 REL_WHEEL 确认发生了鼠标滚轮的动作，但是究竟是向上滚还是向下滚呢？再比如由 EV_KEY 和 KEY_F 确认了发生键盘上 F 键的动作，但究竟是按下还是弹起呢？这时都可以用 value 值来进一步判断。

以下代码，展示了如何从触摸屏设备节点/dev/event0 中读取数据，并显示当前触摸屏的实时原始数据。

```
vincent@ubuntu:~/ch04/4.5$ cat ts_raw.c -n
    1  #include <stdio.h>
```

```
 2   #include <stdlib.h>
 3   #include <stdbool.h>
 4   #include <unistd.h>
 5   #include <string.h>
 6   #include <strings.h>
 7   #include <errno.h>
 8
 9   #include <sys/stat.h>
10   #include <sys/types.h>
11   #include <fcntl.h>
12   #include <Linux/input.h>
13
14   int main(int argc, char **argv)
15   {
16       int ts = open("/dev/event0", O_RDONLY);
17
18       struct input_event buf;
19       bzero(&buf, sizeof(buf));
20
21       while(1)
22       {
23           read(ts, &buf, sizeof(buf));
24
25           switch(buf.type)
26           {
27           case EV_SYN:
28               printf("----------------- SYN --------------\n");
29               break;
30           case EV_ABS:
31               printf("time: %u.%u\ttype: EV_ABS\t",
32                   buf.time.tv_sec, buf.time.tv_usec);
33               switch(buf.code)
34               {
35               case ABS_X:
36                   printf("X:%u\n", buf.value);
37                   break;
38               case ABS_Y:
39                   printf("Y:%u\n", buf.value);
40                   break;
41               case ABS_PRESSURE:
42                   printf("pressure:%u\n", buf.value);
43               }
44           }
45       }
46       return 0;
47   }
```

注意，以上代码打印出来的是直接从触摸屏读取的原始数据（raw data），没有经过任何校正，也没有任何滤波、去抖、消噪，因此这些数据是不能直接给应用层程序使用的，但不用担心，这些繁杂的工作已经有了很成熟的库支持了，4.4.2 节将介绍 TSLIB 库，它是一个开源的、能为触摸屏获得的原始数据提供诸如滤波、去抖、消噪和校正功能的库，TSLIB 作为触摸屏驱动的适配层，为上层的应用提供了一个统一的编程接口，将使得我们编写基于触摸屏的应用更加简便。

4.4.2　TSLIB 库详解

由 4.4.1 节可知，如果没有 TSLIB 库的支持，虽然我们的确可以直接从/etc/event0 读取触摸屏数据，但这些没有经过任何处理的粗糙的原始数据离实用性还相距甚远，幸好有了TSLIB，生活从此不同！

要使用 TSLIB 库，先下载它，网址是：

https://github.com/vincent040/tslib

打开这个网页之后，单击右边的"Download ZIP"按钮，选择保存路径即可。然后解压，会看到如下目录结构。

```
vincent@ubuntu:~/tslib-1.4$ tree -L 2 -d
.
├── autom4te.cache
├── CVS/
├── etc/
│   └── CVS/
├── m4/
│   ├── CVS/
│   ├── external
│   └── internal
├── plugins/
│   └── CVS/
├── src/
│   └── CVS/
└── tests/
    └── CVS/
```

其中，目录 CVS/是版本管理相关的文件，不用管它。从上到下看到，先是有个叫 etc 的目录，里面有个文件是 etc/ts.conf，默认内容如下。

```
vincent@ubuntu:~/tslib-1.4/etc$ cat ts.conf -n
     1   # Uncomment if you wish to use the Linux
     2   # input layer event interface
     3   # module_raw input
     4
     5   # Uncomment if you're using a Sharp
     6   # Zaurus SL-5500/SL-5000d
     7   # module_raw collie
     8
     9   # Uncomment if you're using a Sharp
    10   # Zaurus SL-C700/C750/C760/C860
```

```
11  # module_raw corgi
12
13  # Uncomment if you're using a device with
14  # a UCB1200/1300/1400 TS interface
15  # module_raw ucb1x00
16
17  # Uncomment if you're using an HP iPaq h3600 or similar
18  # module_raw h3600
19
20  # Uncomment if you're using a Hitachi Webpad
21  # module_raw mk712
22
23  # Uncomment if you're using an IBM Arctic II
24  # module_raw arctic2
25
26  module pthres pmin=1
27  module variance delta=30
28  module dejitter delta=100
29  module linear
```

TSLIB 所支持的各个功能模块是可以以插件的方式被独立加载的，比如去抖、消噪等，这些功能模块被编译成库，并使用 etc/ts.conf 来配置。注意，凡是以 module 开头的，就是可选的加载模块，且它们的加载顺序按照在 etc/ts.conf 中排列的次序。当需要某个模块时，只需要将 module 前面的注释符#去掉即可（注意空格也要去掉），例如：

```
module_raw input
module variance delta=30
module dejitter delta=100
module linear
```

模块 module_raw input 是必须加载的，其他模块所使用的数据都由它提供。variance 模块用于消除电磁噪声，dejitter 模块用于去抖，linear 模块用于校正，这几个模块按次序加载，最终给到用户的就是可以直接使用的数据了。

plugins 目录就是 TSLIB 支持的插件源码所在地，编译之后，这些插件库会以隐藏文件的方式统一存放在 plugins/.libs 里面。src 无疑是最重要的目录了，里面存放的就是 TSLIB 的核心源代码，包括获取触摸屏文件描述符、加载插件模块、参数解析、读取配置文件信息等。最后还有一个 tests 目录，里面存放了一些简单的演示代码。

对 TSLIB 有个粗浅的了解之后，接下来就可以编译它了，为了编译成功，请确保已经在自己的系统中安装了以下两个工具。

```
sudo apt-get install automake
sudo apt-get install libtool
```

如果工具都已经安装妥当，下一步就是在 TSLIB 的主目录中直接执行如下命令。

```
vincent@ubuntu:~/tslib-1.4$ ./autogen.sh
```

该脚本将会自动检查当前系统的编译环境信息，最终生成一个 configure 文件，接下来执行这个文件，并给它必要的参数。

```
vincent@ubuntu:~/tslib-1.4$ echo \
"ac_cv_func_malloc_0_nonnull=yes" > \
arm-Linux.cache
vincent@ubuntu:~/tslib-1.4$ ./configure \
--host=arm-Linux \
--cache-file=arm-Linux.cache \
--prefix=/usr/local/tslib
```

请注意：

① echo 语句是为了避免编译时找不到 ac_cv_func_malloc_0_nonnull 而报错。

② 执行./configure 命令时，各参数含义如下。

● host 指明当前系统所使用的交叉编译工具的前缀，根据具体情况而变。

● cache-file 指明运行 configure 脚本时的缓存文件。

● prefix 指明 TSLIB 的安装路径，根据具体情况而变。

接下来执行 make 和 make install。

```
vincent@ubuntu:~/tslib-1.4$ make
vincent@ubuntu:~/tslib-1.4$ sudo make install
```

这样，在刚才--prefix 所指定的目录下就会出现编译好了的 TSLIB 的文件了。

```
vincent@ubuntu:/usr/local/tslib$ tree -L  2
.
├── bin/
│   ├── ts_calibrate
│   ├── ts_harvest
│   ├── ts_print
│   ├── ts_print_raw
│   └── ts_test
├── etc/
│   └── ts.conf
├── include/
│   └── tslib.h
└── lib/
    ├── libts-0.0.so.0 -> libts-0.0.so.0.1.1
    ├── libts-0.0.so.0.1.1
    ├── libts.la
    ├── libts.so -> libts-0.0.so.0.1.1
    ├── pkgconfig/
    └── ts/
```

这个安装目录下的所有文件，全部复制到开发板中，其中 lib 目录下存放了 TSLIB 库文件，lib/ts 中存放的是各个模块的库。要想正确使用 TSLIB，在开发板中还需要做以下工作。

（1）修改 tslib/etc/ts.conf。

找到 "# module_raw input" 这一行，并将前面的井号和空格去掉。

（2）修改/etc/profile。

在该文件的末尾添加如下命令。

```
export TSLIB_ROOT=/tslib/lib
export TSLIB_TSDEVICE=/dev/event0
export TSLIB_FBDEVICE=/dev/fb0
export TSLIB_CONFFILE=/tslib/etc/ts.conf
export TSLIB_PLUGINDIR=/tslib/lib/ts
export TSLIB_CONSOLEDEVICE=none
export TSLIB_CALIBFILE=/tslib/calibration
export LD_LIBRARY_PATH=$LD_LIBRARY_PATH:/tslib/lib
```

解释一下上面的环境变量：

- TSLIB_ROOT 指明 TSLIB 库在开发板中的具体位置，要以实际情况为准。
- TSLIB_TSDEVICE 指明开发板触摸屏的设备节点文件名称。
- TSLIB_FBDEVICE 指明开发板 LCD 的设备节点文件名称。
- TSLIB_CONFFILE 指明 TSLIB 库的配置文件的具体位置，要以实际情况为准。
- TSLIB_PLUGINDIR 指明 TSLIB 库的插件模块的具体位置，要以实际情况为准。
- TSLIB_CONSOLEDEVICE 指明终端名称，none 意为让系统自动匹配。
- TSLIB_CALIBFILE 指明校正文件的位置，该文件在执行 ts_calibrate 之后自动生成。
- LD_LIBRARY_PATH 是开发板系统的动态库链接路径。

重启开发板，让系统重新读取/etc/profile 文件内容即可。下面是执行 tests/ts_print 并单击触摸屏左上角的效果。

```
[root@Linux /tslib/bin]# ./ts_print
1836.173284:    7    0    132
1836.173284:    7    0    132
1836.204533:    4    2    133
1836.235774:    6    2    133
1836.267034:    4    2    132
1836.298282:    4    2    132
1836.329532:    1    2    131
1836.360771:    4    2    130
1836.392033:    4    2    130
1836.423282:    6    2    130
1836.445390:    5    1    0
```

可以看到，输出的信息是已经经过校正的触摸屏的数据，每一列的信息分别是时间戳、X 轴坐标、Y 轴坐标和压力值。该测试程序的源代码如下。

```
vincent@ubuntu:~/tslib-1.4/tests$ cat ts_print.c -n
    1  /*
    2   *  tslib/src/ts_print.c
    3   *
    4   *  Derived from tslib/src/ts_test.c by Douglas Lowder
    5   *  Just prints touchscreen events
    6   *
    7   *  This file is placed under the GPL.  Please see the file
    8   *  COPYING for more details.
    9   *
```

```
10     *  Basic test program for touchscreen library.
11     */
12    #include <stdio.h>
13    #include <stdlib.h>
14    #include <signal.h>
15    #include <sys/fcntl.h>
16    #include <sys/ioctl.h>
17    #include <sys/mman.h>
18    #include <sys/time.h>
19
20    #include "tslib.h"
21
22    int main(void)
23    {
24        struct tsdev *ts;
25        char *tsdevice = NULL;
26
27        //以非阻塞方式获取触摸屏设备文件描述符
28        if((tsdevice=getenv("TSLIB_TSDEVICE")) != NULL)
29        {
30            ts = ts_open(tsdevice, 0);
31        }
32        else
33        {
34            #ifdef USE_INPUT_API
35            ts = ts_open("/dev/input/event0", 0);
36            #else
37            ts = ts_open("/dev/touchscreen/ucb1x00", 0);
38            #endif
39        }
40
41        if(!ts)
42        {
43            perror("ts_open");
44            exit(1);
45        }
46
47        if(ts_config(ts))  //根据配置文件加载相应的插件模块
48        {
49            perror("ts_config");
50            exit(1);
51        }
52
53        while(1)
54        {
55            struct ts_sample samp;          //储存触摸屏 X/Y 轴坐标和压力值
```

```
56          int ret;
57
58          ret = ts_read(ts, &samp, 1);    //读取一个触摸屏数据分包
59          if (ret < 0)
60          {
61              perror("ts_read");
62              exit(1);
63          }
64          if (ret != 1)
65              continue;
66
67          printf("%ld.%06ld: %6d %6d %6d\n",
68              samp.tv.tv_sec,         //秒
69              samp.tv.tv_usec,        //微秒
70              samp.x,                 //X轴坐标
71              samp.y,                 //Y轴坐标
72              samp.pressure);         //压力值
73      }
74
75      return 0;
76  }
```

几个需要解释的地方如下。

（1）第 47 行，读取配置文件 ts.conf 加载插件模块时，会获取指定模块的动态库文件中的 mod_init( )入口，完成一系列的初始化工作。

（2）第 55 行，结构体 ts_sample 是一个 TSLIB 定义的封装体，内容是与系统的输入事件结构体 input_event 一样的。

```
struct ts_sample
{
    int x;
    int y;
    unsigned int pressure;
    struct timeval tv;
};
```

（3）第 58 行，ts_read(ts, &samp, 1)最后一个参数 "1" 代表每次读取一个分包，所谓的分包指的是以 EV_SYN 为分隔的一段数据。这个数值越大实际上代表单位时间内采样越稀疏，触摸屏对用户输入越不敏感。

4.4.3 划屏算法

有了 TSLIB 的支持，结合之前的 FRAMEBUFFER 操作，现在可以自己做一个简单的在开发板上切换图片的应用程序了，具体的实现效果：在屏幕上显示一个指定目录中的第一张图片，手指向左划动显示下一张图片，向右划动显示上一张图片，向下划动以百叶窗的形式闪动图片，代码如下。

vincent@ubuntu:~/ch04/4.5$ **cat ts_slide.c -n**

```
 1    #include <stdio.h>
 2    #include <stdlib.h>
 3    #include <unistd.h>
 4    #include <signal.h>
 5
 6    #include <sys/types.h>
 7    #include <sys/ioctl.h>
 8    #include <sys/mman.h>
 9    #include <sys/time.h>
10    #include <sys/sem.h>
11    #include <Linux/fb.h>
12    #include <fcntl.h>
13    #include <dirent.h>
14    #include <pthread.h>
15    #include <semaphore.h>
16
17    #include "tslib.h"
18    #include "head4animation.h"
19
20    enum motion{left, right, up, down};     //划屏动作
21
22    struct tsdev *init_ts(void)             //初始化触摸屏
23    {
24        char *tsdevice = getenv("TSLIB_TSDEVICE");
25        struct tsdev *ts = ts_open(tsdevice, 0);
26        ts_config(ts);
27
28        return ts;
29    }
30
31    int init_fb(void)                       //初始化 LCD 显示屏
32    {
33        char *fbdevice = getenv("TSLIB_FBDEVICE");
34
35        int fd = open(fbdevice, O_RDWR);
36        if(fd == -1)
37        {
38            perror("open()");
39        }
40
41        return fd;
42    }
43
44    void get_image(const char *filename,
45             unsigned long (*buf)[WIDTH])    //将图片数据存入 buf
```

```
46   {
47       int fd = open(filename, O_RDONLY);
48       if(fd == -1)
49       {
50           perror("open()");
51           exit(1);
52       }
53
54       int n, offset = 0;
55       while(1)
56       {
57           n = read(fd, buf, WIDTH * HEIGHT * 4);
58           if(n <= 0)
59               break;
60           offset += n;
61       }
62   }
63
64   void *harvest(void *arg)                //收集触摸屏数据
65   {
66       struct node
67       {
68           int *coordinate;
69           struct tsdev *TS;
70           sem_t *s1, *s2;
71       };
72
73       struct node args = *((struct node *)arg);
74       struct ts_sample samp;
75
75       int flag = 1;
76       while(1)
77       {
78           ts_read(args.TS, &samp, 1);
79           if(samp.x == 0 && samp.y == 0)
80               continue;
81           (args.coordinate)[0] = samp.x;
82           (args.coordinate)[1] = samp.y;
83           (args.coordinate)[2] = samp.pressure;
84           sem_post(args.s1);
85           if(flag == 1)
85           {
85               sem_wait(args.s2);
85               flag = 0;
85           }
85       }
```

```
86      }
87
88      enum motion get_motion(struct tsdev *TS)
89      {
90          int *coordinate = calloc(sizeof(int), 3);
91          int *x = &coordinate[0];
92          int *y = &coordinate[1];
93          int *p = &coordinate[2];
94
95          sem_t s1, s2;
96          sem_init(&s1, 0, 0);
96          sem_init(&s2, 0, 0);
97          struct
98          {
99              int *coordinate;
100             struct tsdev *TS;
101             sem_t *s1, *s2;
102         }arg={coordinate, TS, &s1, &s2};
103
104         pthread_t tid;
105         pthread_create(&tid, NULL, harvest, (void *)&arg);
106
107         sem_wait(arg.s1);     //等待 harvest 收集轨迹起点数据
108         int x1 = *x, x2;      //记录触摸轨迹的起点坐标
109         int y1 = *y, y2;
109         sem_post(arg.s2);     //记录了起点之后让 harvest 继续收集数据
110         while(1)
111         {
112             if(*p == 0)
113             {
114                 usleep(200000); //压力值为 0 之后等待 0.2s 再测一遍
115                 if(*p == 0)     //若此时压力值还是 0,则手指已经离开触摸屏
116                 {
117                     x2 = *x;    //记录触摸轨迹的终点坐标
118                     y2 = *y;
119                     pthread_cancel(tid);
120                     break;
121                 }
122             }
123         }
124         int delta_x = x1-x2 > 0 ? x1-x2 : x2-x1;
125         int delta_y = y1-y2 > 0 ? y1-y2 : y2-y1;
126
127         #ifdef DEBUG            //调试信息
128         printf("x1:%u\ty1:%u\n", x1, y1);
129         printf("x2:%u\ty2:%u\n", x2, y2);
```

```
130         printf("dx:%u\tdy:%u\n", delta_x, delta_y);
131     #endif
132
133     if(x1 == 0 || x2 == 0)
134         return -1;
135
136     if(x1>x2 && delta_x > delta_y)
137         return left;
138     else if(x2>x1 && delta_x > delta_y)
139         return right;
140     else if(y1>y2 && delta_y > delta_x)
141         return up;
142     else if(y2>y1 && delta_y > delta_x)
143         return down;
144     else
145         return -1;
146 }
147
148 int main(int argc, char **argv)
149 {
150     if(argc != 2)
151     {
152         printf("Usage: %s <image-dir>\n", argv[0]);
153         exit(1);
154     }
155
156     struct tsdev *TS = init_ts();
157     int fd = init_fb();
158
159     DIR *dp = opendir(argv[1]);
160     if(dp == NULL)
161     {
162         perror("opendir()");
163         exit(1);
164     }
165
166     chdir(argv[1]);
167     unsigned long (*buf)[WIDTH] = calloc(WIDTH * HEIGHT, 4);
168
169     int i, n;
170     struct dirent *ep;
171
172     //计算指定目录的文件个数为 n-2（去掉"."和".."）
173     for(n=0; (ep=readdir(dp)) && ep!=NULL; n++);
174     char *filename[n-2];
175     rewinddir(dp);
```

```
176        for(i=0; i<n-2;)
177        {
178            ep = readdir(dp);
179            if(ep->d_name[0] == '.')
180            {
181                continue;
182            }
183            filename[i++] = ep->d_name;        //记录图片文件名称
184        }
185
186        rewinddir(dp);
187        get_image(filename[i=0], buf);
188        write_lcd(fd, buf);
189        while(1)
190        {
191            enum motion m = get_motion(TS);
192
193            #ifdef DEBUG                        //调试信息
194            switch(m)
195            {
196            case left: printf("left\n" );break;
197            case right:printf("right\n");break;
198            case up:   printf("up\n"   );break;
199            case down: printf("down\n" );break;
200            }
201            #endif
202
203            switch(m)
204            {
205            case left:                          //显示后一张图片
206                if(i >= n-2-1)
207                    break;
208                right2left_out(fd, buf);
209                get_image(filename[++i], buf);
210                right2left_in(fd, buf);
211                break;
212            case right:                         //显示前一张图片
213                if(i <= 0)
214                    break;
215                left2right_out(fd, buf);
216                get_image(filename[--i], buf);
217                left2right_in(fd, buf);
218                break;
219            case down:                          //显示百叶窗效果
220                blind_window_out(fd, buf);
221                blind_window_in(fd, buf);
```

```
222          case up:
223              /* UNDEFINED */;
224          }
225      }
226
227      return 0;
228  }
```

上述代码用到了前面 LCD 显示效果函数，如 right2left_in( )、blind_window_in( )等，需要将它们一起编译。

在实际的开发中，如果项目涉及显示、触控、音/视频、网络等多媒体场合时，我们一般不会也不可能直接在几乎裸露的系统中做开发，而一般需要特定的库支持，比如第 6 章中专门讲到的 SDL 就是这么一个开源的多媒体编程库，里面集成了多媒体开发所需要的若干子系统，基于类似那样的类库做开发，才是最省时、省力的。但在此之前，我们必须对这些已经做得非常完善的"黑盒子"里面的相关工作原理搞清楚，还有后续的多进程、多线程、同步互斥等关键技术，这些内容都是学习 Linux 应用编程和多媒体编程的基本前提。

第 5 章

Linux 进程线程

5.1 Linux 进程入门

5.1.1 进程概念

一个程序文件（Program），只是一堆待执行的代码和部分待处理的数据，它们只有被加载到内存中，然后让 CPU 逐条执行其代码，根据代码做出相应的动作，才形成一个真正"活的"、动态的进程（Process）。因此，进程是一个动态变化的过程，是一出有始有终的戏，而程序文件只是这一系列动作的原始蓝本，是一个静态的剧本。

图 5-1 更好地展示了程序和进程的关系。

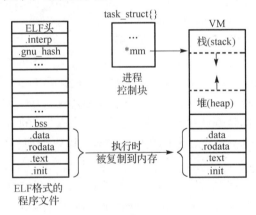

图 5-1　ELF 文件与进程虚拟内存

图 5-1 中的程序文件，是一个静态的存储于外部存储器（如磁盘、flash 等掉电非易失器件）之中的文件，里面包含了将来进程要运行的"剧本"，即执行时会被复制到内存的数据和代码。除了这些部分，ELF 格式中的大部分数据与程序本身的逻辑没有关系，只是程序被加载到内存中执行时，系统需要处理的额外的辅助信息。另外注意.bss 段，这里面放的是未初始化的静态数据，它们是不需要被复制的，具体解释请参阅 2.4.1 节。

当这个 ELF 格式的程序被执行时，内核中实际上产生了一个名为 task_struct{}的结构体来表示这个进程。进程是一个"活动的实体"，这个活动的实体从一开始诞生就需要各种各样的资源以便于生存下去，比如内存资源、CPU 资源、文件、信号、各种锁资源等，所有这些东西都是动态变化的，这些信息都被事无巨细地一一记录在结构体 task_struct 之中，所以这个结构体也常常称为进程控制块（Process Control Block，PCB）。

下面是该结构体的掠影。

```
vincent@ubuntu:~/Linux-2.6.35.7/include/Linux$ cat sched.h -n
......
1168  struct task_struct {
1169      volatile long state;
1170      void *stack;
1171      atomic_t usage;
1172      unsigned int flags; /* per process flags, defined below */
1173      unsigned int ptrace;
1174
1175      int lock_depth;      /* BKL lock depth */
1176
1177  #ifdef CONFIG_SMP
1178  #ifdef __ARCH_WANT_UNLOCKED_CTXSW
1179      int oncpu;
1180  #endif
1181  #endif
1182
1183      int prio, static_prio, normal_prio;
1184      unsigned int rt_priority;
1185      const struct sched_class *sched_class;
1186      struct sched_entity se;
1187      struct sched_rt_entity rt;
......
```

如果没什么意外，这个结构体可能是最大的单个变量了，一个结构体就有好几 KB 那么大，想想它包含了一个进程的所有信息，这么庞大也就不足为怪了。Linux 内核代码纷繁复杂、千头万绪，这个结构体是系统进程在执行过程中所有涉及的方方面面的缩影，包括系统内存管理子系统、进程调度子系统、虚拟文件系统等，以这个所谓的 PCB 为切入点，是一个很好的研究内核的窗口。

总之，当一个程序文件被执行时，内核将会产生这么一个结构体，来承载所有该活动实体日后运行时所需要的所有资源，随着进程的运行，各种资源被分配和释放，是一个动态的过程。

5.1.2　进程组织方式

既然进程是一个动态的过程，有诞生的一刻，也就有死掉的一天，跟人类非常相似，人不可能无父无母，不可能突然从石头中蹦出来，进程也一样，每一个进程都必然有一个生它的父母（除了 init），这个父母是一个被称为"父进程"的进程。实际上可以用命令 pstree 来查看整个系统的进程关系。

```
vincent@ubuntu:~$ pstree
init─┬─NetworkManager───{NetworkManager}
     ├─accounts-daemon───{accounts-daemon}
```

```
  ├─acpid
  ├─at-spi-bus-laun────2*[{at-spi-bus-laun}]
  ├─atd
  ├─avahi-daemon────avahi-daemon
  ├─bluetoothd
  ├─colord────2*[{colord}]
  ├─console-kit-dae────64*[{console-kit-dae}]
  ├─cron
  ├─cupsd
  ├─3*[dbus-daemon]
  ├─2*[dbus-launch]
  ├─dconf-service────2*[{dconf-service}]
  ├─gconfd-2
  ├─geoclue-master
  ├─6*[getty]
  ├─gnome-keyring-d────6*[{gnome-keyring-d}]
  ├─gnome-terminal──┬─3*[bash]
  │                 ├─bash────pstree
  │                 ├─gnome-pty-helpe
  │                 └─3*[{gnome-terminal}]
  ├─goa-daemon────{goa-daemon}
  ├─gsd-printer────{gsd-printer}
  ├─gvfs-afc-volume────{gvfs-afc-volume}
  ├─gvfs-fuse-daemo────3*[{gvfs-fuse-daemo}]
  ├─gvfs-gdu-volume
  ├─gvfs-gphoto2-vo
  ├─gvfsd
  ├─gvfsd-burn
  ├─gvfsd-metadata
  ├─gvfsd-trash
  ......
```

　　pstree 是一个用“树状”方式查看当前系统所有进程关系的命令，可以明显看到它们的关系就像人类社会的族谱，大家都有一个共同的祖先 init，每个人都可以生出几个孩子（进程没有性别，自己一个人就能生！）。其中祖先 init 是一个非常特别的进程，它没有父进程！它是一个真正从石头（操作系统启动镜像文件）中蹦出来的野孩子。

　　另外，每个进程都有自己的“身份证号码”，即 PID 号，PID 是重要的系统资源，它是用以区分各个进程的基本依据，可以使用命令 ps 来查看进程的 PID。

```
vincent@ubuntu:~$ ps -ef | more
UID        PID  PPID  C STIME TTY          TIME CMD
root         1     0  0 Jul22 ?        00:00:03 /sbin/init
root         2     0  0 Jul22 ?        00:00:00 [kthreadd]
root         3     2  0 Jul22 ?        00:00:06 [ksoftirqd/0]
root         6     2  0 Jul22 ?        00:00:01 [migration/0]
root         7     2  0 Jul22 ?        00:00:01 [watchdog/0]
root         8     2  0 Jul22 ?        00:00:00 [migration/1]
```

```
root      10     2   0 Jul22 ?          00:00:05 [ksoftirqd/1]
root      11     2   0 Jul22 ?          00:00:02 [watchdog/1]
root      12     2   0 Jul22 ?          00:00:00 [cpuset]
root      15     2   0 Jul22 ?          00:00:00 [netns]
root      17     2   0 Jul22 ?          00:00:01 [sync_supers]
......
```

上述信息中的第 2 列就是 PID，而第 3 列是每个进程的父进程的 PID。既然进程有父子关系，进程可以生孩子，那么自然会有"生老病死"，欲知后事如何，且听下节分解。

5.2　进程的"生老病死"

5.2.1　进程状态

说进程是动态的活动的实体，指的是进程会有很多种运行状态，一会儿睡眠、一会儿暂停、一会儿又继续执行。如图 5-2 所示为 Linux 进程从被创建（生）到被回收（死）的全部状态，以及这些状态发生转换时的条件。

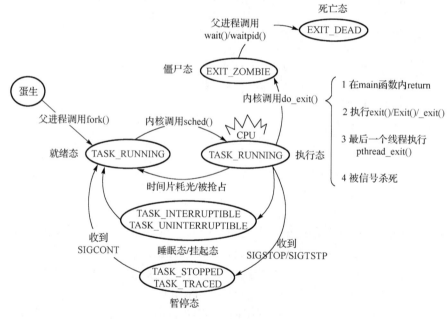

图 5-2　Linux 进程状态转换图

结合图 5-2 所示，一起看一下进程从生到死的过程。

（1）从"蛋生"可以看到，一个进程的诞生，是从其父进程调用 fork( )开始的。

（2）进程刚被创建出来时，处于 TASK_RUNNING 状态，从图 5-2 中可以看到，处于该状态的进程可以是正在进程等待队列中排队，也可以占用 CPU 正在运行，我们习惯上称前者为"就绪态"，后者为"执行态"。当进程状态为 TASK_RUNNING 并且占用 CPU 时才是真正运行。

（3）刚被创建的进程都处于"就绪"状态，等待系统调度，内核中的函数 sched( )称为调度器，它会根据各种参数来选择一个等待的进程去占用 CPU。进程占用 CPU 之后就可以真正运行了，运行时间有个限定，比如 20ms，这段时间称为 time slice，即"时间片"的概念。时间片耗光的情况下如果进程还没有结束，那么会被系统重新放入等待队列中等待。另外，正处于"执行态"的进程即使时间片没有耗光，也可能被别的更高优先级的进程"抢占"CPU，被迫重新回到等待队列中等待。

换句话说，进程跟人一样，从来都没有什么平等可言，有贵族就有屌丝，它们要处理的事情有不同的轻重缓急之分。

（4）进程处于"执行态"时，可能会由于某些资源的不可得而被置为"睡眠态/挂起态"，比如进程要读取一个管道文件数据而管道为空，或者进程要获得一个锁资源而当前锁不可获取，或者干脆进程自己调用 sleep( ) 来强制自己挂起，这些情况下进程的状态都会变成 TASK_INTERRUPIBLE 或 TASK_UNINTERRUPIBLE，它们的区别是一般后者跟某些硬件设置相关，在睡眠期间不能响应信号，因此 TASK_UNINTERRUPIBLE 的状态也称为深度睡眠，相应地 TASK_INTERRUPIBLE 期间进程是可以响应信号的。当进程所等待的资源变得可获取时，又会被系统置为 TASK_RUNNING 状态重新就绪排队。

（5）当进程收到 SIGSTOP 或 SIGTSTP 中的一个信号时，状态会被置为 TASK_STOPPED，此时称为"暂停态"，该状态下的进程不再参与调度，但系统资源不释放，直到收到 SIGCONT 信号后被重新置为就绪态。当进程被追踪时（典型情况是被调试器调试时），收到任何信号状态都会被置为 TASK_TRACED，该状态与暂停态是一样的，一直要等到 SIGCONT 才会重新参与系统进程调度。

（6）运行的进程跟人一样，迟早都会死掉。进程的死亡可以有多种方式，可以是寿终正寝的正常退出，也可以是被异常杀死。比如图 5-2 中，在 main 函数内 return 或调用 exit( )，包括在最后线程调用 pthread_exit( ) 都是正常退出，而受到致命信号死掉的情况则是异常死亡，不管怎么死，最后内核都会调用 do_exit( ) 的函数来使得进程的状态变成所谓的僵尸态 EXIT_ZOMBIE，单词 ZOMBIE 对于玩过"植物大战僵尸"的读者都不会陌生，这里的"僵尸"指的是进程的 PCB（进程控制块）。

为什么一个进程的死掉之后还要把尸体留下呢？因为进程在退出时，将其退出信息都封存在它的尸体里面了，比如如果它正常退出，那退出值是多少呢？如果被信号杀死，那么是哪个信号呢？这些"死亡信息"都被一一封存在该进程的 PCB 当中，好让别人可以清楚地知道：我是怎么死的。

那谁会关心它是怎么死的呢？答案是它的父进程，它的父进程之所以要创建它，很大的原因是要让这个孩子去干某一件事情，现在这个孩子已死，那事情办得如何？孩子是否需要有个交代？但它又死掉了，所以之后将这些"死亡信息"封存在自己的尸体里面，等着父进程去查看。例如，父子进程可以约定：如果事情办成了退出值为 0；如果权限不足退出值为 1；如果内存不够退出值为 2；等等。父进程可以随时查看一个已经死去的孩子的 PCB 来确定事情究竟办得如何。可以看到，在工业社会中，哪怕是进程间的协作，也充满了契约精神。

（7）父进程调用 wait( ) /waitpid( ) 来查看孩子的"死亡信息"，顺便做一件非常重要的事情：将该孩子的状态设置为 EXIT_DEAD，即死亡态，因为处于这个状态的进程的 PCB 才能被系统回收。由此可见，父进程应尽职尽责地及时调用 wait( ) /waitpid( )，否则系统会充满越来越多的"僵尸"！

问题是，如何保证父进程一定要及时地调用 wait( ) /waitpid( ) 从而避免僵尸进程泛滥呢？

答案是不能，因为父进程也许需要做别的事情没空去帮那些死去的孩子收尸，甚至那些孩子在变成僵尸时，它的父进程已经先它而去了！

后一种情况其实比较容易解决：如果一个进程的父进程退出，那么祖先进程 init（该进程是系统第一个运行的进程，它的 PCB 是从内核的启动镜像文件中直接加载的，不需要别的进程 fork( )出来，因此它是无父无母的，系统中的所有其他进程都是它的后代）将会收养（adopt）这些孤儿进程。换句话说，Linux 系统保证任何一个进程（除了 init）都有父进程，也许是其真正的生父，也许是其祖先 init。

而前一种情况是：父进程有别的事情要干，不能随时执行 wait( ) /waitpid( )来确保回收僵尸资源。在这样的情形下，我们可以考虑使用信号异步通知机制，让一个孩子在变成僵尸时，给其父进程发一个信号，父进程接收到这个信号之后，对其进行处理，在此之前想干嘛就干嘛，异步操作。但即便是这样也仍然存在问题：如果两个以上的孩子同时退出变僵尸，那么它们就会同时给其父进程发送相同的信号，而相同的信号将会被淹没。如何解决这个问题，请参阅 5.3.2 节。

5.2.2 相关重要 API

本节将详细展示进程开发相关的 API，第一个需要知道的接口函数当然是创建一个新的进程，如表 5-1 所示。

表 5-1 函数 fork( )的接口规范

功能	创建一个新的进程	
头文件	#include <unistd.h>	
原型	pid_t **fork**(void);	
返回值	成功	0 或者大于 0 的正整数
	失败	−1
备注	该函数执行成功之后，将会产生一个新的子进程，在新的子进程中其返回值为 0，在原来的父进程中其返回值为大于 0 的正整数，该正整数就是子进程的 PID	

这个函数接口本身非常简单，简单到连参数都没有，但是这个函数有个与众不同的地方：它会使得进程一分为二！就像细胞分裂一样，如图 5-3 所示。

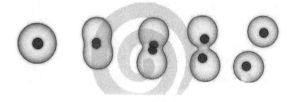

图 5-3 细胞分裂

当一个进程调用 fork( )成功后，fork( )将分别返回到两个进程之中，换句话说，fork( )在父子两个进程中都会返回，而它们所得到的返回值也不一样，如图 5-4 所示。

要着重注意如下几点。

（1）fork( )会使得进程本身被复制（想想细胞分裂），因此被创建出来的子进程和父进程几乎是一模一样的，说"几乎"意味着子进程并不是 100%为一份父进程的复印件，它们的具体关系如下。

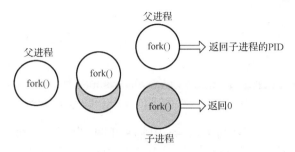

图 5-4 创建子进程的过程示意图

父子进程的以下属性在创建之初完全一样，子进程相当于做了一份复制品。

● 实际 UID 和 GID，以及有效 UID 和 GID。

● 所有环境变量。

● 进程组 ID 和会话 ID。

● 当前工作路径。除非用 chdir()加以修改。

● 打开的文件。

● 信号响应函数。

● 整个内存空间，包括栈、堆、数据段、代码段、标准 I/O 的缓冲区等。

而以下属性，父子进程是不一样的。

● 进程号 PID。PID 是身份证号码，哪怕亲如父子，也要区分开。

● 记录锁。父进程对某文件加了把锁，子进程不会继承这把锁。

● 挂起的信号。这些信号是所谓的"悬而未决"的信号，等待着进程的响应，子进程也不会继承这些信号。

（2）子进程会从 fork( )返回值后的下一条逻辑语句开始运行。这样就避免了不断调用 fork( )而产生无限子孙的悖论。

（3）父子进程是相互平等的。它的执行次序是随机的，或者说它们是并发运行的，除非使用特殊机制来同步它们，否则不能判断它们的运行究竟谁先谁后。

（4）父子进程是相互独立的。由于子进程完整地复制了父进程的内存空间，因此从内存空间的角度看它们是相互独立、互不影响的。

以下代码显示了 fork( )的作用。

```
vincent@ubuntu:~/ch05/5.2$ cat fork.c -n
    1   #include <stdio.h>
    2   #include <unistd.h>
    3
    4   int main(void)
    5   {
    6       printf("[%d]: before fork() ... \n", (int)getpid());
    7
    8       pid_t x;
    9       x = fork(); //生个孩子
   10
   11       printf("[%d]: after fork() ...\n", (int)getpid());
   12       return 0;
   13   }
```

执行效果如下。

```
vincent@ubuntu:~/ch05/5.2$ ./fork
[23900]: before fork() ...
[23900]: after fork() ...
vincent@ubuntu:~/ch05/5.2$ [23901]: after fork() ...
```

可以看到，第 11 行代码被执行了两遍，函数 getpid( )展示了当前进程的 PID，其中 23900 是父进程，23901 是子进程。从执行效果看还有一个很有意思的现象：子进程打印的信息被挤到 Shell 命令提示符（vincent@ubuntu:~/ch05/5.2$）之后！造成这个结果的原因是：Shell 命令提示符默认会在父进程退出之后立即显示出来，而父进程退出之时，子进程还没来得及执行完第 11 行。

由于父子进程的并发性，以上程序的执行效果是不一定的，换句话说，们如果再执行一遍代码可能会得到这样的效果：

```
vincent@ubuntu:~/ch05/5.2$ ./fork
[23900]: before fork() ...
[23901]: after fork() ...
[23900]: after fork() ...
vincent@ubuntu:~/ch05/5.2$
```

接下来一个脱口而出的疑问是：好不容易生了个孩子，但是干的事情跟父进程是一样的，那我们要这个孩子有何用呢？答案是：上述代码确实没有什么实际意义，事实上我们一般会让孩子去执行一个预先准备好的 ELF 文件或脚本，用以覆盖从父进程复制过来的代码，下面先介绍这个加载 ELF 文件或脚本的接口函数，如表 5-2 所示。

表 5-2　函数族 exec( )的接口规范

功能	在进程中加载新的程序文件或脚本，覆盖原有代码，重新运行	
头文件	#include <unistd.h>	
原型	int **execl**(const char *path, const char *arg, ...); int **execv**(const char *path, char *const argv[ ]); int **execle**(const char *path, const char *arg, ..., char * const envp[ ]); int **execlp**(const char *file, const char *arg, ...); int **execvp**(const char *file, char *const argv[ ]); int **execvpe**(const char *file, char *const argv[ ],char *const envp[ ]);	
参数	path	即将被加载执行的 ELF 文件或脚本的路径
	file	即将被加载执行的 ELF 文件或脚本的名字
	arg	以列表方式罗列的 ELF 文件或脚本的参数
	argv	以数组方式组织的 ELF 文件或脚本的参数
	envp	用户自定义的环境变量数组
返回值	成功	不返回
	失败	−1
备注	（1）函数名带字母 l 意味着其参数以列表（list）的方式提供。 （2）函数名带字母 v 意味着其参数以矢量（vector）数组的方式提供。 （3）函数名带字母 p 意味着会利用环境变量 PATH 来找寻指定的执行文件。 （4）函数名带字母 e 意味着用户提供自定义的环境变量	

上述代码组成一个所谓的"exec 函数簇"，因为它们都"长"得差不多，功能都是一样的，彼此间有些许区别（详见表 5-2 中的备注）。使用这些函数还要注意以下事实。

（1）被加载的文件的参数列表必须以自身名字为开始，以 NULL 为结尾。比如要加载执行当前目录下的一个名为 a.out 的文件，需要一个参数"abcd"，那么正确的调用应该是：

```
execl("./a.out", "a.out", "abcd", NULL);
```

或者：

```
const char *argv[3] = {"a.out", "abcd", NULL};
execv("./a.out", argv);
```

（2）exec 函数簇成功执行后，原有的程序代码都将被指定的文件或脚本覆盖，因此这些函数一旦成功，后面的代码是无法执行的，它们也是无法返回的。

下面展示子进程被创建出来之后执行的代码，以及如何加载这个指定的程序。被子进程加载的示例代码如下。

```
vincent@ubuntu:~/ch05/5.2$ cat child_elf.c -n
    1   #include <stdio.h>
    2   #include <stdlib.h>
    3
    4   int main(void)
    5   {
    6       printf("[%d]: yep, I am the child\n", (int)getpid());
    7       exit(0);
    8   }
```

下面是使用 exec 函数簇中的 execl 来让子进程加载上述代码的示例。

```
vincent@ubuntu:~/ch05/5.2$ cat exec.c -n
    1   #include <stdio.h>
    2   #include <stdlib.h>
    3   #include <unistd.h>
    4
    5   int main(int argc, char **argv)
    6   {
    7       pid_t x;
    8       x = fork();
    9
   10       if(x > 0)  //父进程
   11       {
   12           printf("[%d]: I am the parent\n", (int)getpid());
   13           exit(0);
   14       }
   15
   16       if(x == 0)  //子进程
   17       {
   18           printf("[%d]: I am the child\n", (int)getpid());
   19           execl("./child_elf", "child_elf", NULL); //执行 child_elf
```

程序

```
20
21              printf("NEVER be printed\n"); //这是一条将被覆盖的代码
22      }
23
24      return 0;
25  }
```

下面是执行结果：

```
vincent@ubuntu:~/ch05/5.2$ ./exec
[24585]: I am the parent
vincent@ubuntu:~/ch05/5.2$ [24586]: I am the child
[24586]: yep, I am the child
```

从以上执行结果看到，父进程比其子进程先执行完代码并退出，因此 Shell 命令提示行又被夹在中间了，那么怎么让子进程先运行并退出之后，父进程再继续呢？子进程的退出状态又怎么传递给父进程呢？答案是：可以使用 exit( )/_exit( )来退出并传递退出值，使用 wait( )/waitpid( )来使父进程阻塞等待子进程，顺便还可以帮子进程收尸，这几个函数的接口如表 5-3 所示。

表 5-3　函数 exit()和_exit()的接口规范

功能	退出本进程	
头文件	#include <unistd.h>	
	#include <stdlib.h>	
原型	void **_exit**(int status);	
	void **exit**(int status);	
参数	status	子进程的退出值
返回值	不返回	
备注	（1）如果子进程正常退出，则 status 一般为 0。 （2）如果子进程异常退出，则 statuc 一般为非 0。 （3）exit( )退出时，会自动冲洗（flush）标准 I/O 总残留的数据到内核，如果进程注册了"退出处理函数"还会自动执行这些函数。而_exit( )会直接退出	

以下代码展示了 exit( )和_exit( )的用法和区别。

```
vincent@ubuntu:~/ch05/5.2$ cat exit.c -n
    1   #include <stdio.h>
    2   #include <stdlib.h>
    3   #include <unistd.h>
    4
    5   void routine1(void) //退出处理函数
    6   {
    7       printf("routine1 is called.\n");
    8   }
    9
   10   void routine2(void) //退出处理函数
   11   {
   12       printf("routine2 is called.\n");
```

```
13   }
14
15   int main(int argc, char **argv)
16   {
17       atexit(routine1); //注册退出处理函数
18       atexit(routine2);
19
20       fprintf(stdout, "abcdef"); //将数据输送至标准 IO 缓冲区
21
22   #ifdef _EXIT
23       _exit(0); //直接退出
24   #else
25       exit(0); //冲洗缓冲区数据，并执行退出处理函数
26   #endif
27   }
```

```
vincent@ubuntu:~/ch05/5.2$ gcc exit.c -o exit
vincent@ubuntu:~/ch05/5.2$ ./exit
abcdefroutine2 is called.
routine1 is called.

vincent@ubuntu:~/ch05/5.2$ gcc exit.c -o exit -D_EXIT
vincent@ubuntu:~/ch05/5.2$ ./exit
vincent@ubuntu:~/ch05/5.2$
```

通过以上操作可见，如果编译时不加-D_EXIT，那么程序将会执行 exit(0)，那么字符串 abcdef 和两个退出处理函数（所谓的"退出处理函数"指的是进程使用 exit( )退出时被自动执行的函数，需要使用 atexit( )来注册）都被相应地处理了。而如果编译时加了-D_EXIT 的话，那么程序将执行_exit(0)，从执行结果看，缓冲区数据没有被冲洗，退出处理函数也没有被执行。

这两个函数的参数 status 是该进程的退出值，进程退出后状态切换为 EXIT_ZOMBIE，相应地，这个值将会被放在该进程的"尸体"（PCB）里面，等待父进程回收。在进程异常退出时，有时需要向父进程汇报异常情况，此时就用非零值来代表特定的异常情况，比如 1 代表权限不足、2 代表内存不够等，具体情况只要父子进程商定好就可以了。

接下来，父进程如果需要，可以使用 wait( )/waitpid( )来获得子进程正常退出的退出值，当然，这两个函数还可以使得父进程阻塞等待子进程的退出，以及将子进程状态切换为 EXIT_DEAD，以便于系统释放子进程资源。表 5-5 所示是这两个函数的接口。

表 5-4　函数 wait()和 waitpid()的接口规范

功能	等待子进程	
头文件	#include <sys/wait.h>	
原型	pid_t **wait**(int *stat_loc); pid_t **waitpid**(pid_t pid, int *stat_loc, int options);	
参数	pid	小于–1：等待组 ID 的绝对值为 pid 的进程组中的任意一个子进程
		–1：等待任意一个子进程
		0：等待调用者所在进程组中的任意一个子进程
		大于 0：等待进程组 ID 为 pid 的子进程

功能		等待子进程
参数	stat_loc	子进程退出状态
	option	WCONTINUED：报告任意一个从暂停态出来且从未报告过的子进程的状态
		WNOHANG：非阻塞等待
		WUNTRACED：报告任意一个当前处于暂停态且从未报告过的子进程的状态
返回值	wait( )	成功：退出的子进程 PID 失败：−1
	waitpid( )	成功：状态发生改变的子进程 PID（如果 WNOHANG 被设置，且由 pid 指定的进程存在但状态尚未发生改变，则返回 0） 失败：−1
备注		如果不需要获取子进程的退出状态，stat_loc 可以设置为 NULL

注意，所谓的退出状态不是退出值，退出状态包括了退出值。如果使用以上两个函数成功获取了子进程的退出状态，则可以使用以下宏来进一步解析，如表 5-5 所示。

表 5-5　处理子进程退出状态值的宏

宏	含　义
WIFEXITED(status)[①]	如果子进程正常退出，则该宏为真
WEXITSTATUS(status)	如果子进程正常退出，则该宏将获取子进程的退出值
WIFSIGNALED(status)	如果子进程被信号杀死，则该宏为真
WTERMSIG(status)	如果子进程被信号杀死，则该宏将获取导致它死亡的信号值
WCOREDUMP(status)[②]	如果子进程被信号杀死且生成核心转储文件（core dump），则该宏为真
WIFSTOPPED(status)	如果子进程的被信号暂停，且 option 中 WUNTRACED 已经被设置时，则该宏为真
WSTOPSIG(status)	如果 WIFSTOPPED(status)为真，则该宏将获取导致子进程暂停的信号值
WIFCONTINUED(status)	如果子进程被信号 SIGCONT 重新置为就绪态，则该宏为真

注：
① 正常退出指的是调用 exit( )/_exit( )，或者在主函数中调用 return，或者在最后一个线程调用 pthread_exit( )。
② 由于没有在 POSXI.1—2001 标准中定义，这个选项在某些 UNIX 系统中无效，比如 AIX 或者 sunOS 中。

以下示例代码，综合展示了如何正确使用 fork( )/exec( )函数簇、exit( )/_exit( )和 wait( )/waitpid( )。程序的功能是：父进程产生一个子进程让它去程序 child_elf，并且等待它的退出（可以用 wait( )阻塞等待，也可以用 waitpid( )非阻塞等待），子进程退出（可以正常退出，也可以异常退出）后，父进程获取子进程的退出状态后打印出来。详细代码如下。

```
vincent@ubuntu:~/ch05/5.2$ cat child_elf.c -n
  1  #include <stdio.h>
  2  #include <stdlib.h>
  3
  4  int main(void)
  5  {
  6      printf("[%d]: yep, I am the child\n", (int)getpid());
  7
  8  #ifdef ABORT
  9      abort();  //自己给自己发送一个致命信号 SIGABRT，自杀
 10  #else
 11      exit(7);  //正常退出，且退出值为 7
```

```
 12   #endif
 13   }
```

vincent@ubuntu:~/ch05/5.2$ **cat wait.c -n**

```
  1   #include <stdio.h>
  2   #include <stdlib.h>
  3   #include <stdbool.h>
  4   #include <unistd.h>
  5   #include <string.h>
  6   #include <strings.h>
  7   #include <errno.h>
  8
  9   #include <sys/stat.h>
 10   #include <sys/types.h>
 11   #include <fcntl.h>
 12
 13   int main(int argc, char **argv)
 14   {
 15       pid_t x = fork();
 16
 17       if(x == 0)        //子进程，执行指定程序 child_elf
 18       {
 19           execl("./child_elf", "child_elf", NULL);
 20       }
 21
 22       if(x > 0)         //父进程，使用 wait( )阻塞等待子进程的退出
 23       {
 24           int status;
 25           wait(&status);
 26
 27           if(WIFEXITED(status))              //判断子进程是否正常退出
 28           {
 29               printf("child exit normally, "
 30                   "exit value: %hhu\n", WEXITSTATUS(status));
 31           }
 32
 33           if(WIFSIGNALED(status))            //判断子进程是否被信号杀死
 34           {
 35               printf("child killed by signal: %u\n",
 36                   WTERMSIG(status));
 37           }
 38       }
 39
 40       return 0;
 41   }
```

执行效果如下：

vincent@ubuntu:~/ch05/5.2$ **gcc child_elf.c -o child_elf**

```
vincent@ubuntu:~/ch05/5.2$ ./wait
[26259]: yep, I am the child
child exit normally, exit value: 7

vincent@ubuntu:~/ch05/5.2$ gcc child_elf.c -o child_elf -DABORT
vincent@ubuntu:~/ch05/5.2$ ./wait
[26266]: yep, I am the child
child killed by signal: 6
vincent@ubuntu:~/ch05/5.2$
```

可以看到，子进程不同的退出情形，父进程的确可以通过 wait( )/waitpid( )和一些相应的宏来获取，这是协调父子进程工作的一个重要途径。

至此，我们已经知道如何创建多进程，以及掌握了它们的基本操作方法了，有一点是必须再提醒一次的：进程它们是相互独立的，最重要体现在它们互不干扰的内存空间上，它们的数据是不共享的，但如果多个进程需要协同合作，就必然会有数据共享的需求，就像人与人之间需要说话一样，进程需要通过某样东西来互相传递信息和数据，这就是所谓的 IPC（Inter-Process Comunication）机制，IPC 有很多种，它们是如何使用的？有哪些特点？在什么场合适用？请看 5.3 节。

5.3 进程的语言

进程间的通信（IPC）方式，总归起来主要有如下几种。
（1）无名管道（PIPE）和有名管道（FIFO）。
（2）信号（signal）。
（3）system V-IPC 之共享内存。
（4）system V-IPC 之消息队列。
（5）system V-IPC 之信号量。
（6）套接字。

这些通信方式各有各的特点，无名管道是最简单的常用于一对一的亲缘进程间通信的方式；有名管道存在于文件系统之中，提供写入原子性特征；信号是唯一一种异步通信方式，共享内存的效率最高，但是要结合信号量等同步互斥机制一起使用；消息队列提供一种带简单消息标识的通信方式；套接字是一种更为宽泛意义上的进程间通信方式——它允许进程间跨网络。

下面一一剖析除了套接字之外的 5 种 IPC 方式。

5.3.1 管道

常说的管道通常指无名管道（PIPE）或有名管道（FIFO），但实际上套接字也都是管道。这里先把 PIPE 和 FIFO 的相关接口摆出，如表 5-6 所示。

表 5-6 创建无名管道和有名管道的函数接口规范

功能	创建无名管道：PIPE
头文件	#include <unistd.h>

原型	int **pipe**(int pipefd[2]);	
参数	pipefd	一个至少具有 2 个 int 型数据的数组，用来存放 PIPE 的读/写端描述符
返回值	成功	0
	失败	−1
备注	无	
功能	创建有名管道：FIFO	
头文件	#include <sys/types.h>	
	#include <sys/stat.h>	
原型	int mkfifo(const char *pathname, mode_t mode);	
参数	pathname	FIFO 的文件名
	mode	文件权限
返回值	成功	0
	失败	−1
备注	无	

先来看看 PIPE。既然叫管道，那么可以想象它就像一根水管，连接两个进程，一个进程要给另一个进程数据，就好像将水灌进管道一样，另一方就可以读取出来了，反过来也一样。这是我们对 PIPE 最简单的感官认识。

先来罗列 PIPE 的特征：

（1）没有名字，因此无法使用 open( )。

（2）只能用于亲缘进程间（如父子进程、兄弟进程、祖孙进程等）通信。

（3）半双工工作方式：读写端分开。

（4）写入操作不具有原子性，因此只能用于一对一的简单通信情形。

（5）不能使用 lseek( )来定位。

PIPE 是一种特殊的文件，但虽然它是一种文件，却没有名字！因此，一般进程无法使用 open( )来获取它的描述符，它只能在一个进程中被创建出来，然后通过继承的方式将它的文件描述符传递给子进程，这就是为什么 PIPE 只能用于亲缘进程间通信的原因。

另外，PIPE 不同于一般文件的显著之处：它有两个文件描述符，而不是一个！一个只能用来读，另一个只能用来写，这就是所谓的"半双工"通信方式。再一个显著的弱项：它对写操作不做任何保护！即假如有多个进程或线程同时对 PIPE 进行写操作，那么这些数据很有可能会相互践踏，因此一个简单的结论是：PIPE 只能用于一对一的亲缘进程通信。最后，PIPE 与 FIFO、socket 一样，这些管道文件都不能使用 lseek( )来进行所谓的定位，因为它们的数据不像普通文件那样按块的方式存放在如硬盘、Flash 等块设备上，而更像一个看不见源头的水龙头，无法定位。

以下代码展示了子进程如何通过 PIPE 向父进程发送一段数据。

```
vincent@ubuntu:~/ch05/5.3/pipe$ cat pipe.c -n
    1   #include <stdio.h>
    2   #include <stdlib.h>
    3   #include <string.h>
    4   #include <unistd.h>
    5   #include <errno.h>
    6
```

```
7   int main(int argc, char **argv)
8   {
9       int fd[2]; //用来存放 PIPE 的两个文件描述符
10
11      if(pipe(fd) == -1) //创建 PIPE，并将文件描述符放进 fd[2]中
12      {
13          perror("pipe()");
14          exit(1);
15      }
16
17      pid_t x = fork();   //创建一个子进程，它将会继承 PIPE 的描述符
18
19      if(x == 0)          //子进程
20      {
21          char *s = "hello, I am your child\n";
22          write(fd[1], s, strlen(s)); //通过写端 fd[1]将数据写入 PIPE
23      }
24
25      if(x > 0)           //父进程
26      {
27          char buf[30];
28          bzero(buf, 30);
29
30          read(fd[0], buf, 30);   //通过读端 fd[0]将数据从 PIPE 中读出
31          printf("from child: %s", buf);
32      }
33
34      close(fd[0]);       //关闭文件描述符
35      close(fd[1]);
36      return 0;
37  }
```

```
vincent@ubuntu:~/ch05/5.3$ ./pipe
from child: hello, I am your child
```

　　父进程必须先创建 PIPE，然后再创建子进程，这样子进程才能继承父进程已经产生的 PIPE 的文件描述符，如图 5-5 所示。

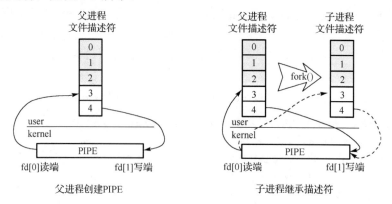

图 5-5　父子进程使用无名管道通信的情形

从上述代码中可以看到，实际上父进程并没有使用 PIPE 的写端描述符 fd[1]，同理子进程也并没有使用 PIPE 的读端描述符 fd[0]，所以其实它们是可以被关闭，也是应该被关闭的。

任何事物的优缺点都是相对的，PIPE 很简单，同时也适用于场景比较单一、性能比较弱、限制条件比较多的场合，如果要在任意进程间通信，并且保证写入有原子性，那么读者可以使用 FIFO——一种更加强大的管道。

有名管道 FIFO 的特征如下。

（1）有名字，存储于普通文件系统之中。

（2）任何具有相应权限的进程都可以使用 open( ) 来获取 FIFO 的文件描述符。

（3）跟普通文件一样：使用统一的 read( )/write( ) 来读/写。

（4）跟普通文件不同：不能使用 lseek( ) 来定位，原因同 PIPE。

（5）具有写入原子性，支持多写者同时进行写操作而数据不会互相践踏。

（6）First In First Out，最先被写入 FIFO 的数据，最先被读出来。

下面通过一段最简单的示例代码，展示两个普通进程（Jack 和 Rose）如何通过 FIFO 互相传递信息：Jack 从键盘接收一段输入并发送给 Rose，Rose 接收数据之后将其显示到屏幕上。

```
vincent@ubuntu:~/ch05/5.3/fifo$ cat head4fifo.h -n
    1   #ifndef _HEAD4FIFO_H_
    2   #define _HEAD4FIFO_H_
    3
    4   #include <stdio.h>
    5   #include <unistd.h>
    6   #include <stdlib.h>
    7   #include <string.h>
    8   #include <fcntl.h>
    9
   10   #include <sys/stat.h>
   11   #include <sys/types.h>
   12
   13   #define FIFO "/tmp/fifo4test"    //有名管道的名字
   14
   15   #endif

vincent@ubuntu:~/ch05/5.3/fifo$ cat Jack.c -n
    1   #include "head4fifo.h"
    2
    3   int main(int argc, char **argv)
    4   {
    5       if(access(FIFO, F_OK))
    6       {
    7           mkfifo(FIFO, 0644);
    8       }
    9
   10       int fifo = open(FIFO, O_WRONLY);        //以只写方式打开 FIFO
   11
   12       char msg[20];
```

```
13        bzero(msg, 20);
14
15        fgets(msg, 20, stdin);
16        int n = write(fifo, msg, strlen(msg)); //将数据写入 FIFO
17
18        printf("%d bytes have been sended.\n", n);
19        return 0;
20    }
```

vincent@ubuntu:~/ch05/5.3/fifo$ **cat Rose.c -n**

```
 1    #include "head4fifo.h"
 2
 3    int main(int argc, char **argv)
 4    {
 5        if(access(FIFO, F_OK))
 6        {
 7            mkfifo(FIFO, 0644);
 8        }
 9
10        int fifo = open(FIFO, O_RDONLY);    //以只读方式打开管道
11
12        char msg[20];
13        bzero(msg, 20);
14
15        read(fifo, msg, 20);                //将数据从 FIFO 中读出
16        printf("from FIFO: %s", msg);
17
18        return 0;
19    }
```

在这个简单的示例中，需要注意以下几点。

（1）代码第 5 行中的函数 access( )通过指定参数 F_OK 可用来判断一个文件是否存在，另外还可以通过别的参数来判断文件是否可读、是否可写、是否可执行等。

（2）当刚开始运行 Jack 而尚未运行 Rose，或刚开始运行 Rose 而尚未运行 Jack 时，open 函数会被阻塞，因为管道文件（包括 PIPE、FIFO、SOCKET）不可以在只有读端或只有写端的情况下被打开。

（3）当 Jack 已经打开但还没写入数据之前，Rose 将在 read( )上阻塞睡眠，直到 Jack 写入数据完毕为止。因为默认状态下是以阻塞方式读取数据的，可以使用 fcntl( )来使得 fifo 变成非阻塞模式。

不仅打开管道会有可能发生阻塞，在对管道进行读/写操作时也有可能发生阻塞，可以参考表 5-7 所示。

所谓写者：持有文件可写权限的描述符的进程。

所谓读者：持有文件可读权限的描述符的进程。

FIFO 与 PIPE 还有一个最大的不同点在于：FIFO 具有一种所谓写入原子性的特征，这种特征使得我们可以同时对 FIFO 进行写操作而不怕数据遭受破坏，一个典型应用是 Linux 的日志系统。

表 5-7　管道的读/写

管道	有写者		无写者	
	有数据	无数据	有数据	无数据
读操作 read	正常读取	阻塞等待	正常读取	立即返回
管道	有读者		无读者	
	缓冲未满	缓冲已满	缓冲未满	缓冲已满
写操作 write	正常写入	阻塞等待	立即收到 SIGPIPE	

　　系统的日志信息被统一安排存放在/var/log 下，这些日志文件都是一些普通的文本文件，由前面的文件 I/O 相关内容可知，普通文件可以被一个或多个进程重读多次打开，每次打开都有一个独立的位置偏移量，如果多个进程或线程同时写文件，那么除非它们之间能相互协调好，否则必然导致混乱。

　　可惜令人沮丧的情况是：需要写日志的进程根本不可能"协调好"，系统日志实际上就相当于一个公共厕所，系统中阿猫阿狗都可以进去拉撒一通，由于写日志的进程是毫无关联的，因此常用的互斥手段（如互斥锁、信号量等）是无法起作用的，就像无法试图通过交通法规来杜绝有人乱闯红灯一样，因为总有人可以故意无视规则，肆意践踏规则！

　　如何使得毫不相干的不同进程的日志信息都能完整地输送到日志文件中而不相互破坏，是一个必须解决的问题。一个简单高效的方案是：使用 FIFO 来接收各个不相干进程的日志信息，然后让一个进程专门将 FIFO 中的数据写到相应的日志文件当中。这样做的好处是，任何进程无须对日志信息的互斥编写出任何额外的代码，只管向 FIFO 里面写入即可！后台默默耕耘的日志系统服务例程会将这些信息一一地拿出来再写入日志文件，FIFO 的写入原子性保证了数据的完整无缺。过程如图 5-6 所示。

　　由图可见，FIFO 的"原子性"，保护了脆弱的日志文件！

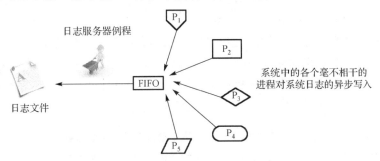

图 5-6　使用有名管道 FIFO 来实现日志系统

5.3.2　信号

　　信号是一种比较特殊的 IPC，大部分的信号是异步的。换句话讲，一般情况下，进程什么时候会收到信号、收到什么信号是无法事先预料的（除了某几个特殊的信号之外），信号的到来就像你家门铃响起一样，你不知道它什么时候会响。

　　先来看看 Linux 系统中，都有哪些信号，如表 5-8 所示。

　　可以看到，Linux 系统有许多信号，其中前面 31 个信号都有一个特殊的名字，对应一个特殊的事件。例如，1 号信号 SIGHUP（Signal Hang UP），表示每当系统中的一个控制终端被关闭（即挂断，Hang Up）时，即会产生这个信号，有时会将它们称为非实时信号，这些信号都是从 UNIX 系统继承下来的，它们还有个名称叫"不可靠信号"，它们有如下特点。

表 5-8　Linux 系统的信号

1	SIGHUP	2	SIGINT	3	SIGQUIT	4	SIGILL	5	SIGTRAP
6	SIGABRT	7	SIGBUS	8	SIGFPE	9	SIGKILL	10	SIGUSR1
11	SIGSEGV	12	SIGUSR2	13	SIGPIPE	14	SIGALRM	15	SIGTERM
16	SIGSTKFLT	17	SIGCHLD	18	SIGCONT	19	SIGSTOP	20	SIGTSTP
21	SIGTTIN	22	SIGTTOU	23	SIGURG	24	SIGXCPU	25	SIGXFSZ
26	SGIVTALRM	27	SIGPROF	28	SIGWINCH	29	SIGIO	30	SIGPWR
31	SIGSYS	34	SIGRTMIN	35	SIGRTMIN+1	36	SIGRTMIN+2	37	SIGRTMIN+3
38	SIGRTMIN+4	39	SIGRTMIN+5	40	SIGRTMIN+6	41	SIGRTMIN+7	42	SIGRTMIN+8
43	SIGRTMIN+9	44	SIGRTMIN+10	45	SIGRTMIN+11	46	SIGRTMIN+12	47	SIGRTMIN+13
48	SIGRTMIN+14	49	SIGRTMIN+15	50	SIGRTMAX-14	51	SIGRTMAX-13	52	SIGRTMAX-12
53	SIGRTMAX-11	54	SIGRTMAX-10	55	SIGRTMAX-9	56	SIGRTMAX-8	57	SIGRTMAX-7
58	SIGRTMAX-6	59	SIGRTMAX-5	60	SIGRTMAX-4	61	SIGRTMAX-3	62	SIGRTMAX-2
63	SIGRTMAX-9	64	SIGRTMAX						

（1）非实时信号不排队，信号的响应会相互嵌套。

（2）如果目标进程没有及时响应非实时信号，那么随后到达的该信号将会被丢弃。

（3）每一个非实时信号都对应一个系统事件，当这个事件发生时，将产生这个信号。

（4）如果进程的挂起信号中含有实时和非实时信号，那么进程优先响应实时信号并会从大到小依次响应，而非实时信号没有固定的次序。

后面的 31 个信号（从 SIGRTMIN[34] 到 SIGRTMAX[64]）是 Linux 系统新增的实时信号，也称为"可靠信号"，这些信号的特点如下。

（1）实时信号的响应次序按接收顺序排队，不嵌套。

（2）即使相同的实时信号被同时发送多次，也不会被丢弃，而会依次逐个响应。

（3）实时信号没有特殊的系统事件与之对应。

上述特征在后面介绍完信号相关核心的 API 之后，都可以一一验证。表 5-9 所示是非实时信号的详细介绍。

表 5-9　信号的值、默认响应动作以及产生的原因

信　　号	值	默认动作	备注
SIGHUP	1	终止	控制终端被关闭时产生
SIGINT	2	终止	从键盘按键产生的中断信号（如 Ctrl+C）
SIGQUIT	3	终止并产生转储文件	从键盘按键产生的退出信号（如 Ctrl+\）
SIGILL	4	终止并产生转储文件	执行非法指令时产生
SIGTRAP	5	终止并产生转储文件	遇到进程断点时产生
SIGABRT	6	终止并产生转储文件	调用系统函数 abort( )时产生
SIGBUS	7	终止并产生转储文件	总线错误时产生
SIGFPE	8	终止并产生转储文件	处理器出现浮点运算错误时产生
SIGKILL	9	终止	系统杀戮信号
SIGUSR1	10	终止	用户自定义信号
SIGSEGV	11	终止并产生转储文件	访问非法内存时产生

信　　号	值	默认动作	备注
SIGUSR2	12	终止	用户自定义信号
SIGPIPE	13	终止	向无读者的管道输入数据时产生
SIGALRM	14	终止	定时器到时间时产生
SIGTERM	15	终止	系统终止信号
SIGSTKFLT	16	终止	已废弃
SIGCHLD	17	忽略	子进程暂停或终止时产生
SIGCONT	18	恢复运行	系统恢复运行信号
SIGSTOP	19	暂停	系统暂停信号
SIGTSTP	20	暂停	由控制终端发起的暂停信号
SIGTTIN	21	暂停	后台进程发起输入请求时控制终端产生该信号
SIGTTOU	22	暂停	后台进程发起输出请求时控制终端产生该信号
SIGURG	23	忽略	套接字上出现紧急数据时产生
SIGXCPU	24	终止并产生转储文件	处理器占用时间超出限制值时产生
SIGXFSZ	25	终止并产生转储文件	文件尺寸超出限制值时产生
SIGVTALRM	26	终止	由虚拟定时器产生
SIGPROF	27	终止	profiling 定时器到时间时产生
SIGWINCH	28	忽略	窗口大小变更时产生
SIGIO	29	终止	I/O 变得可用时产生
SIGPWR	30	终止	启动失败时产生
SIGUNUSED	31	终止并产生转储文件	同 SIGSYS

对以上信号，需要着重注意如下问题。

（1）表 5-6 中罗列出来的信号的“值”，在 x86、PowerPC 和 ARM 平台下是有效的，但是别的平台的信号值也许和表 5-9 的值不一致。

（2）“备注”中注明的事件发生时会产生相应的信号，但并不是说该信号的产生就一定发生了这个事件。事实上，任何进程都可以使用函数 kill( )来产生任何信号。

（3）信号 SIGKILL 和 SIGSTOP 是两个特殊的信号，它们不能被忽略、阻塞或捕捉，只能按默认动作来响应。换句话说，除了这两个信号之外的其他信号，接收信号的目标进程按照如下顺序做出反应。

① 如果该信号被阻塞，那么将该信号挂起，不对其做任何处理，等到解除对其阻塞为止。否则进入第②步。

② 如果该信号被捕捉，那么进一步判断捕捉的类型：

● 如果设置了响应函数，那么执行该响应函数。

● 如果设置为忽略，那么直接丢弃该信号。

否则进入第③步。

③ 执行该信号的默认动作。

对信号有了初步的认识之后，下面分几部分来阐述这种通信机制。

1．信号相关 API 及其使用范例

函数 kill( )的接口规范和 signal( )的接口规范之一如表 5-10 和表 5-11 所示。

表 5-10　函数 kill( )的接口规范

功能	向指定进程或者进程组，发送一个指定的信号		
头文件	#include <sys/types.h> #include <signal.h>		
原型	int **kill**(pid_t pid, int sig);		
参数	pid	小于−1：	信号将被发送给组 ID 等于-pid 的进程组里面的所有进程
		−1：	信号将被发送给所有进程（如果当前进程对其有权限）
		0：	信号将被发送给与当前进程同一个进程组内的所有进程
		大于 0：	信号将被发送给 PID 等于 pid 的指定进程
	sig	要发送的信号	
返回值	成功	0	
	失败	−1	
备注	无		

很多人对 kill( )抱有偏见，以为它就是要"杀死某人"，但这并非其初衷，除非它发送的是一个致命的信号，否则它只是"发送一个信号"的行为并不一定会致对方于死地。

表 5-11　函数 signal()的接口规范

功能	捕捉一个指定的信号，即预先为某信号的到来做好准备		
头文件	#include <signal.h>		
原型	void (**signal**(int sig, void (*func)(int)))(int);		
参数	sig	要捕捉的信号	
	func	SIG_IGN	捕捉动作为：忽略
		SIG_DFL	捕捉动作为：执行该信号的默认动作
		void (*p)(int)	捕捉动作为：执行由 p 指向的信号响应函数
返回值	成功	最近一次调用该函数时第二个参数的值	
	失败	SIG_ERR	
备注	无		

函数 signal( )一般是和 kill( )配套使用的，目标进程必须先使用 signal( )来为某个信号设置一个响应函数，或设置忽略某个信号，才能改变信号的默认行为，这个过程称为"信号的捕捉"。注意，对一个信号的"捕捉"可以重复进行，signal( )函数将会返回前一次设置的信号响应函数指针。对于所谓的信号响应函数的接口，规定必须是"void (*)(int);"。函数 raise( )是 kill( )的特例，其行为是进程给自己发信号，其规范如表 5-12 所示。

表 5-12　函数 raise()的接口规范

功能	自己给自己发送一个指定的信号
头文件	#include <signal.h>
原型	int **raise**(int sig);
参数	sig　要唤醒（发送）的信号
返回值	成功　0
	失败　非 0
备注	无

函数 pause( )的接口规范如表 5-13 所示。

表 5-13　函数 pause()的接口规范

功能	将本进程挂起，直到收到一个信号	
头文件	#include <unistd.h>	
原型	int **pause**(void);	
参数	无	
返回值	收到非致命信号或者已经被捕捉的信号	−1
	收到致命信号导致进程异常退出	不返回
备注	无	

注意，函数 pause( )是在响应函数返回之后再返回的。如果想要在一个进程中持续地接收信号，也许你可以写这么一个死循环来不断地 pause( )。信号集操作函数的接口规范如表 5-14 所示。

表 5-14　信号集操作函数的接口规范

功能	信号集操作函数簇： （1）sigemptyset( )：将信号集清空 （2）sigfillset( )：将所有信号添加到信号集中 （3）sigaddset( )：将指定的一个信号添加到信号集中 （4）sigdelset( )：将指定的一个信号从信号集中剔除 （5）sigismember( )：判断一个指定的信号是否被信号集包含	
头文件	#include <signal.h>	
原型	int **sigemptyset**(sigset_t *set); int **sigfillset**(sigset_t *set); int **sigaddset**(sigset_t *set, int signum); int **sigdelset**(sigset_t *set, int signum); int **sigismember**(const sigset_t *set, int signum);	
参数	set	信号集
	signum	要添加，或者剔除，或者判断的信号
返回值	成功	sigismember( )返回 1，其余函数返回 0
	失败	sigismember( )返回 0，其余函数返回−1
备注	无	

上面提到过，如果一个进程临时不想响应某个或某些信号，可以通过设置"阻塞掩码（Block Mask）"来达到此目的。在设置信号的阻塞掩码时，并不一定要逐个地设置，而是可以多个信号同时设置，这时就需要用到所谓的信号集。函数 sigprocmask( )用于设置阻塞掩码，其接口规范如表 5-15 所示。

表 5-15　函数 sigprocmask()的接口规范

功能	阻塞或解除阻塞一个或多个信号		
头文件	#include <signal.h>		
原型	int **sigprocmask**(int how, const sigset_t *set, sigset_t *oldset);		
参数	how	SIG_BLOCK	在原有阻塞的信号基础上，再添加 set 中的信号
		SIG_SETMASK	将原有阻塞的信号替换为 set 中的信号
		SIG_UNBLOCK	在原有阻塞的信号基础上，解除 set 中的信号
	set	信号集	
	oldset	原有的信号集	
返回值	成功	0	
	失败	−1	
备注	无		

如果对原有的阻塞信号不感兴趣，可以将 oldset 设置为 NULL。注意信号的阻塞不同于忽略，阻塞指的是暂时将信号挂起，不响应它，待解除阻塞之后还可以处理这个信号，忽略就是直接把信号丢弃了。

另外，还应注意有一组与 kill( ) 和 signal( ) 类似的搭档，它们是 sigqueue( ) 和 sigaction( )，前者组合不能处理带额外数据的信号，后者组合可以。函数 sigqueue( ) 的接口规范如表 5-16 所示。

表 5-16　函数 sigqueue( ) 的接口规范

功能	给某进程发送一个指定的信号，同时携带一些数据	
头文件	#include <signal.h>	
原型	int **sigqueue**(pid_t pid, int sig, const union sigval value);	
参数	pid	目标进程 PID
	sig	要发送的信号
	value	携带的额外数据
返回值	成功	0
	失败	−1
备注	目标进程能获取由 sigqueue( ) 发送过去的额外数据 value 的前提是：必须设置 SA_SIGINFO 标识	

信号所携带的额外数据是下面这个联合体：

```
union sigval
{
    int     sigval_int;
    void *  sigval_prt;
};
```

换句话说，利用 siqqueue( ) 发送信号的同时可以携带一个整型数据或一个 void 型指针，目标进程要想获取这些额外的数据，就要用到函数 sigaction( )，其接口规范如表 5-17 所示。

表 5-17　函数 sigaction() 的接口规范

功能	捕捉一个指定的信号，且可以通过扩展响应函数来获取信号携带的额外数据			
头文件	#include <signal.h>			
原型	int **sigaction**(int signum, const struct sigaction *act, struct sigaction *oldact);			
参数	signum	要捕捉的信号		
	act	sa_handler	标准信号响应函数指针	
		sa_sigaction	扩展信号响应函数指针	
		sa_mask	临时信号阻塞掩码	
		sa_flags	SA_NOCLDSTOP	子进程暂停时不提醒
			SA_NOCLDWAIT	使子进程死亡时跳过僵尸态
			SA_NODEFER	不屏蔽来自本信号响应函数内部的信号
			SA_ONSTACK	信号响应函数在替补栈中分配内存
			SA_RESETHAND	响应函数执行一遍之后重置该信号响应策略
			SA_RESTART	自动重启被该信号中断的某些系统调用
			SA_SIGINFO	使用扩展信号响应函数而不是标准响应函数
		sa_restorer	废弃的接口	
	oldact	原有的信号处理参数		
返回值	成功	0		
	失败	−1		

以上函数的 act 参数比较复杂，其类型结构体 struct sigaction 的定义如下：

```
struct sigaction
{
    void        (*sa_handler)(int);
    void        (*sa_sigaction)(int, siginfo_t *, void *);
    sigset_t    sa_mask;
    int         sa_flags;
    void        (*sa_restorer)(void);
};
```

有几个要点需要进一步说明。

（1）标准信号响应函数指针 sa_handler 和扩展信号响应函数指针 sa_sigaction 所指向的函数接口是不同的，sa_sigaction 指向的函数接口要复杂得多，事实上如果选择扩展接口的话，信号的接收进程不仅可以接收到 int 型的信号，还会接收到一个 siginfo_t 型的结构体指针，还有一个 void 型的指针。

（2）临时信号掩码 sa_mask 的设置使用信号集操作函数来操作，被设置在该掩码中的信号，在进程响应本信号期间被临时阻塞。

（3）对 sa_flags 中的几个选项再做几点说明。

① SA_NOCLDSTOP 和 SA_NOCLDWAIT 只在对信号 SIGCHLD 设置响应函数时有效。

② 默认情况下，当进程正在执行信号 X 的响应函数且未完，又接收到除信号 X 之外的其他信号时会嵌套响应，而如果收到的是信号 X 本身则不会嵌套。而设置了 SA_NODEFER 选项之后，则收到信号 X 本身也会嵌套响应了。

③ 选项 SA_ONSTACK 涉及关于所谓"替补栈"的概念，下面给予梳理：一个进程的栈空间是非常有限的（2～8MB），当栈发生溢出时，操作系统将会触发一个 SIGSEGV 信号，如果捕捉这个信号，那么响应函数显然不能再在标准栈中分配了，此时只能通过替补栈来执行响应函数。

使用替补栈的顺序如下。

● 在堆中申请一块内存，作为替补栈空间。

● 使用 sigaltstack( )通知内核以上替补栈的位置和大小。

● 当使用 sigaction( )为某信号设置响应函数时，将 SA_ONSTACK 位或到 sa_flags 中，使得该响应函数在替补栈中运行。

（4）一些系统调用函数在执行时可能会阻塞，在其阻塞期间如果接收到某个被捕捉的信号，那么默认情况，在执行完信号响应函数之后他们会出错返回，且错误码会被设置为 EINTR。这样的函数包括：

文件操作相关：

```
read()
readv()
write()
writev()
ioctl()（当操作慢速设备，即可能会引发阻塞且时间不确定的设备上时）
```

打开文件相关：

open()（如按 O_RDONLY 或 O_WRONLY 打开一个有名管道 FIFO 时）

进程等待相关：

```
wait()
wait3()
wait4()
waitid()
waitpid()
```

套接字相关：

```
accept()
connect()
recv()
recvfrom()
recvmsg()
send()
sendto()
sendmsg()
```

记录锁相关：

```
flock()
fcntl()（当使用 F_SETLKW 时）
```

消息队列相关：

```
mq_receive()
mq_timedreceive()
mq_send()
mq_timedsend()
```

同步互斥相关：

```
futex()（当使用 FUTEX_WAIT 时）
sem_wait()
sem_timedwait()
```

当我们在调用以上这些函数时要注意，由于它们在默认情况下会被信号响应函数所中断，而这种中断并非是一个真正的错误（Real-Error），因此一般都需要重新启动这些函数。重启这些函数的方法有两种。

第一，在 sigaction 的 sa_flags 中设置 SA_RESTART，让其自动重启。

第二，判断这些函数的返回值和错误码，如果确实被信号所中断，那么手工重启。

还有一些函数与上面的函数恰好相反，它们不管有没有设置 SA_RESTART，在它们运行的过程当中只要遇到信号捕捉，就一律出错返回并设置 errno 为 EINTR，它们是：

套接字相关（被设置了 SO_RCVTIMEO 或者 SO_SNDTIMEO 的情况下）：

```
setsockopt()
accept()
recv()
```

```
recvfrom()
recvmsg()
connect()
send()
sendto()
sendmsg()
```
信号等待相关：
```
pause()
sigsuspend()
sigtimedwait()
sigwaitinfo()
```

文件描述符多路复用相关：
```
epoll_wait()
epool_pwait()
poll()
ppoll()
select()
pselect()
```

System-V 的 IPC 接口相关：
```
msgrcv()
msgsnd()
semop()
semtimedop()
```

睡眠相关：
```
clock_nanosleep()
nanosleep()
usleep()
```

（5）如果需要使用扩展信号响应函数，则 sa_flags 必须设置 SA_SIGINFO，此时，结构体 act 中的成员 sa_sigaction 将会替代 sa_handler（事实上它们是联合体里面的两个成员，是非此即彼的关系），扩展的响应函数接口如下。

```
void  (*sa_sigaction)(int, siginfo_t *, void *);
```

该函数的参数列表详情：

第一个参数：int 型，就是触发该函数的信号。

第二个参数：siginfo_t 型指针，指向如下结构体。

```
siginfo_t
{
    int      si_signo;      //si_signo、si_errno 和 si_code 对所有信号都有效
    int      si_errno;
    int      si_code;

    int      si_trapno;     //以下成员只对部分情形有效，详情见下面的注解
```

```
        pid_t      si_pid;
        uid_t      si_uid;
        int        si_status;
        clock_t    si_utime;
        clock_t    si_stime;
        sigval_t   si_value;
        int        si_int;
        void       *si_ptr;
        int        si_overrun;
        int        si_timerid;
        void       *si_addr;
        long       si_band;
        int        si_fd;
        short      si_addr_lsb;
    }
```

注意以上成员除了 si_signo、si_errno、si_code 之外的其他成员，是以部分联合体的形式传递的，并不全都有效。常用到的几个是：

① 当发送者进程使用 kill( )/sigqueue( )发送信号时，si_pid 和 si_uid 将会被填充为其 PID 及其实际用户 ID，另外如果使用的是 sigqueue( )发送信号，那么 si_int 和 si_ptr 为其发送的额外数据。

② 当触发该响应函数的信号是 SIGCHLD 时，si_pid、si_uid、si_status、si_utime 和 si_stime 会被填充。si_pid 是子进程的 PID，si_uid 是子进程的实际用户 ID，si_status 是子进程的退出值或导致子进程退出的信号值，si_utime 和 si_stime 分别包含子进程的用户空间执行时间以及系统空间执行时间。

③ 当触发该响应函数的信号是 SIGILL、SIGFPE、SIGSEGV、SIGBUS 或 SIGTRAP 时，si_addr 将会被填充为发生该信号瞬间的内存地址，在某些平台中还会将 si_trapno 填充为触发该响应函数的信号值。

④ 当触发该响应函数的信号是 SIGPOLL 和 SIGIO 时，si_band 是一个位掩码，其被填充的内容等同于 poll( )中的 revent，si_fd，会被填充为触发 I/O 事件的文件描述符。

⑤ si_code 存放了触发该信号响应函数的信号来因，比如它可以是以下值：

```
SI_USER        由用户调用 kill( )或 raise( )触发
SI_KERNEL      由内核触发
SI_QUEUE       由用户调用 sigqueue( )触发
SI_TIMER       由定时器触发
CLD_EXITED     由子进程正常退出触发，只对 SIGCHLD 有效
CLD_KILLED     由子进程被杀死触发，只对 SIGCHLD 有效
CLD_DUMPED     由子进程异常退出触发，只对 SIGCHLD 有效
POLL_IN        由输入数据有效触发，只对 SIGPOLL 有效
POLL_OUT       由输出缓冲区有效触发，只对 SIGPOLL 有效
POLL_MSG       由输入信息有效触发，只对 SIGPOLL 有效
POLL_ERR       由 I/O 错误触发，只对 SIGPOLL 有效
```

第三个参数：一个 void 型指针，该指针指向一个上下文环境，一般很少使用。

2. 信号的使用范例

以下代码展示了信号的"发送"和"捕捉"——在命令行给一个指定的进程发送某些信号，观察设置信号响应的 3 种处理方式。

```
vincent@ubuntu:~/ch05/5.3/sig$ cat sig_simple.c -n
     1   #include <stdio.h>
     2   #include <stdlib.h>
     3   #include <signal.h>
     4
     5   void f(int sig)
     6   {
     7       printf("catched a signal: %d\n", sig);
     8   }
     9
    10   int main(int argc, char **argv)
    11   {
    12       signal(SIGHUP, SIG_IGN);      //设置 SIGHUP 响应动作为：忽略
    13       signal(SIGINT, SIG_DFL);      //设置 SIGINT 响应动作为：默认
    14       signal(SIGQUIT, f);           //设置 SIGQUIT 响应动作为：执行函数 f()
    15
    16       printf("[%d]: I am waitting for some signal...\n",
    17               getpid());
    18       pause();                      //暂停进程，静静等待信号的到来……
    19
    20       return 0;
    21   }
```

需要注意的地方如下。

（1）普通信号响应函数的接口是规定好的：void (*)(int sig)，其中参数 sig 是触发该响应函数的信号值。

（2）可以让不同的信号共享同一个响应函数。

（3）子进程会继承父进程的信号响应函数。

以下代码展示了信号的"阻塞"操作——子进程给父进程发送一个信号，父进程先阻塞该信号，随后解除阻塞的过程。

```
vincent@ubuntu:~/ch05/5.3/sig$ cat sig_block.c -n
     1   #include <stdio.h>
     2   #include <signal.h>
     3
     4   void sighandler(int sig)
     5   {
     6       printf("[%d]: catch %d.\n", getpid(), sig);
     7   }
     8
     9   int main(int argc, char **argv)
    10   {
    11       pid_t x = fork();
```

```
12
13      if(x > 0)                              //父进程
14      {
15          signal(SIGINT, sighandler);       //设置 SIGINT 的响应函数
16
17          sigset_t sigmask;
18          sigemptyset(&sigmask);
19          sigaddset(&sigmask, SIGINT);       //将 SIGINT 添加到信号集中
20
21  #ifdef TEST
22          printf("[%d]: block SIGINT...\n", getpid());
23          sigprocmask(SIG_BLOCK, &sigmask, NULL);     //设置阻塞
24  #endif
25          sleep(5);        //睡眠 5s，信号在此期间到来
26  #ifdef TEST
27          printf("[%d]: unblock SIGINT...\n", getpid());
28          sigprocmask(SIG_UNBLOCK, &sigmask, NULL);   //解除阻塞
29  #endif
30          wait(NULL);      //让子进程先退出，从而正确显示 Shell 命令提示
31      }
32
33      if(x == 0)
34      {
35          sleep(1);  //睡眠 1s，保证父进程做好准备工作
36          if(kill(getppid(), SIGINT) == 0)  //给父进程发送信号 SIGINT
37          {
38              printf("[%d]: SIGINT has been sended!\n",
39                      getpid());
40          }
41      }
42
43      return 0;
44  }
```

没有定义宏 TEST 的执行效果：

```
vincent@ubuntu:~/ch05/5.3/sig$ gcc sig_block.c -o sig_block
vincent@ubuntu:~/ch05/5.3/sig$ ./sig_block
[7033]: SIGINT has been sended!
[7032]: catch 2.
```

可见，在父进程没有对 SIGINT 设置阻塞的情况下，子进程发送的 SIGINT 立即被父进程收到并处理了。

而定义了宏 TEST 的执行效果是：

```
vincent@ubuntu:~/ch05/5.3/sig$ gcc sig_block.c -o sig_block -DTEST
vincent@ubuntu:~/ch05/5.3/sig$ ./sig_block
[7138]: block SIGINT...
[7139]: SIGINT has been sended!
```

[7138]: unblock SIGINT...
[7138]: catch 2.

以下代码展示了"实时信号"和"非实时信号"的区别——进程 machine_gun 向 target "开火"：将所有信号（除了 SIGKILL 和 SIGSTOP）"同时"发送给 target，观察进程如何处理这些信号。为了体现 target "同时"收到了这些信号，可以让其先对所有代码阻塞一段时间，等收完全部信号之后，再同时一并放开阻塞，具体代码如下。

```
vincent@ubuntu:~/ch05/5.3$ cat target.c -n
    1   #include <stdio.h>
    2   #include <unistd.h>
    3   #include <signal.h>
    4
    5   void sighandler(int sig)
    6   {
    7       fprintf(stderr, "catch %d.\n", sig);
    8   }
    9
   10   int main(int argc, char **argv)
   11   {
   12       sigset_t sigs;
   13       sigemptyset(&sigs);
   14
   15       int i;
   16       for(i=SIGHUP; i<=SIGRTMAX; i++)
   17       {
   18           if(i == SIGKILL || i == SIGSTOP)
   19               continue;
   20
   21           signal(i, sighandler);        //为信号 i 设置响应函数
   22           sigaddset(&sigs, i);          //将信号 i 添加到信号集中
   23       }
   24
   25       printf("[%d]: blocked signals for a while...\n", getpid());
   26       sigprocmask(SIG_BLOCK, &sigs, NULL);   //阻塞所有信号
   27       sleep(10);
   28
   29       printf("[%d]: unblocked signals.\n", getpid());
   30       sigprocmask(SIG_UNBLOCK, &sigs, NULL); //放开所有阻塞
   31
   32       return 0;
   33   }

vincent@ubuntu:~/ch05/5.3$ cat machine_gun.c -n
    1   #include <stdio.h>
    2   #include <stdlib.h>
    3   #include <unistd.h>
    4   #include <signal.h>
```

```
5
6    int main(int argc, char **argv)
7    {
8        if(argc != 2)
9        {
10            printf("Usage: %s <target-PID>\n", argv[0]);
11        }
12        int i;
13        for(i=SIGHUP; i<=SIGRTMAX; i++)
14        {
15            if(i == SIGKILL || i == SIGSTOP ||    //不可捕捉的信号不发
16               i == 32        || i == 33)          //未定义的信号不发
17                continue;
18
19            kill(atoi(argv[1]), i);                //向指定进程发送信号 i
20        }
21
22        return 0;
23    }
```

下面是执行效果：

```
vincent@ubuntu:~/ch05/5.3$ ./target
[9140]: blocked signals for a while...
[9140]: unblocked signals.
catch 64.
catch 63.
······（信号值依次递减，省略）
catch 35.
catch 34. （信号值 34 以上（含）是实时信号，它们是有次序的）
catch 30. （信号值 31 以下（含）是非实时信号，它们是无序的）
catch 29.
······（信号值依次递减，省略）
catch 20.
catch 17.
catch 16.
catch 15.
catch 14.
catch 13.
catch 12.
catch 10.
catch 6.
catch 3.
catch 2.
catch 1.
catch 31. （这些非实时信号是无序的，说明它们的确是不排队的）
catch 11.
catch 8.
catch 7.
```

```
catch 5.
catch 4.
```

在上面的输出结果中，省略的部分是严格从大到小的实时信号，可见如果一个进程同时收到多个实时信号时，它们的响应次序是按照信号值由大到小排队的。下半部分从 1 到 31 的信号值是无序的，说明非实时信号的响应是不排队的，还注意 target 没有打印 18 号信号！这说明非实时信号是不可靠的，在传递的过程中有可能被丢弃。

以下代码展示了进程间如何使用"扩展信号响应函数"来通信——信号发送者携带额外的数据，目标进程获取这些数据。为了简单起见，以父子进程为例，具体代码如下。

```
vincent@ubuntu:~/ch05/5.3$ cat sig_advance.c -n
    1  #include <stdio.h>
    2  #include <stdlib.h>
    3  #include <strings.h>
    4  #include <unistd.h>
    5  #include <signal.h>
    6
    7  void sighandler(int sig, siginfo_t *sinfo, void *p)
    8  {
    9      printf("catch %d.\n", sig);
   10
   11      if(sinfo->si_code == SI_QUEUE)  //判断信号是否由 sigqueue 发送
   12      {
   13          printf("%d\n", sinfo->si_int);
   14      }
   15  }
   16  int main(int argc, char **argv)
   17  {
   18      pid_t x = fork();
   19
   20      if(x > 0)
   21      {
   22          struct sigaction act;
   23          bzero(&act, sizeof(act));
   24          act.sa_sigaction = sighandler;
   25          act.sa_flags |= SA_SIGINFO;     //该选项确保使用扩展响应函数
   26          sigaction(SIGINT, &act, NULL); //捕捉 SIGINT
   27
   28          pause();                        //等信号的到来……
   29      }
   30
   31      if(x == 0)
   32      {
   33          sleep(1);
   34
   35          union sigval data;
   36          data.sival_int = 100;           //额外数据
```

```
37                sigqueue(getppid(), SIGINT, data); //给父进程发 SIGINT
38        }
39
40      return 0;
41   }
```

vincent@ubuntu:~/ch05/5.3$ **./sig_advance**
catch 2.
100

3. 信号相关的内核数据结构

想要在使用信号时心里有底，不会因为某些基本情况不清楚而蒙混过关，就必须对内核中信号相关的数据结构了如指掌，如图 5-7 所示为从进程控制块 PCB 着手，展示了内核中与信号相关的最重要的数据组织关系。

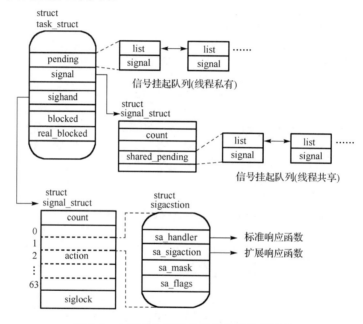

图 5-7　内核中与信号处理相关的数据结构

对图 5-7 所示内容提几点重要说明。

（1）每一个线程都使用一个 PCB（即 task_struct）来表示，因此 pending（不是指针）就是一个线程单独私有的，当我们使用 pthread_kill( )给一个指定的线程发送某信号时，这些信号将会被存储在这个链队列中。

（2）signal 是一个指向线程共享的信号挂起队列相关结构体的指针，实际上，一个线程组（即一个进程）中的所有线程的 signal 指针都指向同一个结构体，当我们使用诸如 kill( )来给一个进程发送某信号时，这些信号将会被存储在 shared_pending 这个线程共享的链队列中。

如果一个进程中有超过 1 条线程，那么这些共享的挂起信号将会被随机的某条线程响应，为了能确保让一个指定的线程响应来自进程之外、发送给整个进程的某信号，一般的做法如下。

除了指定要响应某信号的线程外，其他线程对这些信号设置阻塞。即使用 sigprocmask( )
或 pthread_sigmask( ) 将这些需要阻塞的信号添加到信号阻塞掩码 blocked 当中。

（3）sighand 也是一个指针，因此也是进程中的所有线程共享的，它指向跟信号响应函数
相关的数据结构，结构体 struct sighand_struct{} 中的数组 action 有 64 个元素，一一对应 Linux
系统支持的 64 个信号（其中 0 号信号是测试用的，32 号和 33 号信号保留）。每一个元素是
一个 sigaction{} 结构体，其成员就是标准 C 库函数 sigaction( ) 中的第二个参数的成员，可见，
该函数相当于一个应用层给内核设置信号响应策略的窗口。

4．信号安全

由于信号的异步性，使得信号响应函数的编写应当是相当谨慎的，因为它可能会在进程
执行某个系统函数的任意时刻触发。事实上 POSIX 标准有"信号安全函数"的概念，如果一
个信号打断了一个"信号非安全函数"，或者响应函数中调用了"信号非安全函数"的话，进
程的执行结果是不可预料的。

在 POSIX.1—2004 版本中，表 5-18 所示的函数都是"信号安全"的。

表 5-18　信号安全函数

_Exit( )	execve( )	lseek( )	setgid( )	symlink( )
_exit( )	fchmod( )	lstat( )	setpgid( )	sysconf( )
abort( )	fchown( )	mkdir( )	setsid( )	tcdrain( )
accept( )	fcntl( )	mkfifo( )	setsockopt( )	tcflow( )
access( )	fdatasync( )	open( )	setuid( )	tcflush( )
aio_error( )	fork( )	pathconf( )	shutdown( )	tcgetattr( )
aio_return( )	fpathconf( )	pause( )	sigaction( )	tcgetpgrp( )
aio_suspend( )	fstat( )	pipe( )	sigaddset( )	tcsendbreak( )
alarm( )	fsync( )	poll( )	sigdelset( )	tcsetattr( )
bind( )	ftruncate( )	posix_trace_event( )	sigemptyset( )	tcsetpgrp( )
cfgetispeed( )	getegid( )	pselect( )	sigfillset( )	time( )
cfgetospeed( )	geteuid( )	raise( )	sigismember( )	timer_getoverrun( )
cfsetispeed( )	getgid( )	read( )	signal( )	timer_gettime( )
cfsetospeed( )	getgroups( )	readlink( )	sigpause( )	timer_settime( )
chdir( )	getpeername( )	recv( )	sigpending( )	times( )
chmod( )	getpgrp( )	recvfrom( )	sigprocmask( )	umask( )
chown( )	getpid( )	recvmsg( )	sigqueue( )	uname( )
clock_gettime( )	getppid( )	rename( )	sigset( )	unlink( )
close( )	getsockname( )	rmdir( )	sigsuspend( )	utime( )
connect( )	getsockopt( )	select( )	sleep( )	wait( )
creat( )	getuid( )	sem_post( )	sockatmark( )	waitpid( )
dup( )	kill( )	send( )	socket( )	write( )
dup2( )	link( )	sendmsg( )	socketpair( )	
execle( )	listen( )	sendto( )	stat( )	

在 POSIX.1—2008 版本中，fpathconf( )、pathconf( )和 sysconf( )从上述列表中剔除，也就是说 POSIX 不再保证这 3 个函数的"信号安全"性，同时新增以下函数为"信号安全"函数，如表 5-19 所示。

表 5-19　POSIX.1—2008 新增的信号安全函数

execl( )	fexecve( )	mkfifoat( )	renameat( )
execv( )	fstatat( )	mknod( )	symlinkat( )
faccessat( )	futimens( )	mknodat( )	unlinkat( )
fchmodat( )	linkat( )	openat( )	utimensat( )
fchownat( )	mkdirat( )	readlinkat( )	utimes( )

在实际编程中，如果我们的代码出现了不在上述列表中的"非信号安全"函数，那么必须确保这些函数在执行过程中不会被信号中断，可以通过设置信号阻塞掩码来保护这些非安全的函数。

另外，在编写信号响应函数时也应非常慎重地访问进程的共享数据，必要时要加锁来保护。响应函数与进程的其他部分函数微观上虽然是串行执行的关系，但由于信号触发点的异步特性，就使得信号响应函数的执行与进程的其他部分函数在宏观上是并行执行关系，如图 5-8 所示。

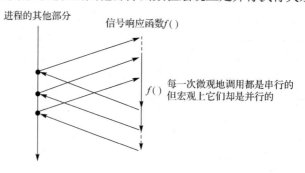

图 5-8　信号响应函数的异步特性

可以看到，由于信号触发点可以发生在进程执行过程中的任意时刻，因此响应函数 $f( )$ 事实上就是与主进程并发的，在响应函数内部访问任何共享资源，都必须和多线程一样，使用同步互斥机制来确保访问的安全性。

5.3.3　system–V IPC 简介

消息队列、共享内存和信号量统称为 system-V IPC，V 是罗马数字 5，是 UNIX 的 AT&T 分支的其中一个版本，一般习惯称它们为 IPC 对象。这些对象的操作接口比较类似，在系统中它们都使用一种名为 key 的键值来唯一标识，而且它们都是"持续性"资源——它们被创建后，不会因为进程的退出而消失，而会持续地存在，除非调用特殊的函数或命令删除。

进程每次"打开"一个 IPC 对象，就会获得一个表征这个对象的 ID，进而再使用这个 ID 来操作这个对象。IPC 对象的 key 是唯一的，但是 ID 是可变的。key 类似于文件的路径名，ID 类似于文件的描述符。

系统中的多个进程，如果它们需要使用 IPC 对象来通信，那么它们必须持有这个对象的键值 key，如图 5-9 所示。

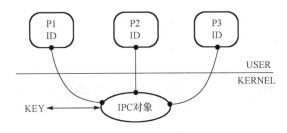

图 5-9　系统 IPC 对象

IPC 对象的键值 key 是怎么产生的呢？在理论上它就是一个整数，一般用函数 ftok( )来产生，函数 ftok( )的接口规范如表 5-20 所示。

表 5-20　函数 ftok( )的接口规范

功能	获取一个当前未用的 IPC 的 key	
头文件	#include <sys/types.h> #include <sys/ipc.h>	
原型	key_t **ftok**(const char *pathname, int proj_id);	
参数	pathname	一个合法的路径
	proj_id	一个整数
返回值	成功	合法未用的键值
	失败	−1
备注	无	

这个函数需要注意以下几点。

（1）如果两个参数相同，那么产生的 key 值也相同。

（2）第一个参数一般取进程所在的目录，因为在一个项目中需要通信的几个进程通常会出现在同一个目录当中。

（3）如果同一个目录中的进程需要超过 1 个 IPC 对象，可以通过第 2 个参数来标识。

（4）系统中只有 1 套 key 标识，也就是说，不同类型的 IPC 对象也不能重复。

可以使用以下命令来查看或删除当前系统中的 IPC 对象。

查看消息队列：ipcs -q

查看共享内存：ipcs -m

查看信号量：ipcs -s

查看所有的 IPC 对象：ipcs -a

删除指定的消息队列：ipcrm -q MSG_ID 或 ipcrm -Q msg_key

删除指定的共享内存：ipcrm -m SHM_ID 或 ipcrm -M shm_key

删除指定的信号量：ipcrm -s SEM_ID 或 ipcrm -S sem_key

5.3.4　消息队列（MSG）

回忆前面所述的管道，这种通信机制的一个弊端是：无法在管道中读取一个"指定"的数据，因为这些数据没有做任何标记，读者进程只能按次序地逐个读取，因此多对进程之间的相互通信，除非使用多条管道分别处理，否则无法使用一条管道来完成，如图 5-10 所示。

消息队列提供一种带有数据标识的特殊管道，使得每一段被写入的数据都变成带标识的消息，读取该段消息的进程只要指定这个标识就可以正确地读取，而不会受到其他消息的干扰，从运行效果来看，一个带标识的消息队列，就像多条并存的管道一样，如图 5-11 所示。

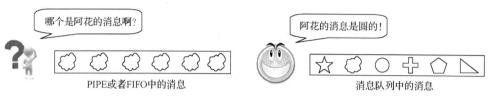

图 5-10　管道中的无标识数据　　　　图 5-11　消息队列中带标识的数据

消息队列的使用方法如下。

（1）发送者：

● 获取消息队列的 ID。

● 将数据放入一个附带有标识的特殊的结构体，发送给消息队列。

（2）接收者：

● 获取消息队列的 ID。

● 将指定标识的消息读出。

当发送者和接收者都不再使用消息队列时，及时删除它以释放系统资源。

下面详细介绍消息队列（MSG）的 API。

函数 msgget( ) 的接口规范如表 5-21 所示。

表 5-21　函数 msgget( ) 的接口规范

功能	获取消息队列的 ID		
头文件	#include <sys/types.h> #include <sys/ipc.h> #include <sys/msg.h>		
原型	int **msgget**(key_t key, int msgflg);		
参数	key	消息队列的键值	
	msgflg	IPC_CREAT	如果 key 对应的 MSG 不存在，则创建该对象
		IPC_EXCL	如果该 key 对应的 MSG 已经存在，则报错
		mode	MSG 的访问权限（八进制，如 0644）
返回值	成功	该消息队列的 ID	
	失败	−1	
备注	如果 key 指定为为 IPC_PRIVATE，则会自动产生一个随机未用的新键值		

使用该函数需要注意以下几点。

（1）选项 msgflg 是一个位屏蔽字，因此 IPC_CREAT、IPC_EXCL 和权限 mode 可以用位或的方式叠加起来，比如，msgget(key, IPC_CREAT | 0666); 表示如果 key 对应的消息队列不存在就创建，且权限指定为 0666，若已存在则直接获取 ID。

（2）权限只有读和写，执行权限是无效的，例如，0777 和 0666 是等价的。

（3）当 key 被指定为 IPC_PRIVATE 时，系统会自动产生一个未用的 key 来对应一个新的消息队列对象。一般用于线程间通信。

消息队列收/发消息的函数接口规范如表 5-22 所示。

表 5-22　消息队列收/发消息的函数接口规范

功能	发送、接收消息		
头文件	#include <sys/types.h>		
	#include <sys/ipc.h>		
	#include <sys/msg.h>		
原型	int **msgsnd**(int msqid, const void *msgp, size_t msgsz, int msgflg);		
	ssize_t **msgrcv**(int msqid, void *msgp, size_t msgsz, long msgtyp, int msgflg);		
参数	msqid	发送、接收消息的消息队列 ID	
	msgp	要发送的数据、要接收的数据的存储区域指针	
	msgsz	要发送的数据、要接收的数据的大小	
	msgtyp	这是 msgrcv 独有的参数，代表要接收的消息的标识	
	msgflg	IPC_NOWAIT	非阻塞读出、写入消息
		MSG_EXCEPT	读取标识不等于 msgtyp 的第一个消息
		MSG_NOERROR	消息尺寸比 msgsz 大时，截断消息而不报错
返回值	成功	msgsnd( )	0
		msgrcv( )	真正读取的字节数
	失败	−1	
备注	无		

使用这两个收、发消息函数需要注意以下几点。

（1）发送消息时，消息必须被组织成以下形式：

```
struct msgbuf
{
    long mtype;              //消息的标识
    char mtext[1];           //消息的正文
};
```

也就是说，发送出去的消息必须以一个 long 型数据打头，作为该消息的标识，后面的数据则没有要求。

（2）消息的标识可以是任意长整型数值，但不能是 0L。

（3）参数 msgsz 是消息中正文的大小，不包含消息的标识。

函数 msgctl( )的接口规范如表 5-23 所示。

表 5-23　函数 msgctl( )的接口规范

功能	设置或获取消息队列的相关属性		
头文件	#include <sys/types.h>		
	#include <sys/ipc.h>		
	#include <sys/msg.h>		
原型	int **msgctl**(int msqid, int cmd, struct msqid_ds *buf);		
参数	msqid	消息队列 ID	
	cmd	IPC_STAT	获取该 MSG 的信息，储存在结构体 msqid_ds 中
		IPC_SET	设置该 MSG 的信息，储存在结构体 msqid_ds 中
		IPC_RMID	立即删除该 MSG，并且唤醒所有阻塞在该 MSG 上的进程，同时忽略第 3 个参数
		IPC_INFO	获得关于当前系统中 MSG 的限制值信息
		MSG_INFO	获得关于当前系统中 MSG 的相关资源消耗信息
		MSG_STAT	同 IPC_STAT，但 msgid 为该消息队列在内核中记录所有消息队列信息的数组的下标，因此通过迭代所有的下标可以获得系统中所有消息队列的相关信息
	buf	相关信息结构体缓冲区	

续表

返回值	成功	IPC_STAT	0
		IPC_SET	
		IPC_RMID	
		IPC_INFO	内核中记录所有消息队列信息的数组的下标最大值
		MSG_INFO	
		MSG_STAT	返回消息队列的 ID
	失败	−1	
备注	无		

使用以上函数需要知道以下几点。

（1）IPC_STAT 获得的属性信息被存放在以下结构体中：

```
struct msqid_ds
{
    struct ipc_perm msg_perm;     /* 权限相关信息 */
    time_t          msg_stime;    /* 最后一次发送消息的时间 */
    time_t          msg_rtime;    /* 最后一次接收消息的时间 */
    time_t          msg_ctime;    /* 最后一次状态变更的时间 */
    unsigned long   __msg_cbytes; /* 当前消息队列中的数据尺寸 */
    msgqnum_t       msg_qnum;     /* 当前消息队列中的消息个数 */
    msglen_t        msg_qbytes;   /* 消息队列的最大数据尺寸 */
    pid_t           msg_lspid;    /* 最后一个发送消息的进程 PID */
    pid_t           msg_lrpid;    /* 最后一个接收消息的进程 PID */
};
```

其中，权限相关的信息用如下结构体来表示：

```
struct ipc_perm
{
    key_t   __key;               /* 当前消息队列的键值 key */
    uid_t   uid;                 /* 当前消息队列所有者的有效 UID */
    gid_t   gid;                 /* 当前消息队列所有者的有效 GID */
    uid_t   cuid;                /* 当前消息队列创建者的有效 UID */
    gid_t   cgid;                /* 当前消息队列创建者的有效 GID */
    unsigned short mode;         /* 消息队列的读写权限 */
    unsigned short __seq;        /* 序列号 */
};
```

（2）当使用 IPC_INFO 时，需要定义一个如下结构体来获取系统关于消息队列的限制值信息，并将这个结构体指针强制类型转化为第 3 个参数的类型。

```
struct msginfo
{
    int msgpool;                 /* 系统消息总尺寸（千字节为单位）最大值 */
    int msgmap;                  /* 系统消息个数最大值 */
    int msgmax;                  /* 系统单个消息尺寸最大值 */
    int msgmnb;                  /* 写入消息队列字节数最大值 */
    int msgmni;                  /* 系统消息队列个数最大值 */
    int msgssz;                  /* 消息段尺寸 */
```

```
        int msgtql;                        /* 系统中所有消息队列中的消息总数最大值 */
        unsigned short int msgseg;         /* 分配给消息队列的数据段的最大值 */
    };
```

（3）当使用选项 MSG_INFO 时，与 IPC_INFO 一样也是获得一个 msginfo 结构体的信息，但有如下几点不同：

① 成员 msgpool 记录的是系统当前存在的 MSG 的个数总和。

② 成员 msgmap 记录的是系统当前所有 MSG 中的消息个数总和。

③ 成员 msgtql 记录的是系统当前所有 MSG 中所有消息的所有字节数总和。

下面的示例展示了一个进程 Jack 如何使用消息队列给另一个进程 Rose 发送消息的过程，以及如何使用 msgctl( )函数，删除不再使用的消息队列。

```
vincent@ubuntu:~/ch05/05/msg$ cat head4msg.h -n
     1  #ifndef _HEAD4MSG_H_
     2  #define _HEAD4MSG_H_
     3
     4  #include <stdio.h>
     5  #include <stdlib.h>
     6  #include <unistd.h>
     7  #include <string.h>
     8  #include <strings.h>
     9  #include <errno.h>
    10
    11  #include <sys/types.h>
    12  #include <sys/ipc.h>
    13  #include <sys/msg.h>
    14
    15  #define MSGSIZE 64              //单个消息最大字节数
    16
    17  #define PROJ_PATH "."           //使用当前路径来产生消息队列的键值 key
    18  #define PROJ_ID 1
    19
    20  #define J2R 1L                  //Jack 发送给 Rose 的消息标识
    21  #define R2J 2L                  //Rose 发送给 Jack 的消息标识
    22
    23  struct msgbuf                   //带标识的消息结构体
    24  {
    25      long mtype;
    26      char mtext[MSGSIZE];
    27  };
    28
    29  #endif

vincent@ubuntu:~/ch05/05/msg$ cat Rose.c -n
     1  #include <signal.h>
     2  #include "head4msg.h"
     3
```

```
 4   int main(int argc, char **argv)
 5   {
 6       key_t key = ftok(PROJ_PATH, PROJ_ID);
 7       int msgid = msgget(key, IPC_CREAT | 0666);  //获取消息队列 ID
 8
 9       struct msgbuf buf;
10       bzero(&buf, sizeof(buf));
11
12       if(msgrcv(msgid, &buf, MSGSIZE, J2R, 0) == -1)  //等待消息
13       {
14           perror("msgrcv( ) error");
15           exit(1);
16       }
17       printf("from msg: %s", buf.mtext);
18
19       msgctl(msgid, IPC_RMID, NULL);              //删除消息队列
20       return 0;
21   }
```

```
vincent@ubuntu:~/ch05/05/msg$ cat Jack.c -n
 1   #include "head4msg.h"
 2
 3   int main(int argc, char **argv)
 4   {
 5       key_t key = ftok(PROJ_PATH, PROJ_ID);
 6       int msgid = msgget(key, IPC_CREAT | 0666);//获取消息队列 ID
 7
 8       struct msgbuf message;
 9       bzero(&message, sizeof(message));
10
11       message.mtype = J2R;                        //指定该消息标识
12       strncpy(message.mtext, "I love you! Rose.\n", MSGSIZE);
13       //发送该消息
14       if(msgsnd(msgid, &message, strlen(message.mtext), 0) != 0)
15       {
16           perror("msgsnd( ) error");
17           exit(1);
18       }
19
20       return 0;
21   }
```

消息队列使用简单，但它和管道一样，都需要"代理人"的进程通信机制：内核充当了这个代理人，内核为使用者分配内存、检查边界、设置阻塞，以及各种权限监控，使得我们用起来非常省心、省力。但任何事情都是有代价的：代理人机制使得它们的效率都不高，因为两个进程的数据传递并不是直接的，而是要经过内核的辗转接力的，因此它们都不适合用来传输海量数据。

而能解决这个问题的，就是下面要介绍的共享内存。

5.3.5 共享内存（SHM）

共享内存是效率最高的 IPC，因为它抛弃了内核这个"代理人"，直截了当地将一块裸露的内存放在需要数据传输的进程面前，让它们自己做，这样的代价是：这些进程必须小心谨慎地操作这块裸露的共享内存，做好诸如同步、互斥等工作，毕竟现在没有人帮它们来管理，一切都要自己动手。也因为这个原因，共享内存一般不能单独使用，而要配合信号量、互斥锁等协调机制，让各个进程在高效交换数据的同时，不会发生数据践踏、破坏等意外。

共享内存的思想很朴素，进程与进程之间虚拟内存空间本来相互独立，不能互相访问，但是可以通过某些方式，使得相同的一块物理内存多次映射到不同的进程虚拟空间之中，这样的效果就相当于多个进程的虚拟内存空间部分重叠在一起，如图 5-12 所示。

如图 5-12 所示，当进程 P1 向其虚拟内存中的区域 1 写入数据时，进程 P2 就能同时在其虚拟内存空间的区域 2 看见这些数据，中间没有经过任何转发，效率极高。

使用共享内存的一般步骤如下。

（1）获取共享内存对象的 ID。

（2）将共享内存映射至本进程虚拟内存空间的某个区域。

（3）当不再使用时，解除映射关系。

（4）当没有进程再需要这块共享内存时，删除它。

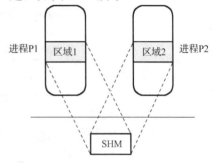

图 5-12 共享内存的逻辑

下面详细讲述共享内存（SHared Memory，SHM）的 API。

函数 shmget( )的接口规范如表 5-24 所示。

表 5-24 函数 shmget( )的接口规范

功能	获取共享内存的 ID		
头文件	#include <sys/ipc.h> #include <sys/shm.h>		
原型	int **shmget**(key_t key, size_t size, int shmflg);		
参数	key	共享内存的键值	
	size	共享内存的尺寸（PAGE_SIZE 的整数倍）	
	shmflg	IPC_CREAT	如果 key 对应的共享内存不存在，则创建
		IPC_EXCL	如果该 key 对应的共享内存已存在，则报错
		SHM_HUGETLB	使用"大页面"来分配共享内存
		SHM_NORESERVE	不在交换分区中为这块共享内存保留空间
		mode	共享内存的访问权限（八进制，如 0644）
返回值	成功	该共享内存的 ID	
	失败	−1	
备注	如果 key 指定为为 IPC_PRIVATE，则会自动产生一个随机未用的新键值		

所谓的"大页面"指的是内核为了提高程序性能，对内存实行分页管理时，采用比默认尺寸（4KB）更大的分页，以减少缺页中断。Linux 内核支持以 2MB 作为物理页面分页的基本单位。共享内存的映射和解除映射函数接口规范如表 5-25 所示。

表 5-25　共享内存的映射和解除映射函数接口规范

功能	对共享内存进行映射，或解除映射		
头文件	#include <sys/types.h> #include <sys/shm.h>		
原型	void ***shmat**(int shmid, const void *shmaddr, int shmflg); int **shmdt**(const void *shmaddr);		
参数	shmid	共享内存 ID	
	shmaddr	shmat( )	（1）如果为 NULL，则系统会自动选择一个合适的虚拟内存空间地址去映射共享内存 （2）如果不为 NULL，则系统会根据 shmaddr 来选择一个合适的内存区域
		shmdt( )	共享内存的首地址
	shmflg	SHM_RDONLY	以只读方式映射共享内存
		SHM_REMAP	重新映射，此时 shmaddr 不能为 NULL
		SHM_RND	自动选择比 shmaddr 小的最大页对齐地址
返回值	成功	共享内存的首地址	
	失败	−1	
备注	无		

注意以下几点。

（1）共享内存只能以只读或者可读写方式映射，无法以只写方式映射。

（2）shmat( )第 2 个参数 shmaddr 一般都设为 NULL，让系统自动找寻合适的地址。但当其确实不为空时，那么要求 SHM_RND 在 shmflg 必须被设置，这样的话系统将会选择比 shmaddr 小而又最大的页对齐地址（即为 SHMLBA 的整数倍）作为共享内存区域的起始地址。如果没有设置 SHM_RND，那么 shmaddr 必须是严格的页对齐地址。

总之，映射时将 shmaddr 设置为 NULL 是更明智的做法，因为这样更简单，也更具移植性。

（3）解除映射之后，进程不能再允许访问 SHM。

函数 shmctl( )的接口规范如表 5-26 所示。

表 5-26　函数 shmctl( )的接口规范

功能	获取或设置共享内存的相关属性		
头文件	#include <sys/ipc.h> #include <sys/shm.h>		
原型	int **shmctl**(int shmid, int cmd, struct shmid_ds *buf);		
参数	shmid	共享内存 ID	
	cmd	IPC_STAT	获取属性信息，放到 buf 中
		IPC_SET	设置属性信息为 buf 指向的内容
		IPC_RMID	将共享内存标记为"即将被删除"状态
		IPC_INFO	获得关于共享内存的系统限制值信息
		SHM_INFO	获得系统为共享内存消耗的资源信息
		SHM_STAT	同 IPC_STAT，但 shmid 为该 SHM 在内核中记录所有 SHM 信息的数组的下标，因此通过迭代所有的下标可以获得系统中所有 SHM 的相关信息
		SHM_LOCK	禁止系统将该 SHM 交换至 swap 分区
		SHM_UNLOCK	允许系统将该 SHM 交换至 swap 分区
	buf	属性信息结构体指针	

返回值	成功	IPC_INFO	内核中记录所有 SHM 信息的数组的下标最大值
		SHM_INFO	
		SHM_STAT	下标值为 shmid 的 SHM 的 ID
	失败	−1	
备注	无		

使用以上接口需要知道以下几点。

（1）IPC_STAT 获得的属性信息被存放在以下结构体中：

```
struct shmid_ds
{
    struct ipc_perm shm_perm;        /* 权限相关信息 */
    size_t          shm_segsz;       /* 共享内存尺寸（字节） */
    time_t          shm_atime;       /* 最后一次映射时间 */
    time_t          shm_dtime;       /* 最后一个解除映射时间 */
    time_t          shm_ctime;       /* 最后一次状态修改时间 */
    pid_t           shm_cpid;        /* 创建者 PID */
    pid_t           shm_lpid;        /* 最后一次映射或解除映射者 PID */
    shmatt_t        shm_nattch;      /* 映射该 SHM 的进程个数 */
};
```

其中权限信息结构体如下：

```
struct ipc_perm
{
    key_t          __key;            /* 该 SHM 的键值 key */
    uid_t          uid;              /* 所有者的有效 UID */
    gid_t          gid;              /* 所有者的有效 GID */
    uid_t          cuid;             /* 创建者的有效 UID */
    gid_t          cgid;             /* 创建者的有效 GID */
    unsigned short mode;             /* 读写权限 +
                                     SHM_DEST +
                                     SHM_LOCKED 标记 */
    unsigned short __seq;            /* 序列号 */
};
```

（2）当使用 IPC_RMID 后，上述结构体 struct ipc_perm 中的成员 mode 将可以检测出 SHM_DEST，但 SHM 并不会被真正删除，要等到 shm_nattch 等于 0 时才会被真正删除。IPC_RMID 只是为删除做准备，而不是立即删除。

（3）当使用 IPC_INFO 时，需要定义一个如下结构体来获取系统关于共享内存的限制值信息，并且将这个结构体指针强制类型转化为第 3 个参数的类型。

```
struct shminfo
{
    unsigned long shmmax;            /* 一块 SHM 的尺寸最大值 */
    unsigned long shmmin;            /* 一块 SHM 的尺寸最小值（永远为 1） */
    unsigned long shmmni;            /* 系统中 SHM 对象个数最大值 */
    unsigned long shmseg;            /* 一个进程能映射的 SHM 个数最大值 */
```

```
        unsigned long shmall;              /* 系统中 SHM 使用的内存页数最大值 */
    };
```

（4）使用选项 SHM_INFO 时，必须保证宏_GNU_SOURCE 有效。获得的相关信息被存放在如下结构体当中。

```
    struct shm_info
    {
        int used_ids;               /* 当前存在的 SHM 个数 */
        unsigned long shm_tot;      /* 所有 SHM 占用的内存页总数 */
        unsigned long shm_rss;      /* 当前正在使用的 SHM 内存页个数 */
        unsigned long shm_swp;      /* 被置入交换分区的 SHM 个数 */
        unsigned long swap_attempts;  /* 已废弃 */
        unsigned long swap_successes; /* 已废弃 */
    };
```

（5）注意，选项 SHM_LOCK 不是锁定读/写权限，而是锁定 SHM 能否与 swap 分区发生交换。一个 SHM 被交换至 swap 分区后，如果被设置了 SHM_LOCK，那么任何访问这个 SHM 的进程都将会遇到页错误。进程可以通过 IPC_STAT 后得到的 mode 未检测 SHM_LOCKED 信息。

下面的示例代码展示了进程 Jack 如何通过 SHM 给进程 Rose 发送一段数据的过程。在 Rose 将数据打印出来之后，给 Jack 发送一个信号通知 Jack 将该 SHM 删除。

```
vincent@ubuntu:~/ch05/5.3/shm$ cat head4shm.c -n
    1  #ifndef _HEAD4SHM_H_
    2  #define _HEAD4SHM_H_
    3
    4  #include <stdio.h>
    5  #include <stdlib.h>
    6  #include <unistd.h>
    7  #include <string.h>
    8  #include <signal.h>
    9  #include <strings.h>
   10
   11  #include <sys/types.h>
   12  #include <sys/ipc.h>
   13  #include <sys/shm.h>
   14
   15  #define SHMSZ 1024
   16
   17  #define PROJ_PATH "."
   18  #define PROJ_ID 100
   19
   20  #endif

vincent@ubuntu:~/ch05/5.3/shm$ cat Jack.c -n
    1  #include "head4shm.h"
```

```
 2   #include <signal.h>
 3
 4   int shmid;
 5
 6   void rmid(int sig)
 7   {
 8       shmctl(shmid, IPC_RMID, NULL);          //信号来了就把 SHM 删除
 9   }
10
11   int main(int argc, char **argv)
12   {
13       signal(SIGINT, rmid);
14
15       key_t key = ftok(PROJ_PATH, PROJ_ID);
16       shmid = shmget(key, SHMSIZE, IPC_CREAT|0666);
17
18       char *p = shmat(shmid, NULL, 0);
19       bzero(p, SHMSIZE);
20
21       pid_t pid = getpid( ); //Jack 将自身的 PID 放入 SHM 的前 4 字节里
22       memcpy(p, &pid, sizeof(pid_t));
23
24       fgets(p+sizeof(pid_t), SHMSZ, stdin);  //从键盘将数据填入 SHM
25       pause();                               //等到 Rose 的信号去删除 SHM
26
27       return 0;
28   }
```

vincent@ubuntu:~/ch05/5.3/shm$ **cat Rose.c -n**

```
 1   #include "head4shm.h"
 2
 3   int main(int argc, char **argv)
 4   {
 5       key_t key = ftok(PROJ_PATH, PROJ_ID);
 6       int shmid = shmget(key, SHMSIZE, 0666);
 7
 8       char *p = shmat(shmid, NULL, 0);
 9       printf("from SHM: %s", p+sizeof(pid_t)); //打印 Jack 的信息
10
11       kill(*((pid_t *)p), SIGINT);    //数据已经读完，发信号给 Jack
12       shmdt(p);
13
14       return 0;
15   }
```

注意，上述代码是一个粗糙的示例，要求必须先运行 Jack，而且必须输入数据，然后 Rose 才能运行，否则 Rose 不能获取 Jack 的信息。

从代码中还可以看到，Rose 读完数据后，使用信号通知 Jack，因此 Jack 需预先将自己的 PID 写入 SHM 的头 4 个字节中，这样的方式让人觉得非常笨拙，事实上对 SHM 的多进程或多线程同步和互斥的工作，一般并不是用信号来协调的，我们有更好用的工具，比如 5.3.6 节马上要介绍的信号量。

5.3.6 信号量（SEM）

信号量 SEM 全称 Semaphore，中文也翻译为信号灯，红绿灯示例如图 5-13 所示。作为 system-V IPC 的最后一种，信号量与前面的 MSG 和 SHM 有极大的不同，SEM 不是用来传输数据的，而是作为"旗语"，用来协调各进程或线程工作的。下面分 3 部分来介绍它。

1. 概念扫盲

Linux 中用到的信号量有 3 种：ststem-V 信号量、POSIX 有名信号量和 POSIX 无名信号量（详见 5.5 节）。它们虽然有很多显著不同的地方，但最基本的功能是一致的：用来表征一种资源的数量，当多个进程或线程争夺这些稀缺资源时，信号量用来保证它们合理地、秩序地使用这些资源，而不会陷入逻辑谬误之中。

用一个司空见惯的例子来说明什么是"旗语"——红绿灯，在一个繁忙的十字路口，稀缺资源就是通过十字路口的权限，为了避免撞车，规定每次只能是对开方向的车通过路口不能转弯，此时另外两个方向的车必须停下来等待，直到红绿灯变换为止。

一些基本概念如下。

（1）多个进程或线程有可能同时访问的资源（变量、链表、文件等）称为共享资源，也称临界资源（Critical Resources）。

图 5-13 红绿灯

（2）访问这些资源的代码称为临界代码，这些代码区域称为临界区（Critical Zone）。

（3）程序进入临界区之前必须对资源进行申请，这个动作称为 P 操作，这就像把车开进停车场之前，先要向保安申请一张停车卡一样，P 操作就是申请资源，如果申请成功，资源数将会减少。如果申请失败，要不在门口等，要不走人。

（4）程序离开临界区之后必须释放相应的资源，这个动作称为 V 操作，这就像把车开出停车场之后，要将停车卡归还给保安一样，V 操作就是释放资源，释放资源就是让资源数增加。

所有一起访问共同临界资源的进程都必须遵循以上游戏规则，否则就都乱套了，但值得注意的是：这些规则是自愿的。如果有进程就是胡来的——在访问资源之前不申请，那么将可能会导致逻辑谬误，就像"开车压死保安直接撞进停车场"一样，虽然于情于理都不可以，但物理上阻止不了这种行为。

system-V 的信号量非常类似于停车场的卡牌，想象一个有 N 个车位的停车场，每个车位是立体、可升降的，能停 n 辆车，那么我们可以用一个拥有 N 个信号量元素，每个信号量元素的初始值等于 n 的信号量来代表这个停车场的车位资源——某位车主要把他的 m 辆车开进停车场，如果需要 1 个车位，那么必须对代表这个车位的信号量元素申请资源，如果 n 大于或等于 m，则申请成功，否则不能把车开进去，如图 5-14 所示。

从这个比喻中得知：system-V 的信号量并不是单个的值，而是由一组（事实上是一个数组）信号量元素构成的，当我们需要多个资源，比如多个车位时，可以同时向多个信号量元素申请。

图 5-14 停车场和信号量

信号量的 P、V 操作最核心的特征是：它们是原子性的，也就是说对信号量元素的值的增加和减少，系统保证在 CPU 的电气特性级别上不可分割，这跟整型数据的加减法有本质的区别。

2. 核心 API

信号量与另外两种 system-V IPC 类似，都有创建 IPC 对象、获取对象 ID、对象操作和控制等接口。

函数 semget( )的接口规范如表 5-27 所示。

表 5-27　函数 semget( )的接口规范

功能	获取信号量的 ID		
头文件	#include <sys/types.h>　#include <sys/ipc.h>　#include <sys/sem.h>		
原型	int **semget**(key_t key, int nsems, int semflg);		
参数	key	信号量的键值	
	nsems	信号量元素的个数	
	semflg	IPC_CREAT	如果 key 对应的信号量不存在，则创建
		IPC_EXCL	如果该 key 对应的信号量已存在，则报错
		mode	信号量的访问权限（八进制，如 0644）
返回值	成功	该信号量的 ID	
	失败	−1	
备注	无		

创建信号量时，还受到以下系统信息的影响。

（1）SEMMNI：系统中信号量的总数最大值。

（2）SEMMSL：每个信号量中信号量元素的个数最大值。

（3）SEMMNS：系统中所有信号量中的信号量元素的总数最大值。

Linux 中，以上信息在/proc/sys/kernel/sem 中可查看。

函数 semget( )的接口规范如表 5-28 所示。

表 5-28　函数 semget( )的接口规范

功能	对信号量进行 P/V 操作，或等零操作
头文件	#include <sys/types.h>　#include <sys/ipc.h>　#include <sys/sem.h>

续表

原型	int **semop**(int semid, struct sembuf sops[ ], unsigned nsops);	
参数	semid	信号量 ID
	sops	信号量操作结构体数组
	nsops	结构体数组元素个数
返回值	成功	0
	失败	−1
备注	无	

使用以上函数接口需要注意以下几点。

（1）信号量操作结构体的定义如下：

```
struct sembuf
{
    unsigned short  sem_num;        /* 信号量元素序号（数组下标） */
    short           sem_op;         /* 操作参数 */
    short           sem_flg;        /* 操作选项 */
};
```

请注意，信号量元素的序号从 0 开始，实际上就是数组下标。

（2）根据 sem_op 的数值，信号量操作分成 3 种情况。

① 当 sem_op 大于 0 时：进行 V 操作，即信号量元素的值（semval）将会被加上 sem_op 的值。如果 SEM_UNDO 被设置了，那么该 V 操作将会被系统记录。V 操作永远不会导致进程阻塞。

② 当 sem_op 等于 0 时：进行等零操作，如果此时 semval 恰好为 0，则 semop( )立即成功返回，否则如果 IPC_NOWAIT 被设置，则立即出错返回并将 errno 设置为 EAGAIN，否则将使得进程进入睡眠，直到以下情况发生。

● semval 变为 0。
● 信号量被删除（将导致 semop( )出错退出，错误码为 EIDRM）。
● 收到信号（将导致 semop( )出错退出，错误码为 EINTR）。

③ 当 sem_op 小于 0 时：进行 P 操作，即信号量元素的值（semval）将会被减去 sem_op 的绝对值。如果 semval 大于或等于 sem_op 的绝对值，则 semop( )立即成功返回，semval 的值将减去 sem_op 的绝对值，并且如果 SEM_UNDO 被设置了，那么该 P 操作将会被系统记录。如果 semval 小于 sem_op 的绝对值并且设置了 IPC_NOWAIT，那么 semop( )将会出错返回且将错误码置为 EAGAIN，否则将使得进程进入睡眠，直到以下情况发生。

● semval 的值变得大于或等于 sem_op 的绝对值。
● 信号量被删除（将导致 semop( )出错退出，错误码为 EIDRM）。
● 收到信号（将导致 semop( )出错退出，错误码为 EINTR）。

函数 semctl( )的接口规范如表 5-29 所示。

表 5-29　函数 semctl( )的接口规范

功能	获取或设置信号量的相关属性
头文件	#include <sys/types.h> #include <sys/ipc.h> #include <sys/sem.h>

原型	int **semctl**(int semid, int semnum, int cmd, ...);		
参数	semid	信号量 ID	
	semnum	信号量元素序号（数组下标）	
	cmd	IPC_STAT	获取属性信息
		IPC_SET	设置属性信息
		IPC_RMID	立即删除该信号量，参数 semnum 将被忽略
		IPC_INFO	获得关于信号量的系统限制值信息
		SEM_INFO	获得系统为共享内存消耗的资源信息
		SEM_STAT	同 IPC_STAT，但 shmid 为该 SEM 在内核中记录所有 SEM 信息的数组的下标，因此通过迭代所有的下标可以获得系统中所有 SEM 的相关信息
		GETALL	返回所有信号量元素的值，参数 semnum 将被忽略
		GETNCNT	返回正阻塞在对该信号量元素 P 操作的进程总数
		GETPID	返回最后一个对该信号量元素操作的进程 PID
		GETVAL	返回该信号量元素的值
		GETZCNT	返回正阻塞在对该信号量元素等零操作的进程总数
		SETALL	设置所有信号量元素的值，参数 semnum 将被忽略
		SETVAL	设置该信号量元素的值
返回值	成功	GETNCNT	semncnt
		GETPID	sempid
		GETVAL	semval
		GETZCNT	semzcnt
		IPC_INFO	内核中记录所有 SEM 信息的数组的下标最大值
		SEM_INFO	同 IPC_INFO
		SEM_STAT	内核中记录所有 SEM 信息的数组，下标为 semid 的信号量的 ID
		其他	0
	失败	−1	
备注	无		

使用以上函数接口，需要注意以下几点。

（1）这是一个变参函数，根据 cmd 的不同，可能需要第 4 个参数，第 4 个参数是一个如下所示的联合体，用户必须自己定义。

```
union semun
{
    int              val;        /* 当 cmd 为 SETVAL 时使用 */
    struct semid_ds *buf;        /* 当 cmd 为 IPC_STAT 或 IPC_SET 时使用 */
    unsigned short   *array;     /* 当 cmd 为 GETALL 或 SETALL 时使用 */
    struct seminfo   *__buf;     /* 当 cmd 为 IPC_INFO 时使用 */
};
```

（2）使用 IPC_STAT 和 IPC_SET 需要用到以下属性信息结构体。

```
struct semid_ds
{
    struct ipc_perm sem_perm;    /* 权限相关信息 */
    time_t          sem_otime;   /* 最后一次 semop() 的时间 */
    time_t          sem_ctime;   /* 最后一次状态改变时间 */
```

```
        unsigned short   sem_nsems;           /* 信号量元素个数 */
    };
```

权限结构体如下：

```
    struct ipc_perm
    {
        key_t           __key;                /* 该信号量的键值 key */
        uid_t           uid;                  /* 所有者有效 UID */
        gid_t           gid;                  /* 所有者有效 GID */
        uid_t           cuid;                 /* 创建者有效 UID */
        gid_t           cgid;                 /* 创建者有效 GID */
        unsigned short mode;                  /* 读写权限 */
        unsigned short __seq;                 /* 序列号 */
    };
```

（3）使用 IPC_INFO 时，需要提供以下结构体：

```
    struct  seminfo
    {
        int semmap;                 /* 当前系统信号量总数 */
        int semmni;                 /* 系统信号量个数最大值 */
        int semmns;                 /* 系统所有信号量元素总数最大值 */
        int semmnu;                 /* 信号量操作撤销结构体个数最大值 */
        int semmsl;                 /* 单个信号量中的信号量元素个数最大值 */
        int semopm;                 /* 调用 semop( )时操作的信号量元素个数最大值 */
        int semume;                 /* 单个进程对信号量执行连续撤销操作次数的最大值 */
        int semusz;                 /* 撤销操作的结构体的尺寸 */
        int semvmx;                 /* 信号量元素的值的最大值 */
        int semaem;                 /* 撤销操作记录个数最大值 */
    };
```

（4）使用 SEM_INFO 时，与 IPC_INFO 一样都是得到一个 seminfo 结构体，但其中几个成员的含义发生了变化：

① semusz 此时代表系统当前存在的信号量的个数。

② semaem 此时代表系统当前存在的信号量中信号量元素的总数。

3. 使用范例

有了信号量，现在可以重新设计 5.3.5 节对于共享内存的访问策略了，在这个 Jack 给 Rose 发消息的通信场景中，Jack 需要写数据。Rose 需要读数据，所以对于 Jack 而言内存空间是资源——有这个资源才能写数据。同理对于 Rose 而言，内存中的数据是资源——有了这个资源才能读数据，而且 Jack 一旦写了数据，内存空间资源就减少了，数据资源就增加了，当 Rose 读取数据时，情况恰好相反。

为了协调它们，使用两个信号量元素，来分别表示"内存空间"和"数据"这两种资源。在刚开始时，"内存空间"的可用数目是 1（假设将整块 SHM 当成一个资源），而"数据"的可用数据是 0（刚开始什么也没有），根据访问临界资源的一般原则，Jack 和 Rose 两个进程使用共享内存的策略如图 5-15 所示。

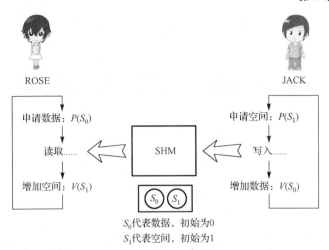

图 5-15　Jack 和 Rose 的对话

如图 5-15 所示，两个信号量元素就好像两盏红绿灯，有效地协调了双方的读/写操作——Jack 不会重复写入而把尚未读出的数据覆盖，Rose 也不会将一个数据重复读取多次，每当它们申请相应的资源而不可获得时，信号量会自动使得它们睡眠。

下面是实现代码。

```
vincent@ubuntu:~/ch05/5.3/sem$ cat head4sem.c -n
    1  #ifndef _HEAD4SEM_H_
    2  #define _HEAD4SEM_H_
    3
    4  #include <stdio.h>
    5  #include <stdlib.h>
    6  #include <unistd.h>
    7  #include <errno.h>
    8  #include <string.h>
    9  #include <strings.h>
   10
   11  #include <sys/stat.h>
   12  #include <sys/ipc.h>
   13  #include <sys/shm.h>
   14  #include <sys/sem.h>
   15
   16  #define SHMSZ 128
   17
   18  #define PROJ_PATH "." //用以产生键值 key
   19  #define ID4SHM 1
   20  #define ID4SEM 2
   21
   22  union semun //自定义的信号量操作联合体
   23  {
   24      int val;
   25      struct semid_ds *buf;
   26      unsigned short *array;
```

```
27      struct seminfo *__buf;
28   };
29
30   static void sem_p(int semid, int semnum) //P 操作
31   {
32      struct sembuf op[1];
33      op[0].sem_num = semnum;
34      op[0].sem_op  = -1;
35      op[0].sem_flg = 0;
36
37      semop(semid, op, 1);
38   }
39
40   static void sem_v(int semid, int semnum) //V 操作
41   {
42      struct sembuf op[1];
43      op[0].sem_num = semnum;
44      op[0].sem_op  = 1;
45      op[0].sem_flg = 0;
46
47      semop(semid, op, 1);
48   }
49
50   static void seminit(int semid, int semnum, int value) //初始化
51   {
52      union semun a;
53      a.val = value;
54      semctl(semid, semnum, SETVAL, a);
55   }
56
57   #endif
```

vincent@ubuntu:~/ch05/5.3/sem$ **cat Jack.c -n**

```
 1   #include "head4sem.h"
 2
 3   int main(int argc, char **argv)
 4   {
 5      key_t key1 = ftok(PROJ_PATH, ID4SHM);  //获取 SHM 对应的键
 6      key_t key2 = ftok(PROJ_PATH, ID4SEM);  //获取 SEM 对应的键
 7
 8      //获取 SHM 的 ID，并将它映射到本进程虚拟内存空间中
 9      int shmid = shmget(key1, SHMSZ, IPC_CREAT|0644);
10      char *shmaddr = shmat(shmid, NULL, 0);
11
12      //获取 SEM 的 ID，若新建则初始化它，否则直接获取其 ID
13      int semid = semget(key2, 2, IPC_CREAT|IPC_EXCL|0644);
14      if(semid == -1 && errno == EEXIST)
```

```
15    {
16        semid = semget(key2, 2, 0644);        //直接获取 SEM 的 ID
17    }
18    else
19    {
20        seminit(semid, 0, 0);   //将第 0 个元素初始化为 0，代表数据
21        seminit(semid, 1, 1);   //将第 1 个元素初始化为 1，代表空间
22    }
23
24    while(1)
25    {
26        sem_p(semid, 1);    //向第 1 个信号量元素申请内存空间资源
27        fgets(shmaddr, SHMSZ, stdin);
28        sem_v(semid, 0);        //增加代表数据资源的第 0 个信号量元素的值
29    }
30
31    return 0;
32  }
```

vincent@ubuntu:～/ch05/5.3/sem$ **cat Rose.c -n**

```
 1    #include "head4sem.h"
 2
 3    int main(int argc, char **argv)
 4    {
 5        key_t key1 = ftok(PROJ_PATH, ID4SHM);
 6        key_t key2 = ftok(PROJ_PATH, ID4SEM);
 7
 8        int shmid = shmget(key1, SHMSZ, IPC_CREAT|0644);
 9        char *shmaddr = shmat(shmid, NULL, 0);
10
11        int semid = semget(key2, 2, IPC_CREAT|IPC_EXCL|0644);
12        if(semid == -1 && errno == EEXIST)
13        {
14            semid = semget(key2, 2, 0644);
15        }
16        else
17        {
18            seminit(semid, 0, 0);
19            seminit(semid, 1, 1);
20        }
21
22        while(1)
23        {
24            sem_p(semid, 0);    //向第 0 个信号量元素申请数据资源
25            printf("from Jack: %s", shmaddr);
26            sem_v(semid, 1);    //增加代表空间资源的第 1 个信号量元素的值
27        }
```

```
28
29      return 0;
30    }
```

经过改进，代码看起来就不那么笨拙了，但同时我们还是被 system-V 的信号量相关的那些无比复杂的函数和参数深深地震惊了，一堆结构体、一堆命令字、一堆不明觉厉的参数让初学者已经头晕目眩，痴呆症呼之欲出！我们渴望有更加简洁、高效、一目了然的机制来完成同等的工作！好消息是，在 5.5.2 节中，POSIX 的有名信号量的确有取代 system-V 信号量的潜质，POSIX 有名信号量接口简洁、运行高效，也是多进程同步互斥的常用机制。

以上代码还有一个小缺陷，当我们强制终止 Jack 进程（如按下 Ctrl+C）之后，下次继续执行会由于它重复对信号量进行 P 操作而导致死锁。现在的读者，应该可以轻松将这个小缺陷解决了吧！

5.4 Linux 线程入门

5.4.1 线程基本概念

线程实际上是应用层的概念，在 Linux 内核中，所有的调度实体都被称为任务（task），它们之间的区别是：有些任务自己拥有一套完整的资源，而有些任务彼此之间共享一套资源。

如图 5-16 所示，左图是一个标准进程，它拥有自己的一套完整的资源——包括内存空间、文件、信号挂起队列等，这些资源全部由 PCB（即内核结构体 task_struct）统一管理，这一整套数据结构，以及它们的动态变化就是一个进程。

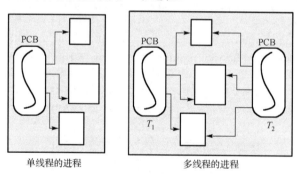

图 5-16 进程中的线程

对于图 5-16 右图，可以看到有两个 PCB 结构体共享很多资源，而一个 PCB 对应系统中的一个任务，是系统调度器的调度对象，系统在调度时并不关心这些 PCB 究竟是独立拥有一套资源还是跟别人共享，因此多个调度实体（线程）的进程就比单个调度实体的进程可以获得更多的 CPU 资源来管理和操作它们的资源。这是多线程给我们的最初的印象。

但线程给我们的不止这些，虽然一个进程内部的多条线程共享了大部分资源，但还是有一些信息是各自独立的——比如其运行状态，当一个线程处于睡眠时，另一个线程可以正在运行，而或许有些线程已经变成僵尸了！就像一个人如果是多线程的，他就可以做到一边睡觉、一边吃饭、一边洗澡！正是利用线程状态独立的特征，程序才有可能一边阻塞等待，一边干别的事情，尽最大可能榨取处理器资源。

像 5.3 节中的 Jack 和 Rose 通信的例子，都不能实现两个人随时、任意方向的对话，因为当一个进程正在接受键盘输入时，它就无法同时读取对方发来的数据，这两个动作只能同时做一个。在学习完下面的线程 API 之后，就可以对 5.3 节例子进行改造了。

5.4.2　线程 API 及特点

第一个必须知道的 API 是线程的创建。如表 5-30 所示。

表 5-30　函数 pthread_create( )的接口规范

功能	创建一条新线程	
头文件	#include <pthread.h>	
原型	int **pthread_create**(pthread_t *thread, const pthread_attr_t *attr, void *(*start_routine) (void *), void *arg);	
参数	thread	新线程的 TID
	attr	线程属性
	start_routine	线程例程
	arg	线程例程的参数
返回值	成功	0
	失败	errno
备注	无	

对此函数的使用需要知道以下几点。

（1）线程例程指的是：如果线程创建成功，那么该线程会立即去执行的函数。

（2）POSIX 线程库的所有 API 对返回值的处理原则都是一致的：成功返回 0，失败返回错误码 errno。

（3）线程属性如果为 NULL，则会创建一个标准属性的线程，线程的属性非常多，下面是关于线程属性的详细讨论。

线程属性函数如表 5-31 所示。

表 5-31　线程属性函数

API	功　　能
pthread_attr_destroy( )	销毁线程属性
pthread_attr_getaffinity_np( )	获取 CPU 亲和度
pthread_attr_getdetachstate( )	获取分离属性
pthread_attr_getguardsize( )	获取栈警戒区大小
pthread_attr_getinheritsched( )	获取继承策略
pthread_attr_getschedparam( )	获取调度参数
pthread_attr_getschedpolicy( )	获取调度策略
pthread_attr_getscope( )	获取竞争范围
pthread_attr_getstack( )	获取栈指针和栈大小
pthread_attr_getstackaddr( )	已弃用
pthread_attr_getstacksize( )	获取栈大小
pthread_attr_init( )	初始化线程属性
pthread_attr_setaffinity_np( )	设置 CPU 亲和度
pthread_attr_setdetachstate( )	设置分离属性
pthread_attr_setguardsize( )	设置栈警戒区大小

续表

API	功 能
pthread_attr_setinheritsched( )	设置继承策略
pthread_attr_setschedparam( )	设置调度参数
pthread_attr_setschedpolicy( )	设置调度策略
pthread_attr_setscope( )	设置竞争范围
pthread_attr_setstack( )	设置栈的位置和栈大小（慎用）
pthread_attr_setstackaddr( )	已弃用
pthread_attr_setstacksize( )	设置栈大小

以上 API 都是针对线程属性操作的，所谓线程属性是类型为 pthread_attr_t 的变量，设置一个线程的属性时，通过以上相关的函数接口，将需要的属性添加到该类型变量里，再通过 pthread_create( )的第 2 个参数来创建相应属性的线程。

线程属性变量的使用步骤如下。

（1）定义线程属性变量，并使用 pthread_attr_init( )初始化。

（2）使用 pthread_attr_setXXX( )来设置相关的属性。

（3）使用该线程属性变量创建相应的线程。

（4）使用 pthread_attr_destroy( )销毁该线程属性变量。

线程的属性有很多，其中着重关注的几个属性 API 如下所述。

设置线程分离属性如表 5-32 所示。

表 5-32　设置线程分离属性

功能	获取、设置线程的分离属性		
头文件	#include <pthread.h>		

原型	int **pthread_attr_setdetachstate**(pthread_attr_t *attr,
	                                          int detachstate);
	int **pthread_attr_getdetachstate**(pthread_attr_t *attr,
	                                          int *detachstate);		

参数	attr	线程属性变量	
	detachstate	PTHREAD_CREATE_DETACHED	分离
		PTHREAD_CREATE_JOINABLE	接合
返回值	成功	0	
	失败	errno	
备注	线程默认的状态是接合的		

一条线程如果是可接合的，意味着这条线程在退出时不会自动释放自身资源，而会成为僵尸线程，同时意味着该线程的退出值可以被其他线程获取。因此，如果不需要某条线程的退出值的话，那么最好将线程设置为分离状态，以保证该线程不会成为僵尸线程。

以下接口与线程的调度相关。设置线程是否继承调度策略如表 5-33 所示。

表 5-33　设置线程是否继承调度策略

功能	获取、设置线程是否继承创建者的调度策略
头文件	#include <pthread.h>
原型	int **pthread_attr_setinheritsched**(pthread_attr_t *attr, int inheritsched); int **pthread_attr_getinheritsched**(pthread_attr_t *attr, int *inheritsched);

参数	attr	线程属性变量	
	inheritsched	PTHREAD_INHERIT_SCHED	继承创建者的调度策略
		PTHREAD_EXPLICIT_SCHED	使用属性变量中的调度策略
返回值	成功	0	
	失败	errno	
备注	无		

当需要给一个线程设置调度方面的属性时，必须先将线程的 inheritsched 设置为
PTHREAD_EXPLICIT_SCHED。设置线程调度策略的 API 如表 5-34 所示。

表 5-34　设置线程调度策略

功能	获取、设置线程的调度策略	
头文件	#include <pthread.h>	
原型	int **pthread_attr_setschedpolicy**(pthread_attr_t *attr, int policy); int **pthread_attr_getschedpolicy**(pthread_attr_t *attr, int *policy);	
参数	attr	线程属性变量
	policy	SCHED_FIFO 　以先进先出的排队方式调度
		SCHED_RR 　以轮转的方式调度
		SCHED_OTHER 　非实时调度的普通线程
返回值	成功	0
	失败	errno
备注	无	

关于调度策略，需要知道以下几点。

（1）当线程的调度策略为 SCHED_FIFO 时，其静态优先级（Static Priority）必须设置为
1～99，这将意味着一旦这种线程处于就绪态时，它能立即抢占任何静态优先级为 0 的普通线
程。采用 SCHED_FIFO 调度策略的线程还遵循以下规则。

① 当它处于就绪态时，就会被放入其所在优先级队列的队尾位置。

② 当被更高优先级的线程抢占后，它会被放入其所在优先级队列的队头位置，当所有优
先级比它高的线程不再运行后，它就恢复运行。

③ 当它调用 sched_yield( )后，它会被放入其所在优先级队列的队尾位置。

总的来讲，一个具有 SCHED_FIFO 调度策略的线程会一直运行直到发送 I/O 请求，或被
更高优先级线程抢占，或调用 sched_yield( )主动让出 CPU。

（2）当线程的调度策略为 SCHED_RR 时，情况与 SCHED_FIFO 是一样的，区别在于：每
一个 SHCED_RR 策略下的线程都将会被分配一个额度的时间片，当时间片耗光时，它会被放入
其所在优先级队列的队尾位置。可以用 sched_rr_get_interval( )来获得时间片的具体数值。

（3）当线程的调度策略为 SCHED_OTHER 时，其静态优先级（Static Priority）必须设置
为 0。该调度策略是 Linux 系统调度的默认策略，处于 0 优先级别的这些线程按照所谓的动
态优先级被调度，而动态优先级起始于线程的 nice 值，且每当一个线程已处于就绪态但被
调度器调度无视时，其动态优先级会自动增加一个单位，这样能保证这些线程竞争 CPU 的
公平性。

线程的静态优先级和动态优先级的设置，用到的 API 如表 5-35 所示。

表 5-35 设置线程静态和动态优先级

功能	获取、设置线程静态优先级	
头文件	#include <pthread.h>	
原型	int **pthread_attr_setschedparam**(pthread_attr_t *attr, const struct sched_param *param); int **pthread_attr_getschedparam**(pthread_attr_t *attr, struct sched_param *param);	
参数	attr	线程属性变量
	param	静态优先级：0～99
返回值	成功	0
	失败	errno
备注	0 为默认的非实时普通进程 1～99 为实时进程，数值越大，优先级越高	
功能	获取、设置线程动态优先级	
头文件	#include <unistd.h>	
原型	int **nice**(int inc);	
参数	inc	动态优先级：−20～19
返回值	成功	新的动态优先级
	失败	−1
备注	（1）动态优先级数值越大，优先级越低 （2）如果编译器 gcc 的版本低于 2.2.4（不含），该函数成功将返回 0	

关于这两个函数，需要知道以下几点。

（1）静态优先级是一个定义如下的结构体：

```
struct sched_param
{
    int sched_priority;
};
```

可见静态优先级就是一个只有一个整型数据的结构体，这个整型数值介于 0～99 之间，0 级线程被为非实时的普通线程，它们之间的调度凭借所谓的动态优先级来博弈。而 1～99 级线程称为实时线程，它们之间的调度凭借它们不同级别的静态优先级和不同的调度策略（如果它们的静态优先级一样的话）来博弈。

（2）线程的静态优先级（Static Priority）之所以被称为"静态"，是因为只要不强行使用相关函数修改它，它不会随着线程的执行而发生改变，静态优先级决定了实时线程的基本调度次序，如果它们的静态优先级一样，那么调度策略再为调度器提供进一步的调度依据。

（3）线程的动态优先级（Dynamic Prioriy）是非实时的普通线程独有的概念，之所以被称为"动态"，是因为它会随着线程的运行，根据线程的表现而发生改变，具体来讲是，如果一条线程是"CPU 消耗型"的，比如视频解码算法，这类线程只要一运行就"黏住"CPU 不放，这类线程的动态优先级会被慢慢地降级，这符合我们的预期，因为这类线程不需要很高的响应速度，我们只要保证一定的执行时间片就可以了。相反，另一类线程称为"I/O 消耗型"，比如编辑器，这类线程绝大部分的时间都在睡眠，调度器发现每次调度它，它都毅然决然地放弃了，将宝贵的 CPU 让给了其他线程，因此会慢慢地提高它的动态优先级，使得这类线程在同等的非实时普通线程中，有越来越高的响应速度，表现出更好的交互性能，这也正是我们想要的结果。

如表 5-36 所示的 API 与线程的栈和警戒区的大小相关。

表 5-36　设置线程栈大小和警戒区大小

功能	获取、设置线程栈大小、警戒区大小	
头文件	#include <pthread.h>	
原型	int **pthread_attr_setstacksize**(pthread_attr_t *attr, size_t stacksize);	
	int **pthread_attr_getstacksize**(pthread_attr_t *attr, size_t *stacksize);	
	int **pthread_attr_setguardsize**(pthread_attr_t *attr, size_t guardsize);	
	int **pthread_attr_getguardsize**(pthread_attr_t *attr,size_t *guardsize);	
参数	attr	线程属性变量
	stacksize	线程栈的大小
	guardsize	警戒区的大小
返回值	成功	0
	失败	errno
备注	无	

　　线程栈是非常重要的资源，用以存放诸如函数形参、局部变量、线程切换现场寄存器数据等，一个多线程进程的栈空间，包含了所有线程各自的栈，它们的关系如图 5-17 所示。

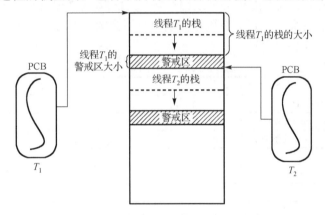

图 5-17　进程中各个线程相对独立的栈

　　如果发现一条线程的栈有可能会溢出，那么也许需要使用该函数来增大栈空间，但事实上常常不需要这么做，而警戒区指的是没有任何访问权限的内存，用来保护相邻的两条线程的栈空间不被彼此践踏。

　　线程与进程类似，在默认的状态下退出之后，会变成僵尸线程，并且保留退出值。其他线程可以通过相关 API 接合该线程——使其资源被系统回收，如果愿意的话还可以顺便获取其退出值。相关的 API 如表 5-37 和表 5-38 所示。

表 5-37　线程的退出

功能	退出线程	
头文件	#include <pthread.h>	
原型	void **pthread_exit**(void *retval);	
参数	retval	线程退出值
返回值	不返回	
备注	无	

表 5-38　接合线程

功能	接合指定线程	
头文件	#include <pthread.h>	
原型	int **pthread_join**(pthread_t thread, void **retval);	
	int **pthread_tryjoin_np**(pthread_t thread, void **retval);	
参数	thread	线程 TID
	retval	储存线程退出值的内存的指针
返回值	成功	0
	失败	errno
备注	无	

用上述函数需要注意以下几点。

（1）如果线程退出时没有退出值，那么 retval 可以指定为 NULL。

（2）pthread_join( )指定的线程如果还在运行，那么它将会阻塞等待。

（3）pthread_tryjoin_np( )指定的线程如果还在运行，那么它将会立即出错返回。

另外，或许在某个时刻不能等某个线程"自然死亡"，而需要勒令其马上结束，此时可以给线程发送一个取消请求，让其中断执行而退出。用到的 API 如表 5-39 所示。

表 5-39　取消一个线程

功能	给指定线程发送一个取消请求	
头文件	#include <pthread.h>	
原型	int **pthread_cancel**(pthread_t thread);	
参数	thread	线程 TID
返回值	成功	0
	失败	errno
备注	无	

而当线程收到一个取消请求时，它将会如何表现取决于两点：一是当前的取消状态；二是当前的取消类型。线程的取消状态很简单——分别是 PTHREAD_CANCEL_ENABLE 和 PTHREAD_CANCEL_DISABLE，前者是默认的，代表线程可以接受取消请求，后者代表关闭取消请求，不对其响应。

而在线程接受取消请求的情况下，如何停下来又取决于两种不同的响应取消请求的策略——延时响应和立即响应，当采取延时策略时，线程并不会立即退出，而是要遇到所谓的"取消点"之后才退出。而"取消点"指的是一系列指定的函数。

先来看如何设置和获取线程的取消状态和取消类型，如表 5-40 所示。

表 5-40　设置线程的取消状态和取消类型

功能	获取、设置线程的取消状态和取消类型		
头文件	#include <pthread.h>		
原型	int **pthread_setcancelstate**(int state, int *oldstate);		
	int **pthread_setcanceltype**(int type, int *oldtype);		
参数	state	新的取消状态	PTHREAD_CANCEL_ENABLE：使能取消请求
			PTHREAD_CANCEL_DISABLE：关闭取消请求
	oldstate	旧的取消状态	

参数	type	新的取消类型	PTHREAD_CANCEL_DEFERRED：延时响应
			PTHREAD_CANCEL_ASYNCHRONOUS：立即响应
	oldtype	就的取消类型	
返回值	成功	0	
	失败	errno	
备注	（1）默认的取消状态是 PTHREAD_CANCEL_ENABLE		
	（2）默认的取消类型是 PTHREAD_CANCEL_DEFERRED		

POSIX.1—2001 和 POSIX.1—2008 规定，表 5-41 中的函数必须为线程的取消点。

表 5-41　可以作为线程取消点的函数

accept( )	access( )	fcntl( )	getcwd( )
aio_suspend( )	asctime( )	fflush( )	getdate( )
clock_nanosleep( )	asctime_r( )	fgetc( )	getdelim( )
close( )	catclose( )	fgetpos( )	getgrent( )
connect( )	catgets( )	fgets( )	getgrgid( )
creat( )	catopen( )	fgetwc( )	getgrgid_r( )
fcntl( ) F_SETLKW	chmod( )	fgetws( )	getgrnam( )
fdatasync( )	chown( )	fmtmsg( )	getgrnam_r( )
fsync( )	closedir( )	fopen( )	gethostbyaddr( )
getmsg( )	closelog( )	fpathconf( )	gethostbyname( )
getpmsg( )	ctermid( )	fprintf( )	recv( )
lockf( ) F_LOCK	ctime( )	fputc( )	recvfrom( )
mq_receive( )	ctime_r( )	fputs( )	recvmsg( )
mq_send( )	dbm_close( )	fputwc( )	select( )
mq_timedreceive( )	dbm_delete( )	fputws( )	sem_timedwait( )
mq_timedsend( )	dbm_fetch( )	fread( )	sem_wait( )
msgrcv( )	dbm_nextkey( )	freopen( )	send( )
msgsnd( )	dbm_open( )	fscanf( )	sendmsg( )
msync( )	dbm_store( )	fseek( )	sendto( )
nanosleep( )	dlclose( )	fseeko( )	sigpause( )
open( )	dlopen( )	fsetpos( )	sigsuspend( )
openat( )	dprintf( )	fstat( )	sigtimedwait( )
pause( )	endgrent( )	fstatat( )	sigwait( )
poll( )	endhostent( )	ftell( )	sigwaitinfo( )
pread( )	endnetent( )	ftello( )	sleep( )
pselect( )	endprotoent( )	ftw( )	system( )
pthread_cond_timedwait( )	endpwent( )	futimens( )	tcdrain( )
pthread_cond_wait( )	endservent( )	fwprintf( )	usleep( )
pthread_join( )	endutxent( )	fwrite( )	wait( )
pthread_testcancel( )	faccessat( )	fwscanf( )	waitid( )
putmsg( )	fchmod( )	getaddrinfo( )	waitpid( )
putpmsg( )	fchmodat( )	getc( )	write( )
pwrite( )	fchown( )	getc_unlocked( )	writev( )
read( )	fchownat( )	getchar( )	
readv( )	fclose( )	getchar_unlocked( )	

由于线程任何时刻都有可能持有诸如互斥锁、信号量等资源，一旦被取消很可能导致别的线程出现死锁，因此如果一条线程的确可以被取消，那么在被取消之前必须使用如表 5-42 所示的 API 来为将来可能出现的取消请求注册"处理例程"，让这些例程自动释放持有的资源。

表 5-42　线程的取消处理例程的设置

功能	压栈或弹栈线程的取消处理例程		
头文件	#include <pthread.h>		
原型	void **pthread_cleanup_push**(void (*routine)(void *), void *arg); void **pthread_cleanup_pop**(int execute);		
参数	routine	线程的取消处理例程	
	arg	线程的取消处理例程的参数	
	execute	0	弹栈线程的取消处理例程，但不执行该例程
		非 0	弹栈线程的取消处理例程，并执行该例程
返回值	不返回		
备注	（1）使用 pthread_cleanup_push( )可以为线程的取消请求压入多个处理例程，这些例程会以栈的形式保留起来，在线程被取消之后，它们以弹栈的形式后进先出地依次被执行 （2）这两个函数必须配套使用，而且必须出现在同一层代码块中		

为了更好地理解上述各个线程操作的 API，下面给出几个示例，分别展示不同的操作。

（1）以下代码展示了如何创建一条线程，以及指定它的执行例程，以及该线程如何退出并被主线程接合的过程。

```
vincent@ubuntu:~/ch05/5.4$ cat create_exit_join.c -n
 1   #include <stdio.h>
 2   #include <pthread.h>
 3
 4   void *routine(void *arg)
 5   {
 6       char *s = (char *)arg;        //将参数转换为其原本类型
 7       printf("argument: %s", s);
 8
 9       sleep(1);                     //睡眠 1s 后退出
10       pthread_exit("Bye-Bye!\n");
11   }
12
13   int main(int argc, char **argv)
14   {
15       //创建线程，指定其执行例程为 routine( )并将字符串传递给它
16       pthread_t tid;
17       pthread_create(&tid, NULL, routine, (void *)"testing string\n");
18
19       //阻塞等待指定线程退出，并获取其退出值
20       void *p;
21       pthread_join(tid, &p);
22
23       printf("exit value: %s", (char *)p);
24
25       return 0;
26   }
```

（2）以下代码展示了如何产生一个包含"分离"状态的属性变量，并用此变量产生一条
线程，使得该线程将来退出之后不会变成僵尸。

```
vincent@ubuntu:~/ch05/5.4$ cat detach.c -n
    1   #include <stdio.h>
    2   #include <pthread.h>
    3
    4   void *routine(void *arg)
    5   {
    6       pthread_exit(NULL);      //由于已分离，该线程退出后会自动释放资源
    7   }
    8
    9   int main(int argc, char **argv)
   10   {
   11       //初始化一个属性变量，并将分离属性加入该变量
   12       pthread_attr_t attr;
   13       pthread_attr_init(&attr);
   14       pthread_attr_setdetachstate(&attr,
   15               PTHREAD_CREATE_DETACHED);
   16
   17       //用该属性变量产生一条新线程
   18       pthread_t tid;
   19       pthread_create(&tid, &attr, routine, NULL);
   20
   21       //主线程暂停，否则 return 语句会导致整个进程退出
   22       pause();
   23       return 0;
   24   }
```

（3）以下代码展示了如何取消一条线程，以及该线程如何正确地处理该取消请求。

```
vincent@ubuntu:~/ch05/5.4$ cat cancel.c -n
    1   #include <stdio.h>
    2   #include <pthread.h>
    3
    4   pthread_mutex_t m;
    5
    6   void handler(void *arg)
    7   {
    8       pthread_mutex_unlock(&m);       //解锁
    9   }
   10
   11   void *routine(void *arg)
   12   {
   13       //加锁前，将 handler 压入线程取消处理例程的栈中，以防中途被取消
   14       pthread_cleanup_push(handler, NULL);
   15       pthread_mutex_lock(&m);
   16
   17       printf("[%u][%s]: abtained the mutex.\n",
```

```
18                    (unsigned)pthread_self(),
19                    __FUNCTION__);
20          sleep(10);  //在此线程睡眠期间如果收到取消请求，handler 将被执行
21
22          //解锁后，将 handler 从栈中弹出，但不执行它
23          pthread_mutex_unlock(&m);
24          pthread_cleanup_pop(0);
25
26          pthread_exit(NULL);
27  }
28
29  int main(int argc, char **argv)
30  {
31          pthread_mutex_init(&m, NULL);
32
33          pthread_t tid;
34          pthread_create(&tid, NULL, routine, NULL);
35
36          //等待 1s 之后，向子线程发送一个取消请求
37          sleep(1);
38          pthread_cancel(tid);
39
40          //此时子线程虽被取消了，但被 handler 自动释放，因此主线程可加锁
41          pthread_mutex_lock(&m);
42          printf("[%u][%s]: abtained the mutex.\n",
43                    (unsigned)pthread_self(),
44                    __FUNCTION__);
45          pthread_mutex_unlock(&m);
46
47          return 0;
48  }
```

上述代码中互斥锁和 pthread_cleanup_push( )及 pthread_cleanup_pop( )的配合用法是具有普适性的，当一个线程有可能会被取消时，获得锁资源之前都需要做出类似的处理。代码中出现的互斥锁，是线程并发控制的基本工具，除了互斥锁，还有读写锁、信号量和条件变量等，正是这些工具发挥的作用，才使得并发运行的多线程不会成为脱缰的野马，欲知这些事关线程安全的工具究竟是如何使用的，且看 5.5 节。

5.5 线程安全

5.5.1 POSIX 信号量

如前所述，POSIX 信号量分为两种，分别是 POSIX 有名信号量和 POSIX 无名信号量，这两种信号量比之前介绍的 system-V 的信号量机制要简洁，虽然没有后者的应用范围那么广泛（尤其在一些老系统中，因为 system-V 的信号量机制要更古老一些），但是 POSIX 良好的设计使得它们更具吸引力，下面来一一剖析。

1．POSIX 有名信号量

这种有名信号量的名字由类似"/somename"这样的字符串组成，注意前面有一个正斜杠，这样的信号量其实是一个特殊的文件，创建成功之后将会被放在系统的一个特殊的虚拟文件系统/dev/shm 之中，不同的进程间只要约定好一个相同的名字，它们就可以通过这种有名信号量来相互协调了。

值得一提的是，有名信号量与 system-V 的信号量都是系统范畴的，在进程退出之后它们并不会自动消失，而需要手工删除并释放资源。

POSIX 有名信号量的一般使用步骤如下。

（1）使用 sem_open( )来创建或打开一个有名信号量。

（2）使用 sem_wait( )和 sem_post( )来分别进行 P 操作和 V 操作。

（3）使用 sem_close( )来关闭它。

（4）使用 sem_unlink( )来删除它，并释放系统资源。

下面是这些函数接口的详细说明，如表 5-43 和表 5-44 所示。

表 5-43　创建一个 POSIX 有名信号量

功能	创建、打开一个 POSIX 有名信号量		
头文件	#include <fcntl.h> #include <sys/stat.h> #include <semaphore.h>		
原型	sem_t ***sem_open**(const char *name, int oflag); sem_t ***sem_open**(const char *name, int oflag, mode_t mode, unsigned int value);		
参数	name	信号量的名字，必须以正斜杠"/"开头	
	oflag	O_CREATE	如果该名字对应的信号量不存在，则创建
		O_EXCL	如果该名字对应的信号量已存在，则报错
	mode	八进制读写权限，比如 0666	
	value	初始值	
返回值	成功	信号量的地址	
	失败	SEM_FAILED	
备注	与 open( )类似，当 oflag 中包含 O_CREATE 时，该函数必须提供后两个参数		

表 5-44　对 POSIX 有名信号量进行 P/V 操作

功能	对 POSIX 有名信号量进行 P/V 操作	
头文件	#include <semaphore.h>	
原型	int **sem_wait**(sem_t *sem); int **sem_post**(sem_t *sem)	
参数	sem	信号量指针
返回值	成功	0
	失败	−1
备注	无	

不像 system-V 的信号量可以申请或释放超过 1 个资源，对于 POSIX 有名信号量而言，每次申请和释放的资源数都是 1。其中调用 sem_wait( )在资源为 0 时会导致阻塞，如果不想阻塞等待，可以使用 sem_trywait( )来替代。

表 5-45 关闭和删除 POSIX 有名信号量

功能	关闭、删除 POSIX 有名信号量	
头文件	#include <semaphore.h>	
原型	int **sem_close**(sem_t *sem);	
	int **sem_unlink**(const char *name);	
参数	sem	信号量指针
	name	信号量名字
返回值	成功	0
	失败	−1
备注	无	

    下面的代码展示了进程 Jack 通过共享内存 SHM 给进程 Rose 发送数据，以及使用了 POSIX 有名信号量来实现两条线程间的同步。

```
vincent@ubuntu:~/ch05/5.4$ cat head4namedsem.h -n
    1   #ifndef _HEAD4NAMESEM_H_
    2   #define _HEAD4NAMESEM_H_
    3
    4   #include <stdio.h>
    5   #include <stdlib.h>
    6   #include <unistd.h>
    7   #include <sys/shm.h>
    8   #include <semaphore.h>
    9   #include <fcntl.h>
   10
   11   #define PROJ_PATH "."          //用以产生共享内存的路径和整数
   12   #define PROJ_ID 100
   13
   14   #define SHMSZ 1024             //共享内存的大小
   15   #define SEMNAME "sem4test"     //有名信号量的名字
   16
   17   #endif
```

```
vincent@ubuntu:~/ch05/5.4$ cat Jack.c -n
    1   #include "head4namedsem.h"
    2
    3   int main(int argc, char **argv)
    4   {
    5       key_t key = ftok(PROJ_PATH, PROJ_ID);  //使用共享内存通信
    6       int id = shmget(key, SHMSZ, IPC_CREAT|0666);
    7       char *shmaddr = shmat(id, NULL, 0);
    8
    9       //创建或打开 POSIX 有名信号量
   10       sem_t *s;
   11       s = sem_open(SEMNAME, O_CREAT, 0777, 0);
   12
```

```
13          //每当向共享内存写入数据之后，就让信号量的值加 1
14          while(1)
15          {
16              fgets(shmaddr, SHMSZ, stdin);
17              sem_post(s);
18
19              if(!strncmp(shmaddr, "quit", 4))  //输入 quit 退出对话
20                  break;
21          }
22
23          //关闭并且删除信号量
24          sem_close(s);
25          sem_unlink(SEMNAME);
26          return 0;
27      }
```

```
vincent@ubuntu:~/ch05/5.4$ cat Rose.c -n
1   #include "head4namedsem.h"
2
3   int main(int argc, char **argv)
4   {
5       key_t key = ftok(PROJ_PATH, PROJ_ID);  //使用共享内存通信
6       int id = shmget(key, SHMSZ, IPC_CREAT|0666);
7       char *shmaddr = shmat(id, NULL, 0);
8
9       //创建或打开 POSIX 有名信号量
10      sem_t *s;
11      s = sem_open(SEMNAME, O_CREAT, 0777, 0);
12
13      //当取得信号量资源时，才能访问 SHM
14      while(1)
15      {
16          sem_wait(s);
17          if(!strncmp(shmaddr, "quit", 4))  //若对方写入 quit，则退出
18              break;
19
20          printf("from Jack: %s", shmaddr);
21      }
22
23      //关闭 POSIX 有名信号量
24      sem_close(s);
25      return 0;
26  }
```

对比以上代码和 system-V 信号量的使用，会发现这种 POSIX 有名信号量简单得多。

2．POSIX 无名信号量

如果我们要解决的是一个进程内部的线程间的同步互斥，那么也许不需要使用有名信号量，因为这些线程共享同一个内存空间，我们可以定义更加轻量化的、基于内存的（不在任何文件系统内部）无名信号量来达到目的。

这种信号量的使用步骤如下。

（1）在这些线程都能访问到的区域定义这种变量（如全局变量），类型是 sem_t。

（2）在任何线程使用它之前，用 sem_init( )初始化它。

（3）使用 sem_wait( )/sem_trywait( )和 sem_post( )来分别进行 P 操作、V 操作。

（4）不再需要时，使用 sem_destroy( )来销毁它。

其中 sem_wait( )和 sem_post( )与 POSIX 有名信号量是一样的，初始化和销毁一个 POSIX 无名信号量如表 5-46 所示。

表 5-46　初始化和销毁一个 POSIX 无名信号量

功能	初始化、销毁 POSIX 无名信号量	
头文件	#include <semaphore.h>	
原型	int **sem_init**(sem_t *sem, int pshared, unsigned int value);	
	int **sem_destroy**(sem_t *sem);	
参数	sem	信号量指针
	pshared	该信号量的作用范围：0 为线程间，非 0 为进程间
	value	初始值
返回值	成功	0
	失败	−1
备注	无	

无名信号量一般用在进程内的线程间，因此 pshared 参数一般都为 0。当将此种信号量用在进程间时，必须将它定义在各个进程都能访问的地方，比如共享内存之中。

对于我们接触过的 3 种信号量：system-V 信号量、POSIX 信号量（named-sem 和 unnamed-sem），下面是它们的区别。

（1）sys-V 信号量较古老，语法艰涩。POSIX 信号量简单、轻量。

（2）sys-V 信号量可以对代表多种资源的多个信号量元素同一时间进行原子性的 P/V 操作，POSIX 信号量每次只能操作一个信号量。

（3）sys-V 信号量和 named-sem 是系统范围的资源，进程消失之后继续存在，而 unnamed-sem 是进程范围的资源，随着进程的退出而消失。

（4）sys-V 信号量的 P/V 操作可以对信号量元素加/减大于 1 的数值，而 POSIX 信号量每次 P/V 操作都是加/减 1。

（5）sys-V 信号量甚至还支持撤销操作——一个进程对 sys-V 信号量进行 P/V 操作时可以给该操作贴上需要撤销的标识，那么当进程退出之后，系统会自动撤销那些做了标识的操作。而 POSIX 信号没有此功能。

（6）sys-V 信号量和 named-sem 适用在进程间同步互斥，而 unamed-sem 适用在线程间同步互斥。

总的来说，system-V 的信号量功能强大，强大到"臃肿"，如果在现实工作中不需要那些高级功能，建议使用接口清晰、逻辑简单的 POSIX 信号量。

5.5.2　互斥锁与读写锁

如果信号量的值最多为 1，那实际上相当于一个共享资源在任意时刻最多只能有一个线程在访问，这样的逻辑称为"互斥"。这时，有一种更加方便和语义更加准确的工具来满足这种逻辑，它就是互斥锁。

"锁"是一种非常形象的说法：就像一个房间只能住一个人一样，任何人进去之后就把门锁上了，其他任何人都不能进去，直到进去的那个人重新打开锁，即释放了这个锁资源为止，如图 5-18 所示。

对互斥锁的操作无非就是：初始化、加锁、解锁、销毁。下面的代码通过展示两条线程如何使用互斥锁来互斥地访问标准输出，来理解互斥锁的正确使用。

图 5-18　上锁的房子

```
vincent@ubuntu:~/ch05/5.4$ cat mutex.c -n
    1    #include <stdio.h>
    2    #include <pthread.h>
    3
    4    pthread_mutex_t m; //定义一个互斥锁变量
    5
    6    void output(const char *string)
    7    {
    8        const char *p = string;
    9
   10        while(*p != '\0')
   11        {
   12            fprintf(stderr, "%c", *p);
   13            usleep(100);
   14            p++;
   15        }
   16    }
   17
   18    void *routine(void *arg)
   19    {
   20
   21        pthread_mutex_lock(&m);
   22        output("message delivered by child.\n");
   23        pthread_mutex_unlock(&m);
   24
   25        pthread_exit(NULL);
   26    }
   27
   28    int main(int argc, char **argv)
   29    {
   30        //在任何线程使用该互斥锁之前必须先初始化
```

```
31          pthread_mutex_init(&m, NULL);
32
33          pthread_t tid;
34          pthread_create(&tid, NULL, routine, NULL);
35
36          //在访问共享资源（标准输出设备）之前，加锁
37          pthread_mutex_lock(&m);
38          output("info output from parent.\n");
39          pthread_mutex_unlock(&m); //使用完了，记得解锁
40
41          //阻塞等待子线程退出，然后销毁互斥锁
42          pthread_join(tid, NULL);
43          pthread_mutex_destroy(&m);
44
45          return 0;
46      }
```

互斥锁使用非常简便，但它也有不适用的场合——假如要保护的共享资源在绝大多数的情况下是读操作，就会导致这些本可以一起读的线程阻塞在互斥锁上，资源得不到最大的利用。

互斥锁的低效率，是因为没有更加细致地区分如何访问共享资源，一刀切地在任何时候都只允许一条线程访问共享资源，而事实情况是读操作可以同时进行，只有写操作才需要互斥，因此如果能根据访问的目的——读或写，来分别加读锁（可以重复加）或写锁（只允许一次一个），就能极大地提高效率（尤其是存在大量读操作的情况下）。

读/写锁的操作几乎跟互斥锁一样，唯一的区别是在加锁时可以选择加读或写锁，下面的代码展示了如何使用它。

```
vincent@ubuntu:~/ch05/5.5$ cat rwlck.c -n
    1  #include <stdio.h>
    2  #include <stdlib.h>
    3  #include <unistd.h>
    4  #include <pthread.h>
    5
    6  static pthread_rwlock_t rwlock;
    7
    8  int global = 0;
    9
   10  void *routine1(void *arg)
   11  {
   12      //对共享资源进行写操作之前，必须加写锁（互斥锁）
   13      pthread_rwlock_wrlock(&rwlock);
   14
   15      global += 1;
   16      printf("I am %s, now global=%d\n", (char *)arg, global);
   17
   18      //访问完之后释放该锁
   19      pthread_rwlock_unlock(&rwlock);
   20
   21      pthread_exit(NULL);
```

```
22    }
23
24    void *routine2(void *arg)
25    {
26        //对共享资源进行写操作之前，必须加写锁（互斥锁）
27        pthread_rwlock_wrlock(&rwlock);
28
29        global  = 100;
30        printf("I am %s, now global=%d\n", (char *)arg, global);
31
32        //访问完之后释放该锁
33        pthread_rwlock_unlock(&rwlock);
34
35        pthread_exit(NULL);
36    }
37
38    void *routine3(void *arg)
39    {
40        //对共享资源进行读操作之前，可以加读锁（共享锁）
41        pthread_rwlock_rdlock(&rwlock);
42
43        printf("I am %s, now global=%d\n", (char *)arg, global);
44
45        //访问完之后释放该锁
46        pthread_rwlock_unlock(&rwlock);
47
48        pthread_exit(NULL);
49    }
50
51    int main (int argc, char *argv[])
52    {
53
54        pthread_rwlock_init(&rwlock,NULL);
55
56        //创建 3 条线程，对共享资源同时进行读写操作
57        pthread_t t1, t2, t3;
58        pthread_create(&t1, NULL, routine1, "thread 1");
59        pthread_create(&t2, NULL, routine2, "thread 2");
60        pthread_create(&t3, NULL, routine3, "thread 3");
61        pthread_join(t1, NULL);
62        pthread_join(t2, NULL);
63        pthread_join(t3, NULL);
64
65        //销毁读写锁
66        pthread_rwlock_destroy(&rwlock);
67
68        return 0;
69    }
```

5.5.3　条件变量

条件变量是另一种逻辑稍微复杂一点的同步互斥机制，它必须与互斥锁一起配合使用，它的应用场景也是很常见的，先来看下面一个例子。

小楠是一名在校学生，每个月都会从父母那里得到一笔生活费。现在她的钱花光了，想要去取钱。但很显然取钱这样的事情不是想干就能干的，前提是卡里必须有钱才行！于是小楠拿起手机一查发现：余额为 0。现在她除了干瞪眼，唯一能干的事情也许只有一件：等。等到她爸妈汇了钱打电话通知她为止。

但更进一步讲，即便是她爸妈汇了钱也打了电话通知了她，此刻她也不能一定保证能取到钱，因为与此同时她的众多兄弟姐妹（全部共用一个银行账号）很可能已经抢先一步将钱取光了！因此当小楠收到她爸妈的电话之后，需要再次确认是否有钱，才能取钱。

在以上逻辑中，余额这个变量很显然是一个由很多人共同操作的典型的共享资源，因此任何人在访问之前都必须加互斥锁，在余额为 0 的情况下进入某个条件变量等待队列中等待，其他人修改了余额之后再用这个条件变量来通知这些等待的人，让他们得知情况有变，从而再对条件再做判断。如图 5-19 所示是这个逻辑的完整反映。

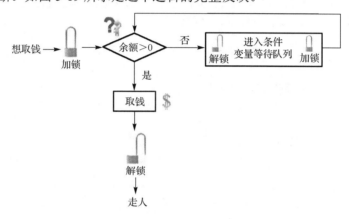

图 5-19　条件变量的逻辑

图 5-19 中，线程一旦发现余额为 0，就会进入等待睡眠，与此同时必须先释放互斥锁，如果带着锁去睡大觉，那么结果是谁也别想修改余额，大家都进入无限期的阻塞之中，相反从等待队列中出来时必须先持有互斥锁，因为出来后又要马上访问余额这个共享资源了。

特别注意的是，有两把锁头是在方框里面的，这表示当一条线程进入某个条件变量的等待队列中等待，以及从该等待队列中出来时，分别对互斥锁的解锁和加锁都是自动完成的，这就是为什么说条件变量与互斥锁是配套使用的原因。

下面是条件变量的相关 API 以及使用案例。

初始化和销毁条件变量如表 5-47 所示。

表 5-47　初始化和销毁条件变量

功能	初始化、销毁条件变量
头文件	#include <semaphore.h>
原型	int **pthread_cond_init**(pthread_cond_t *restrict cond, const pthread_condattr_t *restrict attr); int **pthread_cond_destroy**(pthread_cond_t *cond);

参数	cond	条件变量
	attr	条件变量的属性，一般始终为 0
返回值	成功	0
	失败	−1
备注	无	

与其他同步互斥机制一样，条件变量在开始使用之前也必须初始化。初始化函数中的属性参数 attr 一般不使用，设置为 NULL 即可。当使用 pthread_cond_destroy( )销毁一个条件变量之后，它的值变得不确定，再使用必须重新初始化。

进入条件变量等待队列同时对获取配套的互斥锁如表 5-48 所示。

表 5-48　进入条件变量等待队列同时对获取配套的互斥锁

功能	进入条件变量等待队列同时对获取配套的互斥锁	
头文件	#include <semaphore.h>	
原型	int **pthread_cond_timedwait**(pthread_cond_t *restrict cond, pthread_mutex_t *restrict mutex, 　　　　　　　　　　　　const struct timespec *restrict abstime); int **pthread_cond_wait**(pthread_cond_t *restrict cond, pthread_mutex_t *restrict mutex);	
参数	cond	条件变量
	mutex	互斥锁
	abstime	超时时间限制
返回值	成功	0
	失败	−1
备注	无	

以上两个函数的功能是一样的，区别是 pthread_cond_timedwait( )可以设置超时时间。重点要注意的是，一旦进入条件变量 cond 的等待队列，互斥锁 mutex 将立即被加锁。

唤醒条件变量等待线程如表 5-49 所示。

表 5-49　唤醒条件变量等待线程

功能	唤醒全部，或者一个条件变量等待队列中的线程	
头文件	#include <semaphore.h>	
原型	int **pthread_cond_broadcast**(pthread_cond_t *cond); int **pthread_cond_signal**(pthread_cond_t *cond);	
参数	cond	条件变量
返回值	成功	0
	失败	−1
备注	无	

以上两个函数用来唤醒阻塞在条件变量等待队列里的线程，顾名思义，broadcast 用来唤醒全部线程，signal 只唤醒一个等待中的线程。

注意，被唤醒的线程并不能立即从 pthread_cond_wait( )中返回，而是必须先获得配套的互斥锁。

以下代码展示了如何使用条件变量来实现前面所述的小楠和她的兄弟姐妹取钱的逻辑。

```
vincent@ubuntu:~/ch05/5.5$ cat cond.c -n
    1   #include <stdio.h>
```

```
2   #include <unistd.h>
3   #include <string.h>
4   #include <stdlib.h>
5   #include <pthread.h>
6
7   int balance = 0;                    //所有线程共享的"余额"
8
9   pthread_mutex_t m;
10  pthread_cond_t v;
11
12  void *routine(void *args)
13  {
14      //加锁，取钱
15      pthread_mutex_lock(&m);
16
17      while(balance < 100)    //若余额不足，则进入等待睡眠，顺便解锁
18          pthread_cond_wait(&v, &m);
19
20      fprintf(stderr, "t%d: balance = %d\n", (int)args, balance);
21      balance -= 100;          //取￥100
22
23      //解锁，走人
24      pthread_mutex_unlock(&m);
25      pthread_exit(NULL);
26  }
27
28  int main(int argc, char **argv)
29  {
30      if(argc != 2)
31      {
32          printf("Usage: %s <threads-number>\n", argv[0]);
33          return 1;
34      }
35
36      pthread_mutex_init(&m, NULL);
37      pthread_cond_init(&v, NULL);
38
39      //循环地创建若干条线程
40      pthread_t tid;
41      int i, thread_nums = atoi(argv[1]);
42      for(i=0; i<thread_nums; i++)
43      {
44          pthread_create(&tid, NULL, routine, (void *)i);
45      }
46
47      pthread_mutex_lock(&m);                    //要往账号打钱，先加锁
48
```

```
49        balance += (thread_nums * 100);      //根据线程数目，打入钱
50        pthread_cond_broadcast(&v);          //通知所有正在等待的线程
51        pthread_mutex_unlock(&m);
52
53        pthread_exit(NULL);
54    }
```

这样，条件变量和互斥锁配合，就很好地解决了多线程同步操作同一资源的问题，实际上这里的条件变量也可以替换为信号量。这留给读者自己开动脑筋思索。

5.5.4　可重入函数

多线程编程中有一个重要的概念：一个函数如果同时被多条线程调用，它返回的结果是否都是严格一致的？如果是，那么该函数被称为"可重入"函数（Reentrance Funciton），否则被称为"不可重入"函数。

POSIX.1—2001 标准规定，所有的标准库函数都必须是可重入函数，除了表 5-50 所示这些函数。

表 5-50　不可重入函数

不可重入函数				
asctime( )	encrypt( )	getnetbyname( )	inet_ntoa( )	setgrent( )
basename( )	endgrent( )	getnetent( )	l64a( )	setkey( )
catgets( )	endpwent( )	getopt( )	lgamma( )	setpwent( )
crypt( )	endutxent( )	getprotobyname( )	lgammaf( )	setutxent( )
ctermid( )	fcvt( )	getprotobynumber( )	lgammal( )	strerror( )
ctime( )	ftw( )	getprotoent( )	localeconv( )	strsignal( )
dbm_clearerr( )	gcvt( )	getpwent( )	locAltime( )	strtok( )
dbm_close( )	getc_unlocked( )	getpwnam( )	lrand48( )	system( )
dbm_delete( )	getchar_unlocked( )	getpwuid( )	mrand48( )	tmpnam( )
dbm_error( )	getdate( )	getservbyname( )	nftw( )	ttyname( )
dbm_fetch( )	getenv( )	getservbyport( )	nl_langinfo( )	unsetenv( )
dbm_firstkey( )	getgrent( )	getservent( )	ptsname( )	wcrtomb( )
dbm_nextkey( )	getgrgid( )	getutxent( )	putc_unlocked( )	wcsrtombs( )
dbm_open( )	getgrnam( )	getutxid( )	putchar_unlocked( )	wcstombs( )
dbm_store( )	gethostbyaddr( )	getutxline( )	putenv( )	wctomb( )
dirname( )	gethostbyname( )	gmtime( )	pututxline( )	
dlerror( )	gethostent( )	hcreate( )	rand( )	
drand48( )	getlogin( )	hdestroy( )	readdir( )	
ecvt( )	getnetbyaddr( )	hsearch( )	setenv( )	

在使用上述函数时要注意，多条线程同时调用这些函数有可能会产生不一致的结果，产生这样结果的原因有三。

一是因为函数内部使用了共享资源，比如全局变量、环境变量。

二是因为函数内部调用了其他不可重入函数。

三是因为函数执行结果与某硬件设备相关。

如果想要写一个线程安全的可重入函数的话，只要遵循以下原则即可。

（1）不使用任何静态数据，只使用局部变量或堆内存。

（2）不调用表 5-50 中的任何非线程安全的不可重入函数。

如果不能同时满足以上两个条件，可以使用信号量、互斥锁等机制来确保使用静态数据或调用不可重入函数时的互斥效果。这是编写多线程程序必须注意的地方。

5.6　线　程　池

5.6.1　实现原理

一个进程中的线程就好比是一家公司里的员工，员工的数目应根据公司的业务多少来定，太少了忙不过来，但是太多了也浪费资源。最理想的情况是让进程有一些初始数目的线程（所谓的线程池），当没有任务时这些线程自动进入睡眠，有了任务它们会立即执行任务，不断循环。进程还应根据自身任务的繁重与否来增删线程的数目，当所有的任务都完成了之后，所有的线程还能妥当地收官。

下面我们自己来设计这种线程的组织方式，首先给这种组织取一个"高大上"的名字——线程池，如图 5-20 所示是一个处于初始状态的线程池。

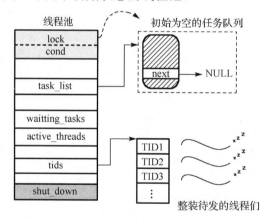

图 5-20　线程池

有如下几点需要注意。

（1）任务队列中刚开始没有任何任务，是一个具有头节点的空链队列。

（2）使用互斥锁来保护这个队列。

（3）使用条件变量来代表任务队列中的任务个数的变化——将来如果主线程向队列中投放任务，那么可以通过条件变量来唤醒那些睡着了的线程。

（4）通过一个公共开关——shutdown，来控制线程退出，进而销毁整个线程池。

读者如果有更好的主意，可以扩展该设计，但就目前而言，一个相互协作的多线程组织已经初具雏形。

如图 5-21 所示是主线程投入任务之后的想象图。

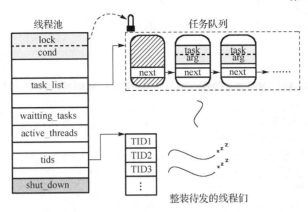

图 5-21　投入若干任务之后的线程池

5.6.2　接口设计

线程池相关结构体如表 5-51 所示。

表 5-51　线程池相关结构体

原型	struct task
功能描述	任务节点，包含需要执行的函数及其参数，通过链表连成一个任务队列
成员列表	void *(**task**)(void *arg); void **arg**; struct task **next**;
备注	任务实例最终形成一条单向链表
原型	thread_pool
功能描述	线程池实例，包含一个线程池的所有信息

成员列表	pthread_mutex_t **lock**; //互斥锁，保护任务队列
	pthread_cond_t **cond**; //条件变量，同步所有线程
	bool **shutdown**; //线程池销毁标记
	struct task *task_list; //任务链队列指针
	pthread_t **tids**; //线程 ID 存放位置
	unsigned int **waiting_tasks**; //任务链队列中等待的任务个数
	unsigned int **active_threads**; //当前活跃线程个数

备注	活跃线程个数可修改，但至少有 1 条活跃线程

下面是线程池的接口说明。

（1）线程池初始化：init_pool( )，如表 5-52 所示。

表 5-52　线程池初始化函数

原型	bool **init_pool**(thread_pool * pool, unsigned int　threads_number);
功能描述	创建一个新的线程池，包含 threads_number 个活跃线程
参数	pool: 线程池指针 threads_number: 初始活跃线程个数（大于或等于 1）
返回值	成功返回 true，失败返回 false
所在头文件	thread_pool.h
备注	线程池最少线程个数为 1

（2）投送任务：add_task( )，如表 5-53 所示。

表 5-53　投送任务

原型	bool **add_task**(thread_pool *pool, void *(*do_task)(void *arg), void * arg);
功能描述	往线程池投送任务
参数	pool：线程池指针 do_task：投送至线程池的执行例程 arg：执行例程 do_task 的参数，若该执行例程不需要参数可设置为 NULL
返回值	成功返回 true，失败返回 false
所在头文件	thread_pool.h
备注	任务队列中最大任务个数为 MAX_WAITING_TASKS

（3）增加活跃线程：add_thread( )，如表 5-54 所示。

表 5-54　增加活跃线程

原型	int **add_thread**(thread_pool *pool, unsigned int additional_threads);
功能描述	增加线程池中活跃线程的个数
参数	pool：需要增加线程的线程池指针 additional_threads：新增线程个数
返回值	>0：实际新增线程个数 −1：失败
所在头文件	thread_pool.h
备注	无

（4）删除活跃线程：remove_thread( )，如表 5-55 所示。

表 5-55　删除活跃线程

原型	int **remove_thread**(thread_pool *pool, unsigned int removing_threads);
功能描述	删除线程池中活跃线程的个数
参数	pool：需要删除线程的线程池指针 removing_threads：要删除的线程个数。该参数设置为 0 时直接返回当前线程池线程总数，对线程池不造成任何其他影响
返回值	>0：当前线程池剩余线程个数 −1：失败
所在头文件	thread_pool.h
备注	1，线程池至少会存在 1 条活跃线程 （2）如果被删除的线程正在执行任务，则将等待其完成任务之后删除

（5）销毁线程池：destroy_pool( )，如表 5-56 所示。

表 5-56　销毁线程池

原型	bool **destroy_pool**(thread_pool *pool);
功能描述	阻塞等待所有任务完成，然后立即销毁整个线程池，释放所有资源和内存
参数	pool：将要销毁的线程池
返回值	成功返回 true，失败返回 false
所在头文件	thread_pool.h
备注	无

5.6.3 实现源码

以上是接口文档，有了接口文档，写代码就有了依据，下面的工作就是按照接口文档的要求，逐个地实现那些功能。

下面的代码展示了以上功能的一种实现可能。

```
vincent@ubuntu:~/ch05/5.5$ cat thread_pool.h -n
     1  #ifndef _THREAD_POOL_H_
     2  #define _THREAD_POOL_H_
     3
     4  #include <stdio.h>
     5  #include <stdbool.h>
     6  #include <unistd.h>
     7  #include <stdlib.h>
     8  #include <string.h>
     9  #include <strings.h>
    10
    11  #include <errno.h>
    12  #include <pthread.h>
    13
    14  #define MAX_WAITING_TASKS  1000
    15  #define MAX_ACTIVE_THREADS 20
    16
    17  struct task                       //任务节点
    18  {
    19      void *(*task)(void *arg);
    20      void *arg;
    21
    22      struct task *next;
    23  };
    24
    25  typedef struct thread_pool        //线程池
    26  {
    27      pthread_mutex_t lock;
    28      pthread_cond_t  cond;
    29      struct task *task_list;
    30
    31      pthread_t *tids;
    32
    33      unsigned waiting_tasks;
    34      unsigned active_threads;
    35
    36      bool shutdown;
    37  }thread_pool;
    38
    39  //线程池初始化
    40  bool
```

```
41   init_pool(thread_pool *pool,
42            unsigned int threads_number);
43   //投放任务
44   bool
45   add_task(thread_pool *pool,
46           void *(*task)(void *arg),
47           void *arg);
48   //增加线程
49   int
50   add_thread(thread_pool *pool,
51             unsigned int additional_threads_number);
52   //删除线程
53   int
54   remove_thread(thread_pool *pool,
55               unsigned int removing_threads_number);
56
57   bool destroy_pool(thread_pool *pool);    //销毁线程池
58   void *routine(void *arg);                //线程例程
59
60   #endif
```

下面是具体接口实现源码。

```
vincent@ubuntu:~/ch05/5.5$ cat thread_pool.c -n
1    #include "thread_pool.h"
2
3    void handler(void *arg)
4    {
5        //响应取消请求之后自动处理的例程：释放互斥锁
6        pthread_mutex_unlock((pthread_mutex_t *)arg);
7    }
8
9    void *routine(void *arg)
10   {
11       thread_pool *pool = (thread_pool *)arg;
12       struct task *p;
13
14       while(1)
15       {
16           //访问任务队列前加锁，为防止取消后死锁，注册处理例程 handler
17           pthread_cleanup_push(handler, (void *)&pool->lock);
18           pthread_mutex_lock(&pool->lock);
19
20           //若当前没有任务，且线程池未关闭，则进入条件变量等待队列睡眠
21           while(pool->waiting_tasks == 0 && !pool->shutdown)
22           {
23               pthread_cond_wait(&pool->cond, &pool->lock);
24           }
```

```
25
26          //若当前没有任务，且线程池关闭标识为真，则立即释放互斥锁并退出
27          if(pool->waiting_tasks == 0 && pool->shutdown == true)
28          {
29              pthread_mutex_unlock(&pool->lock);
30              pthread_exit(NULL);
31          }
32
33          //若当前有任务，则消费任务队列中的任务
34          p = pool->task_list->next;
35          pool->task_list->next = p->next;
36          pool->waiting_tasks--;
37
38          //释放互斥锁，并弹栈 handler（但不执行它）
39          pthread_mutex_unlock(&pool->lock);
40          pthread_cleanup_pop(0);
41
42          //执行任务，并且在此期间禁止响应取消请求
43          pthread_setcancelstate(PTHREAD_CANCEL_DISABLE, NULL);
44          (p->task)(p->arg);
45          pthread_setcancelstate(PTHREAD_CANCEL_ENABLE, NULL);
46
47          free(p);
48      }
49
50      pthread_exit(NULL);
51  }
52
53  bool init_pool(thread_pool *pool, unsigned int threads_number)
54  {
55      pthread_mutex_init(&pool->lock, NULL);
56      pthread_cond_init(&pool->cond, NULL);
57
58      pool->shutdown = false;                 //关闭销毁线程池标识
59      pool->task_list = malloc(sizeof(struct task)); //任务队列头节点
60      pool->tids = malloc(sizeof(pthread_t) * MAX_ACTIVE_THREADS);
61
62      if(pool->task_list == NULL || pool->tids == NULL)
63      {
64          perror("allocate memory error");
65          return false;
66      }
67
68      pool->task_list->next = NULL;
69
70      pool->waiting_tasks = 0;
71      pool->active_threads = threads_number;
```

```
72
73        int i;
74        for(i=0; i<pool->active_threads; i++)  //创建指定数目线程
75        {
76            if(pthread_create(&((pool->tids)[i]), NULL,
77                        routine, (void *)pool) != 0)
78            {
79                perror("create threads error");
80                return false;
81            }
82        }
83
84    return true;
85  }
86
87  bool add_task(thread_pool *pool,
88            void *(*task)(void *arg), void *arg)
89  {
90      struct task *new_task = malloc(sizeof(struct task)); //新任务节点
91      if(new_task == NULL)
92      {
93          perror("allocate memory error");
94          return false;
95      }
96      new_task->task = task;
97      new_task->arg = arg;
98      new_task->next = NULL;
99
100     //访问任务队列前获取互斥锁，此处无须注册取消处理例程
101     pthread_mutex_lock(&pool->lock);
102     if(pool->waiting_tasks >= MAX_WAITING_TASKS)
103     {
104         pthread_mutex_unlock(&pool->lock);
105
106         fprintf(stderr, "too many tasks.\n");
107         free(new_task);
108
109         return false;
110     }
111
112     struct task *tmp = pool->task_list;
113     while(tmp->next != NULL)
114         tmp = tmp->next;
115
116     tmp->next = new_task;                      //添加新的任务节点
117     pool->waiting_tasks++;
118
```

```
119        //释放互斥锁，并唤醒其中一个阻塞在条件变量上的线程
120        pthread_mutex_unlock(&pool->lock);
121        pthread_cond_signal(&pool->cond);
122
123        return true;
124    }
125
126    int add_thread(thread_pool *pool, unsigned additional_threads)
127    {
128        if(additional_threads == 0)
129            return 0;
130
131        unsigned total_threads =
132                pool->active_threads + additional_threads;
133
134        int i, actual_increment = 0;
135        for(i = pool->active_threads;        //循环地创建若干指定数目的线程
136            i < total_threads && i < MAX_ACTIVE_THREADS;
137            i++)
138        {
139            if(pthread_create(&((pool->tids)[i]),
140                    NULL, routine, (void *)pool) != 0)
141            {
142                perror("add threads error");
143
144                if(actual_increment == 0)
145                    return -1;
146
147                break;
148            }
149            actual_increment++;
150        }
151
152        pool->active_threads += actual_increment;
153        return actual_increment;
154    }
155
156    int remove_thread(thread_pool *pool, unsigned int removing_threads)
157    {
158        if(removing_threads == 0)
159            return pool->active_threads;
160
161        int remain_threads = pool->active_threads - removing_threads;
162        remain_threads = remain_threads > 0 ? remain_threads : 1;
163
164        int i;                                //循环地取消指定数目的线程
165        for(i=pool->active_threads-1; i>remain_threads-1; i--)
```

```
166         {
167             errno = pthread_cancel(pool->tids[i]);
168             if(errno != 0)
169                 break;
170         }
171
172         if(i == pool->active_threads-1)
173             return -1;
174         else
175         {
176             pool->active_threads = i+1;
177             return i+1;
178         }
179     }
180
181     bool destroy_pool(thread_pool *pool)
182     {
183
184         pool->shutdown = true;
185         pthread_cond_broadcast(&pool->cond);
186
187         int i;
188         for(i=0; i<pool->active_threads; i++)
189         {
190             errno = pthread_join(pool->tids[i], NULL);
191             if(errno != 0)
192             {
193                 printf("join tids[%d] error: %s\n",
194                         i, strerror(errno));
195             }
196             else
197                 printf("[%u] is joined\n", (unsigned)pool->tids[i]);
198
199         }
200
201         free(pool->task_list);
202         free(pool->tids);
203         free(pool);
204
205         return true;
206     }
```

下面是测试程序。

```
vincent@ubuntu:~/ch05/5.5$ cat test.c -n
    1   #include "thread_pool.h"
    2
    3   void *mytask(void *arg)
```

```
 4  {
 5      int n = (int)arg;
 6
 7      printf("[%u][%s] ==> job will be done in %d sec...\n",
 8          (unsigned)pthread_self(), __FUNCTION__, n);
 9
10      sleep(n);
11
12      printf("[%u][%s] ==> job done!\n",
13          (unsigned)pthread_self(), __FUNCTION__);
14
15      return NULL;
16  }
17
18  void *count_time(void *arg)
19  {
20      int i = 0;
21      while(1)
22      {
23          sleep(1);
24          printf("sec: %d\n", ++i);
25      }
26  }
27
28  int main(void)
29  {
30      pthread_t a;
31      pthread_create(&a, NULL, count_time, NULL);
32
33      // （1）初始化一个带有 2 条线程的线程池
34      thread_pool *pool = malloc(sizeof(thread_pool));
35      init_pool(pool, 2);
36
37      // （2）投入 3 个任务
38      printf("throwing 3 tasks...\n");
39      add_task(pool, mytask, (void *)(rand()%10));
40      add_task(pool, mytask, (void *)(rand()%10));
41      add_task(pool, mytask, (void *)(rand()%10));
42
43      // （3）显示当前有多少条线程
44      printf("current thread number: %d\n",
45              remove_thread(pool, 0));
46      sleep(9);
47
48      // （4）再投入 2 个任务
49      printf("throwing another 2 tasks...\n");
50      add_task(pool, mytask, (void *)(rand()%10));
```

```
51          add_task(pool, mytask, (void *)(rand()%10));
52
53          // （5）增加 2 条线程
54          add_thread(pool, 2);
55
56          sleep(5);
57
58          // （6）删除 3 条线程
59          printf("remove 3 threads from the pool, "
60                  "current thread number: %d\n",
61                      remove_thread(pool, 3));
62
63          // （7）销毁线程池
64          destroy_pool(pool);
65          return 0;
66  }
```

实际使用时，只需将上述测试代码中的 mytask 函数改成我们需要实现的功能函数即可。

第 6 章

Linux 音频、视频编程

6.1 基本背景

目前，Linux 的应用场景广阔，在很多领域都存在音/视频编程的需求。比如最典型的监控领域，我们不仅需要将音/像数据记录下来，并且需要根据不同的应用场景，将其编码压缩为某种恰当的形式，再在其他时刻反过来解码成原始数据。

Linux 音/视频编程涉及面广、内容庞杂，本章的定位是为这方面的初学者提供一个立即可得的从零开始的无痛学习体验，因此采取各个击破的形式，将 Linux 下音频、视频按照输入和输出分别一一讲解，再对其中涉及的具体技术加以分析和引导，顺利阅读本章内容只需要读者有扎实的 C 语言基础（参看第 2 章）即可。

具体安排为：6.2 节详解 Linux 的音频编程细节，音频的基本概念以及 Linux 标准音频接口 ALSA；6.3 节介绍 Linux 视频输出的基本概念，具体分析 Framebuffer 的工作原理以及编程流程；6.4 节介绍 Linux 视频输入接口 V4L2 的详细编程流程；6.5 节详细介绍 SDL 多媒体开发库的使用；6.6 节分析多媒体开发领域最常用的音/视频编解码库 FFmpeg 的常用 API 和核心结构体，并结合 SDL 制作了一个简易嵌入式多媒体播放器。

6.2 Linux 音频

6.2.1 音频概念

在实际生活中，我们感受到的信号都是模拟信号，不管是声音还是光线，这些模拟信号需要被 A/D 转换器转换成数字信号，才能存储在计算机中，从概念上讲，我们可以将 A/D 转换视为三步完成的过程：采样、量化和编码，如图 6-1 所示。

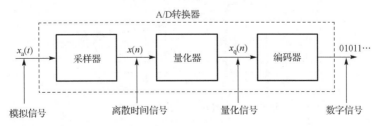

图 6-1　A/D 转换

下面介绍几个重要的基本概念。

（1）采样。这个概念很容易理解，就是使用采样器每隔一段时间读取一次模拟信号，用这些离散的值来代表整个模拟信号的过程。单位时间内的采样值个数称为采样频率。常用的采样频率是 11 025Hz、22 050Hz 和 44 100Hz。当然，也可以是其他更高或更低的频率。

采样是对连续模拟信号在时间上的离散化，如图 6-2 所示。

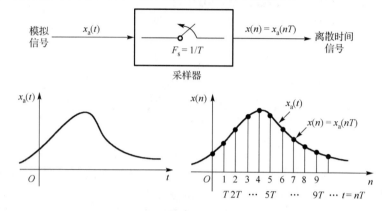

图 6-2　采样

（2）量化。对于每次采样得到的值，考虑使用多少个位来存储它。如果使用 8 个位（即 1 个字节）来描述采样值，那么能表达的值的范围是 256，如果使用 16 个位来描述，范围就被扩展为 65 536，描述一个采样值所使用的位数也称为分辨率。常用的量化步长为 8 位、16 位或者 32 位。

量化是对连续模拟信号在幅值上的离散化，如图 6-3 所示。

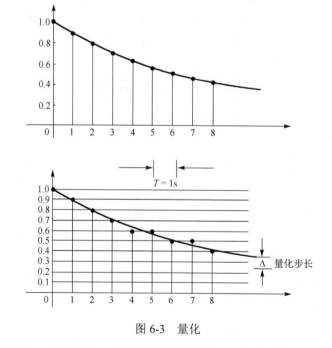

图 6-3　量化

（3）香农采样定理。表面上看，采样频率越高越好，频率越高采样点就越密集，所得到的离散值就越覆盖模拟量，但事实并非如此，实际上如果模拟信号的最高频率为 F，那么采样频率只要达到 $2F$ 就足以完全包含模拟信号的全部信息了。

香农采样定理说明了采样频率和信号频谱之间的关系，是连续信号离散化的基本依据，香农采样定理又称为奈奎斯特采样定理。

（4）奈奎斯特频率。它指的是离散信号系统采样频率的一半。由采样定理可知，只要 A/D 系统中的奈奎斯特频率大于或等于模拟信号的最高频率，就能完全复现模拟信号。

对于音频信号而言，由于人类听觉系统的限制，人能感受到的声音频率大概介于 20～22 000Hz 之间。因此，只要在音频采样前加一个低通滤波器，将高于人类听觉极限的频率过滤掉，然后再使采样系统的奈奎斯特频率大于或等于 22 000Hz，就可以做到在人类听觉范围内的完全保真效果，此时的采样频率就是 44 000Hz。为了避免在最高频率处发生混叠，可以使采样频率再提高一点，这就是常用的 44.1kHz 采样频率的由来。

（5）PCM。PCM 是脉冲编码调制（Pulse Code Modulation）的简写，脉冲编码调制就是把一个时间连续、取值连续的模拟信号变换成时间离散、取值离散的数字信号后在信道中传输。脉冲编码调制就是对模拟信号先抽样，再对样值幅值量化、编码的过程。

PCM 数字接口是 G.703 标准，通过 75Ω 同轴电缆或 120Ω 双绞线进行非对称或对称传输，传输码型为含有定时关系的 HDB3 码，接收端通过译码可恢复定时，实现时钟同步。

模拟信号的数字化如图 6-4 所示。

（6）缓冲区（Buffer）、处理周期（Period）、帧（Frame/Block Align）。一帧的大小等于量化级数乘以音轨个数，但为了效率，声卡在采集到一帧数据之后并不会立即回送给系统，而是先放在一个缓冲区中，缓冲区可被分割为若干个处理周期，当数据填满了一个处理周期之后，就会触发周期事件，进而将数据传送到系统，它们的关系如图 6-5 所示。

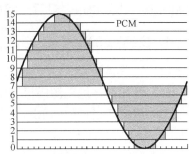

图 6-4　模拟信号的数字化

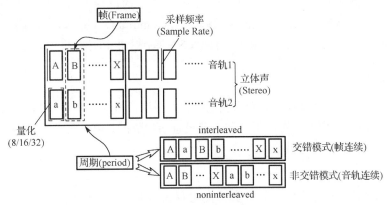

图 6-5　各种量的关系图

处理周期尺寸越大、数目越多，系统的效率就越高，但同时系统时延也就越大。在它们之间，我们需要做一个适当的折中和权衡，比如如果 buffer 有 16 384 个帧，那么可以将它分成 4 个周期处理，一个周期就是 4096 个帧（buffer 和 period 一般都以帧为单位）。另外从

图 6-5 中也可以看到，对声音样本的一个周期处理可以是帧连续的，也可以是音轨连续的，两种处理方式没有什么本质的不同，只要注意录制和回放的一致性即可。

一般而言，这些 A/D 系统会被封装在声卡的驱动程序中，我们不需要操心它们，但理解这些概念是进行音频编程的必备基础知识。

6.2.2 标准音频接口 ALSA

ALSA（Advanced Linux Sound Architecture）是高级 Linux 声音架构的简称，它在 Linux 操作系统上提供了音频和 MIDI（Musical Instrument Digital Interface，音乐设备数字化接口）的支持。ALSA 是当今 Linux 内核默认的声音子系统。

ALSA 是一个完全开放源代码的音频驱动程序集，除了像 OSS 那样提供了一组内核驱动程序模块之外，ALSA 还专门为简化应用程序的编写提供了相应的函数库，与 OSS 提供的基于 ioctl 的原始编程接口相比，ALSA 函数库使用起来要更加方便一些。利用该函数库，开发人员可以方便、快捷地开发出自己的应用程序，细节则留给函数库内部处理。

本节的主要任务是要利用 ALSA 所提供的 API 来写一段实用录制音频程序以及回放音频的程序。分三部分循序渐进地讲述，先介绍如何安装 ALSA 库，然后介绍如何编写一个录制音频的程序 recorder.c，最后介绍如何编写一个播放音频的程序 player.c。

1. 安装 ALSA

（1）下载最新版 ALSA 源代码：ftp://ftp.alsa-project.org/pub/lib/。

（2）解压缩，进入源码目录中并依次执行./configure、make 和 make install。

（3）将安装之后的 ALSA 库所在路径（默认是/usr/lib/i386-Linux-gnu/）添加到环境变量 LD_LIBRARY_PATH 中。

（4）编译音频程序时，包含头文件<alsa/asoundlib.h>，并且链接 ALSA 库，例如：

```
gcc example.c -o example -lasound
```

如果要将 ALSA 库安装到基于 ARM 平台的开发板上时，除了第（2）步中的./configure 需要增加指定交叉工具链前缀（如--host=arm-none-linux-gnueabi）的参数外，还需要将编译好的 ALSA 库的全部文件放到开发板中，并且保持 ALSA 库在主机和开发板中的绝对路径完全一致。

2. 录制音频

首先，我们来写一段可以录制音频数据的程序，做这件事情先要取得 PCM 设备的句柄，并且需要设置 PCM 流的方向（录制），另外还需要设置诸如数据 buffer 大小、采样频率、量化级等。

声明一个 PCM 设备的句柄：

```
snd_pcm_t *handle;
```

声明一个 PCM 流方向变量，并将其方向设置为录制：

```
snd_pcm_stream_t stream = SND_PCM_STREAM_CAPTURE;
```

声明一个指向采样频率、量化级、音轨数目等配置空间的指针：

```
snd_pcm_hw_params_t *hwparams;
```

在 ALSA 中，可以使用 plughw 或 hw 来代表 PCM 设备接口，使用 plughw 时我们不需要关心所设置的各种 params 是否被声卡支持，因为如果不支持就会自动使用默认的值，如果使用 hw 就必须仔细检查声卡硬件的信息，确保设置的每一项都被支持。一般使用 plughw 即可，具体而言，使用如下函数获得 PCM 设备句柄：

```
snd_pcm_open(&handle, "plughw:0,0", stream, 0);
```

其中需要解释的是：0,0 中的第一个 0 是系统中声卡的编号，第二个 0 是设备的编号，而最后一个 0 代表标准打开模式。除此之外还可以是 SND_PCM_NONBLOCK 或 SND_PCM_ASYNC，前者代表非阻塞读写 PCM 设备，后者代表声卡系统以异步方式工作：每当一个周期（Period）结束时，将触发一个 SIGIO 信号，通知系统数据已经准备就绪。

然后，我们按照以下基本步骤，设置 PCM 设备参数。

（1）给参数配置分配相应的空间，并且根据当前的 PCM 设备的具体情况初始化：

```
snd_pcm_hw_params_t *hwparams;
snd_pcm_hw_params_alloca(&hwparams);
snd_pcm_hw_params_any(handle, hwparams);
```

（2）设置访问模式为交错模式，这意味着采样点是帧连续的，而不是通道连续的。

```
snd_pcm_hw_params_set_access(handle, hwparams,
                    SND_PCM_ACCESS_RW_INTERLEAVED);
```

（3）设置量化参数。

```
snd_pcm_format_t pcm_format = SND_PCM_FORMAT_S16_LE;
snd_pcm_hw_params_set_format(handle, hwparams, pcm_format);
```

（4）设置音轨数目（本例中设置为双音轨，即立体声，1 为单音轨）。

```
uint16_t channels = 2;
snd_pcm_hw_params_set_channels(handle, hwparams, channels);
```

（5）设置采样频率，设备所支持的采用频率有规定的数值，本例中以 exact_rate 为基准，设置一个尽量接近该值的频率。

```
uint32_t exact_rate = 44100;
snd_pcm_hw_params_set_rate_near(handle, hwparams, &exact_rate, 0);
```

（6）设置 buffer size 为声卡支持最大值（也可以设定为其他值）。

```
snd_pcm_uframes_t buffer_size;
snd_pcm_hw_params_get_buffer_size_max(hwparams, &buffer_size);
snd_pcm_hw_params_set_buffer_size_near(handle, hwparams, &buffer_size);
```

（7）根据 buffer size 设置 period size（如将 period size 设置为 buffer size 的 1/4）。

```
snd_pcm_uframes_t period_size = buffer_size /4;
snd_pcm_hw_params_set_period_size_near(handle, hwparams, &period_size, 0);
```

（8）安装这些 PCM 设备参数。

```
snd_pcm_hw_params(handle, hwparams);
```

对以上的参数设置，有几个地方需要解释一下。

第一，访问模式可以是以下这些：

SND_PCM_ACCESS_MMAP_INTERLEAVED：	内存映射方式下的交错模式
SND_PCM_ACCESS_MMAP_NONINTERLEAVED：	内存映射方式下的非交错模式
SND_PCM_ACCESS_RW_INTERLEAVED：	直接 I/O 方式下的交错模式
SND_PCM_ACCESS_RW_NONINTERLEAVED：	直接 I/O 方式下的非交错模式

第二，量化位数可以设置为：

SND_PCM_FORMAT_S8	有符号 8 位
SND_PCM_FORMAT_U8	无符号 8 位
SND_PCM_FORMAT_S16_LE	有符号 16 位，小端序
SND_PCM_FORMAT_S16_BE	有符号 16 位，大端序
SND_PCM_FORMAT_U16_LE	无符号 16 位，小端序
SND_PCM_FORMAT_U16_BE	无符号 16 位，大端序
SND_PCM_FORMAT_S24_LE	有符号 24 位，小端序
SND_PCM_FORMAT_S24_BE	有符号 24 位，大端序
SND_PCM_FORMAT_U24_LE	无符号 24 位，小端序
SND_PCM_FORMAT_U24_BE	无符号 24 位，大端序
SND_PCM_FORMAT_S32_LE	有符号 32 位，小端序
SND_PCM_FORMAT_S32_BE	有符号 32 位，大端序
SND_PCM_FORMAT_U32_LE	无符号 32 位，小端序
SND_PCM_FORMAT_U32_BE	无符号 32 位，大端序

……

本例中采用 16 位（2 字节）量化位数，而且测试系统的字节序是小端序，因此选择 SND_PCM_FORMAT_S16_LE。而在一个可移植的音频录制程序中，应让程序自动判断采用哪个量化级。

第三，采样频率的设置函数名字为 snd_pcm_hw_params_set_rate_near( );，从名字可以看出一些端倪：声卡并非可以支持随意设置的采样频率，该函数的功能是：以 exac_rate 为基准，设置一个最接近该值的采样频率，再将最终的实际频率写入 exac_rate 中。

第四，ALSA 系统中的 buffer 实际上是一个环形循环队列，可以被分割成若干个 period，每当一个 period 被填满，则触发一个就绪事件或一个 SIGIO 信号。

最后，启动 PCM 设备并使这些参数生效：

```
snd_pcm_hw_params(handle, hwparams);
```

做完了这些步骤，我们就可以从 PCM 设备中读取音频数据了，由于采用了直接 I/O 方式的帧连续的交错模式，因此应使用如下函数：

```
snd_pcm_readi(handle, p, frames);
```

其中，p 指向一块自定义的数据缓冲区，frames 是一次读取的帧个数，这个数字至少应该是

period size，因为音频设备只有至少读取到 period size 个帧之后才会使得读就绪。

从音频设备（麦克风）中读取数据之后，需要保存为一个某种格式的音频文件，比如 wav 格式，那么就必须在写数据之前先了解 wav 格式的细节。如图 6-6 所示为一个典型的 wav 格式音频文件的详细信息，在创建一个 wav 格式的音频文件时必须按照图 6-6 所示的格式来写。

wav 是一种符合所谓 RIFF 文档规范的文件格式，这种文档规范是一种以树形结构组织数据的标准。以 wav 格式为例，文档必须先包含"RIFF 数据块"，也就是图 6-7 左边部分的区域，其中 ID 固定为 RIFF 四个字符，而且是大端序。而 SIZE 是除了 ID 和 SIZE 之外本文档的总大小，FMT 则是 RIFF 规范下 DATA 的具体数据格式，wav 对应的是 WAVE。剩下的 DATA 就是 RIFF 文档的内容。

RIFF 文档的内容又可以由多个"数据块"组成，对于 wav 格式而言，它的组成如图 6-7 中右边部分所示：包含两块，一个是 fmt 块，另一个 data 块。

有了 wav 格式的具体信息，我们就可以定义相应的结构体来表征这些数据了，写一个头文件如下。

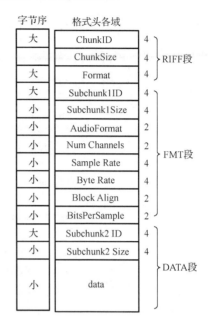

图 6-6　WAVE 格式头

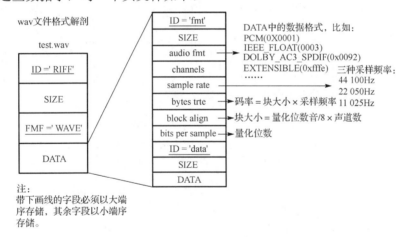

图 6-7　WAVE 格式头

```
vincent@ubuntu:~/ch06/6.2$ cat -n head4audio.h
    1  #ifndef _HEAD4AUDIO_H_
    2  #define _HEAD4AUDIO_H_
    3
    4  #include <stdio.h>
    5  #include <stdint.h>
    6  #include <malloc.h>
    7  #include <unistd.h>
    8  #include <stdlib.h>
    9  #include <string.h>
   10  #include <getopt.h>
```

```
11   #include <fcntl.h>
12   #include <ctype.h>
13   #include <errno.h>
14   #include <limits.h>
15   #include <time.h>
16   #include <locale.h>
17   #include <sys/unistd.h>
18   #include <sys/stat.h>
19   #include <sys/types.h>
20   #include <alsa/asoundlib.h>
21
22   #define WAV_FMT_PCM    0x0001
23
24   #define MIN(a, b) \
25       ({ \
26           typeof(a) _a = a; \
27           typeof(b) _b = b; \
28           (void)(_a == _b); \
29           _a < _b ? _a : _b; \
30       })
31
32   typedef long long off64_t;
33
34   //==================================== //
35
36   // （1）RIFF 块
37   struct wav_header
38   {
39       uint32_t id;         //固定为'RIFF'
40       uint32_t size;       //除了 id 和 size 之外，整个 wav 文件的大小
41       uint32_t format;     //fmt chunk 的格式，此处为 WAVE
42   };
43
44   // （2）fmt 块
45   struct wav_fmt
46   {
47       uint32_t fmt_id;          //固定为 fmt
48       uint32_t fmt_size;        //在 fmt 块的大小，固定为 16 字节
49       uint16_t fmt;             //data 块中数据的格式代码
50       uint16_t channels;        //音轨数目：1 为单音轨，2 为立体声
51       uint32_t sample_rate;     //采样频率
52       uint32_t byte_rate;       //码率 = 采样率×帧大小
53       uint16_t block_align;     //帧大小 = 音轨数×量化级/8
54       uint16_t bits_per_sample; //量化位数：典型值是 8、16、32
55   };
56
57   // （3）data 块
```

```
58   struct wav_data
59   {
60       uint32_t data_id;              //固定为'data'
61       uint32_t data_size;            //除了 wav 格式头之外的音频数据大小
62   };
63
64   typedef struct
65   {
66       struct wav_header head;
67       struct wav_fmt format;
68       struct wav_data data;
69
70   }wav_format;
71
72   //==================================== //
73
74   typedef struct
75   {
76       snd_pcm_t *handle;             //PCM 设备操作句柄
77       snd_pcm_format_t format;       //数据格式
78
79       uint16_t channels;
80       size_t bits_per_sample;        //一个采样点内的位数（8 位、16 位）
81       size_t bytes_per_frame;        //一个帧内的字节个数
82
83       snd_pcm_uframes_t frames_per_period;    //一个周期内的帧个数
84       snd_pcm_uframes_t frames_per_buffer;    //系统 buffer 的帧个数
85
86       uint8_t *period_buf;           //存放从 wav 文件中读取的一个周期的数据
87
88   }pcm_container;
89
90   #endif
```

根据头文件中对 wav 格式的封装，可以很方便地填充 wav 格式的信息，以下是使用 ALSA
接口实现的录制音频的完整示例代码。

```
vincent@ubuntu:~/ch06/6.2$ cat -n capture.c
    1    #include "head4audio.h"
    2
    3    //根据本系统的具体字节序处理的存放格式
    4    #if  __BYTE_ORDER == __LITTLE_ENDIAN
    5
    6        #define RIFF ('F'<<24 | 'F'<<16 | 'I'<<8 | 'R'<<0)
    7        #define WAVE ('E'<<24 | 'V'<<16 | 'A'<<8 | 'W'<<0)
    8        #define FMT  (' '<<24 | 't'<<16 | 'm'<<8 | 'f'<<0)
    9        #define DATA ('a'<<24 | 't'<<16 | 'a'<<8 | 'd'<<0)
    10
```

```
11      #define LE_SHORT(val)  (val)
12      #define LE_INT(val)    (val)
13
14  #elif __BYTE_ORDER == __BIG_ENDIAN
15
16      #define RIFF ('R'<<24 | 'I'<<16 | 'F'<<8 | 'F'<<0)
17      #define WAVE ('W'<<24 | 'A'<<16 | 'V'<<8 | 'E'<<0)
18      #define FMT  ('f'<<24 | 'm'<<16 | 't'<<8 | ' '<<0)
19      #define DATA ('d'<<24 | 'a'<<16 | 't'<<8 | 'a'<<0)
20
21      #define LE_SHORT(val) bswap_16(val)
22      #define LE_INT(val)   bswap_32(val)
23
24  #endif
25
26  #define DURATION_TIME 3
27
28  //准备 wav 格式参数
29  void prepare_wav_params(wav_format *wav)
30  {
31      wav->format.fmt_id = FMT;
32      wav->format.fmt_size = LE_INT(16);
33      wav->format.fmt = LE_SHORT(WAV_FMT_PCM);
34      wav->format.channels = LE_SHORT(2);              //音轨数目
35      wav->format.sample_rate = LE_INT(44100);         //采样频率
36      wav->format.bits_per_sample = LE_SHORT(16);     //量化位数
37      wav->format.block_align = LE_SHORT(wav->format.channels
38                  * wav->format.bits_per_sample/8);
39      wav->format.byte_rate = LE_INT(wav->format.sample_rate
40                  * wav->format.block_align);
41      wav->data.data_id = DATA;
42      wav->data.data_size = LE_INT(DURATION_TIME
43                  * wav->format.byte_rate);
44      wav->head.id = RIFF;
45      wav->head.format = WAVE;
46      wav->head.size = LE_INT(36 + wav->data.data_size);
47  }
48
49  //设置 wav 格式参数
50  void set_wav_params(pcm_container *sound, wav_format *wav)
51  {
52      //（1）定义并分配一个硬件参数空间
53      snd_pcm_hw_params_t *hwparams;
54      snd_pcm_hw_params_alloca(&hwparams);
55
56      //（2）初始化硬件参数空间
57      snd_pcm_hw_params_any(sound->handle, hwparams);
```

```
58
59      // (3) 设置访问模式为交错模式 (即帧连续模式)
60      snd_pcm_hw_params_set_access(sound->handle, hwparams,
61              SND_PCM_ACCESS_RW_INTERLEAVED);
62      // (4) 设置量化参数
63      snd_pcm_format_t pcm_format=SND_PCM_FORMAT_S16_LE;
64      snd_pcm_hw_params_set_format(sound->handle,
65                   hwparams, pcm_format);
66      sound->format = pcm_format;
67
68      // (5) 设置音轨数目
69      snd_pcm_hw_params_set_channels(sound->handle,
70          hwparams, LE_SHORT(wav->format.channels));
71      sound->channels = LE_SHORT(wav->format.channels);
72
73      // (6) 设置采样频率
74      //注意，最终被设置的频率被存放在&exact_rate 中
75      uint32_t exact_rate = LE_INT(wav->format.sample_rate);
76      snd_pcm_hw_params_set_rate_near(sound->handle,
77              hwparams, &exact_rate, 0);
78
79      // (7) 设置 buffer size 为声卡支持的最大值
80      snd_pcm_uframes_t buffer_size;
81      snd_pcm_hw_params_get_buffer_size_max(hwparams,
82                   &buffer_size);
83      snd_pcm_hw_params_set_buffer_size_near(sound->handle,
84              hwparams, &buffer_size);
85
86      // (8) 根据 buffer size 设置 period size
87      snd_pcm_uframes_t period_size = buffer_size /4;
88      snd_pcm_hw_params_set_period_size_near(sound->handle,
89              hwparams, &period_size, 0);
90
91      // (9) 安装这些 PCM 设备参数
92      snd_pcm_hw_params(sound->handle, hwparams);
93
94      // (10) 获取 buffer size 和 period size
95      //注意，它们均以 frame 为单位 (frame = 音轨数×量化级)
96      snd_pcm_hw_params_get_buffer_size(hwparams,
97                   &sound->frames_per_buffer);
98      snd_pcm_hw_params_get_period_size(hwparams,
99                   &sound->frames_per_period, 0);
100
101     // (11) 保存一些参数
102     sound->bits_per_sample =
103         snd_pcm_format_physical_width(pcm_format);
104     sound->bytes_per_frame =
```

```
105            sound->bits_per_sample/8 * wav->format.channels;
106
107        //（12）分配一个周期数据空间
108        sound->period_buf =
109            (uint8_t *)calloc(1,
110            sound->frames_per_period * sound->bytes_per_frame);
111    }
112
113    snd_pcm_uframes_t read_pcm_data(pcm_container *sound,
114                        snd_pcm_uframes_t frames)
115    {
116        snd_pcm_uframes_t exact_frames = 0;
117        snd_pcm_uframes_t n = 0;
118
119        uint8_t *p = sound->period_buf;
120        while(frames > 0)
121        {
122            n = snd_pcm_readi(sound->handle, p, frames);
123
124            frames -= n;
125            exact_frames += n;
126            p += (n * sound->bytes_per_frame);
127        }
128
129        return exact_frames;
130    }
131
132    //从 PCM 设备录取音频数据，并写入 fd 中
133    void recorder(int fd, pcm_container *sound, wav_format *wav)
134    {
135        //（1）写 wav 格式的文件头
136        write(fd, &wav->head, sizeof(wav->head));
137        write(fd, &wav->format, sizeof(wav->format));
138        write(fd, &wav->data, sizeof(wav->data));
139
140        //（2）写 PCM 数据
141        uint32_t total_bytes = wav->data.data_size;
142
143        while(total_bytes > 0)
144        {
145            uint32_t total_frames =
146                total_bytes /(sound->bytes_per_frame);
147            snd_pcm_uframes_t n =
148                MIN(total_frames, sound->frames_per_period);
149
150            uint32_t frames_read = read_pcm_data(sound, n);
151            write(fd, sound->period_buf,
```

```
152                 frames_read * sound->bytes_per_frame);
153         total_bytes -=
154                 (frames_read * sound->bytes_per_frame);
155     }
156 }
157
158 int main(int argc, char **argv)
159 {
160     if(argc != 2)
161     {
162         printf("Usage: %s <wav-file>\n", argv[0]);
163         exit(1);
164     }
165
166     // （1）打开 wav 格式文件
167     int fd = open(argv[1], O_CREAT|O_WRONLY|O_TRUNC, 0777);
168
169     // （2）打开 PCM 设备文件
170     pcm_container *sound = calloc(1, sizeof(pcm_container));
171     snd_pcm_open(&sound->handle, "default",
172                 SND_PCM_STREAM_CAPTURE, 0);
173
174     // （3）准备并设置 wav 格式参数
175     wav_format *wav = calloc(1, sizeof(wav_format));
176     prepare_wav_params(wav);
177     set_wav_params(sound, wav);
178
179     // （4）开始从 PCM 设备"plughw:0,0"录制音频数据
180     //     并且以 wav 格式写到 fd 中
181     recorder(fd, sound, wav);
182
183     // （5）释放相关资源
184     snd_pcm_drain(sound->handle);
185     close(fd);
186     snd_pcm_close(sound->handle);
187     free(sound->period_buf);
188     free(sound);
189     free(wav);
191     return 0;
192 }
```

需要注意的是，在运行以上代码之前，要确保系统中有可用的音频设备，而且已经妥善安装好 ALSA 库，并设置好了库路径等环境变量。

3．播放音频

播放一个音频文件基本上与录制一个音频文件是相反的过程，总体思路也不复杂：先检查播放文件的格式，比如 wav、mp3 等，然后根据具体的音频文件的格式以及音频信息（如

采样频率、音轨数目等）设置音频设备参数，再后从音频文件读取数据写入音频设备中。

如果播放器要支持各种音频格式文件，那么必须考虑各种文件的详细格式。为了说明问题，下面以 wav 格式作为例子，播放这样的音频文件的步骤如下。

第一步，准备好保存文件信息以及处理音频设备的结构体。

```
wav_format *wav = calloc(1, sizeof(wav_format));
pcm_container *playback = calloc(1, sizeof(pcm_container));
```

此后，使用 wav 来保存即将读取的音频文件的信息，根据这些信息可以判断该文件是否为所支持的 wav 格式，也能根据其音频参数来设置音频设备。

第二步，获取音频文件的格式信息（假设该音频文件名为 test.wav）。

```
int fd = open("test.wav", O_RDONLY);
get_wav_header_info(fd, wav);
```

其中，get_wav_header_info( )函数负责判断文件格式并收集格式信息。

第三步：根据 get_wav_header_info( )函数所收集的信息，设置音频设备。

```
snd_pcm_open(&playback->handle, "default", SND_PCM_STREAM_PLAYBACK, 0);
set_params(playback, wav);
```

注意，在 snd_pcm_open( )中使用了 SND_PCM_STREAM_PLAYBACK，即将音频流的方向设置为回放。

第四步，将 test.wav 中的除文件格式信息之外的音频数据读出，并写入音频设备。

```
play_wav(playback, wav, fd);
```

第五步，最后，妥善地结束写入操作，并释放相关的内存资源。

```
snd_pcm_drain(playback->handle);
snd_pcm_close(playback->handle);

free(playback->period_buf);
free(playback);
free(wav);
close(fd);
```

以上就是简单回放一个音频文件的逻辑过程，其中几个重要的自定义函数（粗体并加了下画线的那几个函数）的完整实现代码如下。

获取并判断音频文件格式信息的函数实现：

```
vincent@ubuntu:~/ch06/6.2$ cat -n playback.c
   163  ……
   164  int check_wav_format(wav_format *wav)  //判断音频格式是否合法
   165  {
   166      if (wav->head.id!= RIFF ||
   167          wav->head.format!= WAVE ||
   168          wav->format.fmt_id!= FMT ||
   169          wav->format.fmt_size != LE_INT(16) ||
   170          (wav->format.channels != LE_SHORT(1) &&
```

```
171                wav->format.channels != LE_SHORT(2)) ||
172         wav->data.data_id!= DATA)
173     {
174         fprintf(stderr, "non standard wav file.\n");
175         return -1;
176     }
177
178     return 0;
179 }
180
181
182 int get_wav_header_info(int fd, wav_format *wav)  //获取格式信息
183 {
184     int n1 = read(fd, &wav->head, sizeof(wav->head));
185     int n2 = read(fd, &wav->format, sizeof(wav->format));
186     int n3 = read(fd, &wav->data,  sizeof(wav->data));
187
188     if(n1 != sizeof(wav->head) ||
189       n2 != sizeof(wav->format) ||
190       n3 != sizeof(wav->data))
191     {
192         fprintf(stderr, "get_wav_header_info() failed\n");
193         return -1;
194     }
195
196     if(check_wav_format(wav) < 0)
197         return -1;
198
199     return 0;
200 }
201 ……
```

根据格式信息，设置音频设备参数的完整实现代码如下。

vincent@ubuntu:~/ch06/6.2$ **cat -n playback.c**

```
 96 ……
 97 int set_params(pcm_container *pcm, wav_format *wav)
 98 {
 99     snd_pcm_hw_params_t *hwparams;
100     uint32_t buffer_time, period_time;
101
102     //（1）分配参数空间
103     //   以 PCM 设备能支持的所有配置范围初始化该参数空间
104     snd_pcm_hw_params_alloca(&hwparams);
105     snd_pcm_hw_params_any(pcm->handle, hwparams);
106
107     //（2）设置访问方式为"帧连续交错方式"
108     snd_pcm_hw_params_set_access(pcm->handle, hwparams,
```

```
109                                    SND_PCM_ACCESS_RW_INTERLEAVED);
110
111     //（3）根据 wav 文件的格式信息，设置量化参数
112     snd_pcm_format_t format;
113     get_bits_per_sample(wav, &format);
114     snd_pcm_hw_params_set_format(pcm->handle, hwparams,
115                                           format);
116     pcm->format = format;
117
118     //（4）根据 wav 文件的格式信息，设置声道数
119     snd_pcm_hw_params_set_channels(pcm->handle, hwparams,
120                     LE_SHORT(wav->format.channels));
121     pcm->channels = LE_SHORT(wav->format.channels);
122
123     //（5）根据 wav 文件的格式信息，设置采样频率
124     //     如果声卡不支持 wav 文件的采样频率，则
125     //     选择一个最接近的频率
126     uint32_t exact_rate = LE_INT(wav->format.sample_rate);
127     snd_pcm_hw_params_set_rate_near(pcm->handle,
128                         hwparams, &exact_rate, 0);
129
130     //（6）设置 buffer 大小为声卡支持的最大值
131     //     并将处理周期设置为 buffer 的 1/4 的大小
132     snd_pcm_hw_params_get_buffer_size_max(hwparams,
133                             &pcm->frames_per_buffer);
134
135     snd_pcm_hw_params_set_buffer_size_near(pcm->handle,
136                 hwparams, &pcm->frames_per_buffer);
137
138     pcm->frames_per_period = pcm->frames_per_buffer /4;
139     snd_pcm_hw_params_set_period_size(pcm->handle,
140                 hwparams, pcm->frames_per_period, 0);
141     snd_pcm_hw_params_get_period_size(hwparams,
142                         &pcm->frames_per_period, 0);
143
144     //（7）将所设置的参数安装到 PCM 设备中
145     snd_pcm_hw_params(pcm->handle, hwparams);
146
147     //（8）由所设置的 buffer 时间和周期
148     //     分配相应的大小缓冲区
149     pcm->bits_per_sample =
150                 snd_pcm_format_physical_width(format);
151     pcm->bytes_per_frame = pcm->bits_per_sample/8 *
152                     LE_SHORT(wav->format.channels);
153     pcm->period_buf =
154         (uint8_t *)malloc(pcm->frames_per_period *
155                         pcm->bytes_per_frame);
```

```
156
157      return 0;
158  }
159  ……
```

最后是将 wav 文件的音频内容写入 PCM 设备中。

vincent@ubuntu:~/ch06/6.2$ **cat -n playback.c**

```
198  ……
199  ssize_t read_pcm_from_wav(int fd, void *buf, size_t count)
200  {
201      ssize_t result = 0, res;
202
203      while(count > 0)
204      {
205          if ((res = read(fd, buf, count)) == 0)
206              break;
207          if (res < 0)
208              return result > 0 ? result : res;
209          count -= res;
210          result += res;
211          buf = (char *)buf + res;
212      }
213      return result;
214  }
215
216
217  void play_wav(pcm_container *pcm, wav_format *wav, int fd)
218  {
219      int load, ret;
220      off64_t written = 0;
221      off64_t c;
222      off64_t total_bytes = LE_INT(wav->data.data_size);
223
224      uint32_t period_bytes =
225          pcm->frames_per_period * pcm->bytes_per_frame;
226
227      load = 0;
228      while (written < total_bytes)
229      {
230          //一次循环地读取一个完整的周期数据
231          do
232          {
233              c = total_bytes - written;
234              if (c > period_bytes)
235                  c = period_bytes;
236              c -= load;
237
```

```
238            if (c == 0)
239                break;
240            ret = read_pcm_from_wav(fd,
241                        pcm->period_buf + load, c);
242
243            if(ret < 0)
244            {
245                fprintf(stderr, "read() failed.\n");
246                exit(-1);
247            }
248
249            if (ret == 0)
250                break;
251            load += ret;
252        } while ((size_t)load < period_bytes);
253
254        /* Transfer to size frame */
255        load = load /pcm->bytes_per_frame;
256        ret = write_pcm_to_device(pcm, load);
257        if (ret != load)
258            break;
259
260        ret = ret * pcm->bytes_per_frame;
261        written += ret;
262        load = 0;
263    }
264 }
265 ......
```

最后，给出 ALSA 模块在应用层中的位置：我们一般很少直接面对 ALSA 编程，除非是在写媒体库的底层代码，ALSA 称为 Linux 音频驱动层，因此上述的代码主要是了解音频编程所涉及的概念，在头脑中形成一个正确的轮廓，以及了解 ALSA 的功能。实际开发时我们会使用现成的包含了音频底层操作的多媒体库来做，这样就能极大地节省时间、提高效率，也提高程序的稳定性。就像我们除了可以自己亲自下海捕捞海产之外，其实还可以去超市购买，那里品种齐全，而且我们根本不需要知道它们究竟是怎么被捕捞上来的。

6.3 Linux 视频输出

6.3.1 基本概念

本节要介绍的设备是液晶显示屏，即 LCD（Liquid Crystal Display），如图 6-8 所示。

LCD 的构造主要是在玻璃基板当中放置液晶膜，基板玻璃上设置 TFT（薄膜晶体管），在它之上还有彩色滤光片，通过 TFT 玻璃上的信号与电压改变来控制液晶分子的转动方向，从而达到控制每个像素点偏振光射出与否而达到显示目的。LED 的内部结构如图 6-9 所示。

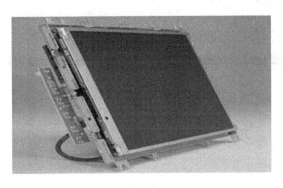

图 6-8　液晶屏 LCD

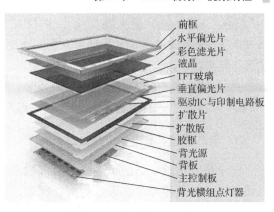

图 6-9　LCD 的内部结构

下面解释几个名词（部分内容选自维基百科 http://zh.wikipedia.org）。

1．像素（Pixel）

像素又称画素，为图像显示的基本单位。这个单词最初的来源是"图像元素（Picture Element）"，在英文中将那两个单词合并，创造了一个新的单词 Pixel，这就是所谓的像素。每个这样的信息元素是一个抽象的采样。

每个像素可以有各自的颜色值，可采用三原色显示，因此又分成红、绿、蓝三种子像素（RGB 色域），或者青、品红、黄和黑（CMYK 色域，印刷行业以及打印机中常见）。照片是一个个采样点的集合，在图像没有经过不正确的/有损的压缩或相机镜头合适的前提下，单位面积内的像素越多代表分辨率越高，所显示的图像就会接近于真实物体。

图 6-10 中，这个例子显示了一组计算机的配件被放大的一部分。不同的灰度混合在一起产生了光滑图像的假相。

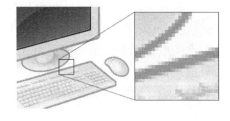

图 6-10　像素点

2．分辨率（Image Resolution）

图像效果最重要的指标系数之一是分辨率，分辨率是指单位面积显示像素的数量，在日常用语中分辨率多用于图像的清晰度。分辨率越高代表图像质量越好，越能表现出更多的细节；但相对来说，因为记录的信息越多，文件也就会越大。个人计算机里的图像，可以使用图像处理软件（如 Adobe Photoshop、PhotoImpact）调整大小、编辑、修改照片等。

图 6-11 显示了一系列不同分辨率的图片的差别。

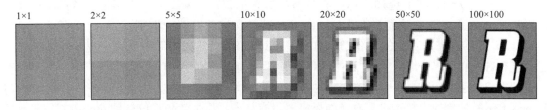

图 6-11　不同分辨率的差异

描述分辨率的单位有：dpi（dots per inch，点每英寸）、lpi（line per inch，线每英寸）和

ppi（pixel per inch，像素每英寸）。但只有 lpi 是描述光学分辨率的尺度的。虽然 dpi 和 ppi 也属于分辨率范畴内的单位，但是它们的含义与 lpi 不同，而且 lpi 与 dpi 无法换算，只能凭经验估算。在实践中，也经常用 $X \times Y$ 的方式来表达分辨率的大小，比如图 6-11 所示的几张图片。

另外，ppi 和 dpi 经常会出现混用现象。但是它们所用的领域也存在区别。从技术角度说，"像素"只存在于计算机显示领域，而"点"只出现于打印或印刷领域。

3．色彩深度（BPP，bits per pixel）

一个像素所能表达的不同颜色数取决于比特每像素（bpp，bit per pixel）。这个最大数可以通过取 2 的色彩深度次幂来得到。例如，常见的取值如下。

8 bpp：256 色，也称为"8 位色"。

16 bpp：2^{16}=65 536 色，称为高彩色，也称为"16 位色"。

24 bpp：2^{24}=16 777 216 色，称为真彩色，通常的记法为"1670 万色"，也称为"24 位色"。

32 bpp：$2^{24}+2^8$，计算机领域较常见的 32 位色并不是表示 2^{32} 种颜色，而是在 24 位色基础上增加了 8 位（2^8=256 级）的灰度（也称"灰阶"，有时也被实现为 alpha 透明度），因此 32 位色的色彩总数和 24 位色的色彩总数是相同的，32 位色也称为真彩色或全彩色。

48 bpp：2^{48}=281 474 976 710 656 色，用于很多专业的扫描仪。

256 色或更少色彩的图形经常以块或平面格式存储于显存中，其中显存中的每个像素是一个称为调色板的颜色数组的索引值。这些模式因此有时称为索引模式。虽然每次只有 256 色，但这 256 色可以选自一个通常是 16 兆色的调色板，所以可以有多种组合。

对于超过 8 位的深度，这些数位就是 3 个分量（红、绿、蓝）的各自的数位的总和。一个 16 位的深度通常分为 5 位红色和 5 位蓝色，以及 6 位绿色（眼睛对于绿色更为敏感）。24 位的深度一般是每个分量 8 位。而 32 位的颜色深度也是常见的：这意味着 24 位的像素有 8 位额外的数位来描述透明度。

简单地讲，一个像素点所对应的字节数目越多，其色彩深度越深，表现力就越细腻。

6.3.2　framebuffer

首先明确，framebuffer 是一种很底层的机制，它是在 Linux 系统中，为了能够屏蔽各种不同的显示设备的具体细节，Linux 内核提供的一个覆盖于显示芯片之上的虚拟层，将显卡或显存设备抽象，供给一个统一、干净又抽象的编程接口，使得内核可以很方便地将显卡硬件抽象成一块可直接操作的内存，而且还提供了封装好的各种操作和设置，大大提高了内核开发的效率。因此，framebuffer 的存在是为了方便显卡驱动的编写，而有时我们会将这个术语用在诸多涉及 Linux 视频输出的场合。

在用户层层面，我们更加不用关心具体的显存位置、显卡型号、换页机制等细节，而是直接基于 framebuffer 来映射显存，framebuffer 就是所谓的帧缓冲机制。

LCD 显示器一般对应的设备节点文件是/dev/fd0，当然如果系统有多个显示设备的话，还可能有/dev/fb1、/dev/fb2 等，这些文件是读/写显示设备的入口。回忆 4.2.1 节中关于内存映射的概念，我们可以将一个文件的内容映射到一块内存上。按照这个推理，我们可以将 framebuffer 所抽象的内核物理显存（如果机器没有显卡，那么就是系统分配的一段充当显存的物理内存）映射到用户空间的虚拟内存上，这样一来，我们就可以在应用程序中直接写屏了。

要使用 framebuffer，需要先理解以下的结构体，它们在/usr/include/Linux/fb.h 中被定义。

1. struct fb_fix_screeninfo{ }

这个结构体保存显示设备不能被修改的信息，比如显存（或起到显存作用的内存）的起始物理地址、扫描线尺寸、显卡加速器类别等，具体代码如下。

```
vincent@ubuntu:/usr/include/linux$ cat fb.h -n
    ......
150   struct fb_fix_screeninfo {
151       char id[16];
152       unsigned long smem_start;   //显存起始地址（实际物理地址）
153
154       __u32 smem_len;             /* 显存大小    */
155       __u32 type;                 /* 像素构成    */
156       __u32 type_aux;             /* 交叉扫描方案 */
157       __u32 visual;               /* 色彩构成    */
158       __u16 xpanstep;             /* X轴平移步长（若支持）*/
159       __u16 ypanstep;             /* Y轴平移步长（若支持）*/
160       __u16 ywrapstep;            /* Y轴循环步长（若支持）*/
161       __u32 line_length;          /* 扫描线大小（字节）*/
162       unsigned long mmio_start;   /* 默认映射内存地址 */
163                                   /* （物理地址）   */
164       __u32 mmio_len;             /* 默认映射内存大小   */
165       __u32 accel;                /* 当前显示加速器芯片   */
166       __u16 reserved[3];          /* 保留 */
167   };
168
    ......
```

以上信息是由驱动程序根据硬件配置决定的，应用程序无法修改，应用程序应根据该结构体提供的具体信息来构建和操作 framebuffer 映射内存，比如扫描线的大小，即一行的字节数。这个大小决定了映射内存的宽度。

2. struct fb_bitfield { }

该结构体保存了色彩构成具体方案，具体代码如下。

```
vincent@ubuntu:/usr/include/linux$ cat fb.h -n
    ......
180   struct fb_bitfield {
181       __u32 offset;            /* 色彩位域偏移量 */
182       __u32 length;            /* 色彩位域长度   */
183       __u32 msb_right;
184   };
185
    ......
```

3. struct fb_var_screeninfo{ }

这个结构体保存显示设备可以被调整的信息，比如可见显示区 X 轴/Y 轴分辨率、虚拟显示区 X 轴/Y 轴分辨率、色彩深度、色彩构成等，具体代码如下。

```
vincent@ubuntu:/usr/include/Linux$ cat fb.h -n
  ......
232
233  struct fb_var_screeninfo {
234      __u32 xres;                    /* 可见区的宽度分辨率 */
235      __u32 yres;                    /* 可见区的高度分辨率 */
236      __u32 xres_virtual;            /* 虚拟区的宽度分辨率 */
237      __u32 yres_virtual;            /* 虚拟区的高度分辨率 */
238      __u32 xoffset;                 /* 虚拟区到可见区的宽度偏移量 */
239      __u32 yoffset;                 /* 虚拟区到可见区的高度偏移量 */
240
241      __u32 bits_per_pixel;          /* 色彩深度 */
242      __u32 grayscale;               /* 灰阶（若为非 0）*/
243
244      struct fb_bitfield red;        /* 红色色彩位域构成 */
245      struct fb_bitfield green;      /* 绿色色彩位域构成 */
246      struct fb_bitfield blue;       /* 蓝色色彩位域构成 */
247      struct fb_bitfield transp;  /* 透明属性 */
248
249      __u32 nonstd;                  /* 非标准像素格式（若为非 0）*/
250
251      __u32 activate;                /* 设置参数何时生效 */
252
253      __u32 height;                  /* 图片高度（单位：毫米）*/
254      __u32 width;                   /* 图片宽度（单位：毫米）*/
255
256      __u32 accel_flags;             /* 显示卡选项 */
257
  ......
```

注意上述代码中的各种分辨率和 X 轴/Y 轴偏移量，它们的关系决定了 LCD 显示器上显示的效果，可见区和虚拟区的关系如图 6-12 所示。

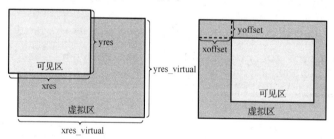

图 6-12　可见区和虚拟区

xres_virtual 和 yres_virtual 决定了虚拟区的大小，而 xres 和 yres 决定了屏幕上可见区域的大小，如果虚拟区比可见区大，我们还可以调整 xoffset 和 yoffset 来显示不同的部分，比如让 yoffset 逐渐变大，从显示效果上看来，就好像一张图片平滑地向上移动。

以粤嵌 GEC-210 配套的 7 英寸液晶显示屏为例，写一个测试代码，将 LCD 的具体细节显示出来，并且将一张图片显示在可见区，然后调整 yoffset 改变显示效果，代码如下。

vincent@ubuntu:~/ch06/6.3$ **cat get_screeninfo.c -n**

```
 1  #include <stdio.h>
 2  #include <signal.h>
 3  #include <stdlib.h>
 4  #include <unistd.h>
 5  #include <string.h>
 6  #include <Linux/fb.h>
 7
 8  #include <fcntl.h>
 9  #include <sys/types.h>
10  #include <sys/mman.h>
11  #include <sys/ioctl.h>
12
13  void show_fix_screeninfo(struct fb_fix_screeninfo *p) //固定属性
14  {
15      printf("=== FIX SCREEN INFO === \n");
16
17      printf("\tid: %s\n", p->id);
18      printf("\tsmem_start: %#x\n", p->smem_start);
19      printf("\tsmem_len: %u bytes\n", p->smem_len);
20
21      printf("\ttype:");
22      switch(p->type)
23      {
24      case FB_TYPE_PACKED_PIXELS:
25          printf("PACKED_PIXELS\n");break;
26      case FB_TYPE_PLANES:
27          printf("PLANES\n");break;
28      case FB_TYPE_INTERLEAVED_PLANES:
29          printf("INTERLEAVED_PLANES\n");break;
30      case FB_TYPE_TEXT:
31          printf("TEXT\n");break;
32      case FB_TYPE_VGA_PLANES:
33          printf("VGA_PLANES\n");break;
34      }
35
36      printf("\tvisual:");
37      switch(p->visual)
38      {
39      case FB_VISUAL_MONO01:
40          printf("MONO01\n");break;
41      case FB_VISUAL_MONO10:
42          printf("MONO10\n");break;
43      case FB_VISUAL_TRUECOLOR:
44          printf("TRUECOLOR\n");break;
45      case FB_VISUAL_PSEUDOCOLOR:
46          printf("PSEUDOCOLOR\n");break;
```

```
47          case FB_VISUAL_DIRECTCOLOR:
48              printf("DIRECTCOLOR\n");break;
49          case FB_VISUAL_STATIC_PSEUDOCOLOR:
50              printf("STATIC_PSEUDOCOLOR\n");break;
51          }
52
53      printf("\txpanstep: %u\n", p->xpanstep);
54      printf("\typanstep: %u\n", p->ypanstep);
55      printf("\tywrapstep: %u\n", p->ywrapstep);
56      printf("\tline_len: %u bytes\n", p->line_length);
57
58      printf("\tmmio_start: %#x\n", p->mmio_start);
59      printf("\tmmio_len: %u bytes\n", p->mmio_len);
60
61      printf("\taccel: ");
62      switch(p->accel)
63      {
64      case FB_ACCEL_NONE: printf("none\n"); break;
65      default: printf("unkown\n");
66      }
67
68      printf("\n");
69  }
70
71  void show_var_screeninfo(struct fb_var_screeninfo *p) //可变属性
72  {
73      printf("=== VAR SCREEN INFO === \n");
74
75      printf("\thsync_len: %u\n", p->hsync_len);
76      printf("\tvsync_len: %u\n", p->vsync_len);
77      printf("\tvmode: %u\n", p->vmode);
78
79      printf("\tvisible screen size: %ux%u\n",
80                  p->xres, p->yres);
81      printf("\tvirtual screen size: %ux%u\n\n",
82                  p->xres_virtual,
83                  p->yres_virtual);
84
85      printf("\tbits per pixel: %u\n", p->bits_per_pixel);
86      printf("\tactivate: %u\n\n", p->activate);
87
88      printf("\txoffset: %d\n", p->xoffset);
89      printf("\tyoffset: %d\n", p->yoffset);
90
91      printf("\tcolor bit-fields:\n");
92      printf("\tR: [%u:%u]\n", p->red.offset,
93                  p->red.offset+p->red.length-1);
```

```
94          printf("\tG: [%u:%u]\n", p->green.offset,
95                      p->green.offset+p->green.length-1);
96          printf("\tB: [%u:%u]\n\n", p->blue.offset,
97                      p->blue.offset+p->blue.length-1);
98
99          printf("\n");
100     }
101
102     int main(void)
103     {
104         int lcd = open("/dev/fb0", O_RDWR|O_EXCL);
105         if(lcd == -1)
106         {
107             perror("open()");
108             exit(1);
109         }
110
111         struct fb_fix_screeninfo finfo;     //显卡设备的固定属性结构体
112         struct fb_var_screeninfo vinfo;     //显卡设备的可变属性结构体
113
114         ioctl(lcd, FBIOGET_FSCREENINFO, &finfo);   //获取固定属性
115         ioctl(lcd, FBIOGET_VSCREENINFO, &vinfo);   //获取可变属性
116
117         show_fix_screeninfo(&finfo);         //打印相应的属性
118         show_var_screeninfo(&vinfo);
119
120         //将显示设备的具体信息保存起来，方便使用
121         unsigned long WIDTH = vinfo.xres;
122         unsigned long HEIGHT = vinfo.yres;
123         unsigned long VWIDTH = vinfo.xres_virtual;
124         unsigned long VHEIGHT = vinfo.yres_virtual;
125         unsigned long BPP = vinfo.bits_per_pixel;
126
127         char *p = mmap(NULL, VWIDTH * VHEIGHT * BPP/8,
128                 PROT_READ|PROT_WRITE,
129                 MAP_SHARED, lcd, 0);     //申请一块虚拟区映射内存
130
131         int image = open("images/girl.bin", O_RDWR);
132         int image_size = lseek(image, 0L, SEEK_END);
133         lseek(image, 0L, SEEK_SET);
134         read(image, p, image_size);     //获取图片数据并将之刷到映射内存
135
136
137         vinfo.xoffset = 0;
138         vinfo.yoffset = 0;
139         if(ioctl(lcd, FB_ACTIVATE_NOW, &vinfo))     //偏移量均置位为 0
140         {
```

```
141            perror("ioctl()");
142        }
143        ioctl(lcd, FBIOPAN_DISPLAY, &vinfo);        //配置属性并扫描显示
144
145        sleep(1);
146
147        vinfo.xoffset = 0;
148        vinfo.yoffset = 100; //1s 之后将 Y 轴偏移量调整为 100 像素
149        if(ioctl(lcd, FB_ACTIVATE_NOW, &vinfo))
150        {
151            perror("ioctl()");
152        }
153        show_var_screeninfo(&vinfo);
154        ioctl(lcd, FBIOPAN_DISPLAY, &vinfo); //重新配置属性并扫描显示
155
156        return 0;
157 }
```

下面是在搭载了群创 AT070TN92-7 英寸 LCD 的粤嵌 GEC-210 开发板中运行以上代码的结果。

```
[root@Linux /]# ./get_screeninfo
=== FIX SCREEN INFO ===
     id: s3cfb
     smem_start: 0x45faf000
     smem_len: 3072000 bytes          //硬件显存大小（字节）
     type:PACKED_PIXELS
     visual:TRUECOLOR
     xpanstep: 2
     ypanstep: 1
     ywrapstep: 0
     line_len: 3200 bytes             //一行扫描线大小（字节）
     mmio_start: 0
     mmio_len: 0 bytes
     accel: none

=== VAR SCREEN INFO ===
     hsync_len: 10
     vsync_len: 8
     vmode: 0
     visible screen size: 800×480     //可见区尺寸
     virtual screen size: 800×960     //虚拟区尺寸

     bits per pixel: 32 //BPP
     activate: 0

     xoffset: 0           //当前 X 轴偏移量
     yoffset: 0           //当前 Y 轴偏移量
     color bit-fields:    //色彩构成
```

```
        R: [16:23]            //一个 pisel 中的第 16 位到第 23 位表示红色的色彩数值
        G: [8:15]             //一个 pisel 中的第 8 位到第 15 位表示绿色的色彩数值
        B: [0:7]              //一个 pisel 中的第 0 位到第 7 位表示蓝色的色彩数值

=== VAR SCREEN INFO ===
        hsync_len: 10
        vsync_len: 8
        vmode: 0
        visible screen size: 800×480        //可见区尺寸
        virtual screen size: 800×960        //虚拟区尺寸

        bits per pixel: 32
        activate: 0

        xoffset: 0                //当前 X 轴偏移量
        yoffset: 100              //当前 Y 轴偏移量（设置了 Y 轴偏移量之后发生的变化）
        color bit-fields:
        R: [16:23]
        G: [8:15]
        B: [0:7]
```

请注意上述信息中这几个要注意的地方。

（1）smem_len：硬件分配的显存大小。这个大小决定了虚拟区域的最大值。

（2）line_len：扫描线长度。结合 BPP 可以分别计算出 X 轴和 Y 轴虚拟区分辨率的最大值：

$$(xres\_virtual)_{max} = line\_len \ /(BPP/8)$$
$$(yres\_virtual)_{max} = smem\_len \ /((xres\_virtual)_{max}/(BPP/8))$$

（3）调整偏移量时，可见区域必须位于虚拟区域之内，因此必须满足：

```
xres + xoffset <= xres_virtual
yres + yoffset <= yres_virtual
```

即，调整偏移量的值满足：

```
xoffset <= xres_virtual - xres
yoffset <= yres_virtual - yres
```

如果调整偏移量超过限制值，相关的设置函数将会报错。

（4）色彩构成布局决定了显示各种格式图片时写入映射内存的具体方式。

上述代码中第 127～157 行用以显示一张图片，总结一下这个过程。

（1）找一块与 LCD 大小匹配的内存，并将之映射在对应的 LCD 上（第 127～129 行）。

（2）将图片按照当前显示设备（LCD 屏）的具体规格（如长度、宽度、色彩深度以及色彩位域等信息）写入到映射内存中（第 131～134 行）。

（3）可以调整 fb_var_screeninfo 的属性，并使用 FBIOPAN_DISPLAY 来重新扫描图像（第 137～157 行）。

图片、映射内存和显示屏的关系如图 6-13 所示。它们的像素点一一对应。

从上述代码运行结果来看，群创 AT070TN92-7 英寸液晶显示屏默认的可见分辨率为

800×480，默认的虚拟分辨率为 800×960。

可见分辨率反映了 LCD 屏幕上的真实情况：其在横向长度上有 800 个像素点，在纵向宽度上有 480 个像素点，而且它的色彩深度 bpp 是 32 位真彩色，我们只要在这 4 个字节上填充相应的数据，就可以控制该像素点显现不同的颜色，如图 6-14 所示。

下面的代码展示了 LCD 每隔 1s 显示一种单色，用来检测 LCD 屏幕有没有坏点。

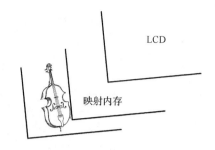

图 6-13　映射内存和 LCD

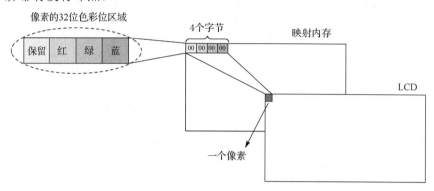

图 6-14　色彩深度

```
vincent@ubuntu:~/ch06/6.3$ cat check_LCD.c -n
     1  #include <stdio.h>
     2  #include <signal.h>
     3  #include <stdlib.h>
     4  #include <unistd.h>
     5  #include <string.h>
     6  #include <Linux/fb.h>
     7
     8  #include <fcntl.h>
     9  #include <sys/types.h>
    10  #include <sys/mman.h>
    11  #include <sys/ioctl.h>
    12
    13  enum color{red, green, blue};
    14
    15  //根据 fb_var_screeninfo 的色彩构成生成一个颜色像素数据
    16  unsigned long *create_pixel(struct fb_var_screeninfo *pinfo,
    17              enum color c)
    18  {
    19      unsigned long *pixel = calloc(1, pinfo->bits_per_pixel/8);
    20      unsigned long *mask  = calloc(1, pinfo->bits_per_pixel/8);
    21      *mask |= 0x1;
    22
    23      int i;
    24      switch(c)
    25      {
```

```
26      case red:
27          for(i=0; i<pinfo->red.length-1; i++)
28          {
29              *mask <<= 1;
30              *mask |= 0×1;
31          }
32          *pixel |= *mask << pinfo->red.offset;
33          break;
34      case green:
35          for(i=0; i<pinfo->green.length-1; i++)
36          {
37              *mask <<= 1;
38              *mask |= 0×1;
39          }
40          *pixel |= *mask << pinfo->green.offset;
41          break;
42      case blue:
43          for(i=0; i<pinfo->blue.length-1; i++)
44          {
45              *mask <<= 1;
46              *mask |= 0×1;
47          }
48          *pixel |= *mask << pinfo->blue.offset;
49      }
50
51      return pixel;
52  }
53
54  int main(void)
55  {
56      int lcd = open("/dev/fb0", O_RDWR);
57      if(lcd == -1)
58      {
59          perror("open(\"/dev/fb0\")");
60          exit(1);
61      }
62
63      //获取显示设备相关信息
64      struct fb_fix_screeninfo finfo;
65      struct fb_var_screeninfo vinfo;
66      ioctl(lcd, FBIOGET_FSCREENINFO, &finfo);
67      ioctl(lcd, FBIOGET_VSCREENINFO, &vinfo);
68
69      //初始化可见区偏移量
70      vinfo.xoffset = 0;
71      vinfo.yoffset = 0;
72      ioctl(lcd, FBIOPAN_DISPLAY, &vinfo);
73
```

```
74          unsigned long bpp = vinfo.bits_per_pixel;
75
76          //创建三原色像素点
77          unsigned long *pixel[3] = {0};
78          pixel[0] = create_pixel(&vinfo, red);
79          pixel[1] = create_pixel(&vinfo, green);
80          pixel[2] = create_pixel(&vinfo, blue);
81
82          //申请一块对应 LCD 设备的映射内存
83          char *FB = mmap(NULL, vinfo.xres * vinfo.yres * bpp/8,
84                  PROT_READ | PROT_WRITE, MAP_SHARED,
85                  lcd, 0);
86          int k;
87          for(k=0; ;k++)
88          {
89              int i;
90              for(i=0; i<vinfo.xres * vinfo.yres; i++)
91              {
92                  memcpy(FB+i*bpp/8, pixel[k%3], bpp/8);
93              }
94              sleep(1); //每隔一秒刷新一次屏
95          }
96
97          return 0;
98  }
```

后续在多线程的基础上可以改进以上代码：将虚拟区扩展为可见区的两倍大小，在显示上半部分虚拟区时，马上准备下半部分的虚拟区图像，然后通过调整偏移量即可实现显示效果的切换，而且过程更加平顺。这种方法称为"双缓冲"，在介绍多线程的相关内容时有专门的讲解。

6.3.3　在 LCD 上画图

如果要显示一张图片，而不是纯色，那么就可以用图片的每一个像素的数据，我们只需要将每一个像素数据相应地填充到 framebuffer 中即可，如图 6-15 所示。

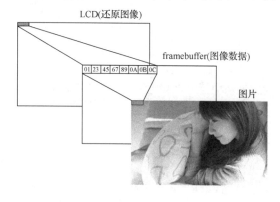

图 6-15　填充图片数据到映射内存

　　但是图片的数据并不是简单地直接存储在图片文件之中的，一般都经过压缩，比如有 JPG、BMP 等各种图片格式，它们将图片元压缩到更小的空间当中，而且在文件的开头处有压缩格式、色彩构造、版本等属性，因此如果要将图片显示出来，要么我们需要自己去解析不同格式的图片，提取里面的图像信息，要么使用一些小工具来帮我们做这种图像数据的提取工作。

　　网上有很多小工具来帮我们获得一个图片的像素数据，比如一款叫 image2lcd 的软件就可以很好地满足我们的要求，用它打开一张尺寸是 800×480 像素的图片，如图 6-16 所示。

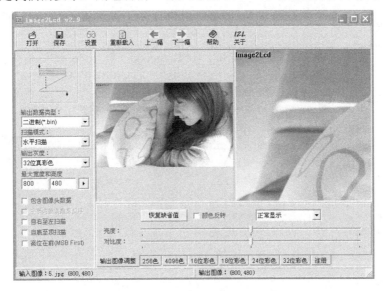

图 6-16　使用 image2lcd 软件来生成图片的 bin 文件

　　使用这个工具需要注意以下几点。

（1）输出数据类型选择"二进制"，使得生成一个包含纯图片像素数据的*.bin 文件。

（2）扫描模式选择"水平扫描"。

（3）输出灰度选择"32 位真色彩"，使得图片中的每一个像素用 32 位数据来表示。

（4）最大宽度和高度分别填写"800"和"480"（以群创 AT070TN92-7 英寸液晶显示屏为例）。

（5）取消勾选"包含图像头数据"。

　　做好以上几步之后，就可以单击"保存"按钮得到一个纯图像数据的 girl.bin 文件了。下面的代码将这个 girl.bin 文件读到内存中，然后将它填充到 LCD 所对应的 framebuffer 上，即实现了 LCD 显示图像。

```
vincent@ubuntu:~/ch06/6.3$ cat pic_show.c -n
     1    #include <stdio.h>
     2    #include <stdlib.h>
     3    #include <stdbool.h>
     4    #include <unistd.h>
     5    #include <string.h>
     6    #include <strings.h>
     7    #include <errno.h>
     8
```

```
 9   #include <sys/stat.h>
10   #include <sys/types.h>
11   #include <sys/mman.h>
12   #include <fcntl.h>
13
14   #define SCREEN_SIZE 800*480   //群创 AT070TN-92 显示屏像素总数
15   #define WIDTH  800
16   #define HEIGHT 480
17
18   void write_lcd(char *p, int picfd)
19   {
20       memset(p, 0, SCREEN_SIZE*4);
21
22       int n, offset=0;
23       while(1)  //这个循环是以防万一不能一次将图片全部读出
24       {
25           n = read(picfd, p+offset, SCREEN_SIZE*4);
26           if(n <= 0)
27               break;
28           offset += n;
29       }
30   }
31
32   int main(void)
33   {
34       int lcd = open("/dev/fb0", O_RDWR);//打开 LCD 设备节点文件
35       if(lcd == -1)
36       {
37           perror("open()");
38           exit(1);
39       }
40
41       //将一块适当大小的内存映射为 LCD 设备的 framebuffer
42       char *p = mmap(NULL, SCREEN_SIZE*4,
43               PROT_READ | PROT_WRITE,
44               MAP_SHARED, lcd, 0);
45
46       int picfd = open("girl.bin", O_RDONLY);  //打开图片文件
47       if(picfd == -1)
48       {
49           perror("open()");
50           exit(1);
51       }
52       write_lcd(p, picfd); //将文件填充到 LCD 设备对应的 framebuffer 中
53
54       return 0;
55   }
```

　　另外，更常见的情况当然是代码可以直接处理 jpeg 图片，而不需要经过其他软件的转换，这就要求我们在代码中加入针对 jpeg 压缩格式的解码库 API，简单地讲有如下几个步骤。

（1）下载 jpeg 库：http://download.csdn.net/detail/vincent040/8702185。

（2）安装 jpeg 库：

● 进入解压后的目录：cd jpeg-9a/

● 配置交叉环境：./configure --host=arm-none-Linux-gnueabi

● 编译并安装：make && make install

（3）将/usr/local/include 和/usr/local/lib 下关于 jpeg 的头文件和库复制到开发板。

（4）在程序中加入对 jpeg 压缩图片的解压代码，下面是一个完整的实例。

```
vincent@ubuntu:~/ch06/6.3$ cat jpeg_show.c -n
     1   #include <stdio.h>
     2   #include <signal.h>
     3   #include <stdlib.h>
     4   #include <unistd.h>
     5   #include <string.h>
     6   #include <syslog.h>
     7   #include <errno.h>
     8   #include <Linux/input.h>
     9
    10   #include <fcntl.h>
    11   #include <sys/types.h>
    12   #include <sys/stat.h>
    13   #include <sys/mman.h>
    14   #include <stdbool.h>
    15
    16   #include <jpeglib.h>
    17   #include <Linux/fb.h>
    18   #include <sys/mman.h>
    19   #include <sys/ioctl.h>
    20
    21   struct image_info
    22   {
    23       int width;
    24       int height;
    25       int pixel_size;
    26   };
    27
    28
    29   //将 bmp_buffer 中 24 位的 RGB 数据写入 LCD 的 32 位的显存中
    30   void write_lcd(unsigned char *bmp_buffer,
    31           struct image_info *imageinfo,
    32           char *FB, struct fb_var_screeninfo *vinfo)
    33   {
    34       bzero(FB, vinfo->xres * vinfo->yres * 4);
    35
```

```
36        int x, y;
37        for(x=0; x<vinfo->yres && x<imageinfo->height; x++)
38        {
39            for(y=0; y<vinfo->xres && y<imageinfo->width; y++)
40            {
41                unsigned long lcd_offset = (vinfo->xres*x + y) * 4;
42                unsigned long bmp_offset = (imageinfo->width*x+y) *
43                            imageinfo->pixel_size;
44
45                memcpy(FB + lcd_offset + vinfo->red.offset/8,
46                    bmp_buffer + bmp_offset + 0, 1);
47                memcpy(FB + lcd_offset + vinfo->green.offset/8,
48                    bmp_buffer + bmp_offset + 1, 1);
49                memcpy(FB + lcd_offset + vinfo->blue.offset/8,
50                    bmp_buffer + bmp_offset + 2, 1);
51            }
52        }
53    }
54
55    //将 jpeg 文件的压缩图像数据读出，放到 jpg_buffer 中去等待解压
56    unsigned long read_image_from_file(int fd,
57                    unsigned char *jpg_buffer,
58                    unsigned long jpg_size)
59    {
60        unsigned long nread = 0;
61        unsigned long total = 0;
62
63        while(jpg_size > 0)
64        {
65            nread = read(fd, jpg_buffer, jpg_size);
66
67            jpg_size -= nread;
68            jpg_buffer += nread;
69            total += nread;
70        }
71        close(fd);
72
73        return total;
74    }
75
76    int Stat(const char *filename, struct stat *file_info)
77    {
78        int ret = stat(filename, file_info);
79
80        if(ret == -1)
81        {
82            fprintf(stderr, "[%d]: stat failed: "
```

```
83                "%s\n", __LINE__, strerror(errno));
84            exit(1);
85        }
86
87        return ret;
88  }
89
90  int Open(const char *filename, int mode)
91  {
92        int fd = open(filename, mode);
93        if(fd == -1)
94        {
95            fprintf(stderr, "[%d]: open failed: "
96                    "%s\n", __LINE__, strerror(errno));
97            exit(1);
98        }
99
100       return fd;
101 }
102
103 int main(int argc, char **argv)
104 {
105       if(argc != 2)
106       {
107           printf("Usage: %s <jpeg image>\n", argv[0]);
108           exit(1);
109       }
110
111
112       //读取图片文件属性信息
113       //并根据其大小分配内存缓冲区 jpg_buffer
114       struct stat file_info;
115       Stat(argv[1], &file_info);
116       int fd = Open(argv[1], O_RDONLY);
117
118       unsigned char *jpg_buffer;
119       jpg_buffer = (unsigned char *)calloc(1, file_info.st_size);
120       read_image_from_file(fd, jpg_buffer, file_info.st_size);
121
122
123       //声明解压缩结构体，以及错误管理结构体
124       struct jpeg_decompress_struct cinfo;
125       struct jpeg_error_mgr jerr;
126
127       //使用默认的出错处理来初始化解压缩结构体
128       cinfo.err = jpeg_std_error(&jerr);
129       jpeg_create_decompress(&cinfo);
```

```
130
131         //配置该 cinfo，使其从 jpg_buffer 中读取 jpg_size 个字节
132         //这些数据必须是完整的 jpeg 数据
133         jpeg_mem_src(&cinfo, jpg_buffer, file_info.st_size);
134
135
136         //读取 jpeg 文件的头，并判断其格式是否合法
137         int ret = jpeg_read_header(&cinfo, true);
138         if(ret != 1)
139         {
140             fprintf(stderr, "[%d]: jpeg_read_header failed: "
141                 "%s\n", __LINE__, strerror(errno));
142             exit(1);
143         }
144
145         //开始解压
146         jpeg_start_decompress(&cinfo);
147
148         struct image_info imageinfo;
149         imageinfo.width = cinfo.output_width;
150         imageinfo.height = cinfo.output_height;
151         imageinfo.pixel_size = cinfo.output_components;
152
153         int row_stride = imageinfo.width * imageinfo.pixel_size;
154
155         //根据图片的尺寸大小，分配一块相应的内存 bmp_buffer
156         //用来存放从 jpg_buffer 解压出来的图像数据
157         unsigned long bmp_size;
158         unsigned char *bmp_buffer;
159         bmp_size = imageinfo.width *
160                 imageinfo.height * imageinfo.pixel_size;
161         bmp_buffer = (unsigned char *)calloc(1, bmp_size);
162
163         //循环地将图片的每一行读出并解压到 bmp_buffer 中
164         int line = 0;
165         while(cinfo.output_scanline < cinfo.output_height)
166         {
167             unsigned char *buffer_array[1];
168             buffer_array[0] = bmp_buffer +
169                     (cinfo.output_scanline) * row_stride;
170             jpeg_read_scanlines(&cinfo, buffer_array, 1);
171         }
172
173         //解压完成，将 jpeg 相关的资源释放
174         jpeg_finish_decompress(&cinfo);
175         jpeg_destroy_decompress(&cinfo);
176         free(jpg_buffer);
```

```
177
178
179        //准备 LCD 屏幕
180        int lcd = Open("/dev/fb0", O_RDWR|O_EXCL);
181
182        //获取 LCD 设备的当前参数
183        struct fb_var_screeninfo vinfo;
184        ioctl(lcd, FBIOGET_VSCREENINFO, &vinfo);
185
186        //根据当前 LCD 设备参数申请适当大小的 framebuffr
187        unsigned char *FB;
188        unsigned long bpp = vinfo.bits_per_pixel;
189        FB = mmap(NULL, vinfo.xres * vinfo.yres * bpp/8,
190             PROT_READ|PROT_WRITE, MAP_SHARED, lcd, 0);
191
192
193        //将 bmp_buffer 中的 RGB 图像数据写入 framebuffer 中
194        write_lcd(bmp_buffer, &imageinfo, FB, &vinfo);
195
196        return 0;
197   }
```

6.3.4　效果算法

下面简单罗列几种图片显示效果代码。

1．图片从上往下掉落

要实现这个效果，最好是将装载图片数据的缓冲区 buf 看成一块高为 480×4 字节、宽为 800×4 字节的二维数组，而将 framebuffer 也看成一块一样的二维数组，这样，图片往下掉的效果就是将 buf 中的下面的子数组逐渐地填充到 framebuffer 的上面的子数组当中。图片往下掉的效果如图 6-17 所示。

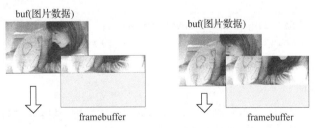

图 6-17　图片往下掉的效果

在图片填满了屏幕之后，还要穿过 LCD 继续往下掉落，我们可以将图片进入 framebuffer 和离开 framebuffer 的两个过程分别封装在两个函数里面，代码如下。

```
vincent@ubuntu:~/ch06/6.3/animation$ cat falling_down.c -n
  1    #include "head4animation.h"
  2
  3    //从上而下显示图片
```

```
 4   void falling_down_in(int lcd, unsigned long (*image)[WIDTH])
 5   {
 6       //申请一块适当大小的 framebuffer，映射到 LCD
 7       unsigned long (*FB)[WIDTH] = mmap(NULL, SCREEN_SIZE*4,
 8                       PROT_READ | PROT_WRITE,
 9                       MAP_SHARED, lcd, 0);
10       int i;
11       for(i=0; i<HEIGHT; i++)
12       {
13           memcpy(&FB[0][0], &image[HEIGHT-i-1][0],
14                       WIDTH*4*(i+1));
15           usleep(1000);
16       }
17   }
18
19   //从上而下消除图片
20   void falling_down_out(int lcd, unsigned long (*image)[WIDTH])
21   {
22       unsigned long (*FB)[WIDTH] = mmap(NULL, SCREEN_SIZE*4,
23                       PROT_READ | PROT_WRITE,
24                       MAP_SHARED, lcd, 0);
25       int i;
26       for(i=0; i<=HEIGHT; i++)
27       {
28           memset(&FB[0][0], 0, WIDTH*4*i);
29           memcpy(&FB[i][0], &image[0][0],
30                       WIDTH*4*(HEIGHT-i));
31           usleep(1000);
32       }
33   }
34
35   //图片从上而下掉落，穿过显示屏
36   void falling_down(int lcd, unsigned long (*image)[WIDTH])
37   {
38       falling_down_in(lcd, image);
39       falling_down_out(lcd, image);
40   }
```

上面用到的头文件如下。

```
vincent@ubuntu:~/ch06/6.3/animation$ cat head4animation.h -n
 1   #ifndef _HEAD4ANIMATION_H_
 2   #define _HEAD4ANIMATION_H_
 3
 4   #include <stdio.h>
 5   #include <signal.h>
 6   #include <stdlib.h>
 7   #include <string.h>
 8   #include <Linux/input.h>
 9   #include <fcntl.h>
```

```
10  #include <sys/types.h>
11  #include <sys/mman.h>
12
13  #define SCREEN_SIZE 800*480
14  #define WIDTH  800
15  #define HEIGHT 480
16  #define BLIND  5
17
18  struct argument
19  {
20      unsigned long (*FB)[WIDTH];
21      unsigned long (*image)[WIDTH];
22      int offset;
23      int flag;
24  };
25  void falling_down_in(int lcd, unsigned long (*image)[WIDTH]);
26  void falling_down_out(int lcd, unsigned long (*image)[WIDTH]);
27  void falling_down(int lcd, unsigned long (*image)[WIDTH]);
28
29  void floating_up_in(int lcd, unsigned long (*image)[WIDTH]);
30  void floating_up_out(int lcd, unsigned long (*image)[WIDTH]);
31  void floating_up(int lcd, unsigned long (*image)[WIDTH]);
32
33  void left2right_in(int lcd, unsigned long (*image)[WIDTH]);
34  void left2right_out(int lcd, unsigned long (*image)[WIDTH]);
35  void left_2_right(int lcd, unsigned long (*image)[WIDTH]);
36
37  void right2left_in(int lcd, unsigned long (*image)[WIDTH]);
38  void right2left_out(int lcd, unsigned long (*image)[WIDTH]);
39  void right2left(int lcd, unsigned long (*image)[WIDTH]);
40
41  void blind_window_in(int lcd, unsigned long (*image)[WIDTH]);
42  void blind_window_out(int lcd, unsigned long (*image)[WIDTH]);
43  void blind_window(int lcd, unsigned long (*image)[WIDTH]);
44
45  #endif
```

2．让图片从下往上升起

与图片往下掉相反，我们应该将 buf 的最上面的子数组逐渐地填充到 framebuffer 的最下面的子数组当中去。图片上浮的效果如图 6-18 所示。

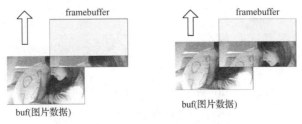

图 6-18　图片上浮的效果

为了方便其他函数调用，将各种显示效果的接口统一，代码如下。

```
vincent@ubuntu:~/ch06/6.3/animation$ cat floating_up.c -n
 1   #include "head4animation.h"
 2
 3   void floating_up_in(int lcd, unsigned long (*image)[WIDTH])
 4   {
 5       unsigned long (*FB)[WIDTH] = mmap(NULL, SCREEN_SIZE * 4,
 6                       PROT_READ | PROT_WRITE,
 7                       MAP_SHARED, lcd, 0);
 8       int i = 0;
 9       while(1)
10       {
11           memcpy(&FB[HEIGHT-i-1][0], &image[0][0],
12                       WIDTH*4*(i+1));
13           if(i >= HEIGHT-1)
14               break;
15
16           usleep(1000);
17           i++;
18       }
19   }
20
21   void floating_up_out(int lcd, unsigned long (*image)[WIDTH])
22   {
23       unsigned long (*FB)[WIDTH] = mmap(NULL, SCREEN_SIZE * 4,
24                       PROT_READ | PROT_WRITE,
25                       MAP_SHARED, lcd, 0);
26       int i;
27       for(i=0; i<=HEIGHT; i++)
28       {
29           memset(&FB[HEIGHT-i][0], 0, WIDTH*4*i);
30           memcpy(&FB[0][0], &image[i][0],
31                       WIDTH*4*(HEIGHT-i));
32           usleep(1000);
33       }
34   }
35
36   void floating_up(int lcd, unsigned long (*image)[WIDTH])
37   {
38       floating_up_in(lcd, image);
39       floating_up_out(lcd, image);
40   }
```

上述两种显示效果还可以通过调整 fb_var_screeninfo 中的 yoffset 来达到目的，而且效果更加平滑。

3. 让图片从左往右飞过

这时需要将 buf 中的最右边的列填充到 framebuffer 的最左边的列当中，而且这些列的宽度应逐渐递增，一直到整张图片为止。图片从左往右飞过的效果如图 6-19 所示。

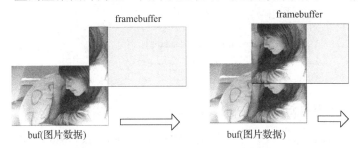

图 6-19　图片从左往右飞过的效果

代码如下：

```
vincent@ubuntu:~/ch06/6.3/animation$ cat left_2_right.c -n
 1   #include "head4animation.h"
 2
 3   void left2right_in(int lcd, unsigned long (*image)[WIDTH])
 4   {
 5       unsigned long (*FB)[WIDTH] = mmap(NULL, SCREEN_SIZE * 4,
 6                      PROT_READ | PROT_WRITE,
 7                      MAP_SHARED, lcd, 0);
 8       int i, j;
 9       for(i=0; i<WIDTH; i++)
10       {
11           for(j=0; j<HEIGHT; j++)
12           {
13               memcpy(&FB[j][0],
14                   &image[j][WIDTH-1-i], 4*(i+1));
15           }
16       }
17   }
18
19   void left2right_out(int lcd, unsigned long (*image)[WIDTH])
20   {
21       unsigned long (*FB)[WIDTH] = mmap(NULL, SCREEN_SIZE * 4,
22                      PROT_READ | PROT_WRITE,
23                      MAP_SHARED, lcd, 0);
24       int i, j;
25       for(i=0; i<WIDTH; i++)
26       {
27           for(j=0; j<HEIGHT; j++)
28           {
```

```
29              memset(&FB[j][0], 0, 4*(i+1));
30              memcpy(&FB[j][i+1],
31                  &image[j][0], (WIDTH-1-i)*4);
32          }
33      }
34  }
35
36  void left_2_right(int lcd, unsigned long (*image)[WIDTH])
37  {
38      left2right_in(lcd, image);
39      left2right_out(lcd, image);
40  }
```

4．让图片从右往左飞过

与从左往右飞相反，这次应让 buf 最左边的列填充到 framebuffer 的最右边的列当中，然后列宽逐渐增大，一直增大到整张图片的宽度为止。图片从右往左飞过的效果如图 6-20 所示。

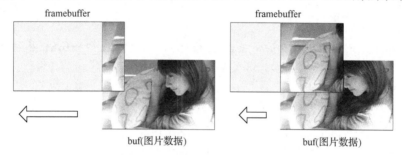

图 6-20　图片从右往左飞过的效果

代码如下：

vincent@ubuntu:~/ch06/6.3/animation$ **cat right_2_left.c -n**

```
1   #include "head4animation.h"
2
3   void right2left_in(int lcd, unsigned long (*image)[WIDTH])
4   {
5       unsigned long (*FB)[WIDTH] = mmap(NULL, SCREEN_SIZE * 4,
6                   PROT_READ | PROT_WRITE,
7                   MAP_SHARED, lcd, 0);
8       int i, j;
9       for(i=0; i<WIDTH; i++)
10      {
11          for(j=0; j<HEIGHT; j++)
12          {
13              memcpy(&FB[j][WIDTH-i-1], &image[j][0],
14                      4*(i+1));
15          }
16          usleep(100);
17      }
18  }
```

```
19
20   void right2left_out(int lcd, unsigned long (*image)[WIDTH])
21   {
22       unsigned long (*FB)[WIDTH] = mmap(NULL, SCREEN_SIZE * 4,
23                        PROT_READ | PROT_WRITE,
24                        MAP_SHARED, lcd, 0);
25       int i, j;
26       for(i=0; i<WIDTH; i++)
27       {
28           for(j=0; j<HEIGHT; j++)
29           {
30               memcpy(&FB[j][0], &image[j][i+1],
31                        (WIDTH-1-i)*4);
32               memset(&FB[j][WIDTH-1-i], 0, (1)*4);
33           }
34           usleep(100);
35       }
36   }
37
38   void right_2_left(int lcd, unsigned long (*image)[WIDTH])
39   {
40       right2left_in(lcd, image);
41       right2left_out(lcd, image);
42   }
```

5. 百叶窗效果

让图片呈百叶窗形式从上而下或从下而上显示，这时需要将图片的各个分叶部分同时同步地填充到 framebuffer 中去，这需要用到多线程技术。百叶窗效果如图 6-21 所示。

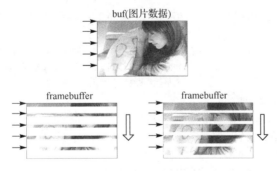

图 6-21　百叶窗效果

从图 6-21 中看到，我们可以创建 5 条线程，同时将 buf 中的图片数据中的各部分填充到 framebuffer 中各个对应的区域，每条线程写 1/5 的数据。

代码如下：

vincent@ubuntu:～/ch06/6.3/animation$ **cat blind_window.c -n**
```
1   #include "head4animation.h"
2
```

```
3    #define IN  1
4    #define OUT  0
5
6    void *routine(void *p)
7    {
8        struct argument *arg = (struct argument *)p;
9
10       int i;
11       for(i=0; i<HEIGHT/BLIND; i++)
12       {
13           if(arg->flag == IN)
14           {
15               memcpy(&(arg->FB)[arg->offset+i][0],
16                       &(arg->image)[arg->offset+i][0],
17                       WIDTH*4);
18           }
19           if(arg->flag == OUT)
20           {
21               memset(&(arg->FB)[arg->offset+i][0],
22                       0, WIDTH*4);
23           }
24
25           usleep(10000);
26       }
27
28       pthread_exit(NULL);
29   }
30
31
32   void __write_lcd(int lcd, unsigned long (*image)[WIDTH], int flag)
33   {
34       unsigned long (*p)[WIDTH] = mmap(NULL, SCREEN_SIZE * 4,
35                       PROT_READ | PROT_WRITE,
36                       MAP_SHARED, lcd, 0);
37       int i;
38       pthread_t tid[BLIND];
39       for(i=0; i<BLIND; i++)
40       {
41           struct argument *arg =
42                   malloc(sizeof(struct argument));
43           arg->FB = p;                       //framebuffer 指针
44           arg->image = image;                //图片数据缓冲区指针
45           arg->offset = i*(HEIGHT/BLIND); //第 i 条线程负责区域的偏移量
46           arg->flag = flag;                  //IN 为显示图片,OUT 为消除图片
47
48           //创建一条线程并将参数 arg 传过去,详情参见第 5 章多线程部分的内容。
49           pthread_create(&tid[i], NULL, routine, (void *)arg);
```

```
50        }
51
52      for(i=0; i<BLIND; i++)
53      {
54          pthread_join(tid[i], NULL);
55      }
56  }
57
58
59  void blind_window_in(int lcd, unsigned long (*image)[WIDTH])
60  {
61      __write_lcd(lcd, image, IN);
62  }
63
64  void blind_window_out(int lcd, unsigned long (*image)[WIDTH])
65  {
66      __write_lcd(lcd, image, OUT);
67  }
68
69  //以百叶窗形式显示图片，再以百叶窗形式消除图片
70  void blind_window(int lcd, unsigned long (*image)[WIDTH])
71  {
72      blind_window_in(lcd, image);
73      blind_window_out(lcd, image);
74  }
```

以上算法可以使用如下代码来测试。

```
vincent@ubuntu:~/ch06/6.3/animation$ cat test_animation.c -n
1   #include "head4animation.h"
2
3   void get_image(const char *filename, unsigned long (*buf)[WIDTH])
4   {
5       int fd = open(filename, O_RDONLY);
6       if(fd == -1)
7       {
8           perror("open()");
9           exit(1);
10      }
11
12      int n, offset = 0;
13      while(1)
14      {
15          n = read(fd, buf, SCREEN_SIZE*4);
16          if(n <= 0)
17              break;
18          offset += n;
19      }
20  }
```

```
21
22    int main(void)
23    {
24        int lcd = open("/dev/fb0", O_RDWR);
25        if(lcd < 0)
26        {
27            perror("open()");
28            exit(1);
29        }
30
31
32        unsigned long (*buf)[WIDTH] = calloc(SCREEN_SIZE, 4);
33        get_image("image.bin", buf);
34
35
36        falling_down(lcd, buf);       //测试掉落效果
37        floating_up(lcd, buf);        //测试上升效果
38
39        left_2_right(lcd, buf);       //测试从左往右飞效果
40        right_2_left(lcd, buf);       //测试从右往左飞效果
41
42        blind_window(lcd, buf);       //测试百叶窗效果
43
44        return 0;
45    }
```

事实上，SDL 多媒体库可以帮助我们更加方便地显示一张图片，而且可以自动解析不同格式的图片。

6.4 Linux 视频输入

6.4.1 V4L2 简介

V4L2 是 V4L 的第 2 版，是 Video For Linux 的缩写，V4L 早在 Linux 的 2.1 时代就已经被引入，一直存在到 2.6.38 才最终被 V4L2 取代。

V4L2 是 Linux 处理视频的最新标准代码模块，这其中包括对视频输入设备的处理，比如高频头（即电视机信号输入端子）或摄像头，还包括对视频输出设备的处理。一般而言，最常见的是使用 V4L2 来处理摄像头数据采集的问题。

我们平常所使用的摄像头，实际上就是一个图像传感器，将光线捕捉到之后经过视频芯片的处理，编码成 JPG/MJPG 或 YUV 格式输出。而通过 V4L2 我们可以很方便地跟摄像头等视频设备"沟通"，比如设置或获取它们的工作参数，下面来详细分析可以通过 V4L2 来做什么事情。

6.4.2 V4L2 视频采集流程

在内核中，摄像头所捕获的视频数据可以通过一个队列来存储，我们所做的工作大致如下。首先配置好摄像头的相关参数，使之能正常工作，然后申请若干个内核视频缓存，并将它

们一一送到队列中，就好比 3 个空盘子被一一放到传送带上一样。然后我们还需要将这 3 个内核的缓存区通过 mmap 函数映射到用户空间，这样我们在用户层就可以操作摄像头数据了，紧接着可以启动摄像头开始数据捕获，每捕获一帧数据我们就可以做一个出队操作，读取数据，然后将读过数据的内核缓存再次入队，依此循环。V4L2 工作流程图如图 6-22 所示。

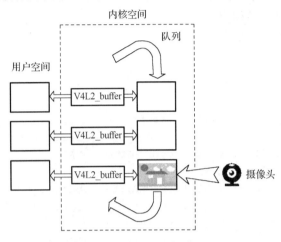

图 6-22　V4L2 工作流程示意图

下面是实例代码及详细解释。

```
//（1）打开摄像头设备文件
int cam_fd = open("/dev/video3",O_RDWR);

//（2）获取摄像头当前的采集格式
struct v4l2_format *fmt = calloc(1, sizeof(*fmt));
fmt->type = V4L2_BUF_TYPE_VIDEO_CAPTURE;
ioctl(cam_fd, VIDIOC_G_FMT, fmt);
show_camfmt(fmt);        //显示具体参数（详见 v4l2_jpeg_videostream.c）

//（3）配置摄像头的采集格式为 JPEG
bzero(fmt, sizeof(*fmt));
fmt->type = V4L2_BUF_TYPE_VIDEO_CAPTURE;
fmt->fmt.pix.width = lcdinfo.xres;
fmt->fmt.pix.heiqht = lcdinfo.yres;
fmt->fmt.pix.pixelformat = V4L2_PIX_FMT_JPEG;
fmt->fmt.pix.field = V4L2_FIELD_INTERLACED;
ioctl(cam_fd, VIDIOC_S_FMT, fmt);

//（4）设置将要申请的摄像头缓存的参数
int nbuf = 3;
struct v4l2_requestbuffers reqbuf;
bzero(&reqbuf, sizeof (reqbuf));
reqbuf.type = V4L2_BUF_TYPE_VIDEO_CAPTURE;
reqbuf.memory = V4L2_MEMORY_MMAP;
reqbuf.count = nbuf;
```

```
// (5) 使用该参数 reqbuf 来申请缓存
ioctl(cam_fd, VIDIOC_REQBUFS, &reqbuf);

// (6) 根据刚设置的 reqbuf.count 的值，来定义相应数量的 struct v4l2_buffer
//    每一个 struct v4l2_buffer 对应内核摄像头驱动中的一个缓存
struct v4l2_buffer buffer[nbuf];
int length[nbuf];
unsigned char *start[nbuf];

for(i=0; i<nbuf; i++)
{
    bzero(&buffer[i], sizeof(buffer[i]));
    buffer[i].type = V4L2_BUF_TYPE_VIDEO_CAPTURE;
    buffer[i].memory = V4L2_MEMORY_MMAP;
    buffer[i].index = i;
    ioctl(cam_fd, VIDIOC_QUERYBUF, &buffer[i]);

    length[i] = buffer[i].length;
    start[i] = mmap(NULL, buffer[i].length,
                    PROT_READ | PROT_WRITE,
                    MAP_SHARED,   cam_fd, buffer[i].m.offset);

    ioctl(cam_fd , VIDIOC_QBUF, &buffer[i]);
}

// (7) 启动摄像头数据采集
enum v4l2_buf_type vtype= V4L2_BUF_TYPE_VIDEO_CAPTURE;
ioctl(cam_fd, VIDIOC_STREAMON, &vtype);

struct v4l2_buffer v4lbuf;
bzero(&v4lbuf, sizeof(v4lbuf));
v4lbuf.type  = V4L2_BUF_TYPE_VIDEO_CAPTURE;
v4lbuf.memory= V4L2_MEMORY_MMAP;

// (8) 循环读取摄像头数据
i = 0;
while(1)
{
    //从队列中取出填满数据的缓存
    v4lbuf.index = i%nbuf;

    //VIDIOC_DQBUF 在摄像头没数据时会阻塞
    ioctl(cam_fd , VIDIOC_DQBUF, &v4lbuf);
    shooting(start[i%nbuf], length[i%nbuf], fb_mem); //显示到 LCD

    //将已经读取过数据的缓存块重新置入队列中
    v4lbuf.index = i%nbuf;
```

```
    ioctl(cam_fd , VIDIOC_QBUF, &v4lbuf);

    i++;
}
```

注意，以上代码是使用 V4L2 捕获摄像头数据的基本流程，示例中的第（3）步假设摄像头支持以 JPEG 格式采集数据，第（8）步处理摄像头数据函数 shooting( )处理的就是 JPEG 格式数据，如果实验中的摄像头不支持该格式，比如摄像头采集格式是 MJPG 或 YUV 的话，那么相应的代码都需要进行调整。完整代码请参考 v4l2_jpeg_videostream.c。

6.4.3　V4L2 核心命令字和结构体

在 6.4.2 节，通过一个简单但完整的实例代码展示了如何使用 V4L2 来获取摄像头的数据，从中还可以看到我们使用了很多 ioctl 函数以及相配套的结构体，ioctl 函数的工作机理主要集中在如何使用命令字上，下面我们详细剖析在进行视频处理中都有哪些重要的命令字和结构体。

1．VIDIOC_ENUM_FMT

含义：枚举出当前摄像头（驱动）所支持的所有数据格式。
具体用法如下：

```
    ioctl(fd, VIDIOC_ENUM_FMT, struct v4l2_fmtdesc *argp);
```

通过迭代结构体 struct v4l2_fmtdesc 中的 index 成员，来枚举罗列支持的所有格式，该结构体的详细信息如下。

```
    struct v4l2_fmtdesc
    {
        __u32       index;    //数据格式的索引
        __u32       type;     //一般设置为 V4L2_BUF_TYPE_VIDEO_CAPTURE
        __u32       flags;
        __u8        description[32];
        __u32       pixelformat;
        __u32       reserved[4];
    };
```

其中，type 和 v4l2_format 中的 type 设置要一致。在成功调用 ioctl 之后，description 将保存对当前获取的数据格式的描述。

2．VIDIOC_G_FMT /VIDIOC_G_FMT /VIDIOC_G_FMT

含义：
（1）获取当前摄像头驱动数据格式。
（2）设置摄像头驱动数据格式。
（3）尝试设置格式。
具体用法：

```
    ioctl(fd, VIDIOC_G_FMT, struct v4l2_format *argp);
    ioctl(fd, VIDIOC_S_FMT, struct v4l2_format *argp);
```

```
ioctl(fd, VIDIOC_TRY_FMT, struct v4l2_format *argp);
```

涉及数据结构：

```
struct v4l2_format
{
    __u32    type;
    union
    {
        struct v4l2_pix_format pix;
        struct v4l2_pix_format_mplane pix_mp;
        struct v4l2_window win;
        struct v4l2_vbi_format vbi;
        struct v4l2_sliced_vbi_format sliced;
        __u8 raw_data[200];
    } fmt;
};
```

v4l2_format 中的 fmt 是一个 union，其中哪个成员有效取决于 type 的取值，一般较常用的是取类型 type 为 V4L2_BUF_TYPE_VIDEO_CAPTURE，此时 pix 生效。该成员的内部细节如下。

```
struct v4l2_pix_format
{
    __u32    width;
    __u32    height;
    __u32    pixelformat;
    __u32    field;
    __u32    bytesperline;
    __u32    sizeimage;
    __u32    colorspace;
    __u32    priv;
};
```

该结构体中的成员 pixelformat 代表视频输入驱动所使用的像素格式，常见的有 V4L2_PIX_FMT_JPEG、V4L2_PIX_FMT_YUV、V4L2_PIX_FMT_MJPG 等。而成员 field 代表视频帧传输的方式，选择 V4L2_FIELD_INTERLACED 为交错式。

3. VIDIOC_REQBUFS

含义：向内核申请视频缓存。
具体用法如下：

```
ioctl(fd, VIDIOC_REQBUFS, v4l2_requestbuffers *argp);
```

该命令字所申请的缓存就是如图 6.22 所示的内核中处理视频数据的队列缓存，这些缓存的具体配置参数用如下结构体来指定。

```
struct v4l2_requestbuffers
{
        __u32        count;        //申请缓存总个数
```

```
__u32        type;        //与 struct v4l2_format 中的 type 一致
__u32        memory;
__u32        reserved[2];
};
```

其中，memory 的取值为 V4L2_MEMORY_MMAP 或 V4L2_MEMORY_USERPTR，取决于当该字段被设置为 V4L2_MEMORY_MMAP 时，count 字段才有效。

4. VIDIOC_QUERYBUF

含义：内核成功分配了缓存后，取得这些缓存的具体参数。
具体用法如下：

```
ioctl(fd, VIDIOC_QUERYBUF, v4l2_buffer *argp);
```

之所以需要取得这些缓存的具体参数的一个目的是：这些缓存都是处在内核空间的，我们并不能直接操作它们，因此需要将它们通过 mmap 映射到用户空间，这就要求必须知道它们的大小、偏移等信息。这些信息统一被存储到如下结构体中。

```
struct v4l2_buffer
{
    __u32 index;          //内核缓存索引号，由用户指定，范围是[0 ~ count-1]
    __u32 type;           //与 v4l2_format 中的 type 一致
    __u32 bytesused;
    __u32 flags;
    __u32 field;
    struct   timeval          timestamp;
    struct   v4l2_timecode timecode;
    __u32 sequence;

    __u32 memory;         //与 v4l2_requestbuffers 中的 memory 一致

    union
    {
        __u32              offset;          //缓存相对于设备内存的偏移
        unsigned long      userptr;
        struct v4l2_plane *planes;
        __s32              fd;
    } m;

    __u32              length;          //缓存大小
    __u32              reserved2;
    __u32              reserved;
};
```

5. VIDIOC_QBUF /VIDIOC_DQBUF

含义：
（1）使一个空的（视频输入时）或一个满的（视频输出时）缓存入队。
（2）使一个满的（视频输入时）或一个空的（视频输出时）缓存出队。

具体用法如下：

```
ioctl(fd, VIDIOC_QBUF, v4l2_buffer *argp);
ioctl(fd, VIDIOC_DQBUF, v4l2_buffer *argp);
```

内核缓存的入队和出队如图 6-23 所示。

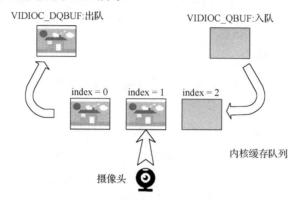

图 6-23　内核缓存的入队和出队

这两个命令字是捕捉视频帧最常用的动作，通过 v4l2_buffer 中 index 字段，将指定的缓存出队或入队，这里需要澄清的几个要点如下。

（1）在尚未开启摄像头取像之前，需要将空的缓存一一入队。

（2）针对视频输入，出队时如果缓存没有数据，那么出队将阻塞。

（3）虽然内核对这些内存的定义是"队列"，但实际上不按顺序"加塞（插队）"也是可以的，但一般不那么做。

6. VIDIOC_STREAMON /VIDIOC_STREAMOFF

含义：

（1）开启 I/O 流。

（2）关闭 I/O 流。

具体用法如下：

```
ioctl(fd, VIDIOC_STREAMON, const int *argp);
ioctl(fd, VIDIOC_STREAMOFF, const int *argp);
```

不管 I/O 方式被设定为内存映射（MMAP）方式还是用户指针（USERPTR）方式，都可以使用 VIDIOC_STREAMON 和 VIDIOC_STREAMOFF 来启停 I/O 流。事实上，在使用 ioctl 调用 VIDIOC_STREAMON 之前，物理硬件将暂时被禁用且没有缓存被填充数据。

VIDIOC_STREAMOFF 除了终止进程的 DMA 操作（如果有的话）之外，还将解锁用户指针指向的物理内存，队列中的所有缓存都将被移除。这意味着如果是视频输入，那么那些没来得及读取的视频帧将被丢弃；如果是视频输出，那么那些没来得及传输的视频帧也同样会被丢弃。

6.4.4　编码格式和媒体流

本节主要厘清各种与音视频相关的术语，以及我们在多媒体流中所需要做的工作。这要从图 6-24 说起。

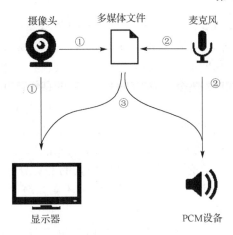

图 6-24　媒体流

图 6-24 中显示了多媒体数据的大致流向。

（1）摄像头捕获视频数据，这些数据可被保留在多媒体文件中，也可直接显示出来。

（2）麦克风捕获音频数据，这些数据可被保留在多媒体文件中，也可直接播放出来。

（3）多媒体文件中的音/视频流，可以被释放出来，流向对应的硬件设备。

依照上述顺序，先从摄像头捕获视频数据说起。摄像头之所以可以捕获图像，是因为使用了很多感光点来采集光线，感光原理就是通过一个个的感光点来对光进行采样和量化，平常所说的 300 万像素的摄像头，指的就是有大约 300 万个感光点。应用程序从摄像头捕获数据如图 6-25 所示。

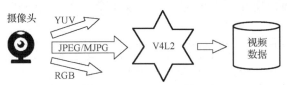

图 6-25　应用程序从摄像头捕获数据

摄像头的输出数据格式一般有如下 3 种。

1．rawRGB

这种格式就是直接输出摄像头的感光点，由于每一个像素点包含 RGB 中的一种颜色，因此称之为 rawRGB 而不是 RGB，从 rawRGB 到 RGB 还需要一个"反马赛克"的算法。最后得到的 RGB 就是图像的原始数据了。

2．MJPG/JPEG

由于 rawRGB 或 RGB 的数据没有经过任何加工和压缩，尺寸很大，因此一般市面上的摄像头都不会直接输出这样的格式，最常见的做法是压缩成 JPEG 或 MJPG 格式来输出。

3．YUV

这是一种更为流行的格式。根据人类眼睛的视觉特征设计——由于人类的眼睛对亮度的敏感度比颜色要高许多，而且在 RGB 三原色中对绿色尤为敏感，利用这个原理，可以把色度信息减少一点，人眼也无法察觉。YUV 这 3 个字母中，其中 Y 表示明亮度（Luminance 或 Luma），也就是灰阶值，而 U 和 V 表示的则是色度（Chrominance 或 Chroma），作用是描述影像色彩及饱和度，用于指定像素的颜色。我们可以通过减少图像中的红色和蓝色分量来达到减少图像尺寸的目的。在很多技术文档中，YUV 还会写成 YCbCr，Y 指的是绿色和亮度，C 是 Component 的首字母，b 和 r 分别是 blue 和 red，从这个角度出发可以认为 YUV 是 RGB 的变种。

　　YUV 根据略去的色彩分量的情况又可以分成 YUV422、YUV411、YUV420 等。第 1 种 YUV422，后面的数字可以理解为代表 YUV 分量的比例是 4∶2∶2，其原理是在每个像素中删去 1 个 U 或 V 分量，然后再在还原时用相邻的像素的 UV 分量填充，这样虽然损失了原先的一部分 UV 信息，但是人眼对此部分信息不敏感，还原就可以得到很好的效果，如图 6-26 所示，可以看到这种压缩算法的压缩比是 3∶2。

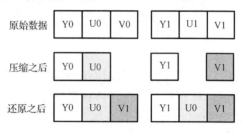

图 6-26　YUV422

　　像 YUV422 这样的压缩算法，需要两个压缩之后的像素点才能还原出图像像素，这两个压缩之后的像素合起来称为宏像素。与 YUV422 类似，YUV411 就是 YUV 的 3 个分量是 4∶1∶1，具体而言就是每出现 4 个 Y 分量，才出现 1 个 U 和 1 个 V 分量，进一步压缩 UV 信息，如图 6-27 所示。

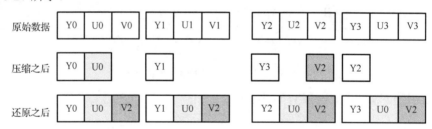

图 6-27　YUV411

　　从图 6-27 中可以看出，YUV411 的 1 个宏像素包含 4 个普通像素。

　　还有一种很常见的 YUV420 的格式，压缩比和 YUV411 一样都是 2∶1，420 并不是代表 YUV 这 3 个分量的比例，意思是每出现 4 个 Y 分量，携带 2 个 U 分量和 0 个 V 分量，然后再出现 4 个 Y 分量，携带 0 个 U 分量和 2 个 V 分量。这样一来，一个 YUV420 宏像素就包含了 8 个普通像素。其压缩原理如图 6-28 所示。

　　YUV 格式的表现形式有两种——packed 和 planar。packed 模式下 YUV 这 3 个分量会被放在一起，planar 模式下 3 个分量将会被放置在 3 个不同的数组当中，如图 6-29 所示。

　　视频输出主要涉及 LCD 的操作，分如下几种情形。

　　（1）如果视频数据是 RGB，就直接写帧缓冲就行了。

　　（2）如果视频数据是 BMP，那么就要先去掉 54 个字节的格式头，然后再按照对应的色深来写帧缓冲。

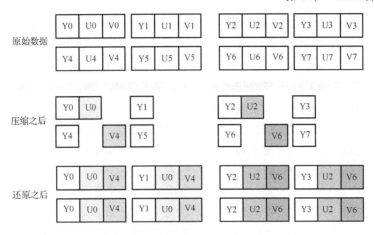

图 6-28　YUV420

（3）如果视频数据是 JPEG 或 MJPG，那么就需要使用第三方库来解码，比如 JPEG 库。

另外，视频的输出除了要使用最常见的直接图像帧缓冲，常常还要设置视频模式或创建视频窗口、Alpha 像素混合、Blit 位块传输、窗口管理和图形渲染等这些高级的效果，这就要借助专门的视频处理库了，比如 SDL，如图 6-30 所示。

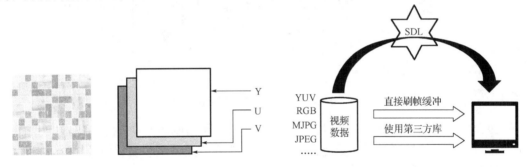

图 6-29　packed 模式和 planar 模式　　　图 6-30　将视频数据从 LCD 输出

音频的处理比较简单一点，模拟声波经过麦克风转化，变成电子脉冲编码（PCM），这是硬件设备自动做的事情，在 Linux 软件层面上，我们要用到 Linux 内核提供的 ALSA（比较老的是 OSS）机制来获取这些原始的 PCM 数据，并根据需要按照某种格式存储起来，最常见的音频编码方式是 WAV、MP3 和 AAC。

wav 的全称是 Windows Media Audio，是微软与 IBM 公司开发的，在个人计算机存储音频流的编码格式，在 Windows 平台的应用软件受到广泛支持。由于此音频格式未经过特别的压缩处理，所以在音质方面不会出现有损的情况，但文件的体积在众多音频格式中比较大，因此不适合在互联网上流传。wav 格式的具体情况请参见图 6-7。

MP3 的全称是 MPEG-1 或 MPEG-2 Audio Layer Ⅲ，经常称为 MP3，它出现于 1991 年，是当今相当流行的一种数字音频编码和有损压缩格式，它被设计来大幅降低音频数据量，而对于大多数用户的听觉感受来说，重放的音质与最初的不压缩音频相比没有明显的下降。MP3 的普及曾对音乐产业造成极大的冲击与影响。

AAC 的全称是 Advanced Audio Coding，即高级音频编码，出现于 1997 年，基于 MPEG-2 的音频编码技术，该技术的目的是取代 MP3 格式。作为一种高压缩比的音频压缩算法，AAC 压缩比通常为 18∶1，也有数据说为 20∶1，远胜过 MP3。在音质方面，由于采用多声道，以及使用低复杂性的描述方式，使其比几乎所有的传统编码方式在同规格的情况下更胜一筹。AAC 可以支持多达 48 个音轨、15 个低频（LFE）音轨、5.1 多声道支持，更高的采样率（最高可达 96kHz，音频 CD 为 44.1kHz）和更高的采样精度（支持 8bit、16bit、24bit、32bit，音频 CD 为 16bit）以及有多种语言的兼容能力，更高的解码效率。一般来说，AAC 可以在对比 MP3 文件缩小 30%的前提下提供更好的音质。

但是，AAC 属于有损压缩的格式，与时下流行的 APE、FLAC 等无损压缩格式相比音质存在"本质上"的差距。加之传输速度更快的 USB 3.0 和 16GB 以上大容量 MP3 正在加速普及，也使得 AAC 头上"小巧"的光环不复存在了。

从麦克风获取到音频数据之后，可以使用不同的方式来存储。如果考虑 wav，那么可以手工直接整合数据。如果要编码成 MP3，那就要借助第三方库：libmad——一个专门处理 MP3 编码的算法库。如果要编码成 AAC 或其他格式，则可以使用更加专业的音/视频编解码库 FFmpeg 来帮忙处理。音频的输入和输出如图 6-31 所示。

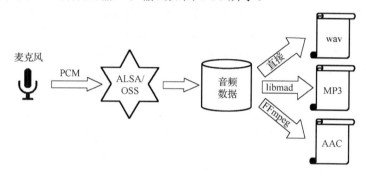

图 6-31 音频的输入和输出

下面介绍与多媒体文件相关的情况，比如一个"变形金刚.avi"文件，这里的后缀 avi 代表了一种封装格式，封装的意思是将音频和视频捆绑在一起，某种封装格式代表了一种捆绑规范，这样的后缀非常多，常见的如表 6-1 所示。

表 6-1 常见的音/视频封装和编码格式

封　　装	推出机构	支持的视频编码	支持的音频编码	目前使用领域
MP4	MPEG	MPEG-2/MPEG-4 H.264 /H.263 等	AAC /MP3 AC-3 等	互联网视频
AVI	MPEG	几乎所有格式	几乎所有格式	BT 下载影视
RMVB	Real Networks	RealVideo8/9/10	AAC/CookCodec RealAudio Lossless	BT 下载影视
WMV	MicroSoft	Windows Media Video	Windows Media Audio	互联网视频
MKV	CoreCodec Inc.	几乎所有格式	几乎所有格式	互联网视频
MOV	Apple	QuickTime	QuickTime	互联网视频
FLV	Adobe Inc.	Sorenson VP6 /H.264	MP3 /AAC /ADPCM Linear PCM 等	互联网视频

一般而言，拿到一个多媒体文件，第一个步骤要经过所谓的解封装，得到某种编码格式的音频流和视频流，然后再针对编码格式分别进行解码，得到音频和视频的原始数据，理论上就可以将这些数据分别输送到音频设备（喇叭）和视频设备（LCD）了，但实践上还需要进行音频、视频的同步。

其工作流程大致如图 6-32 所示。

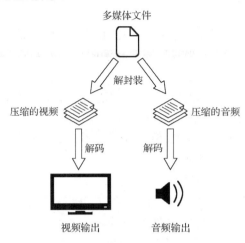

图 6-32　多媒体文件的处理

解封装和解码的工作一般都由 FFmpeg 完成。FFmpeg 是一个非常强大的音/视频编解码库，市面上所能看到的音/视频播放器绝大部分使用了 FFmpeg 作为编解码核心。

6.5　多媒体开发库 SDL

6.5.1　SDL 简介

SDL（Simple DirectMedia Layer）是一个跨平台的底层开发库，提供操作诸如音频、键盘、鼠标、游戏杆以及显卡等硬件的方法，被很多多媒体播放器、模拟器和流行游戏所使用，SDL 支持 Windows、MacOS、Linux、iOS 以及 Android，也就是说几乎所有平台它都能运行，并且 SDL 是开源的，完全由 C 语言编写，可以在 C/C++以及众多主流编程语言中被使用。

6.5.2　编译和移植

以 SDL–1.2 为例，要在嵌入式环境中使用它，只需如下几步。

（1）下载：http://www.libsdl.org/release/SDL-1.2.15.tar.gz

（2）安装三部曲：

```
./configure  --host=arm-none-Linux-gnueabi  --prefix=/usr/local/sdl
make
make install
```

注意，--host 是指定交叉编译器的前缀，--prefix 是指定 SDL 的安装目录，两者都要根据具体情况来写，不必照抄。

（3）将编译后的目录/usr/local/sdl 全部复制到开发板中，设置好库目录的环境变量，即可使用了。假设将此目录复制到开发板的/usr/local/sdl 中，那么环境变量的设置方法是在开发板中执行如下命令：

```
export LD_LIBRARY_PATH=$LD_LIBRARY_PATH:/usr/local/sdl/lib
```

6.5.3 视频子系统

视频子系统是 SDL 中最重要的子系统，这里说的视频不是指我们平常播放的多媒体文件，而是指在屏幕中的显示能力，当我们需要显示图片、文字时，就必须使用视频子系统了，否则什么都看不到。

SDL 的视频子系统支持设置视频模式，即创建视频窗口，也支持直接的图像帧缓冲、支持 Alpha 像素混合、支持窗口管理和图形渲染等，SDL 的功能是非常强大的。下面用循序渐进的方式，结合实例，从零开始来介绍 SDL 中关于视频方面的核心技术。

首先，我们要明白产生图像的步骤：

第一步：初始化 SDL 视频子系统。

第二步：设置视频模式（包括宽高、色深等），并得到视窗 surface。

第三步：加载一张图像，获得该图像的 surface。

第四步：将图像 surface"放到"视窗 surface 上。

第五步：更新视窗 surface，使得图像可见。

执行以上前三步，能分别得到两个 surface，如图 6-33 所示。

视窗surface   图像surface

图 6-33　视窗 surface 和图像 surface

执行第四步，可以将图像"放到"视窗上，同时可以设置我们要放的位置，以及想要显示的窗口，如图 6-34 所示。

如图 6-34 所示，除了可以指定一幅图片要想显示的位置之外，还可以指定要显示一幅图片的哪些区域。以下是两个例子。

视窗surface

图 6-34　SDL 显示图像

```
vincent@ubuntu:~/ch$ cat hiding_picture.c -n
    46  ……
    47  //初始化视频子系统
    48  SDL_Init(SDL_INIT_VIDEO);
    49
    50  //根据当前 LCD 的参数，创建视窗 surface
    51  screen = SDL_SetVideoMode(LCD_WIDTH, LCD_HEIGHT,
    52          0, SDL_ANYFORMAT|SDL_SWSURFACE);
    53
    54  //装载一张 bmp 图像，并用一个 surface 来表示它
    55  image = SDL_LoadBMP(argv[1]);
    56
    57  // (1) image_offset 规定了图片要显示的矩形部分
    58  // (2) dst_offset 规定了图像要显示在视窗中的位置
```

```
59   SDL_Rect image_offset;
60   SDL_Rect dst_offset;
61
62   //初始化触摸屏
63   struct tsdev *ts = init_ts();
64   struct ts_sample samp;
65
66   //产生一个 RGB 值为 000（黑色）的像素
67   uint32_t black_pixel = SDL_MapRGB(screen->format, 0, 0, 0);
68   //将屏幕刷成黑色
69   SDL_FillRect(screen, &screen->clip_rect, black_pixel);
70
71   printf("press Ctrl+c to quit.\n");
72
73   while(1)
74   {
75       ts_read(ts, &samp, 1);
76
77       // （1）x 和 y 规定了图像要显示的矩形的左上角坐标
78       // （2）w 和 h 规定了以(x,y)为左上角的矩形的宽和高
79       image_offset.x = samp.x-20;
80       image_offset.y = samp.y-20;
81       image_offset.w = 40;
82       image_offset.h = 40;
83
84       // （1）x 和 y 规定了图像 surface 放在视窗的左上角坐标
85       // （2）w 和 h 都是作废的
86       dst_offset.x = samp.x-20;
87       dst_offset.y = samp.y-20;
88
89       //将图像（image）blit 到屏幕上（screen）
90       SDL_BlitSurface(image, &image_offset, screen, &dst_offset);
91
92       //显示 screen 上的元素
93       SDL_Flip(screen);
94   }
95   ……
```

上述代码中的几个核心 API 的用法如表 6-2 所示。

表 6-2　SDL 视频相关 API

功能	初始化 SDL 的相关子系统	
头文件	#include "SDL.h"	
原型	int SDL_Init(Uint32 flags);	
参数	SDL_INIT_TIMER	初始化定时器
	SDL_INIT_AUDIO	初始化音频
	SDL_INIT_VIDEO	初始化视频
	SDL_INIT_JOYSTICK	初始化游戏杆
	SDL_INIT_EVERYTHING	初始化以上所有子系统

返回值	0	成功	
	−1	失败	
备注	初始化多个子系统可使用位或运算符处理：SDL_INIT_AUDIO|SDL_INIT_VIDEO		
功能	使用指定的宽、高和色深来创建一个视窗 surface		
头文件	#include "SDL.h"		
原型	SDL_Surface *SDL_SetVideoMode(int w, int h, int bpp, Uint32 flags);		
参数	w	设置视窗的宽度，一般设置为等于 LCD 的宽	
	h	设置视窗的高度，一般设置为等于 LCD 的高	
	bpp	设置视窗色深，一般设为 0，取当前系统色深	
	flags	SDL_SWSURFACE	在系统内存中创建 surface
		SDL_HWSURFACE	在显卡内存中创建 surface
		SDL_ASYNCBLIT	使能 surface 显示的异步更新功能
		SDL_ANYFORMAT	不管用户设置的 bpp 是否支持，一律使用该 bpp
		SDL_HWPALETTE	使得 SDL 可以调用调色板中的任意色彩
		SDL_DOUBLEBUF	使用硬件双缓冲（配合 SDL_HWSURFACE）
		SDL_FULLSCREEN	使用全屏模式
返回值	成功	surface 指针	
	失败	NULL	
备注	分配的 surface 内存只能被 SDL_Quit( ) 释放		
功能	使用 fmt 指定的格式创建一个像素点		
头文件	#include "SDL.h"		
原型	Uint32 SDL_MapRGB(SDL_PixelFormat *fmt, Uint8 r, Uint8 g, Uint8 b);		
参数	fmt	颜色空间	
	r	红色浓度值	
	g	绿色浓度值	
	b	蓝色浓度值	
返回值	像素		
备注	如果 fmt 格式的 bpp 少于 32 位，那么高位将被忽略		
功能	将 dst 上的矩形 dstrect 填充为单色 color		
头文件	#include "SDL.h"		
原型	int SDL_FillRect(SDL_Surface *dst, SDL_Rect *dstrect, Uint32 color);		
参数	dst	要填充的矩形所在的 surface	
	dstrect	要填充的矩形	
	color	一个像素	
返回值	0	成功	
	−1	失败	
备注	dstrect 为 NULL 时，整个 surface 都将被填充		
功能	将 src 快速叠加到 dst 上		
头文件	#include "SDL.h"		
原型	int SDL_BlitSurface(SDL_Surface *src, SDL_Rect *srcrect, SDL_Surface *dst, SDL_Rect *dstrect);		
参数	src	要显示的 surface	
	srcrect	指定 src 要显示的范围	
	dst	目标 surface	
	dstrect	指定 src 在 dest 显示的位置	

返回值	0	成功
	−1	失败
备注	无	
功能	更新 screen 上的图像元素	
头文件	#include "SDL.h"	
原型	int SDL_Flip(SDL_Surface *screen);	
参数	screen	要更新的 surface
返回值	0	成功
	−1	失败
备注	更新 screen 的结果，就是将该 surface 上的所有视窗元素显示出来	

下面是另一个例子，使用以上 API，结合触摸屏运行库 tslib 来实现移动图片的效果。

```
vincent@ubuntu:~/ch06/6.5$ cat moving_picture.c -n
 88   ......
 89   //初始化 SDL 视频子系统，并设置视窗 surface 的参数（与 LCD 一致）
 90   SDL_Init(SDL_INIT_VIDEO);
 91   screen = SDL_SetVideoMode(LCD_WIDTH, LCD_HEIGHT,
 92                               0, SDL_ANYFORMAT|SDL_SWSURFACE);
 93
 94   //SDL 可以非常轻松地装载 bmp 格式文件
 95   image = SDL_LoadBMP(argv[1]);
 96
 97   //（1）image_offset 规定了图片要显示的矩形部分
 98   //（2）background_offset 规定了图像要显示在视窗的哪个位置
 99   SDL_Rect image_offset;
100   SDL_Rect backgroud_offset;
101   bzero(&image_offset, sizeof(image_offset));
102   bzero(&backgroud_offset, sizeof(backgroud_offset));
103   printf("press Ctrl+c to quit.\n");
104
105   sem_init(&s, 0, 0);
106
107   pthread_t tid;
108   pthread_create(&tid, NULL, read_moving, NULL);
109
110   //（1）x 和 y 规定了图像要显示的矩形的左上角坐标
111   //（2）w 和 h 规定了以（x，y）为左上角的矩形的宽和高
112   image_offset.x = 0;
113   image_offset.y = 0;
114   image_offset.w = 400;
115   image_offset.h = 240;
116
117   while(1)
118   {
119       //产生一个 RGB 值为 000（黑色）的像素
120       uint32_t black_pixel = SDL_MapRGB(screen->format, 0, 0, 0);
```

```
121        //将屏幕刷成黑色
122        SDL_FillRect(screen, &screen->clip_rect, black_pixel);
123        //将图像（image）blit 到屏幕上（screen）
124        long tmp1 = backgroud_offset.x;
125        long tmp2 = backgroud_offset.y;
126        SDL_BlitSurface(image, &image_offset, screen, &backgr_offset);
127
128        //显示 screen 上的元素
129        SDL_Flip(screen);
130
131        //（1）x 和 y 规定了图像 surface 放在视窗的左上角坐标
132        //（2）w 和 h 都是作废的
133        backgroud_offset.x = tmp1 + xoffset;
134        backgroud_offset.y = tmp2 + yoffset;
135
136        printf("backgroud_offset.x: %d\n", backgroud_offset.x);
137        printf("backgroud_offset.y: %d\n", backgroud_offset.y);
138
139        sem_wait(&s);
140    }
141 ......
```

以上代码的详细内容见 hiding_picture.c 和 moving_picture.c。当然，以上代码只是简单地显示图片，要渲染视频流需要结合 FFmpeg 来做，后面再进行介绍。如果要显示的图片不是 bmp 格式的，比如 jpeg、png、tiff 等，需要使用第三方扩展库 SDL_image 来实现。

6.5.4　音频子系统

利用 SDL 也可以非常方便地播放音频文件，首先介绍 SDL 中默认支持的对 wav 格式的音频文件的 API，如表 6-3 所示。

表 6-3　SDL 音频子系统主要 API

功能	存放音频数据的具体信息	
头文件	#include "SDL.h"	
原型	typedef struct { 　　int freq; 　　uint16_t format; 　　uint8_t channels; 　　uint8_t silence; 　　uint16_t samples; 　　uint32_t size; 　　void (*callback)(void *data, uint8_t *stream, int len); 　　void *data; }SDL_AudioSpec;	
成员	freq	音频的样本频率，比如 44 100 或 22 050 等
	format	音频的数据格式，比如 8-bits 的、16-bits 的等
	channels	音频的音轨数，比如 1 为单声道，2 为立体声

成员	Silence	静音值
	samples	音频数据的总样本数（样本大小等于频率×格式/8）
	size	音频数据的总字节数
	callback	音频处理回调函数
	data	用户数据（一般不用）
功能	加载 wav 格式的音频文件	
头文件	#include "SDL.h"	
原型	SDL_AudioSpec *SDL_LoadWAV(const char *file, SDL_AudioSpec *spec, uint8_t **audio_buf, uint32_t *audio_len);	
参数	file	wav 格式的文件
	spec	装载音频文件的具体属性的结构体
	audio_buf	音频数据存放缓冲区的二级指针
	audio_len	音频数据尺寸
返回值	指针	返回一个指向包含音频数据具体属性的结构体
	NULL	失败
备注	无	
功能	启动音频设备	
头文件	#include "SDL.h"	
原型	int SDL_OpenAudio(SDL_AudioSpec *desired, SDL_AudioSpec *obtained);	
参数	desired	设想达到的音频参数
	obtained	实际设置的音频参数
返回值	0	成功
	−1	失败
备注	无	
功能	暂停或继续	
头文件	#include "SDL.h"	
原型	void SDL_PauseAudio(int pause_on);	
参数	pause_on	值为零是代表播放音频
返回值	无	
备注	该函数要在调用了 SDL_OpenAudio 之后调用	

以下代码展示了这些 API 的使用细节。

```
vincent@ubuntu:~/ch06/6.5$ cat -n wav_player.c
    1   #include <stdio.h>
    2   #include <stdlib.h>
    3
    4
    5   #include "SDL.h"
    6   #include "SDL_audio.h"
    7   #include "SDL_config.h"
    8
    9   struct wave
   10   {
   11       SDL_AudioSpec spec;
   12       Uint8   *sound;              /* 音频数据缓冲区指针 */
```

```
13        Uint32    soundlen;              /* 音频数据尺寸 */
14        int       soundpos;             /* 已处理数据大小 */
15    } wave;
16
17    //画进度条
18    void draw_progress_bar(int left, int len)
19    {
20        int i;
21        for(i=0; i<20; i++)
22            printf("\b");
23
24        printf("[");
25        int n=((1-(float)left/len)*100) /10;
26
27        for(i=0; i<=n; i++)
28            printf("-");
29
30        printf(">");
31
32        for(i=0; i<9-n; i++)
33            printf(" ");
34
35        printf("] %.1f%%", (1-(float)left/len)*100);
36        fflush(stdout);
37    }
38
39
40    //音频解码回调函数
41    void deal_audio(void *unused, Uint8 *stream, int len)
42    {
43        Uint8 *waveptr;
44        int    waveleft;
45
46        waveptr = wave.sound + wave.soundpos;
47        waveleft = wave.soundlen - wave.soundpos;
48
49        while(waveleft <= len)
50        {
51            memcpy(stream, waveptr, waveleft);
52            stream += waveleft;
53            len -= waveleft;
54            waveptr = wave.sound;
55            waveleft = wave.soundlen;
56            wave.soundpos = 0;
57
58            printf("\n");
59            SDL_CloseAudio();
60            SDL_FreeWAV(wave.sound);
```

```
61              SDL_Quit();
62
63              exit(0);
64          }
65      memcpy(stream, waveptr, len);
66      wave.soundpos += len;
67
68      draw_progress_bar(waveleft, wave.soundlen);
69  }
70
71  int main(int argc, char *argv[])
72  {
73      //初始化音频子系统
74      SDL_Init(SDL_INIT_AUDIO);
75
76      //加载 wav 文件
77      SDL_LoadWAV(argv[1], &wave.spec,
78              &wave.sound, &wave.soundlen);
79
80      //指定音频数据处理回调函数
81      wave.spec.callback = deal_audio;
82
83      //启动音频设备
84      SDL_OpenAudio(&wave.spec, NULL);
85      SDL_PauseAudio(0);
86
87      printf("\npress Enter to pause and unpause.\n");
88      static int pause_on = 1;
89      while(1)
90      {
91          //按下回车键，暂停或播放
92          getchar();
93          SDL_PauseAudio(pause_on++);
94
95          if(!(pause_on%=2)) printf("stoped.\n");
96      }
97
98      return 0;
99  }
```

在上述代码中，SDL 利用函数 SDL_LoadWAV( )将音频数据加载到一个缓冲区中，然后通过结构体 SDL_AudioSpec 中的 callback 指定回调函数 deal_audio( )，该函数会在音频设备准备好要读取数据时被自动调用。

然后，调用 SDL_OpenAudio( )启动音频设备，并且调用 SDL_PauseAudio(0)来启动整个流程，此时只要音频设备准备好了，需要数据的时候，就会自动调用 deal_audio 这个函数。回调函数 deal_audio( )就像一个搬运工，一旦音频设备准备好就可以读取数据了，它将音频数据源源不断地搬到音频设备上去播放。

第 89～96 行的 while 循环处理暂停和播放的功能，这些代码的逻辑如图 6-35 所示。

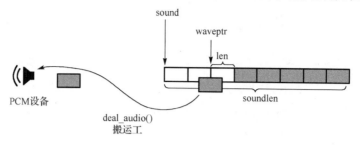

图 6-35　音频数据处理流程

当然，如果音频文件不是 wav 格式的，比如 MP3、MIDI、OGG、MOD，就需要用到 SDL 的第三方扩展库 SDL_Mixer。

6.5.5　事件子系统

SDL 的事件允许程序接收从用户输入的信息，当调用 SDL_Init(SDL_INIT_VIDEO)初始化视频子系统时，事件子系统将被连带自动初始化。

本质上所有的事件都将被 SDL 置入一个所谓的"等待队列"中，我们可以使用诸如 SDL_PollEvent( )或 SDL_WaitEvent( )或 SDL_PeepEvent( )来处理或检查当前正在等待的事件。

SDL 中处理事件的关键核心是一个叫 SDL_Event 的联合体，事实上"等待队列"中存储的就是这些联合体，SDL_PollEvent( )或 SDL_WaitEvent( )将这些联合体从队列中读出，然后根据其中的信息做出相应的处理。

SDL-1.2 事件信息联合体如表 6-4 所示。

表 6-4　SDL-1.2 事件信息联合体

功能	储存某一事件的具体信息
头文件	#include "SDL.h"
原型	typedef union { 　Uint8 type; 　SDL_ActiveEvent　　　active; 　SDL_KeyboardEvent　　key; 　SDL_MouseMotionEvent　motion; 　SDL_MouseButtonEvent　button; 　SDL_JoyAxisEvent　　　jaxis; 　SDL_JoyBallEvent　　　jball; 　SDL_JoyHatEvent　　　jhat; 　SDL_JoyButtonEvent　　jbutton; 　SDL_ResizeEvent　　　resize; 　SDL_ExposeEvent　　　expose; 　SDL_QuitEvent　　　　quit; 　SDL_UserEvent　　　　user; 　SDL_SysWMEvent　　　syswm; } SDL_Event;

上述联合体囊括了 SDL-1.2 版本所支持的所有事件，包括：

type　　　　　　　事件的类型
active　　　　　　事件触发

key	键盘
motion	鼠标移动
button	鼠标按键
jaxis	游戏杆摇杆
jball	游戏杆轨迹球
jhatJoystick	游戏杆帽
jbutton	游戏杆按键
resize	窗口大小变更
expose	窗口焦点变更
quit	退出
user	用户自定义事件
syswm	未定义窗口管理事件

下面以一个使用鼠标的具体实例,来展示 SDL 事件子系统的相关细节,这个例子的功能如下。

(1)使用鼠标左键点击向左小箭头,显示上一张图片。

(2)使用鼠标左键点击向右小箭头,显示下一张图片。

(3)使用鼠标右键退出程序。

鼠标浏览图片如图 6-36 所示。

图 6-36　鼠标浏览图片

具体代码如下。

```
vincent@ubuntu:~/ch06/6.5$ cat -n mouse_event.c
    1   #include <SDL.h>
    2   #include <stdio.h>
    3   #include <stdbool.h>
    4
    5   #define WIDTH  800
    6   #define HEIGHT 480
    7   #define BPP    32
    8
    9   SDL_Surface *screen;
   10   SDL_Surface *image ;
   11   SDL_Surface *left, *right;
```

```
12
13
14    SDL_Surface *load_image(const char *filename)
15    {
16        return SDL_DisplayFormat(SDL_LoadBMP(filename));
17    }
18
19    void show_bmp(const char *filename)
20    {
21        //将屏幕填充为黑色
22        uint32_t black_pixel = SDL_MapRGB(screen->format, 0, 0, 0);
23        SDL_FillRect(screen, &screen->clip_rect, black_pixel);
24
25        //加载图片
26        image = load_image(filename);
27
28        //设置图片的位置
29        static SDL_Rect rect = {0, 0};
30        SDL_BlitSurface(image, NULL, screen, &rect);
31
32        //设置左右两个小箭头的位置
33        static SDL_Rect left_pos = {100, 200};
34        static SDL_Rect right_pos= {700, 200};
35        SDL_BlitSurface(left, NULL, screen, &left_pos);
36        SDL_BlitSurface(right, NULL, screen, &right_pos);
37
38        //刷新 screen，显示其上的图像信息
39        SDL_Flip(screen);
40    }
41
42    int main(int argc, char const *argv[])
43    {
44        if(argc != 2)
45        {
46            printf("Usage: %s <bmp directories>\n", argv[0]);
47            exit(0);
48        }
49
50
51        SDL_Init(SDL_INIT_EVERYTHING);
52
53        screen = SDL_SetVideoMode(WIDTH, HEIGHT,
54                        BPP, SDL_SWSURFACE);
55
56        const char *bmp_files[] = {"1.bmp", "2.bmp",
57                            "3.bmp", "4.bmp"};
58
59        chdir(argv[1]);
60        left = load_image("left.bmp");
61        right= load_image("right.bmp");
```

```
62
63
64          //将 image blit 到 screen 上
65          SDL_Rect rect = {0, 0};
66          SDL_BlitSurface(image, NULL, screen, &rect);
67
68          SDL_Rect left_pos = {100, 200};
69          SDL_Rect right_pos= {700, 200};
70
71          //设置白色为透明
72          int32_t key = SDL_MapRGB(screen->format,
73                              0xff /* 红色 */,
74                              0xff /* 绿色 */,
75                              0xff /* 蓝色 */);
76          SDL_SetColorKey(left , SDL_SRCCOLORKEY, key);
77          SDL_SetColorKey(right, SDL_SRCCOLORKEY, key);
78
79          //显示第一张图片
80          show_bmp(bmp_files[0]);
81
82          //阻塞等待鼠标点击
83          int i=0;
84          SDL_Event event;
85          while(1)
86          {
87              SDL_WaitEvent(&event);
88
89              //按下向左小箭头，切换上一张图片
90              if(event.button.type == SDL_MOUSEBUTTONUP &&
91                 event.button.button == SDL_BUTTON_LEFT &&
92                 event.button.y >= 200 &&
93                 event.button.y <= 287)
94              {
95                  if(event.button.x >= 100 &&
96                     event.button.x <= 160)
97                  {
98                      i = (i==0) ? 3 : (i-1);
99                  }
100                 if(event.button.x >= 700 &&
101                    event.button.x <= 760)
102                 {
103                     i = (i+1) % 4;
104                 }
105                 //显示另一张图片之前，先释放当前的图片资源
106                 SDL_FreeSurface(image);
107                 show_bmp(bmp_files[i]);
108             }
```

```
109
110              //按右键退出程序
111              if(event.button.type == SDL_MOUSEBUTTONUP &&
112                event.button.button == SDL_BUTTON_RIGHT)
113              {
114                  break;
115              }
116          }
117
118      return 0;
119  }
```

6.5.6 处理 YUV 视频源

在 6.4.2 节提到，如果摄像头支持 JPEG 格式的图像数据，那么可以使用 JPEG 库来解码并输出到屏幕显示出实时监控图像，而当摄像头是 YUV 格式的图像数据时，则可以使用 SDL 来处理成普通 RGB 格式以供屏幕显示出来。

SDL 原生地支持 YUV 格式，但在使用时要注意，YUV 格式本身有多种变体，要注意选择正确的 YUV 模式。下面用实际案例来说明一个事情：使用 V4L2 接口获取摄像头数据（YUV 格式），然后使用 SDL 将视频数据显示到 LCD 显示器上。

分为如下几个步骤。

（1）准备好 LCD，设置好相应的参数，备用。

（2）准备好摄像头，设置好采集格式等参数，备用。

（3）初始化 SDL，并创建 YUV 层，备用。

（4）启动摄像头，开始捕获 YUV 数据，并将数据丢给 SDL 的 YUV 处理层显示。

具体代码如下。

```
//1.1：打开 LCD 设备
    int lcd = open("/dev/fb0", O_RDWR);

//1.2：获取 LCD 显示器的设备参数
    struct fb_var_screeninfo lcdinfo;
    ioctl(lcd, FBIOGET_VSCREENINFO, &lcdinfo);

//1.3：申请一块与 LCD 尺寸一样大小的显存
    unsigned int *fb_mem =
        mmap(NULL, lcdinfo.xres * lcdinfo.yres * lcdinfo.bits_per_pixel/8,
        PROT_READ | PROT_WRITE, MAP_SHARED, lcd, 0);

//2.1：打开摄像头设备文件
    int cam_fd = open("/dev/video3",O_RDWR);

//2.2：配置摄像头的采集格式
    bzero(fmt, sizeof(*fmt));
    fmt->type = V4L2_BUF_TYPE_VIDEO_CAPTURE;
    fmt->fmt.pix.width = lcdinfo.xres;
```

```
    fmt->fmt.pix.height = lcdinfo.yres;
    fmt->fmt.pix.pixelformat = V4L2_PIX_FMT_YUYV; //配置为 YUYV
    fmt->fmt.pix.field = V4L2_FIELD_INTERLACED;
    ioctl(cam_fd, VIDIOC_S_FMT, fmt);
```

//2.3：设置即将要申请的摄像头缓存的参数
```
    int nbuf = 3;
    struct v4l2_requestbuffers reqbuf;
    bzero(&reqbuf, sizeof (reqbuf));
    reqbuf.type = V4L2_BUF_TYPE_VIDEO_CAPTURE;
    reqbuf.memory = V4L2_MEMORY_MMAP;
    reqbuf.count = nbuf;
```

//2.4：使用该参数 reqbuf 来申请缓存
```
    ioctl(cam_fd, VIDIOC_REQBUFS, &reqbuf);
```

//2.5：根据刚刚设置的 reqbuf.count 的值，来定义相应数量的 struct v4l2_buffer
```
    struct v4l2_buffer buffer[nbuf];
    int length[nbuf];
    unsigned char *start[nbuf];

    for(i=0; i<nbuf; i++)
    {
        bzero(&buffer[i], sizeof(buffer[i]));
        buffer[i].type = V4L2_BUF_TYPE_VIDEO_CAPTURE;
        buffer[i].memory = V4L2_MEMORY_MMAP;
        buffer[i].index = i;
        ioctl(cam_fd, VIDIOC_QUERYBUF, &buffer[i]);

        length[i] = buffer[i].length;
        start[i] =
            mmap(NULL, buffer[i].length,  PROT_READ | PROT_WRITE,
            MAP_SHARED, cam_fd, buffer[i].m.offset);

        ioctl(cam_fd , VIDIOC_QBUF, &buffer[i]);
    }
```

//3.1：初始化带音/视频和定时器子系统的 SDL
```
    SDL_Init(SDL_INIT_VIDEO|SDL_INIT_AUDIO|SDL_INIT_TIMER);
```

//3.2：创建基本 surface
```
    SDL_Surface *screen = NULL;
    screen = SDL_SetVideoMode(LCD_WIDTH, LCD_HEIGHT, 0, 0);
```

//3.3：创建一个 YUYV 格式的 surface
```
    SDL_Overlay *bmp =
        SDL_CreateYUVOverlay(fmt->fmt.pix.width, fmt->fmt.pix.height,
```

```
            SDL_YUY2_OVERLAY, screen);

    //4.1：启动摄像头
        enum v4l2_buf_type vtype= V4L2_BUF_TYPE_VIDEO_CAPTURE;
        ioctl(cam_fd, VIDIOC_STREAMON, &vtype);

    //4.2：准备好应用层缓冲区参数
        struct v4l2_buffer v4lbuf;
        bzero(&v4lbuf, sizeof(v4lbuf));
        v4lbuf.type  = V4L2_BUF_TYPE_VIDEO_CAPTURE;
        v4lbuf.memory= V4L2_MEMORY_MMAP;

    //4.3：开始捕获采集数据
        v4lbuf.index = i;
        ioctl(cam_fd , VIDIOC_DQBUF, &v4lbuf);

    //4.4：将数据丢给 SDL 处理
        SDL_LockYUVOverlay(bmp);
        memcpy(bmp->pixels[0], yuvdata, size);
        bmp->pitches[0] = width;
        SDL_UnlockYUVOverlay(bmp);
        SDL_DisplayYUVOverlay(bmp, NULL);
```

以上是 V4L2 配合 SDL 捕获摄像头的 YUV 视频流的大致过程，详细的代码请参考示例代码：ch06/6.5/v4l2_yuv_videostream.c。

6.6 音/视频编解码库 FFmpeg

6.6.1 FFmpeg 简介

FFmpeg 是业内最流行的音/视频编解码器，是诸多知名播放器的内核算法，而且是开源的自由软件，采用 LGPL 或 GPL 许可证（根据我们选择的组件）。

FFmpeg 提供了录制、转换以及流化音/视频的完整解决方案，它包含了非常先进的音/视频编解码库 libavcodec，为了保证高可移植性和编解码质量，libavcodec 里很多 codec 都是从头开发的。

FFmpeg 的源码安装方式与普通的库没什么区别，使用标准的源码安装三部曲——configure、make 和 make install 即可。

编译好之后，它包含以下 7 个库文件。

（1）libavcodec

（2）libavdevice

（3）libavfilter

（4）libavutil

（5）libavformat

（6）libswresample

（7）libswscale

请务必注意，这些库文件之间是有严密的依赖关系的，如图 6-37 所示。

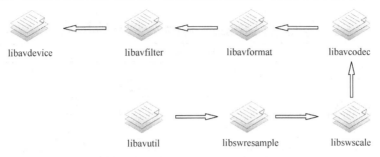

图 6-37　FFmpeg 中各个库文件的依赖关系

从图 6-37 中可以看到，只有 libavutil 库是不需要依赖其他库的，而 libavdevice 必须在链接了其他的 6 个库之后才能链接。所以根据图 6-37 所示依赖关系指引，我们在使用 FFmpeg 编译链接时，正确顺序是：

gcc a.c -o a -lavdevice -lavfilter -lavformat -lavcodec -lswscale -lswresample

如果链接顺序指定不正确，将会出现很多无法理解的编译错误信息。

6.6.2　核心结构体与常用 API

1. AVFormatContext：音/视频格式信息结构上下文结构体

描述：该结构体是诸多 API 的参数，可视为媒体文件的操作句柄。包含了音/视频流的很多信息，比如封装格式，比特率、音/视频流数目以及各个音/视频流、文件名、元数据等重要信息，如表 6-5 所示。

表 6-5　FFmpeg 核心结构体 AVFormatContext 部分成员

AVFormatContext{ }　（部分成员展示）	
成　员	含　义
struct AVInputFormat *iformat	输入数据的封装格式
struct AVInputFormat *oformat	输出数据的封装格式
AVIOContext *pb	输入数据的缓存
unsigned int nb_streams	音/视频流的个数
AVStream ** streams	音/视频流
char filename[1024]	文件名
int64_t duration	时长
int bit_rate	比特率
AVDictionary * metadata	元数据
enum CodecID video_codec_id	视频编解码器 ID
enum CodecID audio_codec_id	音频编解码器 ID
enum CodecID subtitle_codec_id	字幕编解码器 ID

2. AVFrame：原始数据帧

描述：FFmpeg 编解码后的原始数据（即非压缩数据）会被存放到 AVFrame 中，比如对视频流的 YUV 或 RGB、音频流的 PCM 等，还有一些编解码的辅助信息，像 QP 表、运动矢量表等数据，如表 6-6 所示。

表 6-6　FFmpeg 核心结构体 AVFrame 部分成员

AVFrame{ } （部分成员展示）	
成　　员	含　　义
uint8_t *data[AV_NUM_DATA_POINTERS]	解码后原始数据
int linesize [AV_NUM_DATA_POINTERS]	data 中"一行"数据的大小
int width, height	视频帧的宽和高
int nb_samples	一个 AVFrame 中的音频帧数
int format	解码后的数据类型
int key_frame	是否关键帧
enum AVPicture pict_type	帧类型
AVRational sample_aspect_ratio	宽高比
int64_t pts	时间戳
int coded_picture_number	编码帧序号
int display_picture_number	显示帧序号
int8_t * qscale_table	QP 表
int16_t (*motion_val[2])[2]	运动矢量表
short * dct_coeff	DCT 系数
int interlaced_frame	是否隔行扫描

3．AVCodecContext：编解码参数结构体

描述：这是个巨大的结构体，里面包含了诸如编解码器的具体信息、平均码率、音频的采样率和音轨数等，如表 6-7 所示。

表 6-7　FFmpeg 核心结构体 AVCodecContext 部分成员

AVCodecContext{ } （部分成员展示）	
成　　员	含　　义
enum AVMediaType codec_type	编解码器的类型
struct AVCodec *codec	采用的解码器 AVCodec（H.264,MPEG2...）
char codec_name[32]	编解码器名称
enum AVCodecID codec_id	编解码器 ID
int bit_rate	平均比特率
AVRational time_base	时间转化基数
int width, height	视频宽和高
int refs	运动估计参考帧的个数
int sample_rate	采样率
int channels	声道数
enum AVSampleFormat sample_fmt	采样格式
int profile	型
int level	级
enum AVPixelFormat pix_fmt	像素格式

4．AVCodec：编解码器信息结构体

FFmpeg 核心结构体 AVCodec 部分成员如表 6-8 所示。

表 6-8　FFmpeg 核心结构体 AVCodec 部分成员

AVCodec{ }（部分成员展示）	
成　员	含　义
const char *name	编解码器的名字（可能是缩写）
const char *long_name	编解码器的全称
enum AVMediaType	媒体类型（视频、音频、字幕）
enum AVCodecID id	编解码器 ID
const AVRational *supported_framerates	视频中所支持的帧率
const enum AVPixelFormat *pix_fmts	视频所支持的像素格式
const int *supported_samplerates	音频所支持的采样率
const enum AVSampleFormat *sample_fmts	音频所支持的采样格式
const uint64_t *channel_layouts	音频所支持的声道数
int priv_data_size	私有数据的大小

5．AVPacket：存储压缩编码数据相关信息的结构体

FFmpeg 核心结构体 AVPacket 部分成员如表 6-9 所示。

表 6-9　FFmpeg 核心结构体 AVPacket 部分成员

AVPacket{ }（部分成员展示）	
成　员	含　义
uint8_t *data	压缩编码的数据
int size	data 的大小
int64_t pts	显示时间戳
int64_t dts	解码时间戳
int stream_index	标识该 AVPacket 所属的视频/音频流
int64_t pos	当前处理到流中的哪个位置

下面介绍 FFmpeg 编解码过程中，最常用的核心 API，这些函数在后续的实例中都会用到，它们接口的说明如表 6-10 所示。

表 6-10　av_register_all( )接口说明

功能	注册/加载编解码器，一般而言这是程序使用 FFmpeg 库首先调用的函数
头文件	#include <libavformat/avformat.h>
原型	void **av_register_all**(void);
参数	无
返回值	无

对于这个函数，需要注意如下几点。

（1）该函数将初始化 libavformat 和所有的编解码器，以及相关协议代码。

（2）如果不想初始化所有编解码器，为节省资源也可以使用以下两个函数来指定我们要的编解码器：

- av_register_input_format( )
- av_register_output_format( )

avformat_open_input( )接口说明如表 6-11 所示。

表 6-11　avformat_open_input( )接口说明

功能	打开多媒体文件，并获取其格式属性	
头文件	#include <libavformat/avformat.h>	
原型	int **avformat_open_input** (AVFormatContext **ps, const char *filename, AVInputFormat *fmt,AVDictionary **options);	
参数	ps	指向用户提供的 AVFormatContext 指针，将媒体文件信息存放于此
	filename	媒体文件名称
	fmt	媒体文件格式信息，一般为 NULL（意为由系统自动检测）
	options	一般为 NULL
返回值	成功	0
	失败	AVERROR（负整数）

打开媒体文件之前一般先定义一个 AVFormatContext 指针，然后将指针地址给到该函数的第一个参数。

avformat_find_stream_info( )接口说明如表 6-12 所示。

表 6-12　avformat_find_stream_info( )接口说明

功能	获取流信息	
头文件	#include <libavformat/avformat.h>	
原型	int **avformat_find_stream_info**(AVFormatContext *ic, AVDictionary **options);	
参数	ic	媒体文件操作句柄
	options	
返回值	成功	>=0
	失败	负整数

该函数获取视频流或音频流等媒体流的基本信息，包括媒体流的数量、各个媒体流的编解码格式等。

avcodec_find_decoder( )接口说明如表 6-13 所示。

表 6-13　avcodec_find_decoder( )接口说明

功能	获取解码器	
头文件	#include <libavcodec/avcodec.h>	
原型	AVCodec * **avcodec_find_decoder**(enum AVCodecID id)	
参数	id	解码器 ID
返回值	成功	解码器指针
	失败	NULL

从函数 avformat_find_stream_info( )获取流相关信息之后，就得到了媒体文件中每个流相应的编解码器 ID，然后将此 ID 交由 avcodec_find_decoder( )进一步获取真正的解码器。当然，相应的编码器有另一个被称为 avcodec_find_encoder( )的函数来获取。

avcodec_open2( )接口说明如表 6-14 所示。

表 6-14　avcodec_open2( )接口说明

功能	打开编解码器	
头文件	#include <libavcodec/avcodec.h>	
原型	int **avcodec_open2**(AVCodecContext *avctx, const AVCodec *codec, AVDictionary ** options)	
参数	avctx	编解码器信息结构体
	codec	编解码器
	options	由 AVCodecContext 和编解码器私有选项组成的字典变量
返回值	成功	0
	失败	负整数

sws_getContext( )接口说明如表 6-15 所示。

表 6-15　sws_getContext( )接口说明

功能	指定图像转换格式			
头文件	#include <libswscale/swscale.h>			
原型	struct SwsContext ***sws_getContext**(int srcW, int srcH, enum AVPixelFormat srcFormat, int dstW, int dstH, 　　enum AVPixelFormat dstFormat, int flags, SwsFilter * srcFilter, 　　SwsFilter *dstFilter, const double *param)			
参数	srcW	源图像宽度	srcH	源图像高度
	srcFormat	源图像格式	dstW	目标图像宽度
	dstH	目标图像高度	dstFormat	目标图像格式
	flags	图像转换算法选项	srcFilter	源图像过滤器，已作废
	dstFilter	目标图像过滤器，已作废	param	微调参数
返回值	成功	指向已经分配好内存的 context 的指针		
	失败	NULL		

av_read_frame( )接口说明如表 6-16 所示。

表 6-16　av_read_frame( )接口说明

功能	获取媒体流中的下一帧（frame）数据
头文件	#include <libavformat/avformat.h>
原型	int **av_read_frame**(AVFormatContext *s, AVPacket *pkt)
参数	s	文件流信息结构体
	pkt	帧数据存放缓冲区
返回值	成功	0
	失败	负整数（发生了某种错误，或者已经到达文件尾）

对于 av_read_frame( )而言需要注意的是，它将直接返回媒体文件中所储存的内容并不验证数据对于解码器而言是否合法，每次调用该函数，它都会使得文件的内容被切分成一帧一帧（frame）的数据。对于视频数据，每次都返回一帧，对于音频数据，则可能返回一帧的整数倍数据（如帧长度固定的 PCM 和 ADPCM），或者也精确返回一帧的数据（如帧长度不固定的 MPEG 音频）。

avcodec_decode_video2( )接口说明如表 6-17 所示。

表 6-17　avcodec_decode_video2( )接口说明

功能	解码数据帧	
头文件	#include <libavcodec/avcodec.h>	
原型	int **avcodec_decode_video2**(AVCodecContext * avctx, AVFrame *picture,　int *got_picture_ptr, const AVPacket *avpkt)	
参数	avctx	文件编解码信息
	picture	解码之后的帧的存储区
	got_picture_ptr	解码成功标识
	avpkt	数据源
返回值	成功	正常解码的字节数。如果未解码则返回 0
	失败	负整数

avpkt->data 至少要比读到的数据大 AV_INPUT_BUFFER_PADDING_SIZE 个字节以上，另外 avpkt->data 的末端必须被设置为 0，以防止读取越界而破坏 MPEG 流。

sws_scale( )接口说明如表 6-18 所示。

表 6-18　sws_scale( )接口说明

功能	将视频数据按照指定方式转换	
头文件	#include <libswscale/swscale.h>	
原型	int **sws_scale**(struct SwsContext *c, const uint8_t *const srcSlice[], const int srcStride[], int srcSliceY, int srcSliceH, uint8_t *const dst[], const int dstStride[])	
参数	c	从函数 sws_getContext( )获取的图像转化信息
	srcSlice	待转换数据片（即 slice）
	srcStride	该数据片中每个 plane 的高度（行数）
	srcSliceY	该数据片的首行数据在待处理图像中的偏移量
	srcSliceH	该数据片的高度（行数）
	dst	转换之后的数据片
	dstStride	转换之后的数据片中每个 plane 高度（行数）
返回值	成功转化的 slice 数目	

这个函数的各个参数理解起来不是非常容易，因此用图 6-38 来说明它们的关系，该图所示为一个 YUV422 的情形。

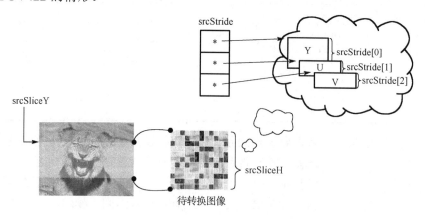

图 6-38　函数 sws_scale 关键参数图解

av_free_packet( )接口说明如表 6-19 所示。

表 6-19　av_free_packet( )接口说明

功能	释放一个 packet	
头文件	#include <libavcodec/avcodec.h>	
原型	void **av_free_packet**(AVPacket *pkt)	
参数	pkt	即将要删除的 packet
返回值	无返回值	

6.6.3　与 SDL 结合实现简单的播放器

本节通过一个实例代码，讲述 FFmepg 如何与 SDL 结合实现音/视频播放器，步骤如下。

（1）准备好 FFmpeg 解码工作的基本数据和变量。

（2）打开媒体文件，并获取其媒体流信息（音频、视频流句柄）。

（3）根据媒体流信息，启动相应的解码器。

（4）启动 SDL 多媒体库，并根据媒体流信息设置初始参数。

（5）使用 FFmpeg 的**视频**接口，不断读取媒体文件的**视频**帧，并将其送给 SDL 处理。

（6）使用 FFmpeg 的**音频**接口，不断读取媒体文件的**音频**帧，并将其送给 SDL 处理。

其工作流程如图 6-39 所示。

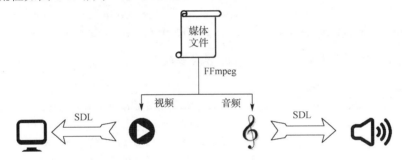

图 6-39　媒体播放器的工作流程

可以看出，至少需要两条线程，一条处理音频、一条处理视频。下面是更具体步骤的分解，首先来看音频、视频的分离，从媒体文件中得到的是杂糅在一起的音频、视频数据，FFmpeg 可根据其封装格式分离出各个音频、视频流，注意，视频流或音频流都可以不止一条，比如画中画视频就有多条视频流，还有像高保真音频也可以包含多条音频流信息。

首先通过以下 3 行代码，获取媒体文件 media.file 的音频、视频流信息。

```
AVFormatContext *fmtCtx = NULL;
avformat_open_input(&fmtCtx, "media.file", NULL, NULL);
avformat_find_stream_info(fmtCtx, NULL);
```

接着用一个循环找到该文件所包含的音频、视频流的各自编号。

```
int videoStream = -1;
int audioStream = -1;
int i;
for(i=0; i<fmtCtx->nb_streams; i++)
{
    if(fmtCtx->streams[i]->codec->codec_type==AVMEDIA_TYPE_VIDEO
```

```
                && videoStream < 0)
        {
            videoStream = i;
        }

        if(fmtCtx->streams[i]->codec->codec_type==AVMEDIA_TYPE_AUDIO
                && audioStream <0)
        {
            audioStream = i;
        }
    }
```

从代码可以看到，通过 fmtCtx->streams[i]->codec->codec_type 可以查看第 i 个媒体流的类型，视频流为 AVMEDIA_TYPE_VIDEO，音频流则是 AVMEDIA_TYPE_AUDIO，确定了流编号之后，即可根据此编号找到对应的解码器并打开它，先来看视频流：

```
AVCodecContext  *videoCodecCtx = NULL;
AVCodec         *videoCodec = NULL;
videoCodecCtx = fmtCtx->streams[videoStream]->codec;
videoCodec   = avcodec_find_decoder(videoCodecCtx->codec_id);
avcodec_open2(videoCodecCtx, videoCodec, &videoDict);
```

接下来要做的是分配帧缓冲，并设置图像的解码参数。

```
frame = av_frame_alloc();
swsCtx=sws_getContext(videoCodecCtx->width, videoCodecCtx->height,
                    videoCodecCtx->pix_fmt, videoCodecCtx->width,
                    videoCodecCtx->height, PIX_FMT_YUV420P,
                    SWS_BILINEAR, NULL, NULL, NULL);
```

然后通过 av_read_frame( )来获取媒体流帧数据，并使用 avcodec_decode_video2( )来不断解码数据，放到 AVFrame 里面，解码出来的数据再送给 SDL，渲染到屏幕上。

```
int finished = 0;
while(av_read_frame(fmtCtx, packet) >= 0)
{
    if(packet->stream_index == videoStream)  //读到了视频流数据
    {
        //将数据从 packet 中解码出来，放入 frame 中
        avcodec_decode_video2(videoCodecCtx, frame, &finished, packet);
        if(finished)
        {
            show_on_screen(bmp, frame, videoCodecCtx, swsCtx);
            av_free_packet(packet);
        }
    }
}
```

从上述代码可以看到，经过 avcodec_decode_video2( )解码得到的数据被存放到了 frame

中，这些代码继续被传送给 show_on_screen( )函数处理，该函数是自定义函数，以下是这个函数的源码。

```
void show_on_screen(SDL_Overlay *bmp, AVFrame *frame,
                AVCodecContext *videoCodecCtx, struct SwsContext *swsCtx)
{
    SDL_LockYUVOverlay(bmp);

    AVPicture pict;
    SDL_Rect rect;

    pict.data[0] = bmp->pixels[0];
    pict.data[1] = bmp->pixels[2];
    pict.data[2] = bmp->pixels[1];

    pict.linesize[0] = bmp->pitches[0];
    pict.linesize[1] = bmp->pitches[2];
    pict.linesize[2] = bmp->pitches[1];

    sws_scale(swsCtx, (uint8_t const * const *)frame->data,
            frame->linesize, 0, videoCodecCtx->height, pict.data,
            pict.linesize);

    SDL_UnlockYUVOverlay(bmp);

    rect.x = 0;
    rect.y = 0;
    rect.w = videoCodecCtx->width;
    rect.h = videoCodecCtx->height;

    SDL_DisplayYUVOverlay(bmp, &rect);
}
```

上述代码使用 sws_scale 将从 FFmpeg 解码出来的 YUV 数据，转换到 SDL 的一个 YUVOverLay 中，查看 SDL 的官网文档（https://www.libsdl.org）相关描述得知，对于 YUV 格式，SDL 的 YUVOverlay 提供了一个称为 SDL_YV12_OVERLAY 的显示模式，其 YUV 分量与 FFmpeg 的输出几乎一样，只是 UV 两个分量的位置对调了。因此，在上述代码可以看到这样的语句：

```
pict.data[1] = bmp->pixels[2];
pict.data[2] = bmp->pixels[1];

pict.linesize[1] = bmp->pitches[2];
pict.linesize[2] = bmp->pitches[1];
```

用图来描述见图 6-40。

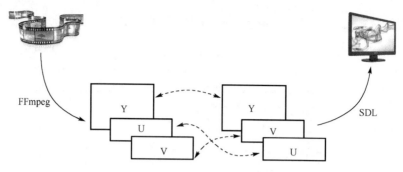

图 6-40　从 FFmpeg 的 YUV 到 SDL 的 YVU 转换

　　另一方面，SDL 对音频流的处理详细过程在 6.5.4 节已有详述，此处 FFpmeg 只管将解码出来的音频包送给 SDL 处理就可以了。播放器的详细代码见 media_player.c。

反侵权盗版声明

电子工业出版社依法对本作品享有专有出版权。任何未经权利人书面许可，复制、销售或通过信息网络传播本作品的行为；歪曲、篡改、剽窃本作品的行为，均违反《中华人民共和国著作权法》，其行为人应承担相应的民事责任和行政责任，构成犯罪的，将被依法追究刑事责任。

为了维护市场秩序，保护权利人的合法权益，我社将依法查处和打击侵权盗版的单位和个人。欢迎社会各界人士积极举报侵权盗版行为，本社将奖励举报有功人员，并保证举报人的信息不被泄露。

举报电话：（010）88254396；（010）88258888
传　　真：（010）88254397
E-mail：　dbqq@phei.com.cn
通信地址：北京市海淀区万寿路 173 信箱
　　　　　电子工业出版社总编办公室
邮　　编：100036